“十二五”普通高等教育本科国家级规划教材
“十三五”江苏省高等学校重点教材
高等学校电子信息类精品教材

# 光纤通信

## （第4版）

王　辉　主编

王　平　于　虹　副主编

電子工業出版社
Publishing House of Electronics Industry
北京·BEIJING

## 内容简介

本书为教育部“十二五”普通高等教育本科国家级规划教材；也是“十三五”江苏省高等学校重点教材（编号：2018-1-033）

本书系统介绍了光纤通信系统的概念、光纤的传输特性、光源和光检测器的工作原理及工作特性、有源和无源光网络器件的工作原理及应用、光纤通信系统的设计、光缆线路的施工和测试、波分复用、光纤网络、光通信新技术，以及光纤传感器。本书内容全面，讲解深入浅出，实践性与理论性相结合，可作为高等学校电子信息类专业本科生、研究生的教材，也可供相关专业技术人员参考。



**图书在版编目（CIP）数据**

光纤通信 / 王辉主编. —4 版. —北京：电子工业出版社，2019.8

ISBN 978-7-121-36761-8

Ⅰ. ①光… Ⅱ. ①王… Ⅲ. ①光纤通信－高等学校－教材 Ⅳ. ①TN929.11

中国版本图书馆 CIP 数据核字（2019）第 106586 号

责任编辑：韩同平
印　　刷：三河市君旺印务有限公司
装　　订：三河市君旺印务有限公司
出版发行：电子工业出版社
　　　　　北京市海淀区万寿路 173 信箱　邮编 100036
开　　本：787×1092　1/16　印张：17.5　字数：504 千字
版　　次：2004 年 8 月第 1 版
　　　　　2019 年 8 月第 4 版
印　　次：2023 年 1 月第 8 次印刷
定　　价：55.90 元

凡所购买电子工业出版社图书有缺损问题，请向购买书店调换。若书店售缺，请与本社发行部联系，联系及邮购电话：（010）88254888，88258888。

质量投诉请发邮件至 zlts@phei.com.cn，盗版侵权举报请发邮件至 dbqq@phei.com.cn。

本书咨询联系方式：（010）88254525，hantp@phei.com.cn。

# 第 4 版前言

光纤通信在社会信息化发展的进程中扮演着重要的角色，是通信技术的一个重要分支。随着新型光电器件的不断出现，光纤通信技术也得到了迅速的发展，使其传输容量得到了极大提高。目前，光纤已经在很多场合取代了铜线而成为主要的传输媒介。无论是电信骨干网还是以太网或校园网乃至智能建筑内的综合布线系统，无论是陆地还是海洋，都有光纤的存在，都涉及光纤传输技术。对于从事信息技术的人员而言，了解光纤通信的基础知识是至关重要的。

本教材在介绍光纤通信所涉及的基本理论时，力求条理清晰，简明扼要，叙述通俗易懂。在器件的内容选择上，注重先进性和应用性相结合，突出工作特性及产品技术规范，例如对光放大器等内容的介绍。考虑到社会发展对知识和应用复合型人才的需要，在教学内容的选择上，增加了光纤通信系统的设计和光缆线路施工与测试两章。从体现光纤通信系统实用水平的角度而言，波分复用技术无疑是个代表。鉴于光纤系统的网络化，本书也专门介绍了相关的知识。

本教材第 1、2、3 版分别于 2004 年、2009 年、2014 年出版，并于 2012 年列选教育部“十二五”普通高等教育本科国家级规划教材；2018 年列选“十三五”江苏省高等学校重点教材。

根据使用院校师生的宝贵建议以及光纤通信技术的发展，这次的第 4 版中，除订正了原书中的一些错误、不准确的提法外，在内容上所做的主要修订为：大幅度增加了例题的数量；第 7 章增加了光缆线路施工的测试资料要求和内容形式；通过二维码，增加了产品介绍图片和光纤通信线缆制作的视频。

全书共 11 章，第 1 章介绍了光纤通信的基本概念和特点、光纤通信系统的基本单元、基本问题和主要性能指标，并对该领域做了回顾与展望。第 2 章介绍了光在光纤中的传输机理及分布模式，分析了光纤的色散及衰减特性，讨论了色散补偿方案、光纤中的非线性效应，并介绍了光纤制作工艺、光纤产品及其使用特性。第 3 章介绍了半导体发光二极管和半导体激光二极管光源的工作原理、应用及光发射机的组成，并说明了高速系统中所使用的外调制器的工作原理。第 4 章介绍了光电检测器的原理、特性及产品和特性参数，然后介绍了数字光接收机的组成及技术指标，最后介绍了光收发模块。第 5 章介绍了光纤通信网络中常用有源器件和无源器件的基本工作原理，讨论了它们在网络中的作用及应用方法，并给出了技术参数。第 6 章介绍了光纤通信系统设计的原则，对数字和模拟光纤链路设计的技术指标、要求及方法做了具体讨论，最后给出了光纤传输系统实例。第 7 章介绍了光缆的结构、类型和技术规范、光缆线路施工的步骤及方式，并介绍了施工中常用的器件和测试仪器、故障检修的方法和排除步骤。第 8 章介绍了波分复用的工作原理、基本组成，详细介绍了系统所用关键器件的工作原理与技术参数，并给出了波分复用设备实例。第 9 章介绍了光纤网络的分类、拓扑结构，构成光纤网络的基本要素。第 10 章介绍了光通信有关系统和网络的最新技术。第 11 章介绍了光纤传感技术的基本知识。

本书参考教学时数为 62 学时（必修部分为 32 学时，选修部分为 30 学时）。

本书第 1 章和第 2 章由王辉编写，第 3 章和第 4 章由王平和王辉编写，第 5 章、第 6 章和第 7 章由王辉编写，第 8 章和第 9 章由于虹和王琛编写，第 10 章由王琛和王辉编写，第 11 章由华吉编写。本书由王辉统编定稿。

本书配有习题解答，采用本书作为教材的授课教师，如有需要，可与本书主编联系索取，联系方式：whfiber@sina.com。

由于作者认识的局限，书中难免有不当之处，敬望读者批评指正。

编　者

# 目　　录

# 第 1 章　绪　　论

**内容提要：** 本章介绍光纤通信的基本概念和特点、光纤通信系统的基本组成，讨论衰减、色散等光纤通信的基本技术问题和主要性能指标，并对该领域做回顾与展望，使读者对光纤通信的基本知识有较系统的了解。

**知识要点：** 光纤通信系统中光的特性；光纤通信系统的基本组成；衰减、色散、非线性效应；比特率和带宽、传输距离、通信容量。

**教学建议：** 学时 6，必修。

## 1.1　光纤通信的概念

### 1.1.1　什么是光纤通信

通信是各种形式信息的有效传递，为了实现这一目的，需要相应的技术设备和传输介质。

我们以调幅广播为例，话音信号经过话筒后转换为电信号，然后借助于频率范围为 526.5～1605.5kHz 的载波，将信号"装载"到载波上并通过发射天线发送出去，在接收端由接收天线再将其"卸载"下来，这个过程称为信号的调制和解调。调幅广播的传输介质是大气信道。

光纤通信是用光作为信息的载体，以光纤作为传输介质的一种通信方式。它首先要在发射端将需传送的电话、电报、图像和数据等信号进行光电转换，即将电信号变成光信号，再经光纤传输到接收端，接收端将接收到的光信号转换成电信号，最后还原成原信号。图 1.1.1 为光纤通信系统的构成示意图。

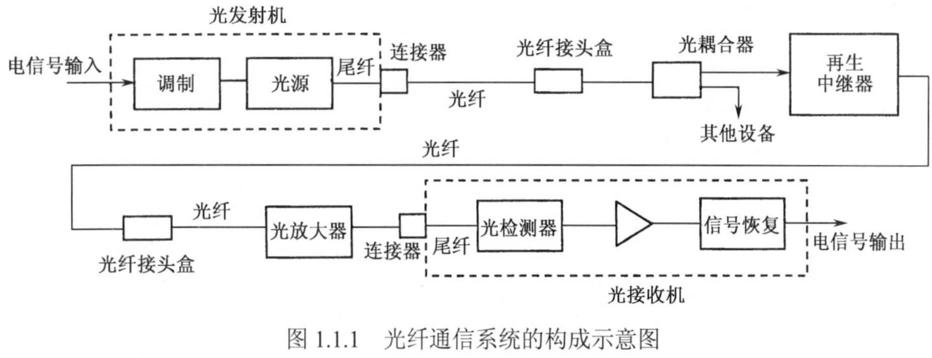


图 1.1.1　光纤通信系统的构成示意图

光纤通信系统可分为三个基本单元：光发射机、光纤和光接收机。光发射机由将带有信息的电信号转换成光信号的转换装置和将光信号送入光纤的传输装置组成。光源是其核心部件，由半导体发光二极管 LED（Light Emission Diode）或者激光二极管 LD（Laser Diode）构成；光纤在实用系统中一般以光缆的形式存在；光接收机由光检测器、放大电路和信号恢复电路组成。光发射机和光接收机也称为光端机。在光纤通信系统中还包括大量的有源、无源光器件，连接器起着各种设备与光纤之间的连接作用，光耦合器用于需要将传输的光分路或合路的场合，光放大器起着对光波放大的作用，用于弥补光信号传输一定距离后，因光纤衰减产生的光功率减弱。

### 1.1.2 光纤通信中光的作用及特性

在光纤通信系统中，光是信息的载体，光必须经过光纤传播，而在光发射机和光接收机中，核心部件承担着电/光、光/电转换的作用，由此可见光在光纤通信中的重要地位。光的性质有很多，下面将围绕光在光纤通信中的作用进行讨论。

**1．光作为载波，可以极大地提高信道的带宽**

带宽是信号进行传输且没有明显衰减的频率范围，信道的带宽越大，信道容量就越大。我们以模拟信号为例，说明信号携带的信息量与其所占的带宽有关。比如，话音信号的带宽约为 4kHz，电视图像信号的带宽为 6MHz，显然电视图像的信息量比话音信号的信息量大。所以信号占据的频带宽，意味着携带的信息量大，那么传输该信号的信道带宽也要随之增大。信道容量与信道带宽之间的关系可由香农·哈特利（Shannon-Hartley）定理表示：

$$C = B\log_2(1+\mathrm{SNR}) \tag{1.1.1}$$

式中，$C$ 为信道容量（单位为 b/s）；$B$ 为信道带宽（单位为 Hz），SNR 是信号功率与噪声功率的比值，称之为信噪比。由式（1.1.1）可见，增加信道带宽可以有效地提高信道容量。

信道的带宽又取决于载波的频率，载波频率越高，信道的带宽就越大，系统的信息传输能力也就越强。按经验，带宽大约为载波信号频率的十分之一。从图 1.1.2 的通信系统电磁波频谱可见，双绞线的工作频率可以到 300kHz，同轴电缆为 1GHz，微波波导传输信号的频率可高达 100GHz，而光纤通信所用光的频率范围为 100～1000THz，其带宽可达 50THz。目前单波长信号速率已达到 40Gb/s。

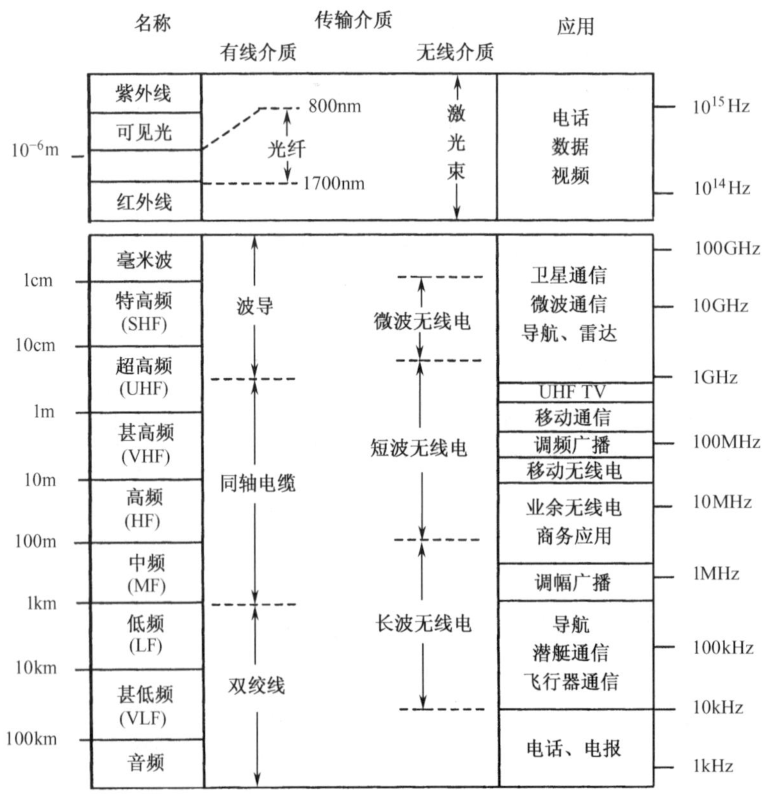


图 1.1.2 通信系统电磁波谱

**2．光在光纤中传输的工作波长由光纤特性决定**

可见光的波长范围为 400～700nm，从理论上来说，光还包括紫外线和红外线，其波长范围大约为 3～3×$10^6$nm，光纤通信光源使用的波长范围在近红外区内，波长在 800～1700nm 之间，属于不可见光，但这个范围的光不是都可以在光纤中传输的。事实上光纤对不同波长的光呈现的传输特性有很大差别，这里主要考虑光纤的衰减特性，也称为损耗特性，因为低损耗是实现光信号长距离无中继传输的前提。

光纤的损耗包含两个方面：一是因光纤材料（石英）和结构引起的吸收、散射等造成的损耗，二是组成系统时所产生的损耗，例如接插件连接损耗、弯曲损耗等，在此仅说明光纤本身的损耗。图 1.1.3 是一个典型的石英光纤损耗谱，由图可见，大约在 850nm、1310nm 和 1550nm 处有三个低损耗窗口，也称为透光窗口。第一代光纤通信系统工作在 850nm 附近，早期制造的光纤在这个区域有局部的最小损耗。现在通过降低光纤材料中氢氧根离子和金属离子的含量，已经可以制造在 1100～1600nm 范围内损耗极低的光纤，目前常用的工作波长在 1310nm 和 1550nm 处。三个窗口的衰减分别为：850nm 附近为 2dB/km，1310nm 附近为 0.5dB/km，1550nm 附近为 0.2dB/km。我们把 1530～1565nm 的波长范围称为 C 波段，这是目前高速大容量长距离系统常用的波段。

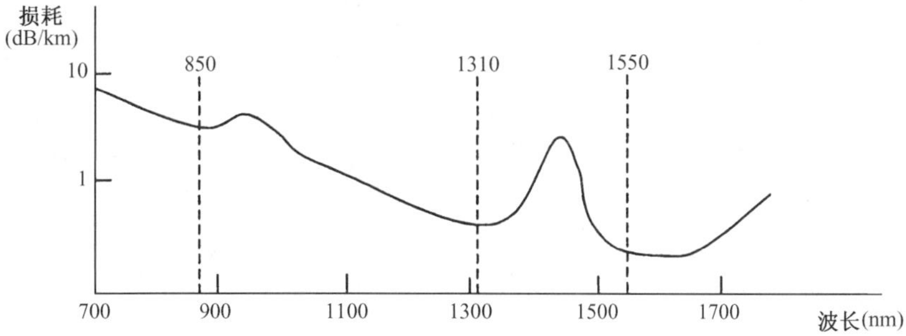


图 1.1.3　典型的石英光纤损耗谱

**3．光在光发射机和光接收机中的工作是基于光的辐射与吸收**

光发射机和光接收机中的光源和光检测器是基于半导体材料对光的辐射与吸收机理工作的。半导体材料的导电特性介于金属和绝缘体之间，其导电特性可以借助于图 1.1.4 所示的能带图来解释，纵轴表示能量，横轴长度没有意义。

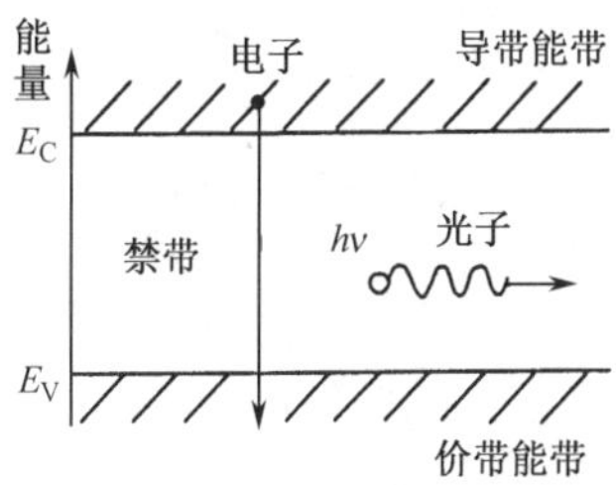


图 1.1.4　能带图

如果导带 $E_C$ 上的电子跃迁到价带 $E_V$ 上，其间的能量差（也称能带差）$E_g = E_C - E_V$ 将以光的形式放出，这个释放的能量被称作光子，光子的频率记作 $\nu$，它与能带差的关系为

$$E_g = h\nu \tag{1.1.2a}$$

或者

$$\lambda = hc / E_g \tag{1.1.2b}$$

式中，$h$ 为普朗克常数（$h$ = 6.626×$10^{-34}$J·s）；$c$ 为光速；$E_g$ 的单位是焦耳（J），但常用电子伏特（eV）表示，两者的换算关系为 1ev=1.6×$10^{-19}$J。$\lambda$的单位为米（m），但常用微米（μm）表示。我们可以通过控制半导体材料的成分来改变能带差，从而改变其发光波长。半导体发光二极管 LED 的工作正是基于电子从高能带跃迁到低能带将电能转变为光能的机理。把电流

注入半导体中的 PN 结上，则原子中占据低能带的电子被激励到高能带后，再跃迁到低能带上，它们将自发辐射出光子，如图 1.1.5（a）所示。

高能带中的电子实际上处于不同的能级，不可能都恰好带有相同的能量。当它们自发辐射到低能带的不同能级上时，根据式（1.1.2a）可知，这些光波的频率并不完全一样。另外这些光波还具有不同的相位和偏振方向，因此自发辐射光是一种非相干光，即不是单一频率、相位和偏振方向相同的光。

光检测器的工作过程则与 LED 相反，如果把能量大于 $E_g$ 的光照射到半导体材料上，则处于低能带的电子吸收该能量后被激励而跃迁到高能带上。我们可以通过在半导体 PN 结上外加电场，将处于高能带的电子取出，从而使光能转变为电能，如图 1.1.5（b）所示。

激光二极管 LD 的工作机理为受激发射，即在入射光的激发下，产生与入射光频率、相位、偏振方向及传播方向一样的发射光。当然，后者的强度远远大于前者，如图 1.1.5（c）所示。要实现受激发射需要两个条件：一是高能带上的电子密度要大于低能带上的电子密度，这种状态称为粒子数反转，可采用通过向半导体激光二极管注入正向电流的方式来实现粒子数反转；二是半导体激光器中必须存在光子谐振腔，并在谐振腔里建立起确定的振荡，从而得到单色性和方向性好的激光输出。

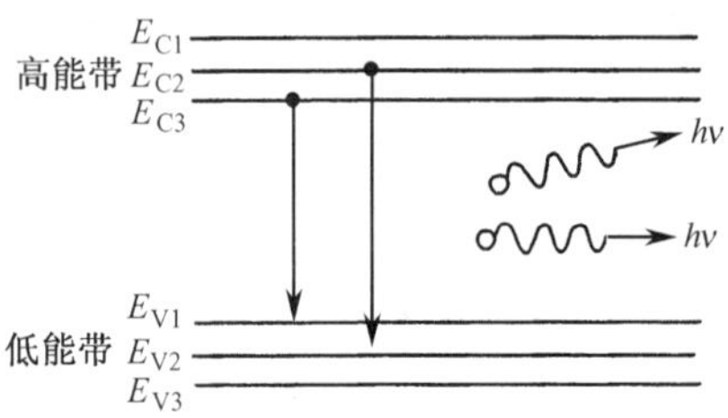


（a）光的自发辐射（发光二极管）

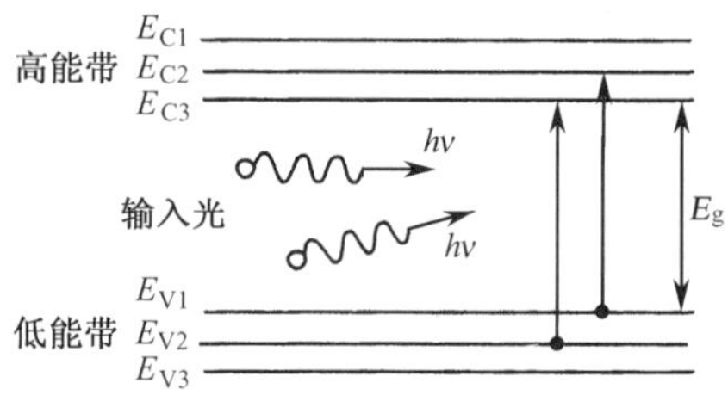


（b）光的吸收（光检测器）

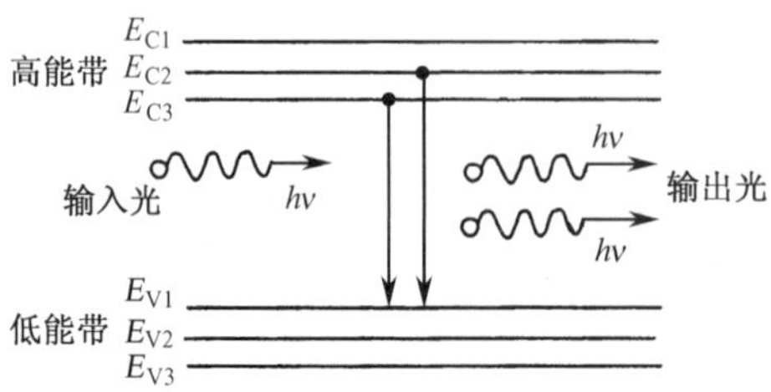


（c）光的受激发射（激光二极管）

图 1.1.5　半导体中光的自发辐射、受激发射和吸收

### 1.1.3　光纤通信的优势

光纤通信与其他形式通信的主要区别有两点，一是载波频率很高，二是用光纤作为传输介质，其优势体现在以下几个方面。

#### 1．信道带宽极宽，传输容量大

随着社会信息化进程的发展，人们对通信的依赖程度越来越高，对通信系统运载信息能力的要求也日趋增强。有线通信从明线发展到电缆，无线通信从短波发展到微波和毫米波，都是试图通过提高载波频率来提高信道容量。而光纤中传输的光波是迄今为止使用频率最高的载波，其传输容量无疑也是最高的。

限于器件等技术因素的制约，目前光纤通信应有的通信能力并没有完全发挥出来。例如，理论上一根光纤可以同时传输近 100 亿路电话和 1000 万路电视节目，而实用水平为每对光纤传输 48 万多路电话信号。

在实际使用中，常使用组合光纤数不等的光缆，加之一些新技术的应用，如密集波分复用技术，其传输容量可以满足任何条件下信息传输的需要。

**2．中继距离长**

所谓中继距离是指传输线路上不加放大器时信号所能传输的最大距离。当信号在传输线上传输时，由于传输线的损耗会使信号不断衰减，信号传输的距离越长，其衰减程度就越大。当信号衰减到一定程度后，对方就收不到信号了。为了延长通信的距离往往要在传输线路上设置一些放大器，也称为中继器，将衰减了的信号放大后再继续传输。显然，中继器越多，传输线的成本就越高，通信的可靠性也会降低。若某一中继器出现故障，就会影响全线的通信。

在通信系统设计中，传输线路的损耗是主要考虑的基本因素，表 1.1 列出了电缆和光纤每千米传输损耗。可见，光纤的传输损耗较之电缆要小很多，所以能实现很长传输的中继距离。在 1550nm 波长区，光纤的衰减系统可低至 0.2dB/km。它对降低通信成本，提高通信的可靠性及稳定性具有特别重大的意义。目前，光纤组成的光纤通信系统最大传输中继距离可达 200 多千米，而同轴电缆系统的最大传输中继距离仅为 6km。

**表 1.1　光纤和电缆的损耗比较**

| 线 路 类 型 | 损耗/dB/km |
|---|---|
| 对称电缆 | 2.06（4kHz 时） |
| 细同轴电缆<br>（$\phi$1.2/4.4） | 5.24（1MHz 时）<br>28.70（30MHz 时） |
| 粗同轴电缆<br>（$\phi$2.24/9.4） | 2.42（1MHz 时）<br>18.77（60MHz 时） |
| 850nm 波长多模光纤 | ≤3 |
| 1310nm 波长多模光纤 | <1 |
| 1310nm 波长单模光纤 | 0.36 |
| 1550nm 波长单模光纤 | 0.2 |

**3．抗干扰**

干扰是影响通信质量的重要原因。通信系统的干扰源很多，有天然干扰源，如雷电、电离层的变化和太阳黑子活动等；有工业干扰源，如电动机和高压电力线，还有无线通信的相互干扰等。干扰对通信系统的影响是通过干扰信号频谱落在通信系统工作频谱范围内产生的。为了降低干扰的影响，人们采取了数字通信、差错控制编码等措施，但并不能完全消除干扰对通信指标的劣化。而光纤中传输的光信号特定的频率范围，使它不易受各种电磁干扰的影响。同时光纤是由高纯度的二氧化硅材料制成的，不导电，也无电感效应，所以光纤通信系统可以从根本上解决多年来困扰人们的干扰问题。

**4．保密性好**

保密性好是对通信系统又一重要要求。保密要求已从国家政治、军事、经济情报等领域扩展到企业经济、技术乃至个人通信领域。对信息的窃取通常有三个途径：一是直接接入式窃听；二是窃听计算机和终端设备辐射的电磁场；三是窃听电缆源辐射的电磁场。对于第一种窃听可以采取保密口令，信息加密等技术。对于第二种窃听可以采取加强电磁屏蔽措施，但电缆系统的完全屏蔽通常是比较困难的。现代侦听技术已能做到在离同轴电缆几千米的地方窃听电缆中传输的信号。但光波在光纤中传输，不易泄漏出来，难以用传统的方法窃听其中的信息，同时，它也不会干扰其他通信设备的正常工作。

**5．节约有色金属**

光纤的主要原材料是来源丰富的二氧化硅。据测量，从上海至北京敷设一条电缆线路需要用铜 800 吨，铅 300 吨。如果用光纤代替铜、铅等有色金属。在保持同样的传输容量下，仅需要 10 公斤石英。因此，光纤通信技术的推广将节约大量的金属材料，具有合理使用地球资源的意义。

除上述列举的优势外，光纤还具有线径细、重量轻、寿命长等优点。光缆的直径很小，144 芯光缆横截面直径不到 18mm，而标准同轴电缆为 47mm，利用光纤这个特点可以解决地下管道拥挤问题。由于光纤的重量轻，它被应用于飞机制造，不但降低了通信设备的成本和飞机制造的成本，而且提高了通信系统的抗干扰能力和飞机设计的灵活性。

由于光纤通信的诸多优点，除了在公用通信和专用通信中使用外，它还在其他许多领域，如测量、传感、自动控制及医疗卫生等方面得到了广泛的应用。

光纤本身也存在一些缺陷。光纤在生产过程中其表面存在微裂纹，从而使光纤的抗拉强度低；光纤的连接必须使用专门的工具和仪表，光分路、耦合不是十分方便，光纤弯曲半径不能太小等，但这些缺陷的影响在实际工程和维护工作中都可以避免或解决。

## 1.2 光纤通信系统的基本单元

在上节中，我们已经对光纤通信系统的构成进行了初步介绍。光纤通信系统是由光发射机、光纤和光接收机三个基本单元构成的，这节将进一步讨论这三部分的功能。

### 1.2.1 光发射机

#### 1. 光源及其调制方式

如前所述，光发射机由将带有信息的电信号转换成光信号的转换装置和将光信号送入光纤的传输装置组成，而光源是光发射机的核心部件。目前光纤通信系统中常用的光源有发光二极管 LED 和激光器 LD 两种。这两种器件都是用半导体材料制成的，其主要参数和性能的比较如表 1.2 所示。

**表 1.2 LED 与 LD 的比较**

| 项　目 | LED | LD |
|---|---|---|
| 调制速率 | 几十兆赫兹 | 几吉赫兹 |
| 输出光功率 | 几毫瓦 | 几十毫瓦 |
| 光谱宽度 | 宽 | 窄 |
| 驱动电路 | 简单 | 复杂 |
| 温度影响 | 小 | 大 |
| 寿命 | $1\times10^6$ 小时 | $1\times10^5$ 小时 |
| 应用 | 低速、短距离 | 高速、长距离 |

光纤通信系统对光源的要求有以下几个方面：

① 光源发射的峰值波长必须位于光纤低损耗窗口之内，即为 850nm，1310nm 和 1550nm。

② 输出的光功率要足够高并且稳定。

③ 电光转换效率高，驱动功率低，寿命长，可靠性高。

④ 单色性和方向性好，以减小光纤材料色散效应，提高光源和光纤的耦合效率。

⑤ 调制特性好，响应速度快，以利于高速率、大容量数字信号的传输。

⑥ 输出特性（功率与电流的特性曲线）的线性度较高，可减小模拟调制时的非线性失真。

图 1.2.1 示出了 LED 和 LD 的外形图和输出特性。对于 LD 而言，当驱动电流由零开始增加时，输出功率增加并不多。只有当驱动电流大于阈值 $I_{th}$ 后，输出光功率才明显增加。随着驱动电流的增加，输出光功率的增加很快。对于 LED 而言，其输出特性基本呈线性。

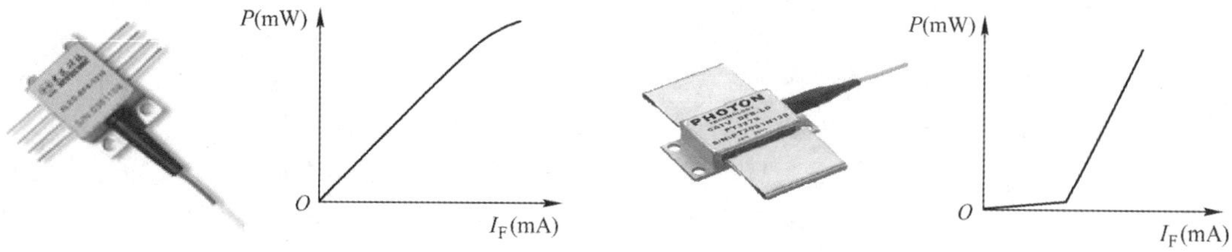


（a）LED 外形图和输出特性　　　　（b）LD 外形图和输出特性

图 1.2.1　光源的外形和特性

输入到光发射机的电信号要转换成适合驱动光源的电流信号后，才能加到光源上。电流信号可以是模拟信号（如有线电视系统中使用的视频信号），也可以是数字信号（如计算机数据）。由于光源输出的光功率与驱动电流的关系可知，当输入信号是模拟信号时，选择合适的工作点，可以得到变化规律相同的光功率信号。显然，输出特性的线性度越高，电光转换时的失真就越小。图 1.2.2（a）示出了模拟信号对光源调制的工作过程，图（b）为数字信号对光源的调制过程。

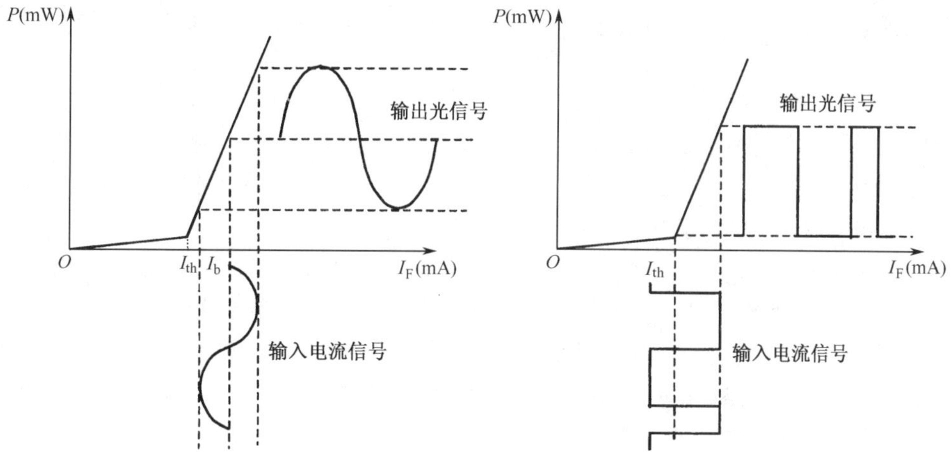


（a）模拟电流信号对光源的调制　　　　（b）数字电流信号对光源的调制

图 1.2.2　电信号对光源的调制过程

在此需要说明消光比的概念。消光比（Extinction Ratio）是分别代表逻辑 1 和逻辑 0 的最大功率和最小功率之比，通常以 dB 为单位来衡量，它是数字传输时光源的一项重要参数。作为一个调制好的光源希望全 0 码时没有光功率输出，否则它将使光纤系统产生噪声，造成接收机灵敏度降低。需要说明的是，我国对消光比的传统定义与上述刚好相反。

电信号对光源的调制有两种方式：一种称为直接强度调制（Intensity Modulation），如图 1.2.2 表明的那样，即用电信号对光源的注入电流进行调制，然后使输出光波的强度随调制信号而变化。图 1.2.3（a）为直接强度调制器原理框图。直接调制光载波的方式用得比较多，但由于它本质上是电领域的调试方式，所以受激光二极管调制特性的限制。当光纤通信向大容量高速化方向发展时，半导体光源本身的调制特性满足不了要求，则需要采用另一种调制方式——外调制方式来达到目的。图 1.2.3（b）示出了使用外调制器的光信号调制原理图。

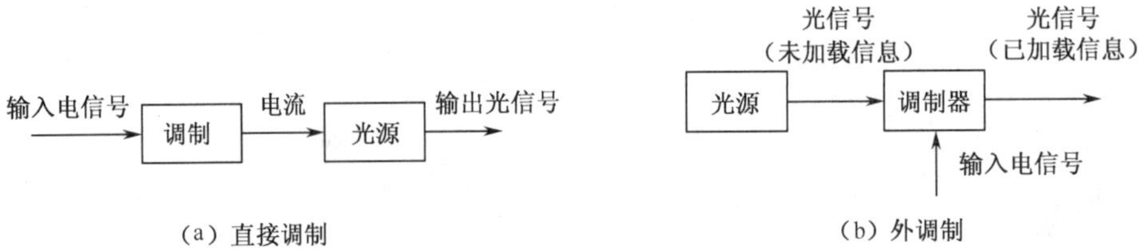


图 1.2.3 直接调制与外调制的原理框图

外调制器是利用晶体的电光、磁光和声光等效应对光辐射进行调制，即在光源光辐射产生后再加载调制信号。外调制器放置在光源输出端的光路上，在调制器上加调制电压后，使激光器输出的连续波，通过调制器转换成一个随时间变化的光输出信号。

目前在光纤通信系统使用的外调制器通常是铌酸锂（$LiNbO_3$）电光调制器。它采用了一个集成光学马赫-曾德尔（Mach-Zehnder）构成，简称为 M-Z 调制器，图 1.2.4 示出了一种双电极驱动构成的铌酸锂光调制器的电光路方框图。

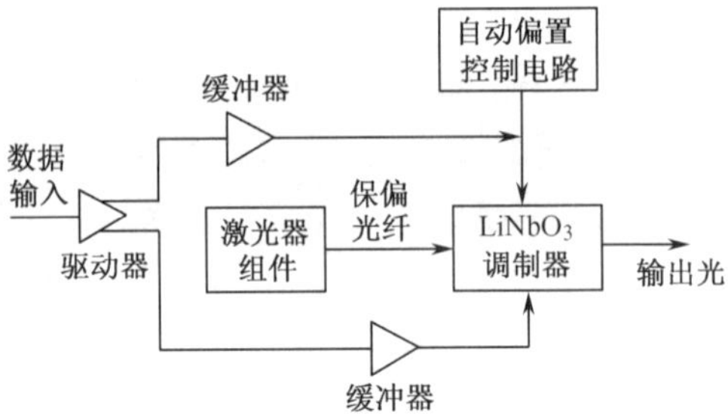


图 1.2.4 双电极驱动构成的 $LiNbO_3$ 光调制器的电光路方框图

**2．光发射机的辅助电路**

除光源外，光发射机还有与之匹配的直流偏置驱动电路、阻抗匹配电路、防止光从光纤返回的光隔离器，监视光源发射功率的监视光电二极管、自动功率控制电路和使光源恒温工作的温度控制系统。下面对其中主要部件的功能进行简单的介绍。

（1）驱动电路。对于直接强度调制的光源，必须给它提供恒定偏置电流和已调制的信号，它才能正常工作。这个功能是由驱动电路完成的。一般来说，驱动电路是一种电流开关电路。对它的基本要求是，既要有快的开关速度，又要保持良好的电流脉冲波形，另外，还得考虑其温度系数。因为环境温度的波动会引起供给电流的波动，所以现在几乎所有高性能的激光二极管都已采用具有可调节电流和温控装置的电路。

（2）自动功率控制电路 APC（Automatic Power Control）。激光二极管恒定的光输出功率对保证通信系统的正常工作有着至关重要的意义。而事实上，激光二极管的阈值电流容易随温度和器件的老化而变化，从而引起输出光功率的变化，所以必须配置自动功率控制电路。通过设置激光二极管背出光面的光电二极管对输出光的强度进行监测。光电二极管的输出被反馈给驱动电路，当光输出功率下降时，驱动电流增加，反之则减小，始终保持输出光功率为一恒定值。

（3）自动温度控制电路 ATC（Automatic Temperature Control）。激光二极管的许多关键因素（波长、阈值电流、效率、P-I 特性、斜率等）都与二极管的结温有着密切的关系，比如，对于波长为 1550nm 器件，每增加 1℃，频率变化 13GHz。工作温度还与激光二极管的寿命密切相关。据估算，每 30℃的温升会使其寿命降低一个数量级。因此，激光二极管工作时要有尽可能低的和稳定的温度。

帕尔帖（Peltier）温控装置是常用的一种激光二极管温度控制部件。它利用半导体材料的帕尔帖效应制成。由 P 型和 N 型两种不同的半导体组成的电偶，当直流电流通过时，一端吸收热量而另一端放出热量。这种效应被称为帕尔帖效应，可见帕尔帖温控装置是一种转移热的热电半导体器件，也称热电制冷器。它的散热方向取决于电流流动的方向，通常，由反馈回路中的温度传感器（热敏电阻）控制和供给温控装置组件电流的大小和极性。自动温度控制电路可使激光二极管的结温变化控制在0.1℃的范围内。

（4）光隔离器。光隔离器的作用是保护光源的激活区免受回射光的影响。实际上，当激光入射到光纤的端面时，其中的一部分将被反射回光源处。此外，连接器和机械接头也会将光反射回激光二极管。而光源（特别是激光二极管）对这一反射光是十分敏感的。它会增加LD的相对强度噪声（光源的一项噪声指标），从而影响整个光纤通信系统的性能。

现在，人们已经将激光二极管、监视光电二极管、光隔离器、热电制冷器、温度传感器、控制电路、驱动电路、自动温度控制电路、自动功率控制电路、尾纤等制成为光发射模块，集成在一个管壳内并组成光发射功能的器件。这样器件功能更加完善，性能也更加优异，用户使用更加方便，系统设计更加简便。所以说，器件的模块化已经成为发展的必然趋势。图1.2.5为其功能框图。图1.2.6为某光发射模块的实物图。

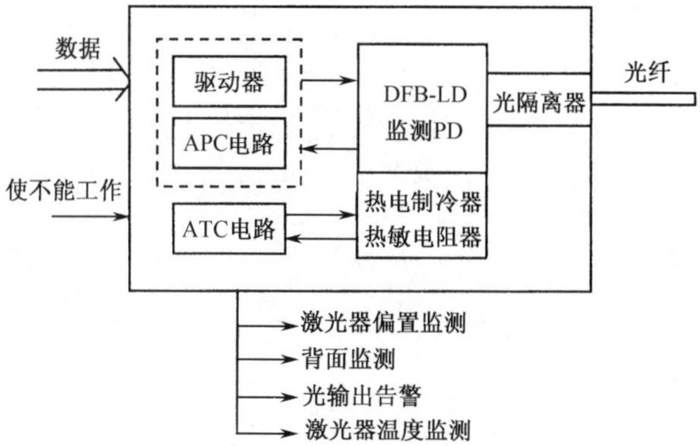


图 1.2.5　光发射模块功能框图

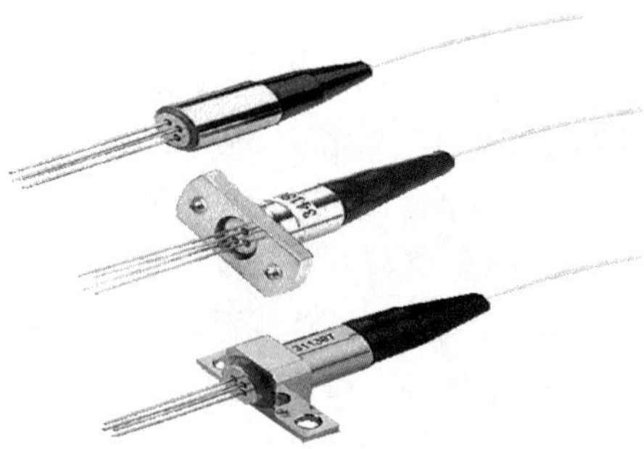

图 1.2.6　光发射模块实物图

## 1.2.2　光纤

### 1．光纤结构

光纤是通信系统的传输介质，是由两种不同折射率的石英玻璃（$SiO_2$）在高温下拉制而成的。阶跃型光纤的基本结构如图1.2.7所示，内层为纤芯，作用是传输光信号，外层为包层，作用是使光信号尽可能封闭在纤芯中传输。为了将信号限制在纤芯中，必须在纤芯和包层的界面实现光的全内反射，如图1.2.8所示。为此要求纤芯的折射率比包层的折射率略大，在纤芯中掺入极少量的杂质（如$GeO_2$）可达到这个目的。

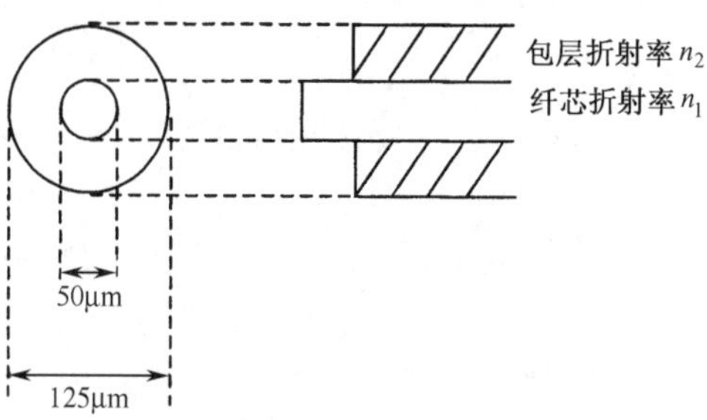


图 1.2.7　阶跃型光纤的基本结构

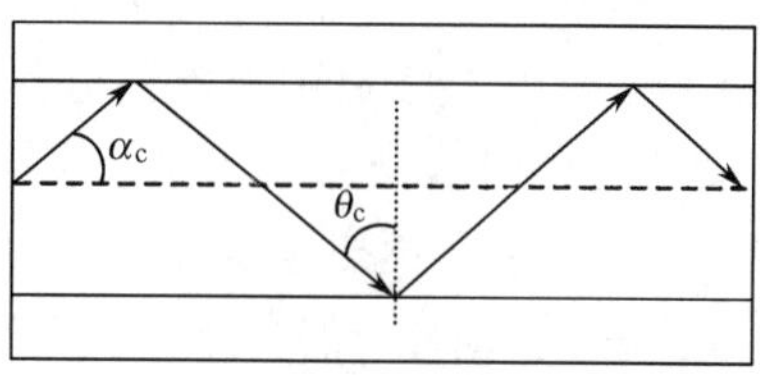


图 1.2.8　阶跃型光纤内部光的传输

设全反射的临界入射角为$\theta_c$，则由光学计算公式可知

$$\sin\theta_c = n_2 / n_1 \tag{1.2.1}$$

式中，$n_1$，$n_2$分别为纤芯和包层的折射率。图 1.2.8 中$\alpha_c$称为临界传播角，它是光线发生全反射时与光纤纵向轴线之间的夹角，有

$$\alpha_c = \arcsin\sqrt{1-(n_2/n_1)^2} \tag{1.2.2}$$

要保证光线在光纤内全反射，必须有传播角

$$\alpha \leqslant \alpha_c \tag{1.2.3}$$

**【例 1.2.1】** 某种光纤的纤芯和包层的折射率分别为 1.48 和 1.46，求临界传播角。

**解：** 由式（1.2.2）可知　$\alpha_c = \arcsin\sqrt{1-(1.46/1.48)^2} = 9.4°$

按照传送光的模式的不同，光纤分为单模光纤和多模光纤。单模光纤的纤芯直径大约几微米，主要传送 1550nm 波长的光，多模光纤的纤芯直径一般为几十微米，常用来传送 850nm 波长的光。单模光纤和多模光纤的包层直径一般都为 125μm。

**2. 光缆**

仅有纤芯和包层的光纤称为裸光纤，它的强度较差，柔韧性无法达到使用的要求。在光纤制造过程中，裸纤从高温炉拉出后，立即要经过涂覆层流水线进行涂覆。涂覆层的主要成分是环氧树脂和硅橡胶分子材料，具有如下的功能：

① 吸附性好，与裸光纤保持坚固的接触。

② 可剥离性，在光纤的连接中剥离力越小越好，以便于安装操作。

③ 柔韧性，可以保护光纤免受任何外部损伤。

④ 抗潮性，涂覆层可以保护光纤免受湿气影响，从而延缓光纤的老化，增强其稳定性。

⑤ 温度系数与裸光纤一致性，涂覆层的热膨胀系数应与裸光纤的热膨胀系数保持一致，否则，将会导致光纤发生压力的变化，造成光纤的微弯和较大的衰减。

涂覆层有单层和双层之分，在双层结构中，内层为软涂覆层，它提供较好的粘贴度和光纤衬垫。硬外层保护光纤以适用于多种环境及磨损。涂覆层的外径在 245～900μm 之间。

经过一两次涂覆（套塑）的光纤虽然具有一定的抗拉强度，但还是比较脆弱，经不起弯曲、扭曲和侧压的作用，无法投入实际应用。为了能使光纤用于多种环境条件下并便于敷设施工，必须将光纤制成光缆。图 1.2.9 为光缆实物图。

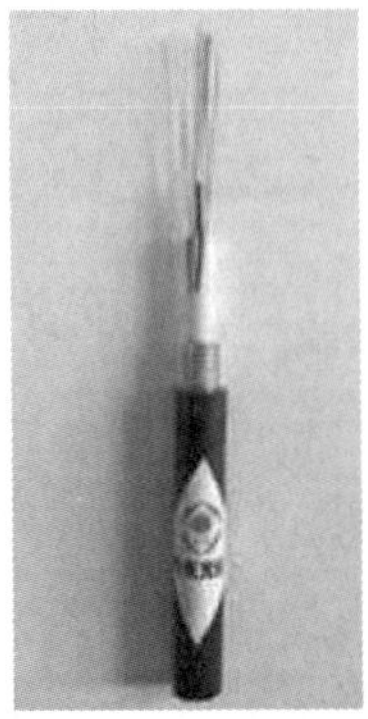

图 1.2.9　光缆实物图

### 1.2.3　光接收机

光接收机的主要作用是将接收到的微弱光信号转变为电信号，再经放大和处理，恢复为原来的形式。光接收机由光电检测器、放大器和相关电路组成。

根据应用不同，光接收机又分为模拟光接收机和数字光接收机。图 1.2.10 示出了模拟光接收机的组成，RF 表示模拟射频信号，其中光电检测器 PD（Photo Diode）是光接收机的核心。它的工作机理基于前面介绍的半导体材料的光电效应，光电检测器可以将光信号转变为电流信号。目前广泛使用的光电检测器有两种：本征型光电二极管（简称 PIN 管）和雪崩型光电二极管（简

称 APD）。PIN 光电二极管无放大能力，主要用于要求简单，性能不高的短距离通信系统，价格较为便宜。与 PIN 管比较起来，APD 具有内部增益高、响应速度快、光电转换效率高、光生电流大等特点，因此主要用于要求性能好、有高灵敏度的中长距离光纤通信系统中。对光检测器的主要要求是，高灵敏度，低噪声，响应速度快，足够的带宽，对温度变化不敏感等。

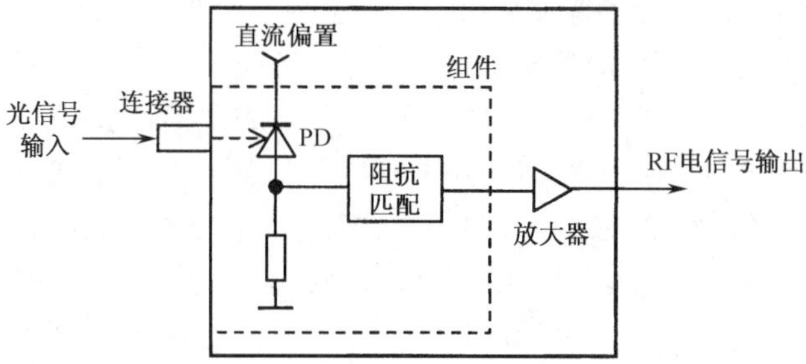


图 1.2.10　模拟光接收机的组成

对于光纤数字传输链路而言，由光发射机发出的光脉冲信号在沿着光纤传输时会发生衰减和失真，到达接收机经光检测器产生电流信号，经过放大器转换成电压信号后，还要用滤波器对失真的波形进行补偿，消除码间干扰并减小噪声影响。最后要用判决再生电路将滤波器的输出电压与阈值进行比较，再生出只有两个电平的数字信号，图 1.2.11 为数字信号在光纤链路上传输的示意图。

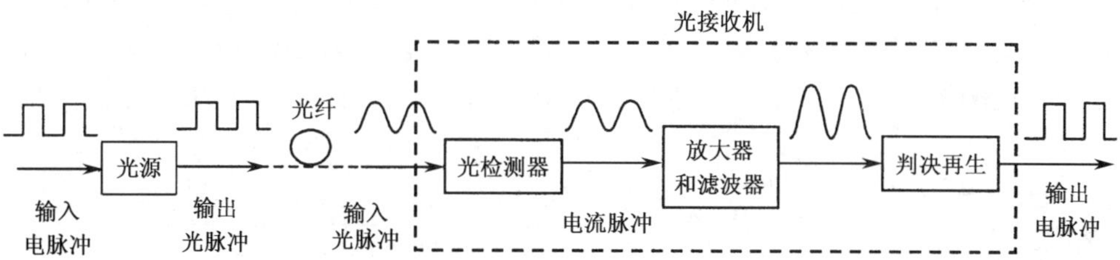


图 1.2.11　数字信号在光纤链路上传输示意图

将 PD 管、前置放大器、阻抗匹配和电路状态监视/警示电路及若干光学元件集成在一个管壳内可制成光接收模块，图 1.2.12 示出了光 CATV 接收模块的实物图。

图 1.2.12　光 CATV 接收模块实物图

光接收机的主要指标是灵敏度，它是指在满足给定误码率或信噪比条件下，接收机接收微弱信号的能力，工程上常用最低平均光功率 $P_{\min}$ 来描述，灵敏度表示为

$$S_{\mathrm{r}} = 10\lg P_{\min} \tag{1.2.4}$$

式中，$S_{\mathrm{r}}$ 的单位为 dBm，$P_{\min}$ 的单位为 mW。

光接收机的另一指标是动态范围 $D$，它是指在保证系统误码率指标要求下，接收机的最大允许光功率和最小允许光功率之比，即

$$D = 10\lg \frac{P_{\max}}{P_{\min}} \tag{1.2.5}$$

式中，$D$ 的单位为 dB。

### 1.2.4 光放大器

光信号沿光纤传输一定距离后，会因为光纤的衰减特性而减弱，从而使传输距离受到限制。通常，对于多模光纤，无中继距离约为二十几千米，对于单模光纤，不到 80km。为了使信号传送的距离更大，就必须增强光信号。光纤通信早期使用的是光－电－光再生中继器，需要进行光电转换、电放大、再定时脉冲整形及电光转换。这种中继器适用于中等速率和单波长的传输系统。对于高速、多波长应用场合，则中继的设备复杂，费用昂贵。在光纤网络中，当有许多光发送器以不同比特率和不同格式将光发送到许多接收器时，无法使用传统中继器，因此产生了对光放大器的需要。经过多年的探索，科学家们已经研制出多种光放大器。光放大器的作用如图 1.2.13 所示。与传统中继器比较起来，它具有两个明显的优势，第一，它可以对任何比特率和格式的信号都加以放大，即光放大器对任何比特率和信号格式是透明的。第二，它不只是对单个信号波长，而是在一定波长范围内对若干个信号都可以放大。

光放大器是基于受激辐射机理来实现入射光功率放大的，工作原理如图 1.2.14 所示。图中的激活介质为一种稀土掺杂光纤，它吸收了泵浦源提供的能量，使电子跳到高能级上，产生粒子数反转，输入信号光子通过受激辐射过程触发这些已经激活的电子，使它们跃迁到较低的能级，从而产生一个放大信号。泵浦源是具有一定波长的光能量源，以目前使用较为普及的掺铒光纤放大器来说，其泵浦光源的波长有 1480nm 和 980nm 两种，激活介质则为掺铒光纤。图 1.2.15 示出了掺铒光纤放大器中掺铒光纤（EDF）长度、泵浦光强度与信号光强度之间的关系。由图可知，泵浦光能量入射到掺铒光纤中后，将能量沿光纤逐渐转移到信号上，也即对信号光进行放大。当沿掺铒光纤传输到某一点时，可以得到最大信号光输出。所以对掺铒光纤放大器而言，有一个最佳长度，这个长度大约在 20～40m，要求 1480nm 泵浦光功率为数十毫瓦。

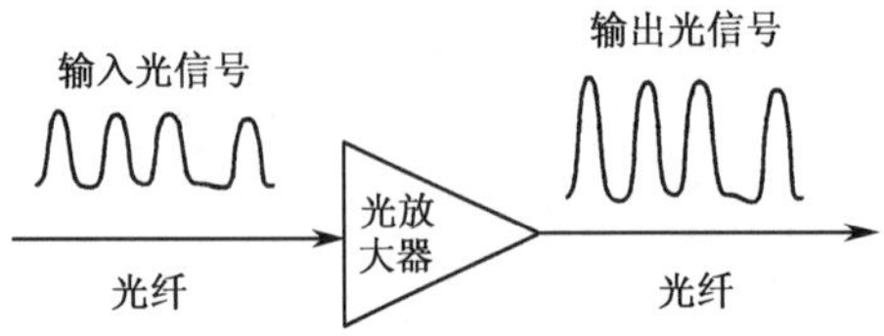


图 1.2.13 光放大器的作用

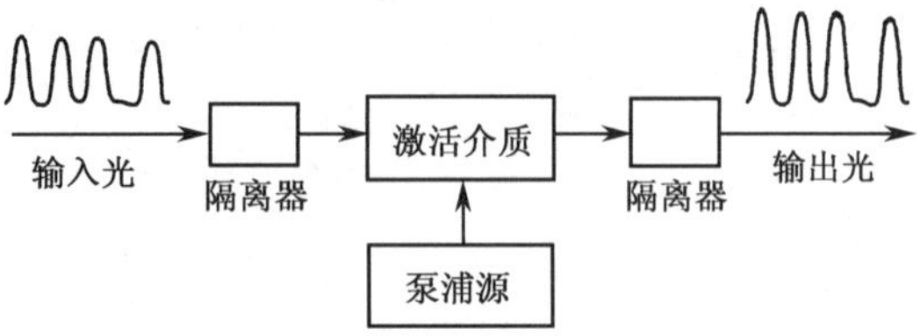


图 1.2.14 光放大器的原理

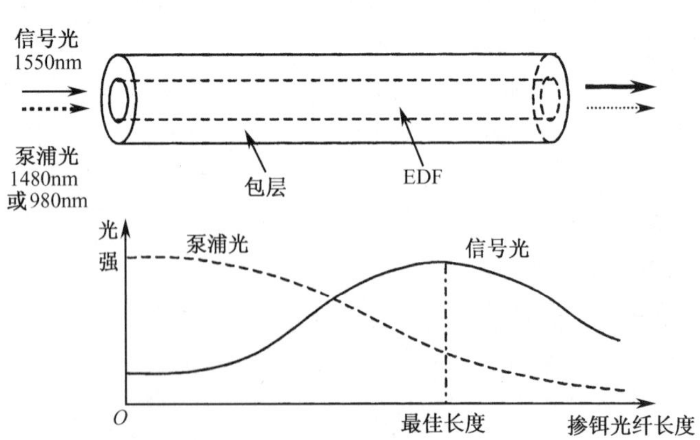


图 1.2.15 掺铒光纤中泵浦光功率与信号光功率之间的转换

需要指出的是，在图 1.1.1 关于光纤通信系统的构成中，再生中继器与光放大器的作用是不同的，用图 1.2.16 来说明。再生中继器可产生表示原有信息的新信号，消除脉冲信号传输后的展宽，将脉冲调整到原来水平，从这个意义上讲，光放大器并不能代替再生中继器。光放大器存在着噪声积累，而且不能消除色散对脉冲展宽的缺点。当信号的传输距离在 500～800 km 之间时，可采用光放大器来补偿信号的衰减，当超过这个距离时，再生中继器则是必不可少的。

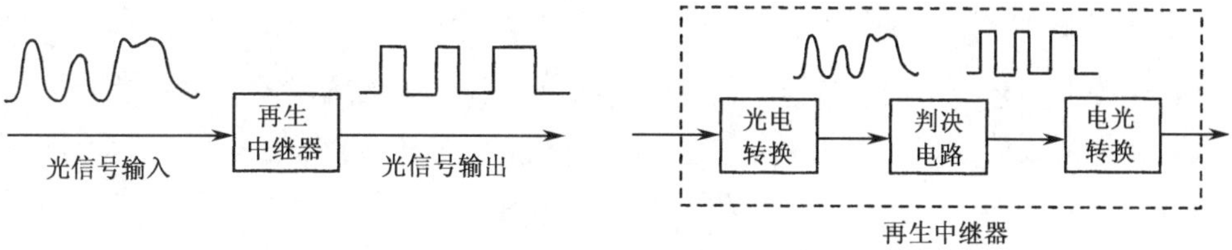


图 1.2.16　再生中继器

对光纤放大器的主要要求是，高增益，低噪声，高的输出光功率，低的非线性失真。图 1.2.17 示出了掺铒光纤放大器的实物图。

图 1.2.17　掺铒光纤放大器的实物图

## 1.3　光纤通信的基本问题

衰减和色散是因光纤特性而导致的光纤通信系统的基本问题，在传输光信号功率较高时，光纤的非线性效应影响则不能忽略。

### 1.3.1　衰减

这里的衰减指的是光信号功率在光纤传输过程中的损耗。它是由光纤特性决定的，也称为光纤衰减。光纤衰减是光纤最重要的特性之一，它在很大程度上决定了在无须信号放大和再生的条件下，光发射机和光接收机之间所允许的最大距离。由于光放大器、光中继器的制造、安装及维护费用较高，光纤衰减成为整个系统成本的决定性因素之一。

**1．衰减的表示**

光纤衰减的特性用衰减系数$\alpha$表示，光信号在光纤中传播时，其功率 $P$ 随着传输距离的增加按指数形式衰减，即

$$\mathrm{d}P/\mathrm{d}z = -\alpha P \tag{1.3.1}$$

设起始处（$z = 0$）的信号光功率为 $P(0)$，则在光纤中经过距离 $z$ 的传播后，其值为

$$P(z) = P(0)\mathrm{e}^{-\alpha z} \tag{1.3.2}$$

由此得到的衰减系数

$$\alpha = \frac{1}{z}\ln\frac{P(0)}{P(z)} \tag{1.3.3}$$

式中，$\alpha$ 单位为（1/km）；$P$ 的单位为毫瓦（mW）。

通常，工程用 dB/km 作为光纤衰减的单位，有

$$\alpha(\text{dB/km})=\frac{10}{z}\lg\frac{P(0)}{P(z)} \tag{1.3.4}$$

以后如不加以说明，均以式（1.3.4）的单位 dB/km 作为光纤衰减的单位。

**【例 1.3.1】** 一根光纤长 20km，衰减为 0.5dB/km，一端注入功率为 600 μW 的光信号，求其输出光功率。

**解：** 在光通信系统中，经常用 dBm 表示发射光功率，接收光功率，它是以 1mW 为基准的光功率相对量的单位，用下式计算

$$P=10\lg(P_0)(\text{dBm}) \tag{1.3.5}$$

式中，$P_0$ 的单位为 mW。显然 1mW 为 0dBm，1μW 为-30dBm。

首先利用式（1.3.5）将输入光功率单位转换为 dBm，有

$$P(0)=10\lg(600\times10^{-3})=-2.2(\text{dBm})$$

再由式（1.3.4），可得到在 $z=20\text{km}$ 时的输出功率（用 dBm 表示），即

$$P(20)=P(0)-\alpha z=-2.2(\text{dBm})-0.5(\text{dBm/km})\times20(\text{km})=-12.2(\text{dBm})$$

换回到以 W 表示的单位。因为 $P(20)(\text{dBm})=10P'(20)$，$P'(20)$ 以 mW 为单位，有

$$P'(20)=10^{-12.2/10}(\text{mW})=60.2(\mu\text{W})$$

**【例 1.3.2】** 一段 12km 长的光纤线路，其损耗为 1.5dB/km。试求：（1）如果在接收端保持 0.3μW 的接收光功率，则发送端的功率至少为多少？（2）如果光纤的损耗变为 2.5dB/km，则所需的输入光功率为多少？

**解：**（1）根据式（1.3.4），得到发送端的功率至少为

$$P(0)=P(12)10^{\alpha L/10}=18.93\mu\text{W}=-17.2\text{dBm}$$

（2）如果光纤的损耗变为 2.5dB/km，则所需的输入光功率为

$$P(0)=P(12)10^{\alpha L/10}=300\mu\text{W}=-5.2\text{dBm}$$

此题也可以用如下方法求解。

根据式（1.3.5），将接收端功率转换为 dBm 单位：

$$P(12)=10\lg(P)=-35.2\text{dBm}$$

（1）发送端的功率为

$$P(0)=P(12)+\alpha z=-35.2\text{dBm}+1.5\text{dB/km}\times12\text{km}=-17.2\text{dBm}$$

（2）光纤损耗变为 2.5dB/km，则所需的输入功率为

$$P(0)=P(12)+\alpha z=-35.2\text{dBm}+2.5\text{dB/km}\times12\text{km}=-5.2\text{dBm}$$

由上述例题可以看到，引入 dBm 单位后，可以简化一些计算，因此在工程应用中，经常用 dBm 作为光功率的单位。

**2．衰减的原因**

光纤衰减的原因有散射损耗、吸收损耗和弯曲损耗等，下面分别介绍。

（1）散射损耗

散射损耗是由于光纤材料密度的微观变化、成分的起伏、结构上的不完善及制造过程中产生的缺陷造成的。光在不均匀介质中的传播将被散射，散射效应破坏了在纤芯包层边界保持全反射的条件，部分光会穿出纤芯，造成功率损耗。这种散射也称为瑞利散射。它与波长的四次方成反比，在波长为 1550nm 时，瑞利散射损耗为 0.154dB/km。

（2）吸收损耗

在光纤制造过程，光纤中的氧（O）与氢（H）相结合形成 $OH^-$时，会造成对 1390nm 和 940nm 的光大量的吸收，如图 1.1.3 所示，它基于在本章 1.1 节中讨论的光的吸收机理。为了降低光纤的吸收损耗，已经研制出全波长光纤，它可在 1200～1650nm 范围内将损耗降得很低。$OH^-$也可以是因氢气进入光纤内部而形成的，例如在含有很多氢气的环境中使用光纤，或者光缆的金属部分在水中因腐蚀产生氢气时，都有可能出现光纤损耗大量增加的现象。

我们将 $OH^-$引起的衰减称为杂质吸收损耗。除此之外，还有光纤石英材料固有的吸收，称之为内部吸收。当波长大于 2μm 时，石英材料会产生谐振吸收光能，吸收带延伸到 1500～1700nm 波段，形成了光纤工作波长的上限。常用的石英光纤，内部吸收损耗在 1550nm 处，约为 0.02dB/km，但当波长为 1700nm 时，损耗增至 0.32dB/km，所以将 1650nm 看作为石英光纤工作波长的上限。

（3）弯曲损耗

由于在光纤敷设过程中，不可避免地会遇到需要弯曲的场合，光线从光纤的平直部分进入弯曲部位时，原来的束缚光线在弯曲部位的入射角减小，使得光纤纤芯和包层界面上的全反射条件遇到破坏，光束的一部分就会从光纤的纤芯中逃离出去，造成到达目的地的光功率比从光源发出的进入光纤时的光功率小，这就是弯曲损耗，如图 1.3.1 所示。

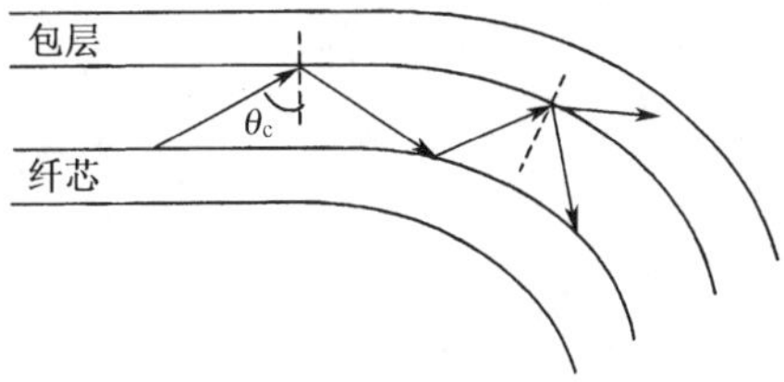

图 1.3.1　弯曲损耗

弯曲损耗是光信息传输衰减的主要原因之一，它与光纤敷设的弯曲半径有关，最小弯曲半径常作为光纤的一项参数给出。关于最小弯曲半径的经验数据是，对于长期应用，弯曲半径应超出光纤包层直径的 150 倍；对于短期应用，应超过包层直径的 100 倍。如果包层直径为 125μm 的话，这两个数值应分别为 19mm 和 13mm。

弯曲损耗的另一种形式是微弯损耗，它是由光纤受到侧向应力而产生微小形变而引起的，同样因不满足全反射条件而造成能量的泄漏。

利用光纤的弯曲损耗特性，可以在光纤链路上引入一些可控的衰减。在需要对光进行可控衰减时，通过将光纤绕上几圈就可以实现，所绕圈数和半径均可控制衰减量。

### 1.3.2　色散

从现象上看，色散导致光纤中的光信号在传输过程中产生失真并随着传输距离的增加越来越严重。对数字传输而言，色散造成光脉冲的展宽，致使前后脉冲相互重叠，引起数字信号的码间串扰，造成误码率增加；对模拟传输而言，它会限制带宽，产生谐波失真，使得系统的信噪比下降。从理论上分析，色散是由于光波中的不同频率分量以不同速度传输而产生不同的时间延迟的一种物理效应。

光纤色散主要包括模式色散、波导色散和材料色散。对于多模光纤，模式色散是主要的，材料色散较小，波导色散一般可以忽略；对于单模光纤，只有一个光模式（光线）在光纤中传输，所以不存在模式色散，只有材料色散和波导色散，而且材料色散是主要的，波导色散相对较小。下面对这几种色散加以介绍。

**1．模式色散**

在多模光纤中，纤芯的直径比较大，光源入射到纤芯中的光以一组独立的光线传播。这组光线以不同的入射角传播，入射角的范围从零度（直线）到临界传播角，如图 1.3.2 所示。我们将这些以不同传播角传输的光线称为不同的模式。在多模光纤中可以传播数百个模式的光波，显然，以临界传播角入射的光线经历的路程最长，所以它的轴向传播速度最慢；而与光纤横截面垂直入射的光线传播速度最快。

对于入射的光脉冲（在数字信号中表示 1），它可以分解成各个模式所携带的一组脉冲，如图 1.3.3 所示，由于它们各自在光纤中传输的时间不同，到光纤的输出端，各个模式的光脉冲组合起来，就形成了一个脉宽增加的光脉冲。

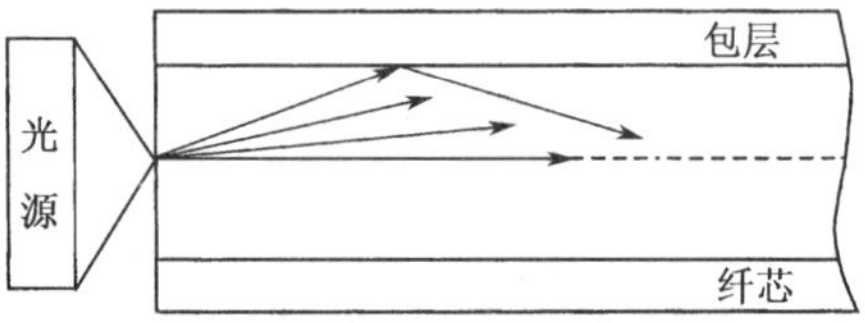


图 1.3.2　不同入射角的光线代表不同的模式

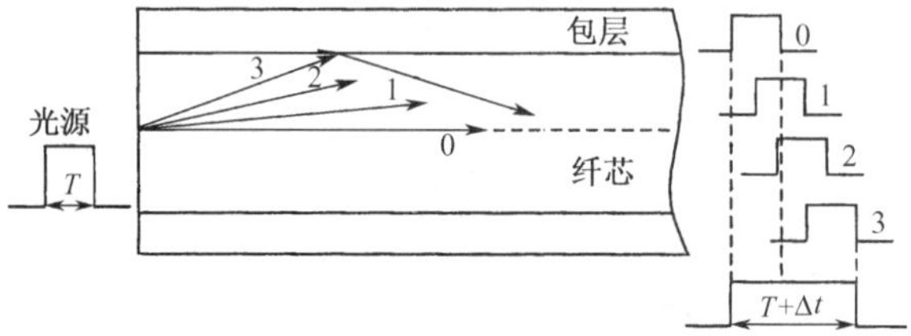


图 1.3.3　脉冲因多个模式的存在而引起的展宽——模式色散

我们将因多个不同模式的存在而引起脉冲展宽称为模式色散或模间色散。脉冲展宽的计算如下：设光纤的长度为 $L$，最低模式（也称为零级模式）沿中心轴线到达光纤输出端所需时间 $t_0$ 为

$$t_0 = L/v \tag{1.3.6}$$

式中，$v = c/n_1$ 为光在折射率为 $n_1$ 的纤芯中传输的速度；$c$ 为真空中的光速，最高模式（以临界角传播的光线）所需时间 $t_c$ 为

$$t_c = L/(v\cos\alpha_c) \tag{1.3.7}$$

式中，$\alpha_c$ 为临界传播角，$\cos\alpha_c = n_2/n_1$。脉冲展宽时间为

$$\Delta t = t_c - t_0 = \frac{L}{v}\left(\frac{1}{\cos\alpha_c} - 1\right) = \frac{Ln_1}{c}\left(\frac{n_1 - n_2}{n_2}\right) \tag{1.3.8}$$

习惯上记为

$$\varDelta = \frac{n_1^2 - n_2^2}{2n_1^2} \approx \frac{n_1 - n_2}{n} \approx \frac{n_1 - n_2}{n_1} \approx \frac{n_1 - n_2}{n_2} \tag{1.3.9}$$

为相对折射率，式（1.3.8）可以表示为

$$\Delta t = \frac{Ln_1}{c}\varDelta \tag{1.3.10}$$

很显然，如果光纤中传输的光只有零级模式，就可以消除模间色散；如果减小纤芯直径的尺寸，就可以减少模式数量；另外由式（1.3.10）可知，减小相对折射率，也可以有效地控制模间色散，这些就是单模光纤设计的基本思路。典型的单模光纤的纤芯直径和相对折射率分别是 8.3μm 和 0.37%，而渐变折射率光纤的这两个的数值分别是 50μm 和 2%。

**【例 1.3.3】** 一阶跃折射率光纤，已知 $n_1 = 1.486$，$n_2 = 1.472$，仅考虑模式色散，计算每 1km 长度的脉冲展宽。

**解**：利用式（1.3.10），光纤长度单位和光速单位分别取 km 和 km/s，则有

$$\Delta t = \frac{Ln_1}{c}\left(\frac{n_1 - n_2}{n_2}\right) = \frac{1\times 1.486}{3\times 10^5}\left(\frac{1.486-1.472}{1.472}\right) = 4.71\times 10^{-8}(\text{s}) = 47.1(\text{ns})$$

即光脉冲传输 1km 后宽度扩展了 47.1ns。

**2．波导色散**

引起波导色散的原因是：实际上进入单模光纤中的光信号功率大约只有 80%在纤芯中传播，另外 20%在包层传输，由于纤芯和包层有不同的折射率，所以这两部分的传输速度不同，在包层中传播的光功率速度要更快一些，因而在光纤输出端，脉冲会展宽。

波导色散引起的单位长度脉冲展宽$\Delta\tau$可由下式计算，即

$$\Delta\tau = \frac{\Delta t}{L} = |D_{\text{w}}(\lambda)|\Delta\lambda \tag{1.3.11}$$

式中，$D_{\text{w}}(\lambda)$是波导色散系数，单位为$\text{ps/(nm}\cdot\text{km)}$，它与光纤的设计参数有关；$\Delta\lambda$为光源的线宽，即光源辐射光的波长范围；$L$为光纤长度。

**3．材料色散**

材料色散是由于纤芯材料的折射率随波长变化，引起各个模式的群速率（光脉冲包络线速度）都随着波长的变化而造成的。在单模光纤内，即使光经过完全相同的路径，也会发生脉冲的展宽，因为光源发出的光不是单一波长的，而是存在一定的波长范围$\Delta\lambda$。

材料色散的单位长度脉冲展宽可表示为

$$\Delta\tau = \Delta t / L = |D_{\text{m}}(\lambda)|\Delta\lambda \tag{1.3.12}$$

式中，$D_{\text{m}}(\lambda)$为材料色散系数，单位为$\text{ps/(nm}\cdot\text{km)}$。

波导色散和材料色散的总和称为色度色散，图 1.3.4 为单模光纤的色散系数。

**【例 1.3.4】** 光源 LD 的线宽$\Delta\lambda = 2\text{nm}$，工作波长为 1310 nm，计算单模光纤每 km 因材料色散造成的脉冲展宽。

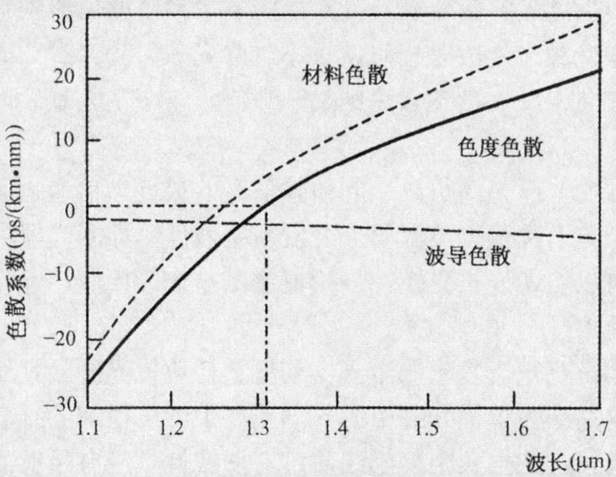


图 1.3.4　单模光纤中波导色散和材料色散与波长的关系

**解**：由图 1.3.4 可知，在$\lambda = 1310\text{ nm}$处，光纤的材料色散系数为$D_{\text{m}}(\lambda) = 2\text{ ps/(nm}\cdot\text{km)}$，所以有

$$\frac{\Delta t}{1\text{km}} = |D_{\text{m}}(\lambda)|\Delta\lambda = 2\times 2(\text{ps/(nm}\cdot\text{km)}\cdot\text{nm}) = 4(\text{ps/km})$$

### 1.3.3 非线性效应

在常规光纤系统中，光纤一般呈现线性传输的特性，但当入射到光纤中的光功率较大时，光纤对光的响应将呈现非线性，光纤的参数不再是恒定的，而是依赖于光强的大小。

光纤中的非线性效应主要有自相位调制 SPM（Self Phase Modulation）、受激拉曼散射 SRS（Stimulated Raman Scattering）、受激布里渊散射 SBS（Stimulated Brillouin Scattering）、交叉相位调制 XPM（Cross Phase Modulation）和四波混频 FWM（Four Wave Mixing）。

**1．自相位调制**

自相位调制是指当输入光信号的光强变化时，光纤的折射率随之改变，从而引起光波的相位产生变化，与光纤的色散相位结合后，将导致光波频谱展宽，并随长度的增加而积累。SPM 对高速窄脉冲的传输影响较大。

**2．交叉相位调制**

交叉相位调制是指当两个或多个不同波长的光波在光纤中同时传输时，它们将通过光纤的非线性而相互影响，导致某个波长光信号的相位受到其他波长光信号功率的调制，引起信道间的串音。

**3．四波混频**

四波混频是指当多个具有较强功率的光波信号在光纤中混合传输时，将导致产生新的波长成分。四波混频不仅导致信道的光能损耗，信噪比下降，而且还会产生信道干扰，限制光纤通信系统的容量。

**4．受激散射**

受激散射分为受激拉曼散射和受激布里渊散射。受激拉曼散射是指当较强功率的光入射到光纤中时，会引起光纤材料中的分子振动，对入射光产生散射作用，它可以造成波分复用系统中的短波长信道产生过大的信号衰减，从而限制了系统的信道数目。

受激布里渊散射与受激拉曼散射相似，只不过强光入射到光纤中时引起的是声子振动，散射光方向与光传输方向相反。当光强达到某一数值，将产生大量后向传输的波，对光通信造成不良的影响。

光纤中的非线性效应，一方面可以引起传输信号的损耗、信道之间的串话、信号频率的移动等不良后果，另一方面又可以被利用来开发新型器件，如激光器、放大器、调制器等。另外，四波混频效应可以实现波长变换，自相位调制与光纤色散相互作用可以形成光孤子，使光孤子通信成为可能。

在光纤通信系统中，高输出功率的激光器和低损耗单模光纤的使用，使得光纤中的非线性效应越来越显著，这是因为单模光纤中的光场主要束缚于很细的纤芯内，场强非常大，低损耗又使得大的场强可以维持很长距离的缘故，对非线性效应有足够的重视。

## 1.4 光纤通信系统的主要性能指标

### 1.4.1 比特率和带宽

比特率和带宽是衡量数字通信系统和模拟通信系统的主要指标。

**1．比特率**

比特率也称为信息速率，是信道上每秒钟内所传输的比特数，单位为比特/秒，写成 b/s，常用符号 B 表示。在数字光纤通信系统中，数字信号的“1”、“0”用光脉冲的“有”、“无”来表示，因为光纤存在着色散效应，光脉冲沿着光纤传输会慢慢展宽，两个相邻的光脉冲传输一定距离后会发生重叠，从而使接收端设备不能做出正确的判断，如图 1.4.1 所示。

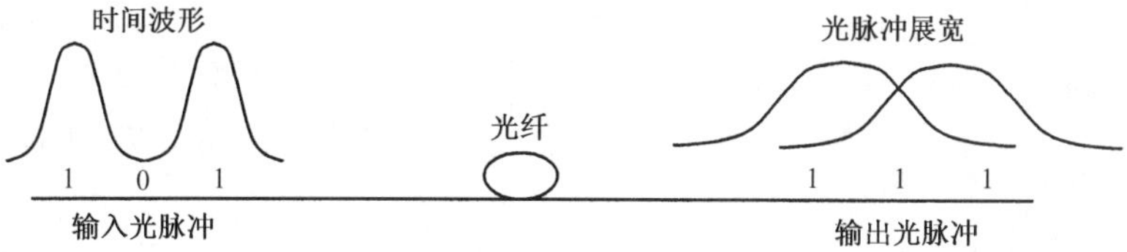


图 1.4.1　光纤色散效应形成的比特率限制

假设输入光脉冲是宽度为 $T$ 矩形，到达接收端的延迟和展宽分别是 $t$ 和 $\Delta t$，为了将相邻的两个脉冲分辨出来，要求它们的间距不小于 $2\Delta t$，这就要求输入光脉冲的间距也不小于 $2\Delta t$，如图 1.4.2 所示。于是得到最大比特率的计算式为

$$B_{\max}=\frac{1}{2\Delta t} \tag{1.4.1}$$

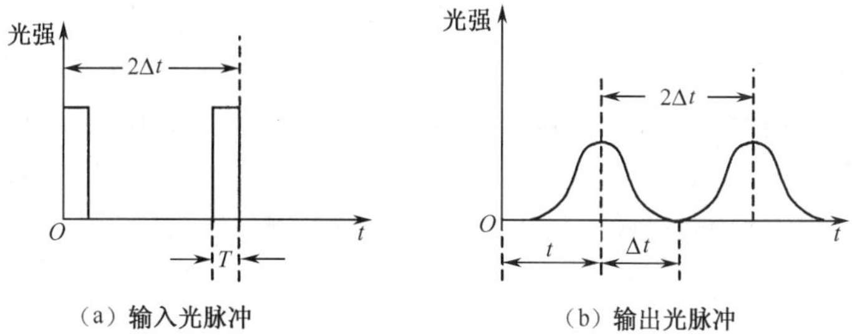


图 1.4.2　比特率与脉冲展宽

**【例 1.4.1】** 计算例 1.3.2 中可传输光脉冲的最大比特率。

**解：** 假设输入光脉冲的宽度 $T$ 与模式色散产生的展宽 $\Delta t$ 相比可以忽略不计，则最大比特率为

$$B_{\max}=\frac{1}{2\Delta t}=\frac{1}{2\times4.71\times10^{-8}}=10.6(\text{Mb/s})$$

光纤色散是比特率受限的主要原因。为了解决这个问题，研制出了多种类型的光纤和各种补偿色散的技术，如渐变折射率光纤，色散补偿光纤等。

需要说明的是数字光纤通信系统的比特率除了受光纤限制外，还受到一些关键器件的影响，如光源、光检测器和光放大器等，人们一直在致力于高速光电子器件的研制，以适应高速光通信的发展。

2．带宽

带宽是一个频率范围，在这个频率范围之内，信号可以不失真地进行传输，它反映了模拟传输系统运载信息的能力。带宽分为电带宽和光带宽两种表述，如图1.4.3所示，它们分别用$\Delta f_{\mathrm{el}}$和$\Delta f_{\mathrm{opt}}$表示。

由于光纤带宽也受限于其色散效应，所以它与比特率之间存在着对应的关系，这将在下一章讨论。

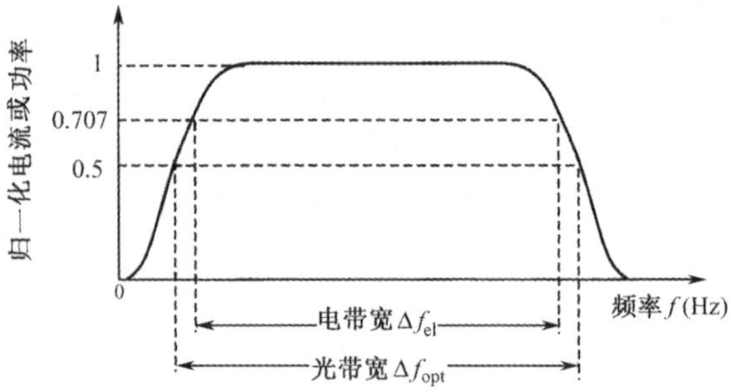

图1.4.3　模拟信号的带宽

## 1.4.2　传输距离

这里讨论的传输距离指的是中继距离。光纤的衰减和色散是限制传输距离的两大主要因素，而它们对传输距离影响程度与工作波长以及比特率有关，由图1.1.3可见，在短波窗口850nm波段，光纤存在着较大的损耗，大约为2dB/km，根据传输信息的比特率不同，中继距离一般在10～30km之间，在长波段窗口，尤其在1550nm波长处，光纤存在最低损耗，中继距离最大可达200km。

仅考虑光纤损耗，光信号沿光纤传输的最大距离$L$可用式（1.3.4）计算，将它改写为

$$L=+\frac{10}{\alpha_{\mathrm{f}}}\lg\frac{P_{\mathrm{out}}}{P_{\mathrm{rec}}} \tag{1.4.2}$$

式中，$\alpha_{\mathrm{f}}$为光纤的损耗，单位为dB/km，包括熔接和连接损耗；$P_{\mathrm{out}}$为光源最大平均输出功率；$P_{\mathrm{rec}}$为接收机探测器的最小平均接收光功率，两者单位均为mW。

图1.4.4为只考虑光纤损耗的传输系统示意图。图中的接头是用熔接机将光纤连接起来时形成的，因接头引起的损耗$L_{\mathrm{S}}$对单模光纤来说可以做到小于0.1dB。连接器也是连接光纤的方式之一，它是用高精度结构的机械装置使光纤纤芯紧密接触的，光纤纤芯接触得越紧，同心度越高，则连接损耗$L_{\mathrm{C}}$越小。单模光纤使用连接器相连时，连接损耗可以做到0.5dB以下。

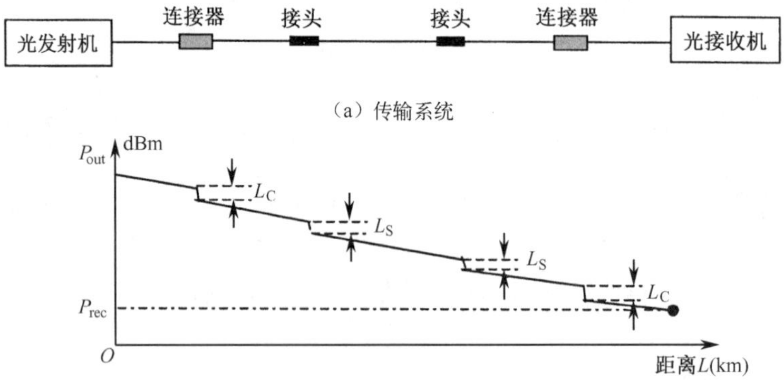

图1.4.4　光纤传输系统及损耗

当光纤系统的信息传输速率较高时，色散对传输距离起到主要的限制作用，图1.4.5示出了各种类型光纤的传输距离与传输速率之间的关系曲线，图中实线表示损耗对传输距离和比特率的限制，虚线表示受色散限制。各种光纤的意义将在第2章中做进一步的介绍。

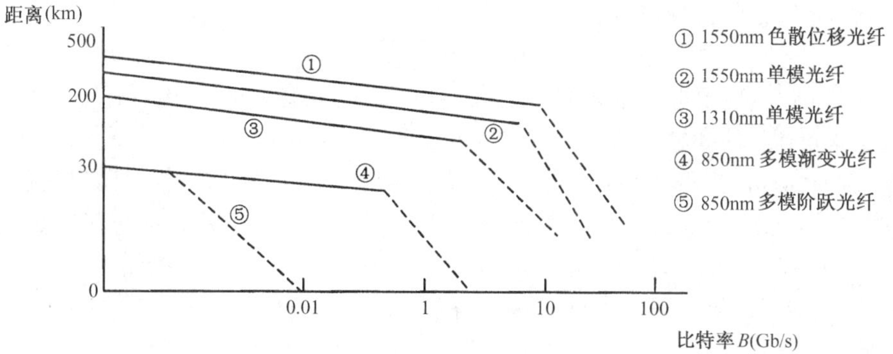


图 1.4.5　光纤的传输速率与传输距离的关系曲线

### 1.4.3　通信容量

光纤通信系统的通信容量用比特率–距离积 *BL* 来表示，*B* 为系统传输信息的比特速率，*L* 则是中继距离，单位是（Mb/s）• km。通信容量也可以用带宽–距离积来表示，单位是 MHz • km。通信容量与光纤的类型、工作波长及使用的激光器类型等诸多因素有关。

对于工作于 850nm 的阶跃折射率多模光纤，比特率–距离积被限制在 50（Mb/s）• km 左右，因此除了短距离传输的低速率数据，一般都不采用阶跃折射率多模光纤。工作于 1550nm 的色散位移光纤系统的 *BL* 积可达到 1600(Gb/s) • km，如图 1.4.5 所示。

## 1.5　光纤通信技术的回顾和展望

### 1.5.1　回顾

利用光载波远距离传输信道的设想在 19 世纪就被提了出来，但是因为光源和传输介质这两个基本限制一直未得到发展。

1966 年，英籍华裔科学家高锟（Charles Kao）首次提出了光纤传输光信号的理论。他研究了光在石英玻璃中严重损耗的问题，发现玻璃纤维的损耗不是固有的，而是由于其中含有过量的铬、铜、铁与锰等金属离子和其他杂质造成的，其次是拉制光纤时的工艺造成了纤芯、包层分界面的不均匀及其所引起的折射率不均匀。通过降低材料中的杂质含量和改善工艺，可以使光纤成为实用的光传输介质。随后在 1970 年，康宁（Corning）公司研制出衰减为 20dB/km 的光纤。同年，贝尔（Bell）实验室研制成功室温下可以连续工作的铝镓砷（AlGaAs）半导体激光器，它体积小，功耗低，效率高，是光纤通信中的理想光源。这两项研究成果的出现，使光纤通信得到了迅速发展。

1977 年在芝加哥相距 7km 的两个电信局之间进行了数字光纤通信系统传输试验。使用的速率为 44.736Mb/s，采用的光纤工作波长为 850nm，衰减为 2.54dB/km，光源采用铝镓砷半导体激光器。光电探测器采用硅材料制作，它成为第一代光纤通信的标志。第一代光纤通信的特征是采用 850nm 的多模光纤，光纤损耗为 2.5～3dB/km，传输速率为 50～100Mb/s，中继距离为 8～10km。大约在 1980 年，进入了工作波长为 1310nm、使用多模光纤传输的第二代光纤通信时代。该波段是石英光纤的第二个低损耗窗口，且有最低的色散，相应的光源采用铟镓砷磷（InGaAsP）/铟磷（InP）半导体激光器，光电探测器采用锗材料，传输速率为

140Mb/s，中继距离为 20～50km。

1983 年实现了使用单模光纤在 1310nm 波长传输的第三代光纤通信。单模光纤较多模光纤色散低得多，损耗也更小，降至 0.3～0.5dB/km，中继距离为 50～100km。这一代光纤通信广泛地应用于长途干线和越洋通信中，如日本敷设了一条从北海道到冲绳岛纵贯南北的光缆干线，全长 3400km，采用 24 芯单模光纤光缆，传输速率为 400Mb/s。美国也从东西海岸各敷设了一条光缆干线，长度分别为 600km 和 270km，芯数为 144 芯。后来在 1985 年，又敷设了 2002km 的南北干线，增设了总长为 50km 的光缆，把美国的 22 个州连接形成了长途光缆干线网。国际上第一条海底光缆于 1986 年在北海海底敷设，它连接了英格兰和比利时。美国到欧洲的跨大西洋海底光缆在 1988 年敷设，长度为 5 600km，到欧洲后分成两个分支，一路经 500 多千米到英国，另一路经 300 多千米到法国，它的语音信道为 80 000 路，为了补偿信号衰减，沿光缆每隔 50km 安装了一个转发器。

20 世纪 80 年代后期，进入了使用单模光纤在 1550nm 波段上传输的第四代光纤通信阶段。1550nm 是石英光纤的最低损耗窗口，损耗为 0.2dB/km，传输速率达 2.5Gb/s，中继距离为 80～120km。在这个时期，掺铒光纤放大器的出现成为光纤通信发展史上的重要里程碑。1986 年，英国南安普敦大学制作了最初的掺铒光纤放大器。当作为掺铒光纤放大器的泵浦源，980nm 和 1480nm 的大功率半导体激光器研制成功后，掺铒光纤放大器趋于成熟，进入了实用化阶段。掺铒光纤放大器研制成功的意义不仅在于可进行全光中继，它还多方面推动了光纤通信的发展。尤其是在波分复用 WDM（Wavelength Division Multiplexing）光纤通信系统中的应用，波分复用是将一根光纤分割成多个光信道，从而成为充分利用光纤带宽，有效扩展通信容量的一种光纤通信方式，这项技术使光纤通信进入了高速光纤通信阶段。

自 1995 年以来，光纤通信的发展进入了第五代。其主要特征是采用了密集波分复用（DWDM）对光纤系统传输容量进行扩容。到 2002 年，商用 DWDM 系统容量已达 160×10Gb/s（1.6Tb/s），实验室水平为 256×42.7Gb/s（10.932Tb/s）。

### 1.5.2 趋势

目前，光纤通信的发展趋势可以从这几个方面来透视。

**1. 光纤传输容量的提高**

随着社会的发展，信息的传输量需求大幅度提高，提高通信容量的主要途径是减小信道间距，扩展带宽以及采用混合复用技术，信道间距是在带宽不变的条件下，增加光信道数目从而提高 WDM 系统的通信容量的一种方法。扩展带宽是针对传统光纤传输系统主要工作在低损耗 C 波段（1530～1565nm）而言的。在此基础上，已经开辟了长波段 L（1565～1625nm）与短波段 S（1460～1530nm）两个波段，并且实现了三个波段信号的同时传输。而混合复用技术是由单一复用技术向多种复用技术混合使用的方向发展，如双向传输的波分复用、偏振复用（PDM）与波分复用混合方式，波分复用与码分复用（CDM）混合方式等。当单信道码率达到 40Gb/s 以上时，信号必须采用光时分复用。光时分复用利用了高速光开关将多路光信号在时域里复用到一路上的技术，其基本原理是在发送端的同一载波波长上，把时间分割成周期性的帧，每一帧再分割成若干个时隙，然后根据一定的时隙分配原则，使不同的信源在每帧内按照指定的时隙向信道发送信号，接收端在同步的条件下，分别在各个时隙中取回各自的信号。表 1.3 为 2001 年 OFC 会议论文中出现的光纤通信系统传输实验数据。

**表 1.3　光纤通信系统传输实验数据**

| 信道数×码率（Gb/s） | 复用方式 | 传输距离(km) | 工作频段 | 信道间隔 | 使用光纤 |
|---|---|---|---|---|---|
| 96×11.4 | WDM+CDM | 3800 | C | 37.5 | NZ-DSF |
| 25×40 | PDM+TDM | 1500 | C | 100 | 色散管理光纤 |
| 101×10 | WDM | 9000 | C | 33 | $D^+/D^-$ |
| 80 | 双向 WDM | 400 | C | 25 | |
| 122×10 | WDM | 7221 | L | 37.5 | $D^+/D^-$+DCF |
| 300×116 | WDM | 7380 | C+L | 25 | 标准光纤+RDF |
| 273×40 | WDM | 117 | S+C+L | 50 | |

### 2．宽带光放大器

随着光纤通信的带宽从 C 波段到 L 波段及 S 波段的发展，要实现长距离传输，对光放大器带宽提出了新的要求，宽带光放大器成为研究的热点。前述的掺铒光纤放大器（硅化物）工作在 C 波段，其平坦增益带宽为 30nm，它对波分复用系统有较大的限制。碲化物掺铒光纤放大器的增益带宽高到 50nm（1560～1610nm）时增益光谱覆盖了 C 和 L 两个区域。而覆盖全光波段（1270～1670nm）拉曼光纤放大器的研究已经成熟，已有每信道 10Gb/s 波分复用系统（40 个信道）利用分布拉曼放大方式传输 1 600km 和 10Gb/s 波分复用（105 个信道）利用分布拉曼放大方式传输 8186km 的实验报道。正在研制中的宽带放大器还有掺铥光纤放大器，其工作波段为 1450～1480nm，增益漂移的掺铥光纤放大器工作波段为 1480～1510nm。

### 3．密集波分复用系统中的光源复用和解复用器

按照通信间隔的差异，波分复用 WDM 又可分为粗波分复用 CWDM（Coarse WDM，信道间隔小于 20nm），密集波分复用 DWDM（Dense WDM，信道间隔小于或等于 1.6nm），超密集波分复用 SDWDM（Super DWDM，信道间距小于或等于 25GHz），信道间隔可用频率表示，也可用波长表示，两者之间的关系是

$$\Delta f = (c\Delta\lambda)/\lambda^2 \tag{1.5.1}$$

介于 CWDM 和 DWDM 之间的波分复用，为前述的一般波分复用。在 DWDM 和 SDWDM 系统中，要求采用可调谐光源替代固定波长光源以降低通信系统的成本，波分复用可调谐光源的基本要求是输出波长稳定，波段间隙小。目前研制的可调谐激光器主要有以下几种方式：可调分布反馈激光器，分布布拉格反射激光器，垂直腔表面发射激光器，外腔二极管激光器，可调锁模激光器和可调光纤激光器。可调锁模激光器已经能输出 32 个信道波长。波长从 1535.5～1560.5nm，信道间隔为 100GHz。

复用/解复用器是组合和分离不同波长信号的装置，制作光复用/解复用的技术很多，其中阵列波长光栅 AWG（Arrayed Wavelength Grating）由于结构具有复用/解复用双向对称功能，信道数几乎不受限制而成为研究的热点，如现在已经能制作 400 个信道、25GHz 间距的 AWG，它可以覆盖整个 C 和 L 波段。AWG 除了最基本的复用/解复用功能外，还便于与其他器件集成，如和集成电吸收调制器/半导体光放大器构成 32 波长直接可调锁模激光器，与点阵式交叉滤波器集成构成 WDM 滤波器等，AWG 器件具有尺寸小、易于集成、性能稳定和

制作成本低等优点，它正受到越来越多的关注。

**4．偏振模色散补偿技术**

偏振模色散是由于光纤不圆度、光纤内部残留应力、环境温度变化等因素导致的光纤内部产生双折射现象。它导致了在垂直光纤轴线的平面内两个相互正交偏振的基模光场的传输速度不同，从而产生了脉冲展宽。因为偏振模色散对系统的损害在码率较高时（大于 10Gb/s）较为明显，所以，它成为高速光通信系统发展的主要障碍之一。目前抑制和补偿偏振模色散的技术主要有：制作超低偏振模色散光纤；选择信号码型（如归零码）以抑制偏振模色散；在 DWDM 系统中，相邻信道采用正交入射的方法抑制偏振模色散等。

## 本章小结

光纤通信系统就其基本组成而言有三部分：光发射机、光纤和光接收机，读者应掌握它们的概念和作用。作为光传输媒质的光纤，其衰减性能决定了它的工作波长以及光系统的作用距离，这个局限可由光放大器大大缓解。光纤的色散则限制了传输数据的速率。输入到光纤中光强的大小对光纤特性也有影响，这就是非线性效应。通信容量作为光纤通信系统主要性能指标也是读者应掌握的基本内容。

## 习题

1.1　已知语音信道的带宽为 3.4kHz，问：

（1）接收机信噪比 $S/N=30$dB 时的信道容量。

（2）设光载波波长为 1.31μm，且系统带宽是载波频率的 1%，该系统可容纳语音信道的数量是多少？

1.2　光纤的传输窗口有哪些？

1.3　分别计算波长为 820nm、1550nm 的光子能量。设某个激光器工作波长等于 650nm，光功率为 0.5mW，求该激光器每秒发射的光子数。

1.4　已知某光源具有的能级为 1.8eV，请判断其辐射光的颜色。（500nm 绿，700nm 红，1eV=$1.602\times10^{-19}$J）

1.5　光纤通信的优缺点是什么？

1.6　光发射机的主要部件是什么，试述其作用。

1.7　阶跃光纤纤芯折射率为 1.467，相对折射率为 0.3%，计算包层折射率及临界入射角。

1.8　光接收机的灵敏度是怎样定义的？

1.9　光放大器与再生中继器的作用有何区别？

1.10　某衰减系数为 0.2dB/km 的光纤，如果其入射光功率为 1mW，在传输 5km 后，输出功率是多少？

1.11　当光在损耗 23dB 及 35dB 的光纤中传输时，光功率衰减了百分之几？

1.12　某阶跃折射率光纤，光纤参数为：$n_1$=1.5，$n_2$=1.485，纤芯直径是 100μm。问弯曲半径为多少时沿光纤轴线传输的光线将穿透包层不再在光纤内传输。

1.13　求某光纤链路的长度。已知光发射功率为 2mW，光接收机灵敏度为−15dBm，光纤衰减为 0.5dB/km。

1.14　解释色散产生的机理。

1.15　已知渐变折射率光纤参数如下：NA=0.20，$n_1$=1.486，试计算其因模式色散所引起的脉冲展宽和

传输 1km 的最大比特率。（$\mathrm{NA}=\sqrt{n_1^2-n_2^2}$ ）

1.16　设光源波长为 860 nm，谱宽 $\Delta\lambda = 70\text{nm}$ ，光纤色散系数为−15 ps/ (nm • km)，光纤长 10km，求色度色散造成的脉冲展宽。

1.17　将波长为 1.55μm、码率为 2.5Gb/s 的光信号用单模光纤传输时，最大传输距离为多少千米？设光信号的频谱宽度为 0.1nm。

1.18　光纤通信系统的通信容量是怎样定义的？它受哪些因素的限制。

# 第2章 光 纤

**内容提要：** 本章用几何光学和波动方程两种方法说明了光在光纤中的传输机理，介绍光波在光纤中的分布模式，分析了单模光纤和多模光纤的色散及衰减特性以及它们对系统带宽的影响，讨论色散补偿方案、单模光纤中的非线性效应，最后介绍光纤制作工艺、光纤产品及其使用特性。

**知识要点：** 光纤结构与类型；数值孔径、传播时延、时延差；波动方程及其解，导波模模式；单模传输条件；衰减、色散与带宽的关系；色散补偿方案；非线性效应；光纤制作，光纤产品和特性。

**教学建议：** 学时8，必修。

光纤是光纤通信系统的传输介质，它具有传输损耗低、传输容量大的特点。对于光纤而言，其衰减和色散特性是影响系统性能的主要因素。当入射到光纤内的光功率较大时，光纤呈现的非线性效应对系统的传输会产生较大的影响。

随着技术的发展，光纤的性能也不断地得到改善，新的光纤品种不断出现，其价格也逐年下降，应用范围得到了进一步的扩展。为了对光纤通信系统有一个全面的了解，必须认识光纤的工作原理及其性能，以便根据实际使用环境选择光纤产品，保证光纤性能稳定、系统可靠地运行。

本章用几何光学和波动方程两种方法阐述了光纤中光的传输机理，在此基础上，对单模光纤和多模光纤传输特性进行了分析，并介绍了光纤制作工艺、光纤产品及光纤的使用特性。

## 2.1 光 纤 结 构

按照光纤横截面上径向折射率的分布特点，我们把光纤分为阶跃折射率光纤和渐变折射率光纤两大类。

### 2.1.1 阶跃折射率光纤

阶跃折射率光纤的折射率分布如图 2.1.1 所示。图 2.1.1（a）、（b）分别为单模和多模阶跃折射率光纤示意图。

图中，$2a$ 为纤芯直径，$2b$ 为包层直径，纤芯和包层的折射率都是常数，分别为 $n_1$ 和 $n_2$。为了满足光在纤芯内的全内反射条件，要求 $n_1 > n_2$。在纤芯和包层分界面（$r = a$）处，折射率呈阶跃式变化，用数学形式表示为

$$n = \begin{cases} n_1, & r < a \\ n_2, & a \leqslant r \leqslant b \end{cases} \tag{2.1.1}$$

多模阶跃光纤由于存在着较大的模间色散，在使用上受到了很大限制。

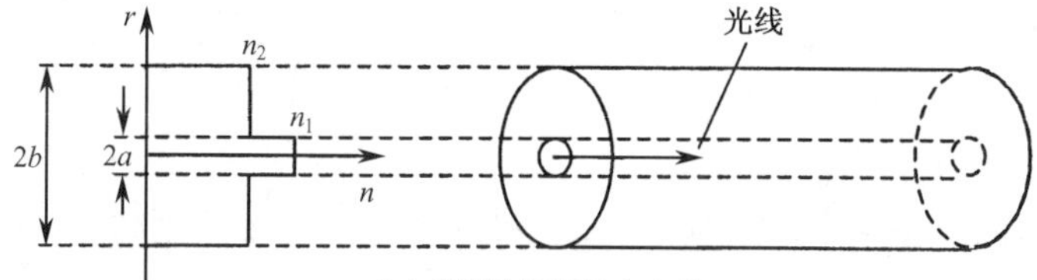


（a）单模阶跃折射率光纤

（b）多模阶跃折射率光纤

图 2.1.1　阶跃折射率光纤示意图

### 2.1.2　渐变折射率光纤

渐变折射率光纤纤芯中折射率不是常数，而是在纤芯中心有最大值，为 $n_1$，并沿径向（$r$ 方向）按一定的规律逐渐减小至 $n_2$，包层中折射率不变仍为 $n_2$。其折射率分布为

$$n(r)=\begin{cases} n_1\left[1-2\Delta\left(\dfrac{r}{a}\right)^{\gamma}\right]^{1/2}, & r<a \\ n_2, & a\leqslant r\leqslant b \end{cases} \tag{2.1.2}$$

式中，$r$ 是光纤的径向半径；参数 $\gamma$ 决定折射率形式，对于抛物线型光纤，$\gamma=2$，当 $\gamma=\infty$ 时，即为阶跃型光纤；$\Delta$ 为相对折射率差，其定义见式（1.3.9），$\Delta$ 值越大，把能量束缚在纤芯中传输的能力越强，对渐变多模光纤而言，其典型值为 0.015。

图 2.1.2 为多模渐变折射率光纤中折射率分布和光线传输示意图，与阶跃型光纤不同的是，光线传播的路径是连续的弯曲线。

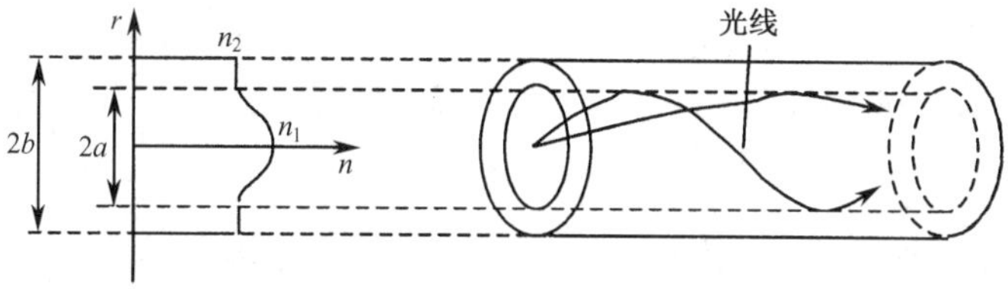


图 2.1.2　多模渐变折射率光纤中折射率分布和光线传输示意图

表 2.1 列出了阶跃型单模光纤、阶跃型多模光纤和渐变型多模光纤的典型参数。

**表 2.1　不同类型光纤的典型参数**

| 参　　数 | 阶跃型单模光纤 | 阶跃型多模光纤 | 渐变型多模光纤 |
|---|---|---|---|
| $\Delta$ | 0.003 | 0.02 | 0.015 |
| 芯径 $2a$（μm） | 7～10 | 100 | 50～62.5 |
| 包层直径 $2b$（μm） | 125 | 140 | 125 |
| 可用光源 | LD | LED | LED、LD |
| 工作波长 | 1310,1550 | 850，1310，1550 | 850，1310，1550 |
| 应用场合 | 长距离、高速率 | 短距离、低速率 | 中距离、高速率 |

## 2.2 光纤传输原理

由物理学可知，光具有粒子性和波动性，对其分析也有两种方法：一是几何光学分析法，二是波动方程分析法。

### 2.2.1 几何光学分析法

几何光学分析法是用射线光学理论分析光纤中光传输特性的方法。这种分析方法的前提条件是光的波长要远小于光纤尺寸，用这种方法可以得到一些基本概念：全内反射、数值孔径等，其特点是直观、简单。

**1．全内反射**

光在不同介质中的传播速度不同，描述介质对光这种作用的参数就是折射率，折射率与光之间的关系为

$$n = c/v \tag{2.2.1}$$

式中，$c$ 是光在真空中的传播速度，$c=3\times10^8$m/s；$v$ 是光在介质中的传播速度；$n$ 是介质的折射率。空气的折射率近似为 1。折射率越高，介质材料密度越大，光在其中传播的速度越慢。

在均匀介质中，光是直线传播的，当光由一种折射率介质向另一种折射率介质传播时，在介质分界面上会产生反射和折射现象，如图 2.2.1 所示。

由斯涅尔定律可知，入射光、反射光以及折射光与界面垂线间的角度满足下列关系

$$\begin{cases} \theta_1 = \theta_3 \\ n_1 \sin\theta_1 = n_2 \sin\theta_2 \end{cases} \tag{2.2.2}$$

式中，$\theta_1$、$\theta_2$ 和 $\theta_3$ 分别称为入射角、折射角和反射角。

我们将折射率较大的介质称为光密介质，折射率较小的称为光疏介质，由式（2.2.2）可知，当光由光疏介质进入光密介质时，折射角小于入射角，即 $\theta_2 < \theta_1$；反之，光由光密介质进入光疏介质时，折射角大于入射角，$\theta_2 > \theta_1$。在这种情况下（$n_1 > n_2$），随着入射角的增大，折射角也增大，当 $\theta_2 = 90°$ 时，折射光将沿着分界面传播，此时对应的入射角 $\theta_1$ 称为临界入射角，记为 $\theta_c$。

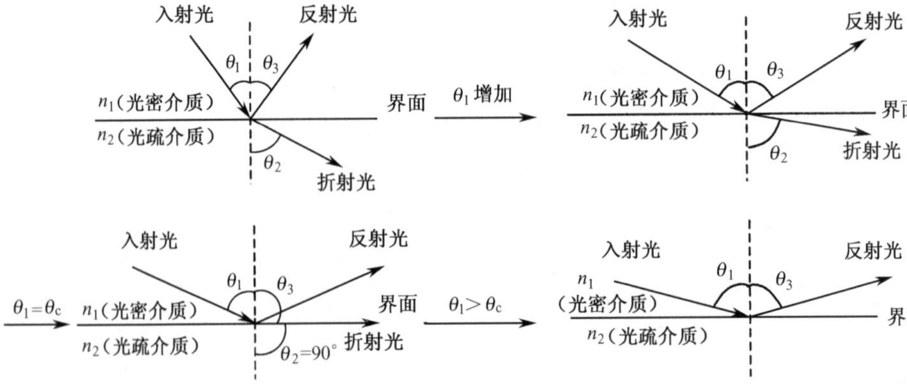


图 2.2.1 光由光密介质向光疏介质的入射

由式（2.2.2）可求得临界入射角：$n_1 \sin\theta_c = n_2 \sin 90°$，即

$$\theta_c = \arcsin\left(\frac{n_2}{n_1}\right) \tag{2.2.3}$$

如果入射光的入射角$\theta_1 > \theta_c$，所有的光将被反射回入射介质，这种现象称之为全反射，光纤就是利用这种折射率安排来传导光的：光纤纤芯的折射率高于包层折射率，在纤芯与包层的分界面上，光发生全内反射，沿着光纤轴线曲折前进，如图 2.2.2 所示。我们将光纤内的光线分成两类：一类是子午光线，如图 2.2.2（a）所示。另一类是斜光线，如图 2.2.2（b）所示。子午光线是在与光纤轴线构成的平面（子午面）内传输，斜光线则在传播的过程中不固定在一个平面内。

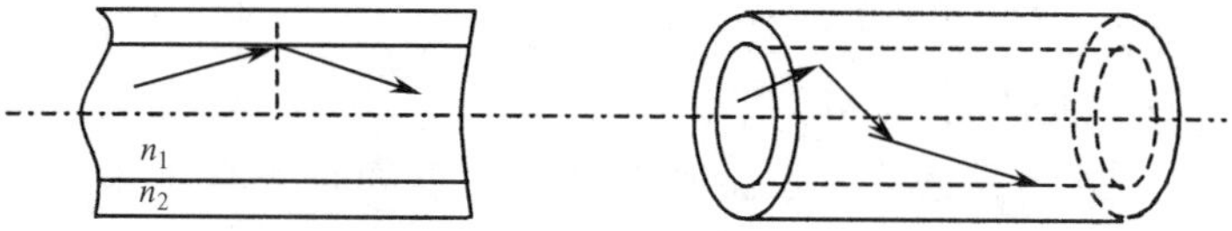

（a）子午光线　（b）斜光线

图 2.2.2　子午光线和斜光线

**2．数值孔径**

数值孔径是光纤一个非常重要的参数，它体现了光纤与光源之间的耦合效率，即光纤收集光功率的能力。图 2.2.3 示出了光源发出的光进入光纤的情况。

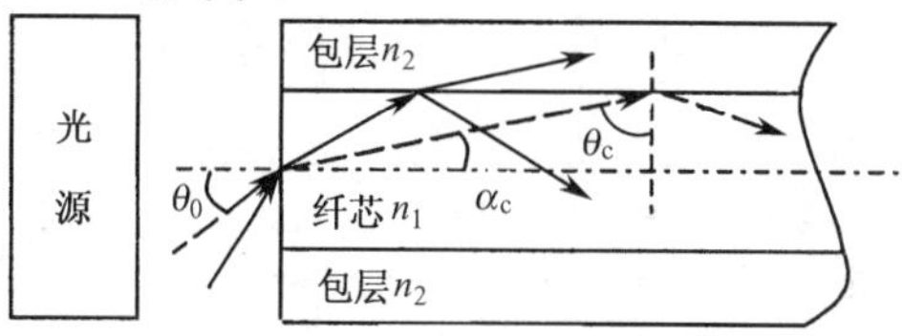


图 2.2.3　光源出射光与光纤的耦合

光源与光纤端面之间存在着空气缝隙，入射到光纤端面上的光，一部分是不能进入光纤的，而能进入光纤端面内的光也不一定能在光纤中传输，只有符合特定条件的光才能在光纤中发生全内反射而传播到远方。由图 2.2.3 可知，只有从空气缝隙到光纤端面光的入射角小于$\theta_0$，入射到光纤里的光线才能传播。实际上$\theta_0$是个空间角，也就是说，如果光从一个限制在$2\theta_0$的锥形区域中入射到光纤端面上，则光可被光纤捕捉。

设空气的折射率为$n_0$，在空气与光纤端面上运用斯涅尔定律，有

$$n_0 \sin\theta_0 = n_1 \sin\alpha_c \tag{2.2.4}$$

式中，$\alpha_c$与临界入射角$\theta_c$之间的关系为

$$\alpha_c + \theta_c = 90° \tag{2.2.5}$$

由式（2.2.4）和式（2.2.5）可得

$$\sin\theta_0 = \frac{n_1}{n_0}\sin\alpha_c = \frac{n_1}{n_0}\cos\theta_c = \frac{n_1}{n_0}(1-\sin^2\theta_c)^{1/2} = \frac{n_1}{n_0}\left[1-\left(\frac{n_2}{n_1}\right)^2\right]^{1/2}$$

对空气，有$n_0 \approx 1$，故有

$$\sin\theta_0 = (n_1^2 - n_2^2)^{1/2} \tag{2.2.6}$$

显然，$\theta_0$越大，即纤芯与包层的折射率之差越大，光纤捕捉光线的能力越强，而参数$\sin\theta_0$直

接反映了这种能力，我们称 $\sin\theta_0$ 为光纤的数值孔径 NA（Numerical Aperture），有

$$\mathrm{NA}=\sin\theta_0=(n_1^2-n_2^2)^{1/2} \tag{2.2.7}$$

式中，$\theta_0$ 为最大接收角；$\alpha_c$ 为临界传播角。

**【例 2.2.1】** $n_1=1.48$、$n_2=1.46$ 的阶跃光纤的数值孔径是多少？最大接收角是多少？

**解：**

$$\mathrm{NA}=(n_1^2-n_2^2)^{1/2}=(1.48^2-1.46^2)^{1/2}=0.242$$

$$\theta_0=\arcsin(\mathrm{NA})=14°$$

数值孔径还可以表示成 $$\mathrm{NA}=(n_1^2-n_2^2)^{1/2}=(2n_1^2)^{1/2}\times\frac{(n_1^2-n_2^2)^{1/2}}{(2n_1^2)^{1/2}}=n_1\sqrt{2\Delta} \tag{2.2.8}$$

相对折射率差$\Delta$大一些，光纤与光源之间的耦合效率就高一些，但是$\Delta$过大，色散影响就会严重，实际光纤总有$\Delta\ll1$。

对于渐变折射率光纤，数值孔径有着类似的定义，$n_1$ 和 $n_2$ 分别为 $r=0$ 处（轴线）和 $r=a$ 处（包层）的折射率。

用几何光学分析法也可以解释渐变折射率光纤中光线的传播方式。渐变折射率光纤的纤芯折射率不是常数，在中心轴线处最高，然后沿径向逐渐减小。我们可以将光纤纤芯分成若干个同心圆柱层，每层的折射率被看作常数，为简单起见，在图 2.2.4 中只画出了三层同心圆柱，它们的折射率满足：$n'>n''>n'''$。显然，光线由第一层向第二层入射时，即由光密介质向光疏介质入射时，有 $\theta''>\theta'$，同理 $\theta'''>\theta''$。与阶跃型光纤不同的是，光在每层传输后，方向都要发生变化，这样就不难解释为什么渐变折射率光纤中光线会向轴线方向发生弯曲现象，而且越靠近轴线弯曲程度就越高，渐变折射率光纤对光的这种作用也称为自聚焦。

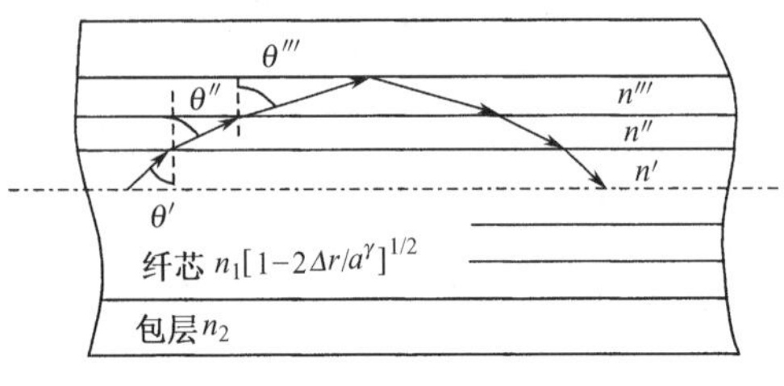

图 2.2.4　渐变折射率光纤中光线的传播方式

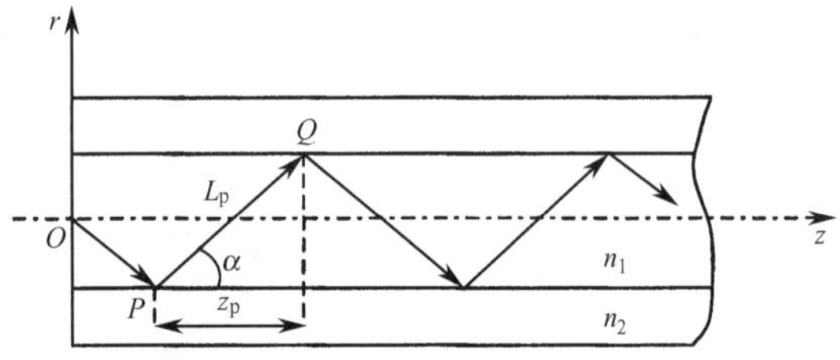

图 2.2.5　子午光线在光纤中的传播

### 3．传播时延和时延差

光线在纤芯中的传输速度 $v=c/n_1$。对于子午光线而言，它在纤芯中按锯齿状路径传播，设 $L_p$ 为光线路径在包层和纤芯界面交点 $P$、$Q$ 间的距离，如图 2.2.5 所示，$\alpha$为光线与 $z$ 轴的夹角，则光线在 $z$ 方向行进的距离为

$$z_p=L_p\cos\alpha$$

需要的时间 $$t=\frac{L_p}{v}=\frac{n_1 z_p}{c\cos\alpha}$$

定义沿 $z$ 轴方向传播单位距离的时间为光线的传播时延，用$\tau$表示，则有

$$\tau=\frac{t}{z_p}=\frac{n_1}{c\cos\alpha} \tag{2.2.9}$$

可见，光线的传播时延在纤芯折射率 $n_1$ 一定时，仅与光线与 $z$ 轴的夹角 $\alpha$ 有关，如果在纤芯中有两条束缚光线，与 $z$ 轴的夹角分别为 $\alpha_1$ 和 $\alpha_2$，显然，它们沿 $z$ 轴方向传输单位距离时，在纤芯中走过的路径是不一样的，因而传播时延也不相同，用 $\Delta\tau$ 表示两条路径光线传播的时延差，有

$$\Delta\tau = |\tau_1 - \tau_2| = \frac{n_1}{c}\left|\frac{1}{\cos\alpha_1} - \frac{1}{\cos\alpha_2}\right| \tag{2.2.10}$$

在所有可能存在的子午光线中，路径最短的一条光线是沿 $z$ 轴方向直线传播的光线，其 $\alpha = 0$。路径最长的一条光线则是沿全内反射临界角行进的光线，其 $\alpha = \arccos(n_1/n_2)$，它们的时延差为最大值

$$\Delta\tau_{\max} = \frac{n_1}{c\cos\alpha_c} - \frac{n_1}{c} = \frac{n_1}{c}\varDelta \tag{2.2.11}$$

式（2.2.11）常用来估算阶跃光纤中多径传输所导致的光脉冲展宽。对于渐变折射率光纤，光折射率分布为抛物线时，最大时延差的计算公式为

$$\Delta\tau_{\max} = \frac{n_1}{2c}\varDelta^2 \tag{2.2.12}$$

**4．通信容量**

光纤通信系统的通信容量用比特率–距离积来表示，它是系统的一个极限参数。某个系统设计完成以后，通信容量则是一个定值。其意义是：数据速率和传输距离可以变化，但必须满足两者的乘积为常数。设系统的比特率为 $B$，距离为 $L$，我们可以通过这样的方法来估算比特率–距离积：光脉冲传输距离 $L$ 后的展宽 $\Delta\tau$ 不超过系统比特周期的四分之一，即

$$L\cdot\frac{n_1}{c}\varDelta < \frac{1}{4B}$$

由上式可得通信容量

$$BL < \frac{c}{4n_1\varDelta} \tag{2.2.13}$$

对于抛物线型渐变折射率光纤，通信容量为

$$BL < \frac{c}{2n_1\varDelta^2} \tag{2.2.14}$$

因为 $\varDelta \ll 1$，比较式（2.2.13）和式（2.2.14）可以发现，渐变折射率光纤大大降低了模式色散，提高了通信容量。

## 2.2.2 波动方程分析法

当光纤的尺寸与光的波长相当时，用几何光学分析法分析光纤中光的特性便受到了限制，这时需要用波动方程分析法。波动方程分析法是基于电磁场理论，在麦克斯韦方程的基础上，运用光纤纤芯与包层分界面的边界条件，能够导出光纤中光场的分布形式，得到光在光纤中的传播特性。

**1．光波基本理论**

我们已经知道，光波是电磁波，它的电场和磁场随时间不断变化，其形式是多样的，最简单的形式是正弦波，下式是一个沿着 $z$ 方向传播的行波表达式

$$E_x(t,z) = E_0\cos(\omega t - kz + \phi_0) \tag{2.2.15}$$

式中，$E_0$ 是振幅；$\omega$ 是光波的角频率；$k$ 是传播常数或波数，$k=2\pi/\lambda$，$\lambda$为介质中光波的波长；$\phi_0$ 是初始相位常数。记$\lambda_0$ 为光在真空中的波长，$k_0$ 为光在真空中的波数，那么有

$$k=\frac{2\pi n}{\lambda_0}=k_0 n \tag{2.2.16}$$

电场是个有方向的量，式（2.2.15）表示电场的指向是在 $x$ 方向上且大小随时间 $t$ 和传输距离 $z$ 变化，如果将电场写成一般表达式，设它沿 $r$ 方向传播，则有

$$\vec{E}(t,\vec{r})=\vec{E}_0\cos(\omega t-\vec{k}\cdot\vec{r}+\phi_0) \tag{2.2.17}$$

在直角坐标系中，$\vec{k}\cdot\vec{r}=(\vec{a}_x k_x+\vec{a}_y k_y+\vec{a}_z k_z)\cdot(\vec{a}_x x+\vec{a}_y y+\vec{a}_z z)=k_x x+k_y y+k_z z$，$k_x$、$k_y$ 和 $k_z$ 称为传播常数在直角坐标系中的分量。

实际上，随时间变化的电场会产生同频率的磁场，反之，磁场也会产生电场。所以电场和磁场总是同时存在的，它们频率相同，方向相互垂直，如图 2.2.6 所示。从图中可以看出 $E_x$ 场量总是在 $x$ 方向，$H_y$ 场量总在 $y$ 方向，两者矢量乘的方向是 $z$ 方向，即光波能量的传播方向。电磁波功率流密度的表达式为

$$\vec{S}=\vec{E}\times\vec{H} \tag{2.2.18}$$

电场与磁场在数量上满足关系

$$\frac{E_x}{H_y}=\eta=\sqrt{\frac{\mu}{\varepsilon}} \tag{2.2.19}$$

式中，$\eta$ 称为波阻抗，量纲为Ω；$\mu$、$\varepsilon$ 分别是介质的磁导率和介电常数，在真空中，$\mu=\mu_0=4\pi\times10^{-7}$H/m，$\varepsilon=\varepsilon_0=8.85\times10^{-12}$ F/m。一般介质中，$\mu=\mu_0$，$\varepsilon=\varepsilon_r\varepsilon_0=n^2\varepsilon_0$，$\varepsilon_r$ 为相对介电常数，$n$ 为折射率。

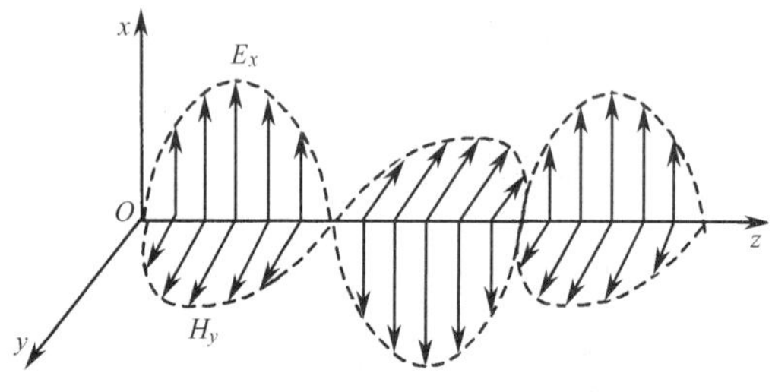


图 2.2.6 电场 $E_x$ 与磁场 $H_y$ 在空间固定的 $z$ 点上随时间按正弦规律变化，在固定的时间点上随空间坐标 $z$ 按正弦规律变化，沿着 $z$ 方向传播且相互正交

式（2.2.15）所描述的电磁波称为平面波，平面波的定义是指在与波传播方向垂直的无限大平面内，电场、磁场的方向和振幅以及相位都保持不变的波。为方便起见，常用指数形式表示平面波，即

$$E_x=E_0 e^{j(\omega t-kz+\phi_0)}=E_0 e^{j\phi_0}e^{j(\omega t-kz)}=E_{0x}e^{j(\omega t-kz)} \tag{2.2.20}$$

式中，$E_{0x}=E_0 e^{j\phi_0}$，显然式（2.2.15）为式（2.2.20）的实数部分。

下面讨论几个基本概念。

（1）相速度、群速度

相速度是电磁波等相位点的传播速度。在式（2.2.15）中，记相位

$$\phi=\omega t-kz+\phi_0 \tag{2.2.21}$$

如果将观察点固定于波形的某个点，可以看到此点以匀速向 +z 方向传播，因为该点对应的相位为常数，我们就将波传播的速度称为相速。根据$\omega t-kz+\phi_0=$常数，可求得

$$\frac{dz}{dt}=v_p=\frac{\omega}{k}=\frac{1}{\sqrt{\mu\varepsilon}}=\frac{1}{n\sqrt{\mu_0\varepsilon_0}} \tag{2.2.22}$$

可见，相速度与介质的折射率有关。在光密介质中，光传输得慢些。在各向同性介质中，折射率 $n$ 为一常数，不随介质方向而改变。在各向异性介质中，$n$ 随介质方向的不同而改变，例如，沿 $x$ 方向上的折射率与沿 $y$ 方向上的折射率不同，$n_x\neq n_y$，造成电磁波在两个方向上传播的速度不一样，许多光器件的工作就基于该机理。

光源发出的光波并不是单一频率的电磁波，其光谱具有一定的宽度，从形式上看为一光包络，该包络向前传播的速度称为群速度，它的表达式是

$$v_{\mathrm{g}} = \mathrm{d}\omega / \mathrm{d}k \tag{2.2.23}$$

群速度也是能量以及信息传输的速度。由式（2.2.22）得 $\omega = v_{\mathrm{p}} k = \left(\frac{c}{n}\right)\left(\frac{2\pi}{\lambda}\right)$，对于色散介质，$n = n(\lambda)$，代入式（2.2.23）中，得

$$v_{\mathrm{g}} = \frac{\mathrm{d}\omega}{\mathrm{d}k} = \frac{c}{n - \lambda \dfrac{\mathrm{d}n}{\mathrm{d}\lambda}} = \frac{c}{N_{\mathrm{g}}} \tag{2.2.24}$$

式中，$N_{\mathrm{g}} = n - \lambda \frac{\mathrm{d}n}{\mathrm{d}\lambda}$ 称为群折射率。

（2）偏振

偏振是电磁理论的一个重要概念，它反映了在空间给定点上电场强度矢量的取向随时间变化的特性。我们用电场强度矢量端点在空间描绘出的轨迹来表示。如果该轨迹是直线，称电磁波为线极化；如果轨迹是圆，则称为圆极化；如果轨迹是椭圆，则称为椭圆极化。

在前面的分析中，我们把电场固定在 $x$ 方向，磁场固定在 $y$ 方向，其实这只是一个特例。在一般情况下，沿 $z$ 方向传播的均匀平面波，$E_x$、$E_y$ 两个分量都存在。这两个分量的振幅和相位不一定相同，将它们分别表示为

$$\begin{aligned} E_x &= E_{x0} \cos(\omega t - kz) \\ E_y &= E_{y0} \cos(\omega t - kz + \phi_0) \end{aligned} \tag{2.2.25}$$

为分析方便起见，在式（2.2.25）中设 $E_x$ 分量的初相为零。我们分三种情况讨论。

① 线偏振

为分析简单起见，取 $z = 0$（$xOy$ 平面）。线偏振的条件是：$E_x$、$E_y$ 相位相同或相反，即 $\Phi_0 = 0$ 或 $\Phi_0 = 180°$，此时合成电场

$$E = \sqrt{E_{x0}^2 + E_{y0}^2} \cos\omega t \tag{2.2.26}$$

合成电场与 $x$ 轴的夹角

$$\alpha = \arctan\frac{E_y}{E_x} = \arctan\frac{E_{y0}}{E_{x0}} = \text{常数} \tag{2.2.27}$$

虽然合成电场的大小随时间变化，但其矢量端轨迹始终与 $x$ 轴保持恒定的夹角，如图 2.2.7（a）所示。

② 圆偏振

圆偏振的条件是 $E_x$ 与 $E_y$ 振幅相等，相位差为 90°。由式（2.2.25）得

$$\begin{aligned} E_x &= E_0 \cos\omega t \\ E_y &= E_0 \sin\omega t \end{aligned}$$

此时的合成电场

$$E = \sqrt{E_x^2 + E_y^2} = E_0 \tag{2.2.28}$$

合成电场与 $x$ 轴的夹角

$$\alpha = \arctan\frac{E_y}{E_x} = \omega t \tag{2.2.29}$$

即合成电场的幅度为常数，而与 $x$ 轴的夹角随时间改变，如图 2.2.7（b）所示。

③ 椭圆偏振

椭圆偏振发生在 $E_x$ 与 $E_y$ 振幅和相位都不相等的情况下，此时有

$$\frac{E_x^2}{E_{x0}^2}+\frac{E_y^2}{E_{y0}^2}-\frac{2E_xE_y}{E_{x0}E_{y0}}\cos\phi_0=\sin^2\phi_0 \tag{2.2.30}$$

式（2.2.30）为一椭圆方程，合成矢量的矢量端在一椭圆上旋转，如图 2.2.7（c）所示。

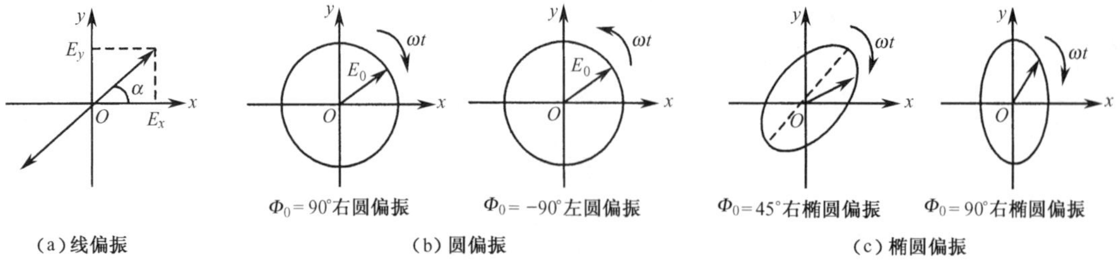


图 2.2.7　光的几种偏振方式

**【例 2.2.2】** 试将线极化波 $\vec{E}_x=\vec{a}_xE_0\mathrm{e}^{\mathrm{j}(\omega t-kz)}$ 分解成圆极化波的叠加。

**解：** 这里电场用了矢量形式来表示，$\vec{a}_x$ 为 $x$ 方向的单位矢量。将 $\vec{E}_x$ 分解成 $\vec{E}_1$ 和 $\vec{E}_2$ 两个圆极化波的叠加，它们是

$$\vec{E}_1=\frac{1}{2}\vec{a}_xE_0\mathrm{e}^{\mathrm{j}(\omega t-kz)}+\frac{1}{2}\vec{a}_yE_0\mathrm{e}^{\mathrm{j}(\omega t-kz)},\quad \vec{E}_2=\frac{1}{2}\vec{a}_xE_0\mathrm{e}^{\mathrm{j}(\omega t-kz)}-\frac{1}{2}\vec{a}_yE_0\mathrm{e}^{\mathrm{j}(\omega t-kz)}$$

**2．光纤中的光波**

（1）麦克斯韦方程

麦克斯韦方程是分析光纤中光特性的基础，其形式为

$$\begin{cases}\nabla\times\vec{E}=-\dfrac{\partial\vec{B}}{\partial t}\\ \nabla\times\vec{H}=-\dfrac{\partial\vec{D}}{\partial t}\\ \nabla\cdot\vec{D}=0\\ \nabla\cdot\vec{B}=0\\ \vec{D}=\varepsilon\vec{E}\\ \vec{B}=\mu\vec{H}\end{cases} \tag{2.2.31}$$

式中，$\vec{E}$ 为电场强度矢量；$\vec{D}$ 为电位移矢量；$\vec{H}$ 为磁场强度矢量；$\vec{B}$ 为磁感应强度矢量，对于简谐电磁场，$\dfrac{\partial}{\partial t}=\mathrm{j}\omega$。

在没有电荷或电流分布的介质分界面上，电场强度和磁场强度的切向分量连续，电位移矢量和磁感应强度的法向分量应连续，用下标 t 和 n 分别表示介质分界面上的切向分量和法向分量，则边界条件可以写成

$$\begin{cases}E_{1\mathrm{t}}=E_{2\mathrm{t}}\\ H_{1\mathrm{t}}=H_{2\mathrm{t}}\\ D_{1\mathrm{n}}=D_{2\mathrm{n}}\\ B_{1\mathrm{n}}=B_{2\mathrm{n}}\end{cases} \tag{2.2.32}$$

（2）波动方程及其解

对光纤中电磁场的分析，宜采用圆柱坐标 $(r,\varphi,z)$，设电磁场沿 $z$ 方向传播，有

$$\vec{E}=\vec{E}_0(r,\varphi)e^{j(\omega t-\beta z)} \tag{2.2.33a}$$

$$\vec{H}=\vec{H}_0(r,\varphi)e^{j(\omega t-\beta z)} \tag{2.2.33b}$$

式中，$\beta$ 是电磁波传播常数 $k=2\pi/\lambda$ 的 $z$ 分量。一般而言，场既有横向分量，又有纵向分量，它们都是时间和坐标的简谐函数，横向分量是 $E_r$、$E_\varphi$、$H_r$、$H_\varphi$，纵向分量是 $E_z$、$H_z$，电场强度和磁场强度可以表示成

$$\vec{E}=\vec{a}_rE_r+\vec{a}_\varphi E_\varphi+\vec{a}_zE_z \tag{2.2.34a}$$

$$\vec{H}=\vec{a}_rH_r+\vec{a}_\varphi H_\varphi+\vec{a}_zH_z \tag{2.2.34b}$$

将式（2.2.34a）和式（2.2.34b）代入麦克斯韦方程，利用圆柱坐标，可以得到光纤中场的纵向分量所满足的方程

$$\frac{\partial^2 E_z}{\partial r^2}+\frac{1}{r}\frac{\partial E_z}{\partial r}+\frac{1}{r^2}\frac{\partial^2 E_z}{\partial\varphi^2}+(k^2-\beta^2)E_z=0 \tag{2.2.35}$$

$$\frac{\partial^2 H_z}{\partial r^2}+\frac{1}{r}\frac{\partial H_z}{\partial r}+\frac{1}{r^2}\frac{\partial^2 H_z}{\partial\varphi^2}+(k^2-\beta^2)H_z=0 \tag{2.2.36}$$

式（2.235）和式（2.2.36）即为波动方程。场的纵向分量解出后，所有的横向分量就可以通过下列关系得到确定

$$E_r=-\frac{j}{{k_0}^2n^2-\beta^2}\left[\beta\frac{\partial E_z}{\partial r}+\sqrt{\frac{\mu_0}{\varepsilon_0}}\frac{k_0}{r}\frac{\partial H_z}{\partial\varphi}\right] \tag{2.2.37a}$$

$$E_\varphi=-\frac{j}{{k_0}^2n^2-\beta^2}\left[\frac{\beta}{r}\frac{\partial E_z}{\partial\varphi}-\sqrt{\frac{\mu_0}{\varepsilon_0}}\frac{k_0}{r}\frac{\partial H_z}{\partial r}\right] \tag{2.2.37b}$$

$$H_r=-\frac{j}{{k_0}^2n^2-\beta^2}\left[\beta\frac{\partial H_z}{\partial r}-\frac{k_0n^2}{r}\frac{\partial E_z}{\partial\varphi}\right] \tag{2.2.37c}$$

$$H_\varphi=-\frac{j}{{k_0}^2n^2-\beta^2}\left[\frac{\beta}{r}\frac{\partial H_z}{\partial\varphi}+\sqrt{\frac{\varepsilon_0}{\mu_0}}k_0n^2\frac{\partial E_z}{\partial\varphi}\right] \tag{2.2.37d}$$

光纤中波动方程解的步骤如下：首先将纵向分量写成三个单变量函数（分别是 $r,\varphi,z$ 函数）的乘积，代回到波动方程中去，然后利用边界条件，可以求出阶跃光纤中电场和磁场的解，即

$$E_z=Ae^{-j\beta z}\sin m\varphi\begin{cases}J_m\left(\dfrac{U}{a}r\right)\Big/J_m(U), & r\leqslant a\\ K_m\left(\dfrac{W}{a}r\right)\Big/K_m(W), & r>a\end{cases} \tag{2.2.38}$$

$$H_z=Be^{-j\beta z}\cos m\varphi\begin{cases}J_m\left(\dfrac{U}{a}r\right)\Big/J_m(U), & r\leqslant a\\ K_m\left(\dfrac{W}{a}r\right)\Big/K_m(W), & r>a\end{cases} \tag{2.2.39}$$

上述表达式中忽略了时间因子 $e^{j\omega t}$，式中 $m$ 为整数，$U$ 称为导波模的径向归一化相位常数，$W$ 称为导波模的径向归一化衰减常数，它们的表达式为

$$U=a\sqrt{k_0^2n_1^2-\beta^2} \tag{2.2.40}$$

$$W=a\sqrt{\beta^2-k_0^2n_2^2} \tag{2.2.41}$$

定义 $$V=\sqrt{U^2+W^2}=k_0a\sqrt{n_1^2-n_2^2}=k_0n_1a\sqrt{2\Delta} \tag{2.2.42}$$

称 $V$ 为光纤的归一化频率，它与光纤的结构参数和工作波长有关。

$J_m\left(\dfrac{U}{a}r\right)$ 为第一类贝塞尔（Bessel）函数，$K_m\left(\dfrac{W}{a}r\right)$ 为第二类贝塞尔函数。图 2.2.8 画出了这两类贝塞尔函数的曲线。

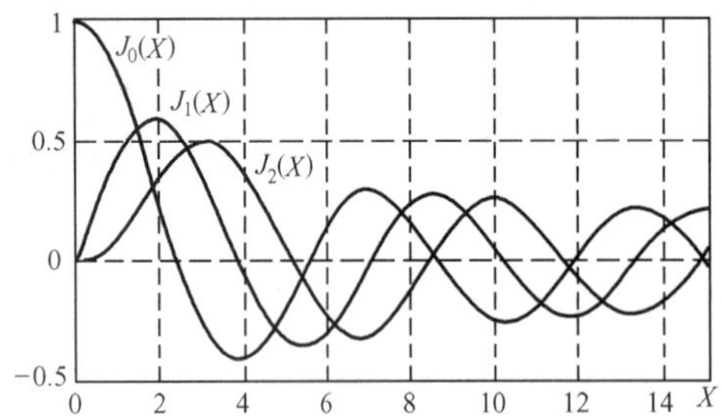


（a）第一类贝塞尔函数曲线

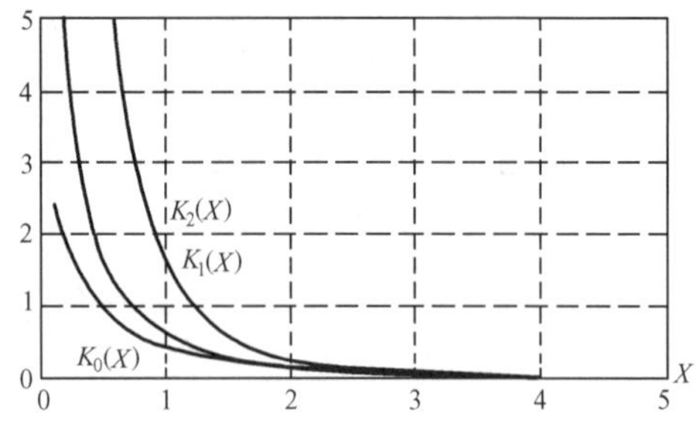


（b）第二类贝塞尔函数曲线

图 2.2.8　贝塞尔函数曲线

式（2.2.38）和式（2.2.39）表明，电磁场的纵向分量 $E_z$ 和 $H_z$ 在纤芯内沿半径方向用第一类贝塞尔函数描述，其场量在径向呈驻波分布；在圆周方向，场量按 $\sin m\varphi$ 或 $\cos m\varphi$ 规律变化，也呈驻波分布，$m$ 是贝塞尔函数的阶数，也是场量沿圆周方向出现最大值的对数；电磁场沿 $z$ 轴方向呈行波状态，其传播常数（也称相位常数）为 $\beta$。包层中场量沿圆周方向以及轴向分布的规律与纤芯一样，这样可以保证包层与纤芯界面上的边界条件得到满足。与纤芯中的场不同的是，包层中的场量用第二类贝塞尔函数描述，它随 $r$ 的增长呈现指数迅速衰减的特性。这样，电磁波能量主要集中在纤芯之内传播。从波动方程解的结果分析，它并不像几何光学分析法形容的那样，光线完全在纤芯内反射传播，在包层内，电磁场同样存在，只不过能量较小而已，这也是在纤芯与包层分界面上，电磁场须满足边界条件的结果。

### 3．光波的模式

光纤中光波的模式可以简单地分为导波模和辐射模。

导波模是指电磁场在纤芯中按简谐函数变化，在包层中按指数规律衰减的模式。由方程式（2.2.38）和式（2.2.39）中 $J_m\left(\dfrac{U}{a}r\right)$ 的性质可知，若要电磁场按简谐规律变化，纤芯中 $U$ 值必须为实数，也即 $k_0n_1>\beta$；另外由 $K_m\left(\dfrac{W}{a}r\right)$ 的性质可知，对于导波模来说，当 $r\to\infty$ 时，$K_m\left(\dfrac{W}{a}r\right)$ 必须为零，也即要求 $W>0$，$\beta>k_0n_2$。综合而论，导波模存在的条件是 $W>0$，$U>0$，也即传播常数要满足

$$k_0n_2<\beta<k_0n_1 \tag{2.2.43}$$

辐射模是指电磁波能量在向 $z$ 轴方向传播的同时又在包层中形成径向的辐射。这类模式同样要满足麦克斯韦方程，满足边界条件。实际上它们是由于光源入射到光纤端面光线的入射空间角 $\theta$ 大于最大接收角 $\theta_0$，导致光进入纤芯后在纤芯与包层的分界面上产生折射的结果。

显然这类模式的光波不可能沿 $z$ 轴方向长距离传输。由方程式（2.2.38）和式（2.2.39）中 $K_m\left(\frac{W}{a}r\right)$ 的性质可知，若 $W=0, \beta=k_0n_2$，则不能满足 $r\to\infty$ 时 $K_m\left(\frac{W}{a}r\right)\to 0$ 的条件，光场不再受约束在纤芯中传输，能量将沿径向辐射出来。产生辐射模的条件是

$$0\leqslant\beta\leqslant k_0n_2 \tag{2.2.44}$$

对辐射模而言，$\beta$ 的取值在满足式（2.2.44）的范围内是连续的，而导波模只能取离散值。

下面我们对导波模做进一步的分析。

导波模式是指在光纤中的光波的分布模式，即电磁场分布形式，通过对它的讨论，可以深入了解光纤中光的传播机理。而对它的讨论，又是建立在特征方程基础上的。特征方程是反映导波模所涉及的参数 $U$、$W$ 和 $\beta$ 之间相互关系的方程，求解的详细过程在这里不做赘述，其基本思路是利用在纤芯与包层分界面上（$r=a$ 处），电场与磁场的切向分量（$\varphi, z$ 分量）应连续的边界条件，由式（2.2.38）或式（2.2.39）先求出场切向分量的表达式，代入边界条件。对于弱导光纤（$n_1\approx n_2$），则可得到特征方程

$$\frac{J_m'(U)}{UJ_m(U)}+\frac{K_m'(W)}{WK_m(W)}=\pm m\left(\frac{1}{U^2}+\frac{1}{W^2}\right) \tag{2.2.45}$$

式（2.2.45）是弱导光纤的特征方程，它是分析弱导光纤传输特性的基础，由于该方程是一个复杂的超越方程，一般情况下只能用数值解。通过对特征方程的求解，可以发现传播常数 $\beta$ 为一系列的离散值。通常，对于每个整数 $m$，都存在多个解，记为 $\beta_{mn}$，$n=1,2,3,\cdots$。每一个 $\beta_{mn}$ 值都对应着由式（2.2.38）～式（2.2.42）确定的、能在光纤中传播的光场的一个空间分布。这种空间分布在传播的过程中只有相位的变化，没有形态的变化，且始终满足边界条件，这种空间分布称为导波模的模式，简称模式。

除了 $m=0$ 的情况外，光纤中导波模的模式分布中，电场和磁场的纵向分量（$E_z$，$H_z$）都存在，我们将这种情况称之为混合模。根据 $E_z$ 或 $H_z$ 的相对作用的大小，又可将混合模分成 $EH_{mn}$ 模（$E_z>H_z$）和 $HE_{mn}$ 模（$H_z>E_z$）；当 $m=0$ 时，将 $HE_{0n}$ 模和 $EH_{0n}$ 模分别记为 $TE_{0n}$ 和 $TM_{0n}$，它们分别对应于场的纵向分量 $E_z=0$ 和 $H_z=0$ 的模式，简称 TE 模和 TM 模。

（1）TE 模和 TM 模

对于 TE 模，有 $E_z=0$，也即式（2.2.38）中的常数 $A=0$。根据边界条件，可以求得 $m=0$，由式（2.2.45）得到

$$\frac{J_0'(U)}{UJ_0(U)}+\frac{K_0'(W)}{WK_0(W)}=0 \tag{2.2.46}$$

利用贝塞尔函数的递推公式，又可将式（2.2.46）写成

$$\frac{J_1(U)}{UJ_0(U)}+\frac{K_1(W)}{WK_0(W)}=0 \tag{2.2.47}$$

这就是 TE 模特征方程的一般表达式。

对于 TM 模，有 $H_z=0$，同样可求得在 $m=0$ 时边界条件才成立，此时得 TM 模的特征方程为

$$\frac{J_1(U)}{UJ_0(U)}+\left(\frac{n_2}{n_1}\right)^2\frac{K_1(W)}{WK_0(W)}=0 \tag{2.2.48}$$

在弱导条件下，$n_2\approx n_1$，所以式（2.2.48）与式（2.2.47）一致，也就是说，此时 TE

模和 TM 模有着共同的特征方程。$m=0$，意味着光场与 $\phi$ 无关，即场分量在光纤中呈轴对称分布。

（2）EH 模和 HE 模

如果 $m \neq 0$，场量沿圆周方向按 $\cos m\phi$ 或 $\sin m\phi$ 函数分布，要使边界条件得到满足，则 $A$ 和 $B$ 都不得为 0，也就是说 $E_z$ 和 $H_z$ 同时存在，此时对应同一 $m$ 值，有两组不同的解，分别对应着两类不同的模式，式（2.2.45）右边取正号时所解的一组模式称为 EH 模，取负号时所解的一组模式称为 HE 模。

根据式（2.2.45），并利用贝塞尔函数的递推公式，得 EH 波和 HE 波的特征方程为

EH 模：
$$\frac{J_{m+1}(U)}{UJ_m(U)}+\frac{K_{m+1}(W)}{WK_m(W)}=0 \tag{2.2.49}$$

HE 模：
$$\frac{J_{m-1}(U)}{UJ_m(U)}-\frac{K_{m-1}(W)}{WK_m(W)}=0 \tag{2.2.50a}$$

利用贝塞尔函数的递推公式，不难得到式（2.2.50a）的另一种表达式，即
$$\frac{UJ_{m-2}(U)}{J_{m-1}(U)}+\frac{WK_{m-2}(W)}{K_{m-1}(W)}=0 \tag{2.2.50b}$$

图 2.2.9 示出了低阶模的横截面场线图。

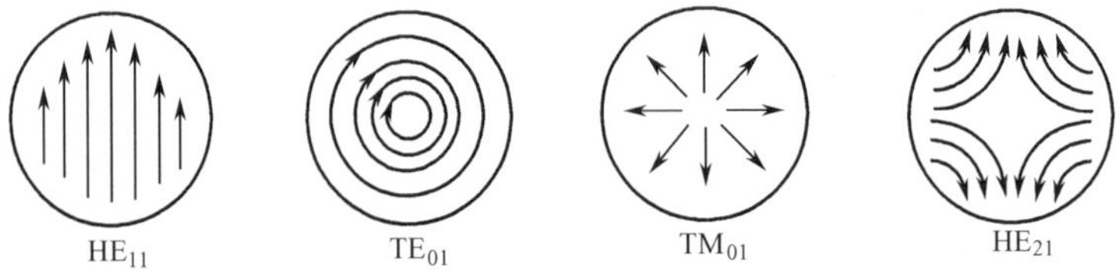


图 2.2.9　低阶模的横截面场线图

（3）LP 模

LP 模称为线偏振模（Linear Polarization Mode）。在相对折射差很小，也即在弱导光纤条件下，$\varDelta \ll 1$，光纤中的 $HE_{m+1,n}$ 和 $EH_{m-1,n}$ 模具有十分相似的电磁场分布和几乎相等的传播常数，同样 $TE_{0n}$、$TM_{0n}$ 和 $HE_{2n}$ 模也具有相似的特性，如果我们定义一个新的参量 $l$
$$l=\begin{cases}1, & \text{TE 模和 TM 模}\\ m+1, & \text{EH 模}\\ m-1, & \text{HE 模}\end{cases} \tag{2.2.51}$$

则可将式（2.2.47）～式（2.2.50）表示成同一形式，即
$$\frac{UJ_{l-1}(U)}{J_l(U)}+\frac{WK_{l-1}(W)}{K_l(W)}=0 \tag{2.2.52}$$

式（2.2.51）和式（2.2.52）表明，所有具有相同下标的模式具有相同的特征方程，我们把这些模式称为简并模，如 $HE_{m+1,n}$ 和 $EH_{m-1,n}$ 是简并模，这些简并模的组合就可以构成光纤中的导波模，我们用线偏振模 $LP_{ln}$ 来表示它们。在弱导条件下，光纤内传播的导波尽管仍然可以区别为 $TE_{0n}$、$TH_{mn}$ 和 $HE_{mn}$ 等模式，但可以证明这些模式场的纵向分量比横向分量小得多。组合后的场的横向分量在传播过程中保持偏振状态不定。这样可以使问题的分析变得较为简化。我们可以将简并模与线偏振模的关系归纳如下：① $LP_{0n}$ 模由 $HE_{1n}$ 模决定。② $LP_{1n}$ 模由 $TE_{0n}$、$TM_{0n}$ 和 $HE_{2n}$ 模构成。③ $LP_{ln}$（$l$>2）由 $HE_{m+1,n}$ 模和 $EH_{m-1,n}$ 构成。图 2.2.10 示出了

简并模构成线偏振模的一个例子。

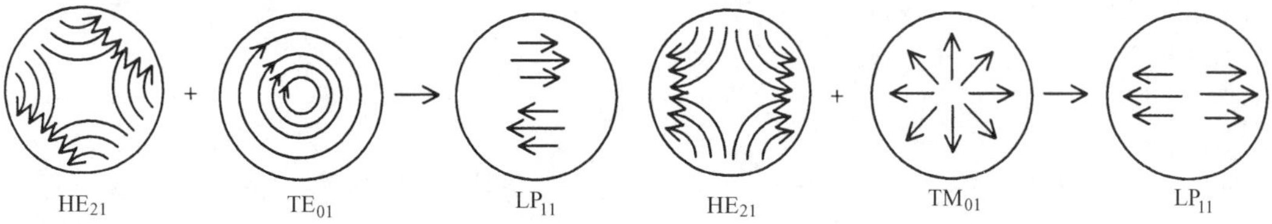


图 2.2.10 线偏振模 $LP_{11}$ 与模式 $HE_{21}+TE_{01}$ 和 $HE_{21}+TM_{01}$ 的关系

**4. 导波模截止**

一个导波模的特性可以用三个参数 $U$、$W$ 和$\beta$来表达，$U$ 表示导波模场在纤芯内部的横向分布规律，$W$ 表示它在包层中的横向分布规律，两者结合起来，就可以完整地描述导波模的横向分布规律，$\beta$是轴向的相位传播常数，表明导波模的纵向传输特性，要得到特征方程的精确解，需要用数值法求解。在此为了简化分析，只考虑两种极端情况下特征方程的解，这两种情况分别是导波模在截止和远离截止时的特性。

导波模截止是指电磁能量已经不能集中在纤芯中传播而向包层弥散的临界状态，此时的导波模径向归一化衰减常数 $W=0$，我们将此时的归一化频率 $V$ 和归一化相位常数 $U$ 分别记为 $V_c$、$U_c$。

$$V_c^2 = U_c^2 + W_c^2 = U_c^2$$

通过由特征方程对 $V_c$、$U_c$ 的求解，可以知道相应模式的截止条件，即光纤参数与工作波长的制约条件。

（1）TE、TM 模的截止条件

由 TE、TM 模的特性方程式（2.2.47）和式（2.2.48），在模式截止时，$W \to 0$，且由贝塞尔函数的渐近公式

$$K_0(W) = \ln\frac{2}{W} \to \infty$$

$$K_1(W) = \frac{1}{W} \to \infty$$

可得

$$J_0(U_c) = 0 \tag{2.2.53}$$

即截止状态时的归一化相位常数 $U_c$（等于归一化频率 $V_c$）是零阶贝塞尔函数的零点，零阶贝塞尔函数有无穷多个零点：$V_c$ = 2.405, 5.520, 8.654, …，它们分别对应着 $TE_{01}(TM_{01})$，$TE_{02}(TM_{02})$，$TE_{03}(TM_{03})$，…模式的截止频率。

光波在光纤中传播时，如果工作波长$\lambda$、光纤参数$a$、$n_1$、$n_2$都是确定的，则归一化频率$V = k_0 a\sqrt{(n_1^{\ 2} - n_2^{\ 2})}$是一个完全确定的数。如果$V$ 大于某个模式的归一化截止频率 $V_c$，则有$W > 0$，该模式可以在光纤中传播；反之，如果 $V$ 小于某个模式的归一化截止频率 $V_c$，则$W < 0$，该模式截止，成为辐射模，也就是说，光纤中任意一个模式传播条件为

$$V > V_c \tag{2.2.54}$$

如$V > 2.405$，则$TE_{01}(TM_{01})$模就能在光纤中存在，所有$TE_{0n}$和$TM_{0n}$模中，$TE_{01}$和$TM_{01}$模的归一化截止频率最低、截止波长最大。

**【例 2.2.3】** 已知某光纤参数如下：$a=4.0\mu m$，$\Delta=0.003$，纤芯折射率 $n_1=1.48$。试问此光纤能否传输波长 $\lambda=1.31\mu m$ 的 $TE_{01}$ 和 $TM_{01}$ 模？如要使 $TE_{01}$、$TM_{01}$ 模能够传输，光波长应做怎样的调整？

**解**：由方程（2.2.42）$V=k_0 n_1 a\sqrt{2\Delta}$ 可得

$$V=\frac{2\pi}{\lambda}n_1 a\sqrt{2\Delta}=\frac{2\pi}{1.31\times10^{-6}}\times1.48\times4.0\times10^{-6}\sqrt{2\times0.003}=2.2$$

而 $TE_{01}$ 和 $TM_{01}$ 模的归一化截止频率 $V_c=2.405$，显然 $V<2.405$，故不能传输波长为 $1.31\mu m$ 的 $TE_{01}$ 和 $TM_{01}$ 模。

对于 $TE_{01}$ 和 $TM_{01}$ 模，其截止波长为

$$\lambda_c=\frac{2\pi}{V_c}n_1 a\sqrt{2\Delta}=\frac{2\pi}{2.405}\times1.48\times4.0\times10^{-6}\sqrt{2\times0.003}=1.20\mu m$$

即入射光波长应小于 $1.20\mu m$ 时，才能传播。

（2）HE 模的截止条件

由于当 $W\to0$ 时，$K_m(W)$ 在 $m=1$ 和 $m>1$ 时的渐近关系不同，所以分成两种情况来讨论：

① $m=1$，根据 HE 模的特征方程式（2.2.50a），有

$$\frac{J_0(U)}{UJ_1(U)}=\frac{K_0(W)}{WK_1(W)} \tag{2.2.55}$$

在模式截止时，$W\to0$，$HE_{1n}$ 模的特征方程可化为

$$J_1(U_c)=0 \tag{2.2.56}$$

$J_1(U_c)=0$ 的零点有 0, 3.832, 7.016,…。它们依次对应着 $HE_{11}$, $HE_{12}$, $HE_{13}$, …模式的截止频率。

我们可以从上面的分析中得到一个重要结论，即 $HE_{11}$ 模的截止频率为零，或者说截止波长为无穷大，也即 $HE_{11}$ 模不会截止，它可以以任意低的频率在光纤中传输。$HE_{11}$ 称为光纤中的基模或主模。当然，实际上如基模 $HE_{11}$ 的工作波长过长，其携带的能量将向包层转移，传输损耗将加大。

② $m>1$，$W\to0$ 时，$K_m(W)$ 的渐近式为 $K_m(W)\to\frac{1}{2}(m-1)!\left(\frac{2}{W}\right)^m$，将其代入 HE 模的特征方程式（2.2.50a），并利用贝塞尔函数的递推公式

$$2mJ_m(U_c)=U_cJ_{m-1}(U_c)+U_cJ_{m+1}(U_c)$$

可得

$$J_{m-2}(U_c)=0 \tag{2.2.57}$$

这就是 $HE_{nm}$ 模（$m\geqslant2$）在截止时的特征方程，表 2.2 示出了当 $m=2$ 和 $m=3$ 时 $HE_{nm}$ 模对应的截止频率。

**表 2.2 若干 $HE_{mn}$ 模的截止频率**

| 模式 $HE_{mn}$ | $HE_{21}$ | $HE_{22}$ | $HE_{23}$ | $HE_{24}$ | $HE_{31}$ | $HE_{32}$ | $HE_{33}$ | $HE_{34}$ |
|---|---|---|---|---|---|---|---|---|
| 截止频率 $V_c$ | 2.405 | 5.520 | 8.654 | 11.792 | 3.832 | 7.016 | 10.173 | 13.324 |

（3）EH 模的截止条件

根据 EH 模的特征方程式（2.2.49），在 $W\to0$ 时应用贝塞尔函数的渐近式，得到 $EH_{mn}$ 模在截止条件下的特征方程为

$$J_m(U_c)=0 \tag{2.2.58}$$

归一化截止频率 $V_c$ 也就是 $m$ 阶贝塞尔函数的根。表 2.3 列出了当 $m=1$ 和 $m=2$ 时 $EH_{mn}$ 模对应的截止频率。

**表 2.3　若干 $EH_{mn}$ 模的截止频率**

| 模式 $EH_{mn}$ | $EH_{11}$ | $EH_{12}$ | $EH_{13}$ | $EH_{14}$ | $EH_{21}$ | $EH_{22}$ | $EH_{23}$ | $EH_{24}$ |
|---|---|---|---|---|---|---|---|---|
| 截止频率 $V_c$ | 3.832 | 7.016 | 10.173 | 13.324 | 5.136 | 8.417 | 11.620 | 14.796 |

**【例 2.2.4】** 某阶跃折射率光纤参数如下：$a=6\mu m$，$\Delta=0.002$，$n_1=1.5$，试问当光波长分别为 $\lambda_1=1.55\mu m$，$\lambda_2=1.31\mu m$，$\lambda_3=0.85\mu m$ 时，光纤中能传输哪些导波模？

**解**：我们先求出上述波长对应的归一化频率 $V$，然后将它们与前述各种模式归一化的截止频率 $V_c$ 相比较，凡是满足 $V>V_c$ 条件的模式都可以在光纤中传输。

因为
$$V=\frac{2\pi}{\lambda}n_1a\sqrt{2\Delta}$$

所以
$$V_1=\frac{2\pi}{\lambda_1}n_1a\sqrt{2\Delta}=\frac{2\pi}{1.55\times10^{-6}}\times1.5\times6\times10^{-6}\sqrt{2\times0.002}=2.306$$
$$V_2=\frac{2\pi}{\lambda_2}n_1a\sqrt{2\Delta}=\frac{2\pi}{1.31\times10^{-6}}\times1.5\times6\times10^{-6}\sqrt{2\times0.002}=2.73$$
$$V_3=\frac{2\pi}{\lambda_3}n_1a\sqrt{2\Delta}=\frac{2\pi}{0.85\times10^{-6}}\times1.5\times6\times10^{-6}\sqrt{2\times0.002}=4.21$$

当 $\lambda_1=1.55\mu m$ 时，$V_1=2.306$，$0[V_c(HE_{11})]<V_1<2.405[V_c(TE_{01},TM_{01},HE_{21})]$

所以光纤中只能传输 $HE_{11}$ 导波模。

当 $\lambda_2=1.31\mu m$ 时，$V_2=2.73$，$2.405[V_c(TE_{01},TM_{01},HE_{21})]<V_2<3.832[V_c(HE_{31},EH_{11})]$

光纤中能传输 $TE_{01}$、$TM_{01}$、$HE_{21}$ 和 $HE_{11}$ 导波模。

当 $\lambda_3=0.85\mu m$ 时，$V_3=4.21$，$3.832[V_c(HE_{31},EH_{11},HE_{12})]<V_3<5.520[V_c(EH_{21})]$

光纤中能传输的导波模有 $HE_{31}$、$EH_{11}$、$HE_{12}$、$TE_{01}$、$TM_{01}$、$HE_{21}$ 和 $HE_{11}$。

从该例题中可以看出波长越短，归一化频率越高，可传输的模式数量就越多，可传输的模式数量与归一化频率的关系可近似表示为

$$N=\frac{1}{2}V^2 \tag{2.2.59}$$

归一化频率的值还决定了包层传输的功率占总功率的比例，即

$$\frac{P_{包层}}{P_{总}}=\frac{2\sqrt{2}}{3V} \tag{2.2.60}$$

### 5. 导波模远离截止

所谓远离截止时的导波模是指归一化频率 $V$ 远大于归一化截止频率 $V_c$、能量几乎完全集中在纤芯中的模式状态。为了简化分析，我们将远离截止的状态看成 $V\to\infty$ 的极限情况。由于 $V=\dfrac{2\pi}{\lambda}n_1a\sqrt{2\Delta}$，当它趋于无穷时，等效于 $\dfrac{a}{\lambda}$ 趋于无穷大。此时电磁波的传输特性与平面波在折射率为 $n$ 的无限介质中传播相似，其纵向相位常数 $\beta\approx k_0n_1$，故式（2.2.41）可表示成

$$W=a\sqrt{\beta^2-k_0^2n_2^2}=k_0a\sqrt{n_1^2-n_2^2}=\frac{a}{\lambda}2\pi\sqrt{n_1^2-n_2^2}\to\infty$$

即 $W \to \infty$ 是模式远离截止的条件，$K_m(W)$ 的渐近式为

$$K_m(W) \to \sqrt{\frac{\pi}{2W}}\mathrm{e}^{-W} \tag{2.2.61}$$

利用式（2.2.61），分别代入各模式的特征方程，可得远离截止时的特征方程为

$$J_1(U)=0\text{，TE, TM 模} \tag{2.2.62}$$

$$J_{m+1}(U)=0\text{，EH 模} \tag{2.2.63}$$

$$J_{m-1}(U)=0\text{，HE 模} \tag{2.2.64}$$

对于 $\mathrm{TE}_{0n}$、$\mathrm{TM}_{0n}$ 模，$U$ 值是一阶贝塞尔函数的根。它们分别是 3.832，7.016，10.173，…，其中 3.832 是 $\mathrm{TE}_{01}$ 和 $\mathrm{TM}_{01}$ 模远离截止时的 $U$ 值，依此类推。与前述截止时的 $U_c$ 值联系起来可以看出，$\mathrm{TE}_{0n}$、$\mathrm{TM}_{0n}$ 模的 $U$ 值是限制在零阶贝塞尔函数的第 $n$ 个根与一阶贝塞尔函数的第 $n$ 个根之间的，对于一个确定的模，知道了 $U$ 值的范围，在用数值法求解时可以大大加快求解过程的收敛速度。同样，我们可以知道，对于 $\mathrm{EH}_{mn}$ 模，$U$ 值的范围在 $\mu_{mn}$ 与 $\mu_{(m+1)n}$ 之间，$\mu_{mn}$ 表示 $m$ 阶贝塞尔方程的第 $n$ 个根。$\mathrm{HE}_{mn}$ 模的 $U$ 值的范围在 $\mu_{(m-2)n}$ 与 $\mu_{(m-1)n}$ 之间。

上述模式分析讨论的方法仅适用于阶跃型折射率的光纤，对于渐变折射率光纤并不适用。

## 2.3 单模光纤

### 2.3.1 单模传输条件及模场分布

根据上节的分析可以知道，$\mathrm{HE}_{11}$ 模是光纤的主模。如果光纤的归一化频率 $V<2.405$，$\mathrm{TE}_{01}$，$\mathrm{TM}_{01}$，$\mathrm{HE}_{21}$ 等低阶模就不会出现，光纤中只有 $\mathrm{HE}_{11}$ 模传输，因此阶跃型折射率光纤单模传输的条件可表示为

$$V<2.405$$

或

$$\frac{2\pi}{\lambda}n_1 a\sqrt{2\varDelta}<2.405 \tag{2.3.1}$$

单模光纤的截止波长为

$$\lambda_c=\frac{2\pi n_1 a\sqrt{2\varDelta}}{2.405}=2.61n_1 a\sqrt{2\varDelta} \tag{2.3.2}$$

当单模光纤中的光波长满足 $\lambda>\lambda_c$，即可实现单模传输。

**【例 2.3.1】** 已知某阶跃型光纤参数为 $\varDelta=0.003$，$n_1=1.46$，光波长 $\lambda=1.31\mu\mathrm{m}$，求单模传输时光纤应具有的纤芯半径。

**解：** 由式（2.3.1）可得

$$a<\frac{2.405\lambda}{2\pi n_1\sqrt{2\varDelta}}=\frac{2.405\times 1.31\times 10^{-6}}{2\pi\times 1.46\sqrt{2\times 0.003}}=4.44(\mu\mathrm{m})$$

通常单模光纤的纤芯半径在几个微米之内，这是从物理尺寸上保证单模传输的必要条件。单模阶跃光纤中，在弱导条件下，传输的基模 $\mathrm{HE}_{11}$ 可用线偏振模 $\mathrm{LP}_{01}$ 来描述，即由方程式（2.2.52）表征。将 $l=0$ 代入式（2.2.52），并利用递推公式，可得

$$\frac{UJ_1(U)}{J_0(U)}=\frac{WK_1(W)}{K_0(W)} \tag{2.3.3}$$

式中$U^2+W^2=V^2=k^2a^2(n_1^2-n_2^2)$，利用数值解，可求得在$V=2.405$时，$U=1.645, W=1.753$。

$LP_{01}$模的横向电场可以表示为

$$E_y=\begin{cases}AJ_0\left(\frac{Ur}{a}\right)\Big/J_0(U), & r\leqslant a\\ AK_0\left(\frac{Wr}{a}\right)\Big/K_0(W), & r>a\end{cases} \tag{2.3.4}$$

$$H_x=\begin{cases}-An_1J_0\left(\frac{Ur}{a}\right)\Big/\eta_0J_0(U), & r\leqslant a\\ -An_2K_0\left(\frac{Wr}{a}\right)\Big/\eta_0K_0(W), & r>a\end{cases} \tag{2.3.5}$$

式中，$\eta_0$为真空中的波阻抗。式（2.3.4）和式（2.3.5）省略了$e^{-j\beta z}$和$\cos m\varphi$因子。

纤芯和包层传输的功率分别为$P_{纤芯}$和$P_{包层}$，它们的计算式是

$$P_{纤芯}=\frac{1}{2}\int_0^{2\pi}\int_0^{a}E_yH_xr\mathrm{d}\varphi\,\mathrm{d}r \tag{2.3.6}$$

$$P_{包层}=\frac{1}{2}\int_0^{2\pi}\int_a^{\infty}E_yH_xr\mathrm{d}\varphi\,\mathrm{d}r \tag{2.3.7}$$

将数值解代入式（2.3.6）和式（2.3.7），可以算得纤芯中功率占总传输功率的 84%，包层中功率占 16%。$V$越小，包层中的功率就越多，例如，$V=1$时，纤芯和包层的功率比例分别是 30%和 70%。所以实际的单模光纤，归一化频率选在 2.0～2.35 之间，以保证单模传输的同时，大部分光功率集中在纤芯中传播。

在很多实际情况，$LP_{01}$模的场分布可以用高斯函数来逼近，高斯函数同样可以描述抛物型折射率分布光纤中的主模$LP_{01}$，其场分布为下列形式

$$E_y=A\exp\left(-r^2/w^2\right) \tag{2.3.8a}$$

$$H_x=\frac{An}{\eta_0}\exp\left(-r^2/w^2\right) \tag{2.3.8b}$$

式中，$w$称为模场半径；$2w$称为模场直径（MFD）。MFD 是单模光纤的一个重要参数，用它可以估算连接损耗、弯曲损耗及微弯损耗。当两根具有不同模场直径的光纤相连接时，插入损耗可由下面的公式估算，即

$$\mathrm{Loss(dB)}=-10\lg\frac{4}{\left(\frac{w_1}{w_2}+\frac{w_2}{w_1}\right)^2} \tag{2.3.9}$$

式中，$w_1$、$w_2$分别为两根光纤的模场半径。

与单模光纤的纤芯直径相比较，模场直径更能反映场强在空间的分布，如图 2.3.1 所示。在$r=w$时，场量下降到中心轴处的 1/e。用高斯分布替代贝塞尔函数分布，可使分析大大简化。

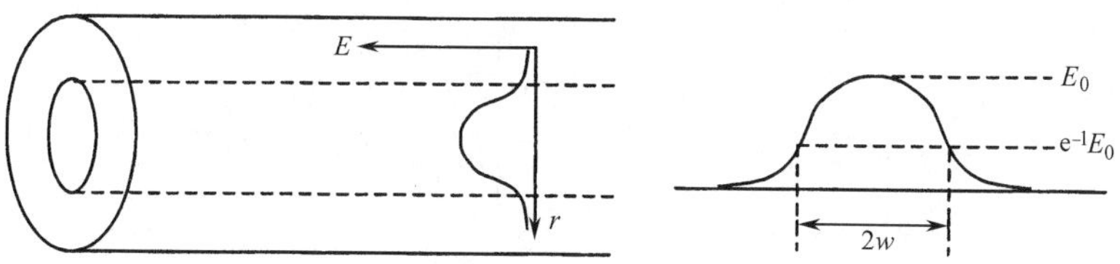


图 2.3.1　模场直径

模场直径可用下式计算，即

$$2w = 2a + \frac{a}{V} \tag{2.3.10}$$

在 $1.2 < V < 2.4$ 范围内，也可用近似公式来计算归一化模场半径，即

$$\frac{w}{a} = 0.65 + 1.619V^{-3/2} + 2.879V^{-6} \tag{2.3.11}$$

在高斯近似下，光纤纤芯传输的功率与总功率之比可用下面的公式计算

$$\frac{P_{纤芯}}{P_{总}} = 1 - \exp\left(-\frac{2a^2}{w^2}\right) \tag{2.3.12}$$

### 2.3.2 单模光纤的衰减

在第 1 章中，我们已经了解了衰减的原因，包括弯曲、散射和吸收，它们也是单模光纤衰减的因素。总体而言，单模光纤的衰减要比多模光纤小很多，但因为单模光纤常被用作长途网络的主要传输链路，所以希望其衰减被降低到最低限度。

单模光纤和多模光纤衰减的主要区别是弯曲损耗。显然，如果模场在纤芯中被限制得越紧，也就是模场半径 $w$ 越小，弯曲损耗就越小。以高斯分布为例，若要模场半径 $w$ 值小，则需增加归一化频率 $V$ 的值，但为了保证单模传输，$V$ 值往往已经做了限制，解决该矛盾可以采用凹陷包层的结构。图 2.3.2 示出了凹陷包层光纤的折射率分布，纤芯的半径为 $a$，折射率为 $n_1$，纤芯外面是内包层，半径为 $a_1$，折射率为 $n_3$，外包层的折射率为 $n_2$，$n_1 > n_2 > n_3$，相对折射率差

$$\varDelta = \varDelta_{12} + \varDelta_{23} \tag{2.3.13}$$

式中，$\varDelta_{12} = \frac{n_1^2 - n_2^2}{2n_1^2}$，$\varDelta_{23} = \frac{n_2^2 - n_3^2}{2n_2^2}$ 分别是纤芯与外包层、内包层与外包层的相对折射率差。相对折射率 $\varDelta$ 的增加使光纤对模场的约束能力大大提高了。

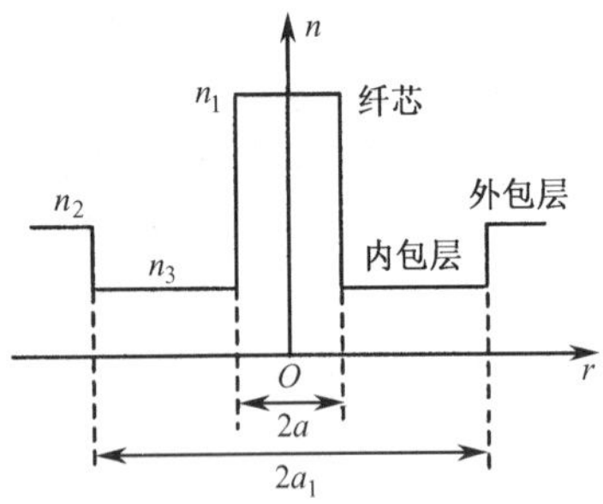

图 2.3.2 单模光纤凹陷包层结构

### 2.3.3 单模光纤的色散与带宽

#### 1. 色度色散

在第 1 章中，我们已经对色散现象及产生色散的原因进行了初步讨论。色散是由于光在光纤这种介质中传输而产生的物理现象，它造成光脉冲沿传输路径的不断展宽。对于单模光纤而言，由于只有一种模式传输，所以不存在模间色散。只有材料色散和波导色散，且材料色散影响较波导色散影响要大，材料色散和波导色散的总和也叫色度色散，它引起的单位长度的脉冲展宽为

$$\Delta\tau = \Delta t / L = \left|D_{\mathrm{m}}(\lambda) + D_{\mathrm{W}}(\lambda)\right|\Delta\lambda \tag{2.3.14}$$

式中，$D_{\mathrm{m}}(\lambda)$、$D_{\mathrm{W}}(\lambda)$ 分别是材料色散系数和波导色散系数，$\varDelta\lambda$ 为光源的线宽，对于石英材料，可用近似关系表示

$$D_{\mathrm{m}}(\lambda) = \frac{1.23\times10^{-10}}{\lambda}(\lambda - 1273) \quad [\mathrm{ps/(nm\cdot km)}] \tag{2.3.15}$$

式中，$\lambda$ 的单位为 nm，若范围在 1260nm～1700nm 之间，上式的相对误差小于 1%，显然，当 $\lambda = 1273\text{nm}$ 时，$D_{\text{m}}(\lambda) = 0$。

在第 1 章中，我们已经说明，材料色散是由于纤芯对不同波长的波呈现出不同的折射率而引起的。在单模光纤中，由于光源不可能是单一频率的，总是存在线宽，所以光脉冲中不同频率成分以不同的群速度传播，因而延时也不同，式（2.2.24）反映了群速度 $v_{\text{g}}$ 与波长的关系。

材料色散引起的脉冲展宽也称为群延迟 $\tau_{\text{g}}$，即

$$\tau_{\text{g}} = 1/v_{\text{g}} \tag{2.3.16}$$

式中，$v_{\text{g}} = \text{d}\omega/\text{d}\beta_{01}$；$\beta_{01}$ 为基模的传输常数；$\tau_{\text{g}}$ 反映了单位距离上信号的传输延迟。

由式（2.2.24）和式（2.3.16）分析可知，长波长的波延时较短，而短波长的波延时较长，所以它们到达光纤末端的时间也不同，导致脉冲展宽。

波导色散是由于导波模的相位常数随工作波长的变化而引起的，它可以表示为

$$D_{\text{W}}(\lambda) = -\frac{n_1 \varDelta}{c\lambda} V \frac{\text{d}^2(bV)}{\text{d}V^2} \tag{2.3.17}$$

式中，$V$ 为归一化频率；$c$ 为光速，单位为 km/s；$\lambda$ 的单位为 nm；$b$ 为归一化传输常数。

$$b = \frac{W^2}{V^2} = 1 - \frac{U^2}{V^2} = \frac{(\beta/k)^2 - n_2^2}{n_1^2 - n_2^2} \tag{2.3.18}$$

波导色散中因子 $V\dfrac{\text{d}^2(bV)}{\text{d}V^2}$ 可用经验公式表示为

$$V\frac{\text{d}^2(bV)}{\text{d}V^2} = 0.080 + 0.549(2.834 - V)^2 \tag{2.3.19}$$

当 $V$ 的范围在 1.3～2.6 之间时，式（2.3.19）的相对误差小于 5%。

色散系数的一般定义为：光纤归一化群时延对波长的导数，即

$$D(\lambda) = \frac{\text{d}\tau(\lambda)}{\text{d}\lambda}[\text{ps}/(\text{nm}\cdot\text{km})] \tag{2.3.20}$$

**2．偏振模色散**

对于高速率传输系统，单模光纤中另一种色散——偏振模色散的影响便不可忽略。偏振模色散是基于光纤的双折射率特性，而光纤结构本身的缺陷是造成双折射的原因，如纤芯的几何形状不规则，内部应力不均匀。另外，外部因素如弯曲、扭曲、被挤压时都会导致双折射。表现在光纤中，两个正交的模式会以不同的相速传播。单模光纤中的基模 $\text{LP}_{01}(\text{HE}_{11})$ 实际上有两种在空间不变的偏振状态（$E_x$、$H_y$ 和 $E_y$、$H_x$），如图 2.3.3 所示。在折射率为理想圆对称光纤中，两个偏振模的群速度时间延时相同，因而简并成单一模式。因为实际光纤的纤芯折射率并不是各向同性，即各个方向上呈现的折射率不等，当两个正交的电场（如分别为 $x$ 和 $y$ 方向）沿轴向（$z$）传输时，传输常数将具有不同的值，导致群速度不同，在光纤输出端产生不同的时延，使得光脉冲展宽，这种现象称为偏振模色散 PMD

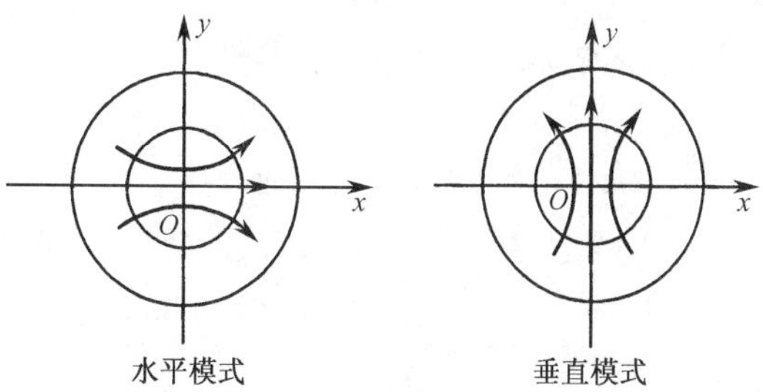

图 2.3.3　单模光纤中基模的两种偏振

（Polarization Mode Dispersion）。偏振模色散引起单位长度上的脉冲展宽为

$$\frac{\Delta t}{L}=\left|\frac{\mathrm{d}\beta_x}{\mathrm{d}\omega}-\frac{\mathrm{d}\beta_y}{\mathrm{d}\omega}\right| \tag{2.3.21}$$

式中，$\beta_x$、$\beta_y$ 为 $x$ 和 $y$ 方向上的传输常数，$\beta_x=k_0n_x,\beta_y=k_0n_y$。

事实上，PMD 是随机变化的，式（2.3.20）不能直接用来估算 PMD 值，只能用统计量来反映它的影响。

计算因 PMD 引起的脉冲展宽的经验公式为

$$\Delta t=D_{\mathrm{PMD}}\sqrt{L} \tag{2.3.22}$$

式中，$D_{\mathrm{PMD}}$ 是 PMD 参数的平均值，单位是 $\mathrm{ps}/\sqrt{\mathrm{km}}$，典型值在 0.1～1.0 $\mathrm{ps}/\sqrt{\mathrm{km}}$ 之间，如一根 48.8km 长且已敷设的光纤，在 12～15 小时内，测得的 $D_{\mathrm{PMD}}$ 等于 0.29 $\mathrm{ps}/\sqrt{\mathrm{km}}$，就目前的工艺水平来说，PMD 参数已经可以做到小于 0.016 $\mathrm{ps}/\sqrt{\mathrm{km}}$。

**3．带宽和比特率**

这里讨论色散对光纤通信系统带宽和比特率的影响，如果光纤色散造成的脉冲展宽为 $\Delta t$，则系统的比特率可用以下的经验公式来计算

$$B=\frac{1}{4\Delta t} \tag{2.3.23}$$

带宽与比特率的关系可用下式来计算，即

$$\Delta f_{\mathrm{opt}}=\frac{1}{2}B\text{，非归零码} \tag{2.3.24}$$

$$\Delta f_{\mathrm{opt}}=B\text{，归零码} \tag{2.3.25}$$

带宽的计算关系式与采用的数据信号的编码有关，对于非归零码，采用式（2.3.24）计算，其他格式可简单地用式（2.3.25）计算。

**【例 2.3.2】** 试计算单模光纤的比特率，已知激光二极管的峰值波长为 1300nm，光谱宽度为 1nm，1300nm 处的 $D(\lambda)$ 为 $-2\mathrm{ps/(nm\cdot km)}$。如果系统受到 PMD 限制，PMD 参数 $D_{\mathrm{PMD}}=0.5\mathrm{ps}/\sqrt{\mathrm{km}}$，单模光纤的比特率是多大？

**解：** 由式（2.3.23）和式（2.3.14），有

$$B=\frac{1}{4\cdot|D(\lambda)|\Delta\lambda\cdot L}$$

即

$$BL=\frac{1}{4\cdot|D(\lambda)|\Delta\lambda}=\frac{1}{4\times2[\mathrm{ps/(nm\cdot km)}]\times1(\mathrm{nm})}=125(\mathrm{Gb/s\cdot km})$$

上述结果为通信容量，若要知道比特率，还要知道距离，设距离为 100km，则

$$B=1.25\mathrm{Gb/s}$$

当系统受偏振模色散限制时

$$\Delta t=D_{\mathrm{PMD}}\sqrt{L}=0.5(\mathrm{ps}/\sqrt{\mathrm{km}})\cdot\sqrt{100\mathrm{km}}=5\mathrm{ps}$$

$$B=\frac{1}{4\Delta t}=\frac{1}{4\times5\mathrm{ps}}=50(\mathrm{GB/s})$$

从上例来看，似乎是色度色散在限制比特率。但实际上可以通过选择工作波长使色度色

散为零，但 PMD 却无法消除。所以说，对于长距离、高速链路，PMD 成为带宽限制的主要因素之一。

### 2.3.4 色散补偿方案

光纤的损耗和色散是制约光纤通信系统无中继传输距离的两个主要因素。虽然光放大器的实用化有效补偿了光功率的损耗，但并没有解决色散问题，这就使得色散成为高速光纤通信系统最主要的制约因素。目前已大量敷设的常规单模光纤（G.652），其零色散波长在 1310nm 附近，而它最低损耗窗口 1550nm 处的色散系数达到 10～20ps/(nm·km)。即使用了线宽极窄的光源，当数据比特率增加到 10Gb/s 时，传输距离也不超过 50km，由此可见，用常规光纤在 1550nm 窗口传输高速数据流，光纤的色散成为最终的制约因素。为了减少色散对系统的影响，出现了各种补偿技术，有些在光发送端或接收端实现，有些则在光纤链路中实现。这里仅讨论在光纤链路中实现色散补偿的技术。

#### 1. 色散补偿光纤

色散补偿光纤 DCF（Dispersion Compensation Fiber）是目前较为成熟且使用广泛的技术。色散补偿光纤是具有负色散特性的光纤，其补偿的基本思路是在具有正色散特性的标准单模光纤之后接入一段色散补偿光纤，如图 2.3.4 所示。

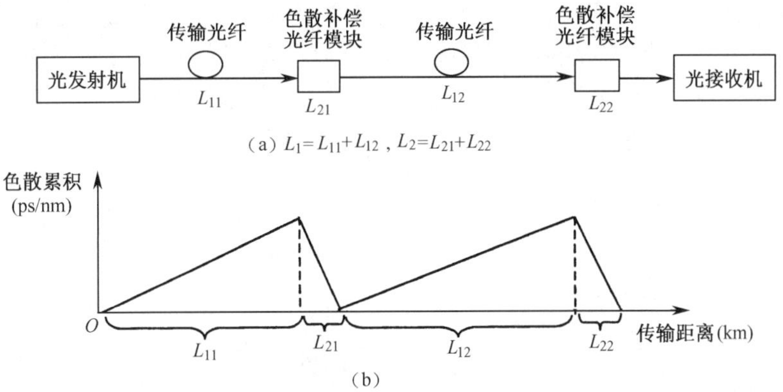


图 2.3.4　色散补偿光纤（负色散）的补偿原理

设 $D_1$、$D_2$ 分别为标准单模光纤和色散补偿光纤的色散系数，$L_1$、$L_2$ 分别为它们各自的长度，当满足

$$D_1L_1 + D_2L_2 = 0 \tag{2.3.26}$$

时，整条光纤线路的总色散为零。

为了减少链路的衰减，通常 $L_2$ 应尽可能小，所以色散补偿光纤的色散系数应尽可能大些。

#### 2. 色散补偿光纤光栅

光纤光栅是光纤通信系统中一种十分重要的无源器件。它是利用光纤材料的光敏特性制成的，图 2.3.5 示出了光纤光栅制作的过程，图中所用光纤为掺杂的光敏光纤，用很强的紫外光干涉图案曝光该光纤，所采用的图案事先经过设计，它与将要形成的光栅周期相同，这样光纤的折射率将按照该周期变化，并永久地固定下来。

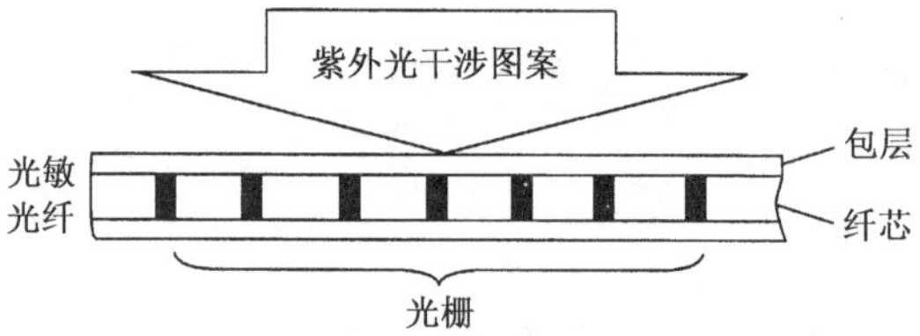


图 2.3.5 光纤光栅的制作

光纤光栅折射率沿轴线的分布可写为

$$n(z) = n_{\text{core}} + \Delta n_{\text{g}}(z)\left\{1 + \cos\left[\frac{2\pi}{\Lambda}z + \varphi(z)\right]\right\} \tag{2.3.27}$$

式中，$n_{\text{core}}$ 为纤芯折射率；$\Lambda$ 为光栅周期的长度；$\Delta n_{\text{g}}(z)$ 称为包络函数，如果 $\Delta n_{\text{g}}(z)$ 是常数，则是均匀周期性光纤光栅，否则是非周期性光纤光栅；$\varphi(z)$ 称为光纤啁啾，均匀光栅的 $\varphi(z)=0$。

光纤光栅的种类很多，有均匀周期性光纤光栅，线性啁啾光栅，Taper 型光栅，Moire 光纤光栅，Blazed 型光栅和取样光栅等。它们的应用也各不相同，如滤波器、信道选择器、反射镜、波长变换器、波长复用器/解复用器、传感器，而用作色散补偿的常选线性啁啾光栅。其光栅节距不是常数，而是呈线性变化，这样可以控制光不同频率成分的延时。图 2.3.6 示出了线性啁啾光栅补偿色散的工作原理，图 2.3.6（a）中采用了环形器将光脉冲导入光栅处理后再输出，由于光纤色散的影响，经过光纤传输后的光脉冲发生了展宽，脉冲成分中的短波长分量（高频分量）一进入光栅就被反射，而长波长分量（低频分量）则在光栅的末端才被反射，如图 2.36（b）所示，即光栅对短波长产生较短的延迟，对长波长产生较长的延迟，它刚好与单模光纤色散引入的延迟相反，也就是说光栅压缩了脉冲，使脉冲变窄，也即对光纤的色散起到了补偿作用。

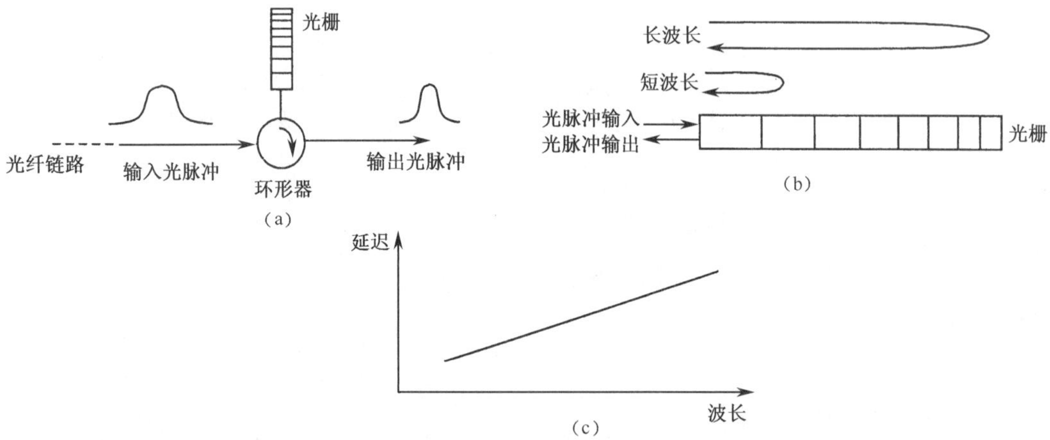


图 2.3.6 线性啁啾光栅补偿色散的工作原理

光纤光栅补偿色散的技术得到了广泛的应用，因为其体积较小，长度一般在 10～20cm，可以很方便地对已经敷设的光纤链路进行扩容和升级。

## 2.3.5 单模光纤的非线性效应

光纤中的非线性效应是指光和物质相互作用时发生的一些现象，也即光使得传输介质的特性发生了变化，而介质特性的改变又反过来影响了光场。这一过程可由极化强度矢量$\vec{P}(r,t)$与电场强度矢量$\vec{E}(r,t)$的关系来描述。如果这一关系是线性的，就称该介质是线性的，线性介质由下式描述

$$\vec{P} = \varepsilon_0 \chi \vec{E} \tag{2.3.28}$$

式中，$\varepsilon_0$为真空中的介电常数；$\chi$为介质的电极化率，它与折射率的关系为

$$n = \sqrt{\varepsilon_{\mathrm{r}}} = \sqrt{1+\chi} \tag{2.3.29}$$

在强电场作用下，任何介质都会呈现非线性的，光纤也不例外。在光纤中$\vec{P}$与$\vec{E}$的关系可近似表示为

$$\vec{P} = \varepsilon_0 \chi \vec{E} + \varepsilon_0 \chi^{(3)} \vec{E}^3 \tag{2.3.30}$$

式中，$\chi^{(3)}$为三阶电极化率，它是一个张量。此时介质的折射率就变为

$$n(\omega, E) = n_0(\omega) + n_2 |E|^2 \tag{2.3.31}$$

式中，第一项$n_0(\omega)$是线性折射率，它实际上反映了介质的的材料色散；第二项表示非线性效应，与光强$(I = \frac{1}{2}\varepsilon_0 cnE^2)$成正比；非线性折射率系数$n_2 = \frac{3}{8n}\chi^{(3)}$是一个与三阶电极化率有关的量。

折射率的另一种表达方法为

$$n = n_0(\omega) + n_2(P / A_{\mathrm{eff}}) \tag{2.3.32}$$

式中，$P$为光功率；$A_{\mathrm{eff}}$为光纤的等效面积，$A_{\mathrm{eff}} = \pi w^2$；$w$为横场半径。对于一个标准石英光纤，典型的$n_2$值大约为$3.2\times10^{-20}\,\mathrm{m^2/W}$，$A_{\mathrm{eff}} = 55\mu\mathrm{m}^2$。设$P = 1\mathrm{mW}$，则$n_2(P/A_{\mathrm{eff}}) = 5.8\times10^{-9}$，石英的折射率$n_0(\omega)$大约为1.45，可见，小功率输入时，非线性现象常可忽略。

非线性效应不仅与光强有关，还依赖于它作用的光纤长度，光纤越长，光与介质的相互影响就越多，非线性效应也就越大；另一方面，随着光沿光纤的传输，光功率会减小，非线性效应又会减弱，我们引入光纤等效长度$L_{\mathrm{eff}}$来描述光纤长度的影响。设输入功率为$P_{\mathrm{i}}$，因为

$$P_{\mathrm{i}} L_{\mathrm{eff}} = \int_0^L P(z)\mathrm{d}z\,,\quad P(z) = P_{\mathrm{i}}\mathrm{e}^{-\alpha z}$$

故有

$$L_{\mathrm{eff}} = (1 - \mathrm{e}^{-\alpha L}) / \alpha \tag{2.3.33}$$

式中，$L$为光纤长度；$\alpha$为光纤衰减，单位为$(1/\mathrm{km})$，如$\alpha = 0.2\mathrm{dB/km}$，用单位$(1/\mathrm{km})$表示的话，为$\alpha$=0.046$(1/\mathrm{km})$；当$L \gg 1/\alpha$时，$L_{\mathrm{eff}} \approx 1/\alpha$=21.7km。

折射率对光强度的依赖特性引起多种非线性效应，下面将分别讨论。

**1．自相位调制（SPM）**

自相位调制是指传输过程中由于非线性效应，光脉冲自身的相位发生变化，导致光脉冲频谱扩展的物理过程。传播常数

$$\beta = \frac{\omega n}{c} = \frac{\omega n_0}{c} + \frac{\omega n_2}{c}\cdot\frac{P}{A_{\mathrm{eff}}} = \beta_0 + \gamma P \tag{2.3.34}$$

式中，$\beta_0$为传播常数的线性部分；$\gamma = \frac{\omega n_2}{cA_{\mathrm{eff}}}$为非线性系数，由非线性引起的非线性相移

$$\phi_2 = \int_0^L \gamma P \mathrm{d}z = \gamma P_{\mathrm{i}} L_{\mathrm{eff}} \tag{2.3.35}$$

由式（2.3.35）可见，非线性相移与输入光功率有关。当光波被信号调制后，$P_{\mathrm{i}}$ 值会随时间变化，也就是说，相位会随时间变化。相位随时间说明产生了新的频率分量（$\Delta\omega = \mathrm{d}\phi_2/\mathrm{d}t$），在光脉冲中心频率两侧有了新的不同的瞬时光频率分量，导致了频谱的展宽。

这种相位的不稳定对相干通信系统的影响较大，所以要求 $\phi_2 \ll 1$，令 $L_{\mathrm{eff}} \approx 1/\alpha$，相位稳定条件件为

$$P_{\mathrm{i}} \ll \alpha/\gamma \tag{2.3.36}$$

用典型值 $\gamma = 1\times10^{-3}\ 1/(\mathrm{m\cdot W})$，$\alpha = 0.2\mathrm{dB/km} = 0.046$（$1/\mathrm{km}$）代入，得到输入功率应当被限制在 46mW 以下的结论。

**【例 2.3.3】** 已知某光纤参数如下，$A_{\mathrm{eff}} = 46\mu\mathrm{m}^2$，$\alpha = 0.2\mathrm{dB/km}$，$n_2 = 1\times10^{-20}\mathrm{m^2/W}$，当工作波长 $\lambda = 1550\mathrm{nm}$，光纤长度 $L$= 30km 时，需要输入多大功率才能使自相位调制产生的非线性相移为 180°。

**解**：

$$L_{\mathrm{eff}} = (1-\mathrm{e}^{-\alpha L})/\alpha = 16.27\mathrm{km}$$

由式（2.3.35）得

$$\phi = \gamma P L_{\mathrm{eff}}$$

其中

$$\gamma = \frac{\omega n_2}{c A_{\mathrm{eff}}} = \frac{2\pi n_2}{\lambda A_{\mathrm{eff}}}$$

可以得到

$$P = \frac{\phi}{\gamma L_{\mathrm{eff}}} = \frac{\phi \lambda A_{\mathrm{eff}}}{2\pi n_2 L_{\mathrm{eff}}}$$

代入数据，可计算得到当相移为 180°时，输入功率为

$$P = 219.11\mathrm{mW}$$

自相位调制的重要应用是在光纤中产生光孤子，有关内容将在第 10 章中进一步介绍。

### 2．交叉相位调制（XPM）

当两个或多个不同波长的光波同时在光纤中传输时，某信道的非线性相移不仅依赖于该信道本身的光波功率变化，而且与其他信道的光波功率有关，从而引起较大的频谱展宽。例如两个信道的光波传输，第一个信道光波的非线性相移与第二个信道的功率也有关，可表示为

$$\phi_{\mathrm{N1}} = \gamma(P_{\mathrm{i1}} + 2P_{\mathrm{i2}})L_{\mathrm{eff}} = \gamma P_{\mathrm{i1}} L_{\mathrm{eff}} + 2\gamma P_{\mathrm{i2}} L_{\mathrm{eff}} \tag{2.3.37}$$

式中，$P_{\mathrm{i1}}$、$P_{\mathrm{i2}}$ 分别为两个信道的输入功率，第二项称为交叉相位调制项。

XPM 虽然与 SPM 都以相同的方式影响着系统性能，但由于交叉调制项的系数较大，所以其他信道对本信道的影响程度更严重，在波分复用系统中，XPM 成为一个重要的限制。

通过调制和检测方案的选择，可以在一定程度上控制 XPM 的影响。如采用移相键控 PSK 调制相干系统，XPM 效应可以忽略，但对于幅度键控 ASK 调制的相干系统，每个信道的输入光功率就要受到 XPM 的严重制约。

### 3．四波混频（FWM）

四波混频是指当多个共有较强功率的光波长信号在光纤中混合传输时，由于介质的非线性，将导致产生新的波长部分。这个过程既要满足能量守恒，又要满足动量守恒，这就是相位匹配条件。

FWM 可分为两种情况：一种是三个频率的光波 $f_1$、$f_2$ 和 $f_3$ 同时在光纤中传输，产生了第四个频率 $f_4 = f_1 \pm f_2 \pm f_3$。从形式上看，这些组合都可能存在，但因为四波混频还需满足相

位匹配条件，所以，大多数组合都不能产生。在波分复用系统中，$f_1 + f_2 - f_3$的组合形式最为不利，特别是当信道间隔很小时，相位匹配条件很容易满足，有相当比例的信道功率通过四波混频被转移到新的光场中去。

另一种情况是两个频率$f_1$、$f_2$的光波，在光纤中传输时产生了另两个频率$f_3$、$f_4$的光波

$$f_1 + f_2 = f_3 + f_4 \tag{2.3.38}$$

其相位匹配条件可表示为

$$\Delta\beta = \beta_1 + \beta_2 - \beta_3 - \beta_4 = (n_1\omega_1 + n_2\omega_2 - n_3\omega_3 - n_4\omega_4)/c = 0 \tag{2.3.39}$$

在$\omega_1 = \omega_2\ (f_1 = f_2, 2f_1 = f_3 + f_4)$时，式（2.3.39）较易满足，因此，这种四波频率是最容易产生的。我们也可以将上述过程看成是一个很强的频率为$f_1$的泵浦光。在非线性介质中激发两个光波，一个为$f_1 + \Delta f$，另一个为$f_1 - \Delta f$，$\Delta f = f_1 - f_3 = f_4 - f_1$。显然，对于波分复用系统，如果$f_1 + \Delta f$和$f_1 - \Delta f$，和与其他信道频率相近，就会造成信道间的串扰，也就是一个信道的信息对另一个信道造成干扰。为了避免这种影响，可以将信道不均匀地设置。

四波混频导致了功率从一个信道转移到另一个信道，除了造成信道串扰外，也会使误码率指标劣化，因为数字信号“1”没有获得足够大的功率。

**4．受激散射**

前述的自相位调制、交叉相位调制和四波混频过程有着共同的特点，即过程前后状态之间的能量和动量保持守恒，能量和动量交换仅发生在光子之间。光纤中还存在着另外一种非线性效应。它可导致受激散射现象，即入射光波受到介质中分子振动的调制，产生了散射光波。在这个过程中，入射光波的一部分能量转移给了散射光波，在此称入射光波为泵浦波。而散射光波称为斯托克斯（Stoke）波，而另一部分能量转移给了介质，并以声波的形式表现出来。可以说受激散射也是引起能量损耗的一个原因。

受激散射由三个参数描述，阈值功率$P_{th}$，增益系数$g$和频移$\Omega$。

阈值功率 $P_{th}$ 的定义是这样的：因为沿光纤传输的散射损耗的大小与入射光功率有关，假设光纤长度为 $L$，在输入光功率为某个数值时，输出光功率恰好为输入光功率的一半，我们就将该输入光功率称为阈值功率。随着入射光沿光纤的传输，它不断地将部分能量转移给散射光，散射光强度沿光纤长度不断增强。增益系数$g$是用来描述散射光增强程度的。

增益系数$g$并不是一个常数。它是一个与频率有关的量，图 2.3.7 示出了拉曼增益与频率的关系。它取决于介质的光学性质、分子振动状态、泵浦光波长等因素。

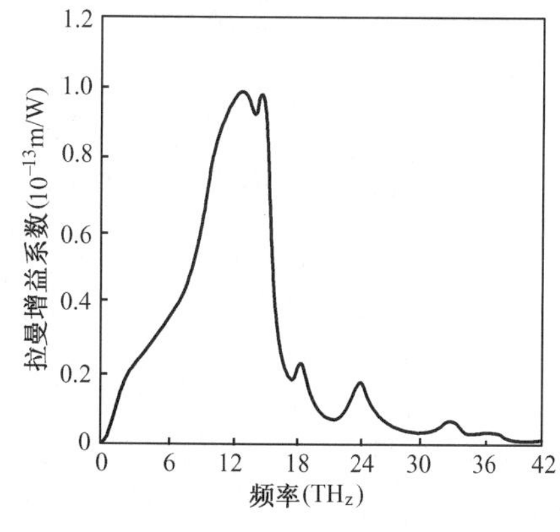


图 2.3.7　拉曼增益谱的实验曲线

在这里定义频移如下：设泵浦光频率为$\omega_P$，散射光频率为$\omega_S$，则频移

$$\Omega = \omega_P - \omega_S \tag{2.3.40}$$

只有频移落入增益带宽范围的光才能被放大，且频移越接近最大增益对应频率的散射光得到的放大最有效。图 2.3.7 中的泵浦光波长取为 1μm。

受激散射有两种类型，它们是受激拉曼散射（SRS）和受激布里渊散射（SBS）。

（1）受激拉曼散射

设受激拉曼散射中的散射光传播方向和泵浦光

相同，泵浦光强和斯托克斯光强分别为 $I_{\mathrm{P}}$ 和 $I_{\mathrm{S}}$，则

$$\frac{\mathrm{d}I_{\mathrm{S}}}{\mathrm{d}z}=g_{\mathrm{R}}I_{\mathrm{P}}I_{\mathrm{S}}-\alpha_{\mathrm{S}}I_{\mathrm{S}} \tag{2.3.41a}$$

$$\frac{\mathrm{d}I_{\mathrm{P}}}{\mathrm{d}z}=-\frac{\omega_{\mathrm{P}}}{\omega_{\mathrm{S}}}g_{\mathrm{R}}I_{\mathrm{P}}I_{\mathrm{S}}-\alpha_{\mathrm{P}}I_{\mathrm{P}} \tag{2.3.41b}$$

式中，$g_{\mathrm{R}}$ 为拉曼增益系数；$\alpha_{\mathrm{S}}$ 是光纤对斯托克斯波呈现的衰减系数；$\alpha_{\mathrm{P}}$ 是光纤对泵浦波呈现的衰减系数。由式（2.3.41a）可知，斯托克斯波在单位长度获得增益 $g_{\mathrm{R}}I_{\mathrm{P}}I_{\mathrm{S}}$ 的同时，也受到了光纤的衰减。如果将泵浦光近似表示成 $I_{\mathrm{P}}(z)=I_{\mathrm{P}}(0)\mathrm{e}^{-\alpha_{\mathrm{P}}z}$，代入式（2.3.41a）并积分，可得到斯托克斯光沿 $L$ 长的光纤传输后的输出光强为

$$I_{\mathrm{S}}(L)=I_{\mathrm{S}}(0)\exp[g_{\mathrm{R}}I_{\mathrm{P}}(0)L_{\mathrm{eff}}-\alpha_{\mathrm{S}}L] \tag{2.3.42}$$

式中，$L_{\mathrm{eff}}=(1-\mathrm{e}^{-\alpha_{\mathrm{P}}L})/\alpha_{\mathrm{P}}$。

如果用光功率来描述光纤 $L$ 处的斯托克斯的光波的话，则有

$$P_{\mathrm{S}}(L)=P_{\mathrm{S}}(0)\exp[g_{\mathrm{R}}I_{\mathrm{P}}(0)L_{\mathrm{eff}}-\alpha_{\mathrm{S}}L] \tag{2.3.43}$$

式中，$g_{\mathrm{R}}$ 为最大拉曼增益系数；$I_{\mathrm{P}}(0)=P_{\mathrm{P}}(0)/A_{\mathrm{eff}}$。

拉曼阈值可用下面的公式进行估算，即

$$P_{\mathrm{th}}=16A_{\mathrm{eff}}/(g_{\mathrm{R}}L_{\mathrm{eff}}) \tag{2.3.44}$$

现利用上式对阈值功率进行一下估算。典型 $g_{\mathrm{R}}$ 值在 1550nm 波长处约为 $1\times10^{-13}\,\mathrm{m/W}$，取 $\alpha=0.046(1/\mathrm{km})$，$A_{\mathrm{eff}}=55\,\mu\mathrm{m}^2$，则 $P_{\mathrm{th}}=405\,\mathrm{mW}$，通常光发射机的发射功率在 10mW 以内，故 SRS 的影响对于单信道可以忽略。

在 WDM 系统中情况就有所不同了，每个信道几个毫瓦的光功率，就能引起明显的拉曼串扰，SRS 会造成功率从短波长信道至长波长信道的转移。

（2）受激布里渊散射

受激布里渊散射产生的斯托克斯波传播方向与泵浦波相反，即后向散射。其阈值功率可近似表示成

$$P_{\mathrm{th}}=21A_{\mathrm{eff}}/(g_{\mathrm{B}}L_{\mathrm{eff}}) \tag{2.3.45}$$

式中，$g_{\mathrm{B}}$ 为布里渊增益系数，其典型值 $g_{\mathrm{B}}=5\times10^{-11}\,\mathrm{m/W}$。SBS 的阈值仅为几个毫瓦，但由于 $g_{\mathrm{B}}$ 增益谱较 $g_{\mathrm{R}}$ 增益谱窄很多，$g_{\mathrm{B}}$ 谱宽仅为数十兆赫兹，而 $g_{\mathrm{R}}$ 谱宽为几十 THz。所以 SBS 的影响频率的范围要比 SRS 小很多。另外，对多信道传输而言，由于 SBS 效应是向后散射，所以同向传输不会产生 SBS 串音。

SBS、SRS 除了对光纤通信系统的不利影响外，其将泵浦光能量转移到斯托克斯光决定特性被用来制造光纤放大器，有关内容将在后续章节中介绍。

## 2.4 多 模 光 纤

多模光纤是传输一个以上模式光场的光纤，其传输的模式数目可由式（2.2.59）估算。

多模光纤通常用在短距离通信场合。因为其纤芯尺寸比单模光纤大得多，因此连接较为方便。另外，其终端设备结构简单，可用发光二极管作为光源，所以成本较为低廉。在小范围场所得到了广泛的应用。本节对多模光纤的特征做一些介绍。

### 2.4.1　多模光纤的衰减

多模光纤的衰减机理与单模光纤相似，分成弯曲损耗、散射损耗和吸收损耗。

弯曲损耗分为两类：宏弯损耗和微弯损耗。宏弯损耗是随着光纤弯曲的曲率半径的减小，光纤的辐射损耗增加的一种衰减，它与模式有密切的关系。当光纤弯曲时，高阶模式首先消逝。因为纤芯对高阶模式的限制作用不如低阶模式，所以首先从光纤中辐射出去的是高阶模式。宏弯损耗与弯曲半径成反比。微弯损耗是因为光纤轴线的微观畸变引起的，光纤生产中的不均匀性或光纤在成缆时受到的不均匀压力都会造成微弯损耗，对于多模光纤，由于高阶模式比低阶模式到达纤芯包层边界的次数更多，所以受微弯损耗影响的概率大于低阶模式。

散射和吸收损耗：由于多模光纤的掺杂浓度较高，因此散射和吸收损耗比单模光纤大。在多模光纤中，高阶模式比低阶模式消逝得快。高阶模式在光纤中实际传输的距离更长，所以它们经历了更多的散射和吸收，图 2.4.1 示出了多模光纤和单模光纤衰减的对照图，其中 GI 为渐变多模光纤，SI 为阶跃多模光纤。

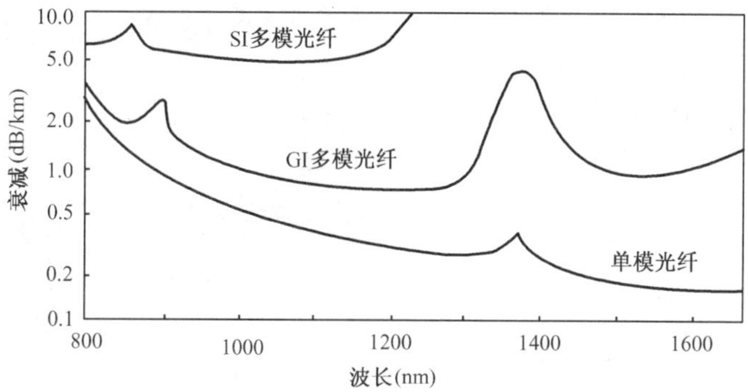


图 2.4.1　多模光纤和单模光纤的衰减

### 2.4.2　多模光纤的色散

在多模光纤中，传播的导波模数量很多，不同模式的相位常数不同，因而有不同的相速度和群速度，模式色散成为主要的色散因素。前面我们已经提到了计算阶跃多模光纤模式色散的关系式：$\dfrac{\Delta t}{L}=\dfrac{n_1}{c}\varDelta$。对于折射率为抛物线分布的渐变型光纤的计算关系式是：$\dfrac{\Delta t}{L}=\dfrac{n_1}{2c}\varDelta^2$，当 $\varDelta=0.01$ 时，抛物线折射率渐变光纤的模式色散仅为阶跃型光纤的 1/200，可见，渐变型光纤对于模式色散有明显的抑制作用。

对于折射率指数为其他分布的渐变型光纤，模式色散可用下式近似计算

$$\frac{\Delta t}{L}=\frac{n_1}{8c}\varDelta^2 \qquad (\gamma\neq 2) \tag{2.4.1}$$

多模光纤中的材料色散经常使用经验公式

$$D_{\mathrm{m}}(\lambda)=\frac{S_0}{4}\left(\lambda-\frac{\lambda_0^4}{\lambda^3}\right) \tag{2.4.2}$$

式中，$\lambda_0$ 是零色散波长（nm）；$\lambda$ 是光纤波长（nm）；$S_0$ 是零色散斜率[ps /(nm$^2$ · km)]，即在 $\lambda_0$ 处，色散曲线 $D$-$\lambda$的斜率，如图 2.4.2 所示，标准非色散位移

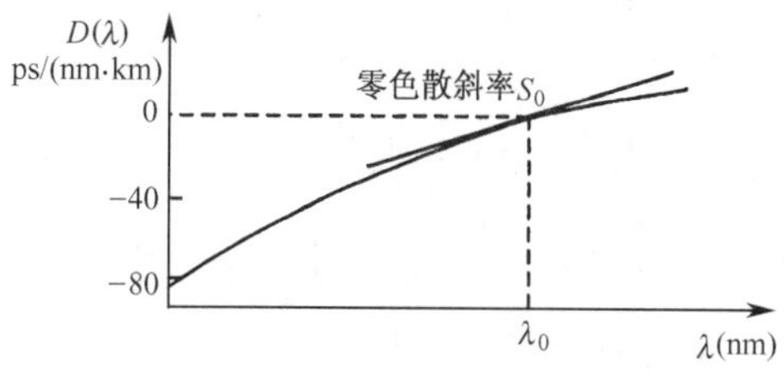


图 2.4.2　色散系数与波长的关系

光纤 $S_0$ 的典型值为 0.092ps/(nm$^2$·km)，对于色散位移光纤，$S_0$ 在 0.06～0.082ps/(nm$^2$·km)之间。

渐变折射率多模光纤中，材料色散的影响与模式色散相当。波导色散是因传播常数与波长有关引起的，在多模光纤中，它只占总色散的很小一部分，所以常将多模光纤中的色度色散称为材料色散。

### 2.4.3 多模光纤的带宽

多模光纤的带宽计算公式与单模光纤相似，即

$$B = 1/(4\Delta t) \tag{2.4.3}$$

对于阶跃折射率光纤，计算模式色散限制的带宽，$\Delta t$ 可由 $\dfrac{\Delta t}{L} = \dfrac{n_1}{c}\varDelta$ 得到，而对于渐变折射率光纤，则用 $\dfrac{\Delta t}{L} = \dfrac{n_1}{2c}\varDelta^2$ 或 $\dfrac{\Delta t}{L} = \dfrac{n_1}{8c}\varDelta^2$ 关系式。计算材料色散限制的带宽，$\Delta t$ 可用式 $\Delta t = |D_{\mathrm{m}}(\lambda)|L\Delta\lambda$ 代入。

实际上渐变折射率多模光纤带宽是一个与波长有关的量，图 2.4.3 给出了模式色散限制带宽与波长的关系的理论曲线图。

同样材料色散限制带宽也与波长有关，如图 2.4.4 所示。

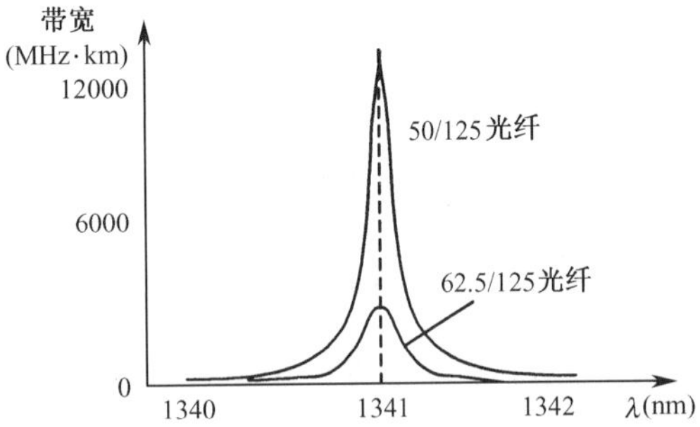


图 2.4.3 模式色散限制带宽与波长的关系理论曲线图

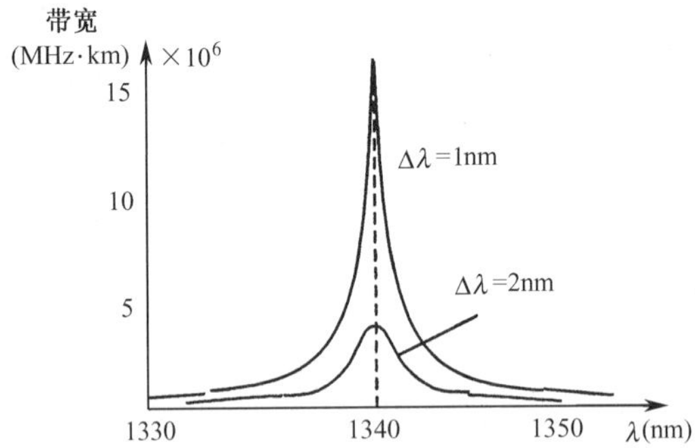


图 2.4.4 材料色散限制带宽与波长的关系理论曲线图

从图 2.4.4 中可以观察到最佳带宽在 1310nm 窗口附近，这就是多模光纤往往选择 1310nm 作为工作波长的原因。

## 2.5 光纤使用特性和产品介绍

了解光纤使用特性和产品之前，我们先介绍一下光纤制造过程，它有利于对光纤的使用和维护。

### 2.5.1 光纤制作工艺

光纤的制作工艺包括两个主要阶段，第一是制作预制棒，第二是拉丝。

**1. 预制棒的制作**

预制棒是制作光纤的原料。它的径向折射率按照芯层和包层的折射率要求而分布，但尺寸

则要大得多。典型的预制棒直径约为 10～25mm，长度约为 60～120cm。目前，生产预制棒的工艺采用两步法，先制造预制棒的棒芯，然后在芯棒外采用不同技术制造包层。芯棒的制造决定了光纤的传输性能，而包层则决定了光纤的制造成本。图 2.5.1 为预制棒制造工艺流程。

由图 2.5.1 可见，芯棒的制作有四种工艺。它们分别是改进的化学气相沉积法 MCVD（Modified Chemical Vapor Deposition）、外部气相沉积法 OVD（Outside Vapor Deposition）、气相轴向沉积法 VAD（Vapor Axial Deposition）和等离子体化学气相沉积法 PCVD（Plasma Chemical Vapor Deposition），其基本化学反应是用两种气体 $SiCl_4$ 和 $O_2$ 在高温下进行混合，生成二氧化硅 $SiO_2$，即

$$SiCl_4 + O_2 \rightarrow SiO_2 + 2Cl_2$$

为了控制折射率，往往还要加入一些掺杂物。四种芯棒的制作技术分别介绍如下。

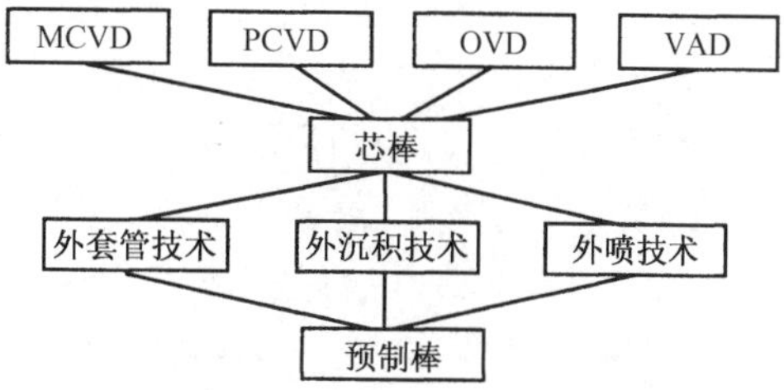

图 2.5.1　预制棒制造工艺流程

（1）外部气相沉积法（OVD）

这种方法如图 2.5.2 所示。基棒由石墨石英或氧化铅做成，从喷管出来的 $SiO_2$ 粉尘在旋转并移动的基棒上形成一层沉积层，沉积层较为松散，沉积过程完成后抽走基棒，将粉尘预制棒置于固化炉中，在高温（大约 1400℃）环境下将其脱水固化，制成洁净的玻璃基棒，这种管状芯棒的中心空洞在拉丝过程中会消失。

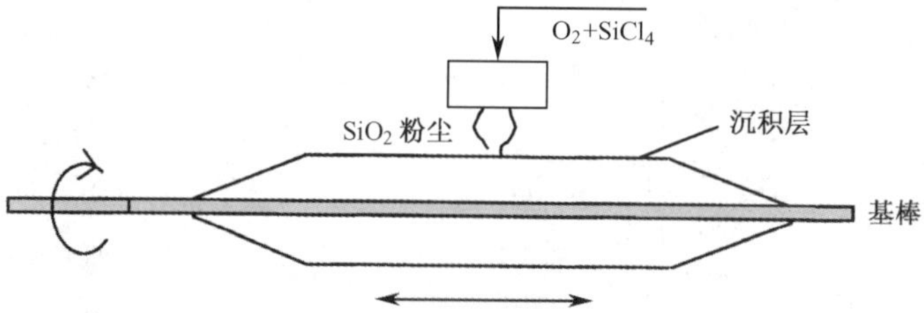

图 2.5.2　外部气相沉积法过程

OVD 法要求环境清洁，严格脱水，可以得到损耗为 0.16dB/km 的单模光纤，几乎接近于石英光纤在 1.55 μm 窗口的理论损耗 0.15dB/km。

（2）改进的化学气相沉积法（MCVD）

MCVD 广泛用于低损耗渐变折射率光纤的生产，图 2.5.3 示出了其过程。反应气体（$O_2$、$SiCl_4$、$GeCl_4$ 等）由基管（合成石英管）的左侧流进基管，基管是旋转的。下面有来回移动的喷灯，这样 $SiO_2$、$GeO_2$ 和其他掺杂物将形成粉尘并沉积在基管内的表面，经过喷灯烧结成一层纯净的玻璃薄层，其工作温度大约有 1600℃。当管子内壁的玻璃沉积层达到一定厚度时，停止反应气体的供给，将基管加热至 2000℃，使之成为实心棒。

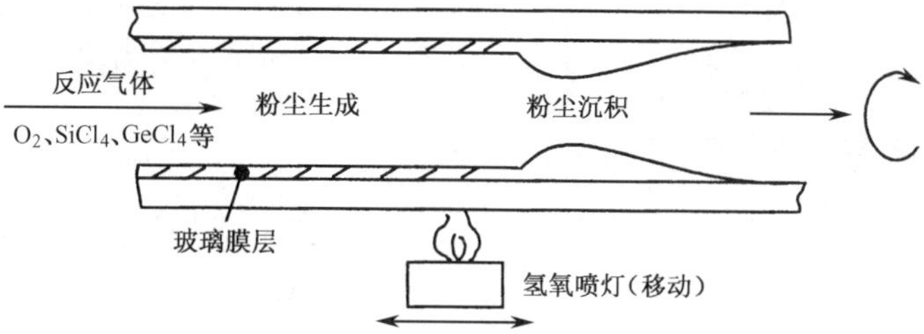

图 2.5.3　MCVD 工艺示意图

MCVD 是目前制备高质量石英光纤比较稳定可靠的方法。使用该法制备的单模光纤性能衰减可达 0.2～0.3dB/km。MCVD 属于内沉积工艺。内沉积技术的优点在于可精确地控制径向折射率的分布，而芯棒的外沉积技术（如 OVD）的优势在于不用价格很昂贵的合成石英管，沉积速率、沉积层数不会受到基管直径的限制，特别有利于以高沉积速率制造大型预制棒。

（3）气相轴向沉积法（VAD）

这种方法是在反应室里放置一根基棒——石英玻璃棒，基棒可以旋转并向反应室外移动，如图 2.5.4 所示。当反应气体送入反应室之后，就在基棒上沉积，基棒的旋转运动保证了芯棒的轴对称性，疏松的预制棒在向上移动的过程中经过一环形加热器，从而生成玻璃预制棒。

（4）等离子体化学气相沉积法（PCVD）

该方法与 MCVD 有些相似，它用微波加热腔代替喷灯，在合成石英管内形成离子化气体——等离子体。等离子体激发的化学反应可直接将一层纯净玻璃直接沉积在管壁上，而不形成粉尘，当达到所需的厚度的玻璃以后，再将管子制成实心预制棒。目前微波加热腔的移动速度为 8m/min，这允许管内沉积数千个薄层，从而使每层的沉积厚度减小，因此折射率分布的控制更为精确，可以获得更高的带宽。

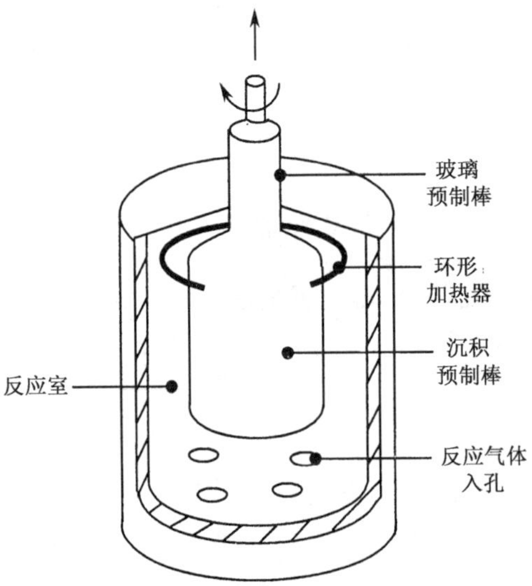


图 2.5.4　VAD 工艺示意图

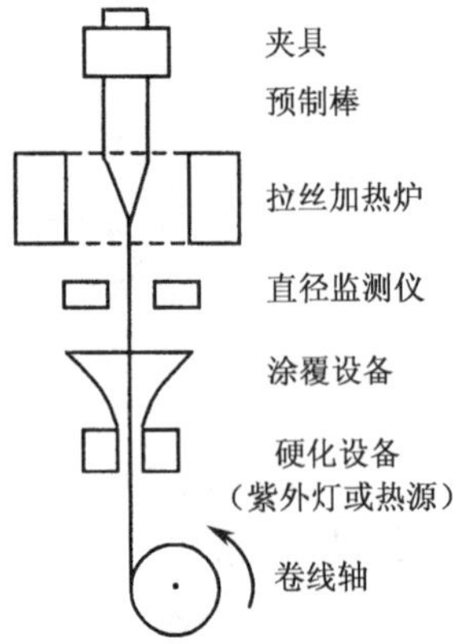


图 2.5.5　光纤拉制工艺示意图

**2．拉丝**

图 2.5.5 示出了拉丝的设备，预制棒被放在拉丝加热炉，其底部受热熔化，受热熔化的部分开始下降，置于底部的拉线塔上卷绕轴的转速决定光纤的拉制速度，而拉制速度又决定了光纤的粗细，所以卷绕轴的转速必须精确控制并保持不变。光纤直径监测仪通过反馈实现对于拉丝速度的调整，光纤拉成以后，将被立即涂覆上一层有弹性的覆盖物。

## 2.5.2　光纤的使用特性

光纤的使用特性包括传输特性，几何特性，机械特性，环境特性等，下面分别介绍。

**1．传输特性**

内容主要有衰减、数值孔径、色散、反向散射特性、群折射率（渐变折射率光纤的等效折射率）。

**2．几何特性**

几何特性有纤芯直径、包层直径和涂覆盖层直径，纤芯非圆性，包层非圆性和涂覆层非圆性，纤芯/包层和涂覆层同心性误差，标准长度。其中非圆性的计算公式为

$$非圆性(\%)=\left[1-\frac{最小直径}{最大直径}\right]\times 100 \tag{2.5.1}$$

纤芯/包层和涂覆层同心性误差是指纤芯与包层或包层与涂覆层的几何中心间的最大可能距离。

**3．机械特性**

机械特性对光纤的使用特别重要。光纤必须能够经受住成缆和光纤敷设过程中的压力和张力，其参数有抗拉强度，静态、动态稳定疲劳，光纤翘曲半径，涂覆层剥离力等。

抗拉强度用长为 $L$ 的光纤在应力 $\sigma$ 作用下断裂的概率来表示，它可由 Werbull 公式表述，即

$$F(\sigma,L)=1-\exp\left[-\left(\frac{\sigma}{\sigma_0}\right)^m\frac{L}{L_0}\right] \tag{2.5.2}$$

式中，$m$、$\sigma_0$ 和 $L_0$ 是与初始惯性强度分布相关的常数，$\sigma_0$ 是在 $L_0$ 下测得的，与 1/e 断裂概率相对应的强度。

纯净玻璃光纤的纵向拉伸张力是可以与金属丝相比拟的，其最大抗拉强度为 14GPa，钢丝为 20GPa。但由于光纤在生产过程中，玻璃基体存在小的不均匀性，高温熔融骤冷拉丝形成应力不均匀及环境尘埃、机械损伤使光纤中有许多裂纹，从而造成一定长度的光纤拉伸张力大为降低。

疲劳指的是光纤表面裂纹逐渐增长至光纤断裂的过程。静态疲劳与裂纹在潮湿环境和拉力作用下缓慢增长有关。动态疲劳与光纤在一个具有恒定速率应力（如光缆在牵引工具下的摩擦力，架设光缆在风力作用下横向摆动）的作用下断裂时间有关。如果将断裂应力记为 $\sigma_{\mathrm{f}}$，恒定外力应力速率为 $v$，则

$$\sigma_{\mathrm{f}}=av^{\frac{1}{n_{\mathrm{d}}-1}} \tag{2.5.3}$$

式中，$a$ 为常数；$n_{\mathrm{d}}$ 称为动态疲劳指数。

光纤翘曲半径是指涂覆层剥除后石英玻璃光纤自然弯曲的曲率半径。它是由于光纤制造过程中的高速拉制和骤然冷却使光纤产生内应力的结果，对光纤的连接损耗影响较大，特别是对多模光纤构成的光纤带的连接影响较大，因为各根光纤的翘曲方向是随机的。

筛选应变是筛选试验结果的表示方法。筛选试验的目的是将整根光纤长度上强度低于筛选应力的点去除，保证光纤的机械可靠性。采用的方法是纵向张力法，即施加张力荷载至拉丝涂覆层的整根光纤上，被测的初始光纤会断成几段，可以为每段光纤进行筛选试验。设光纤张力为 $\sigma$，应变为 $\varepsilon$，它们的关系如下

$$\sigma=E(1+c\varepsilon)\varepsilon \tag{2.5.4}$$

式中，$E$ 称为杨氏模量；$c$ 为非线性参数，典型值为 3～6。

**4．环境特性**

环境特性包括温度特性、水浸性能和湿热性能，用来说明因为环境条件的变化导致衰减

会增加多少，比如因为石英和光纤涂覆层的热膨胀系数不同，两者的长度的变化量相差非常大，于是产生的张力会使光纤发生弯曲，从而增加损耗。

表 2.4 列出了某光纤产品的技术规范。

**表 2.4　光纤的技术规范**

| 类别 | 项　目 | 单　位 | 技术规范 |
|---|---|---|---|
| 传输性能 | 1310nm 衰减 | dB/km | ≤0.36 |
| | 1550nm 衰减 | dB/km | ≤0.22 |
| | 衰减不连续性 | dB | ≤0.05 |
| | 衰减波长特性 | dB/km | ≤0.05 |
| | 衰减不均匀性 | dB | ≤0.05 |
| | 零色散波长范围 | nm | 1300～1324 |
| | 零色散斜率 | ps/(nm$^2$·km) | ≤0.093 |
| | 1298～1339nm 色散系数 | ps/(nm·km) | ≤3.5 |
| | 1271～1360nm 色散系数 | ps/(nm·km) | ≤5.3 |
| | 1550nm 色散系数 | ps/(nm·km) | ≤18 |
| | 偏振模色散（PMD） | ps/km | ≤0.3 |
| | 截止波长 | nm | ≤1260 |
| | 宏弯损耗（1550nm, 1625nm） | dB | 37.5 半径松绕 100 圈，≤0.5 |
| 尺寸参数 | 1310nm 模场直径 | μm | 9.2±0.5 |
| | 包层直径 | μm | 125±1 |
| | 纤芯/包层同心度误差 | μm | ≤0.8 |
| | 包层不圆度 | % | ≤2 |
| | 涂覆层直径（未着色） | μm | 245±10 |
| | 包层/涂覆层同心度的误差 | μm | ≤12 |
| 机械性能 | 筛选应变 | % | 1.0 |
| | 抗拉强度 | 10m 长度最低强度 Weibull 概率水平：2.76GPa(15%) | |
| | 光纤抗疲劳参数 $n_d$ | | ≥20 |
| | 光纤翘曲半径 | m | ≥4 |
| | 光纤涂覆层剥离力 | N | 2～8 |
| 环境性能 | 温度特性(-60℃～ +85℃) | | 在 1310nm 和 1550nm 波长允许附加衰减小于等于 0.05dB/km |
| | 浸水特性(23℃±2℃，30 天) | | |
| | 湿热性能（85℃±2℃，85%以上相对湿度，30 天） | | |
| | 热老化性能（85℃±2℃，30 天） | | |

注：此规范由江苏法尔胜光子有限公司提供。

### 2.5.3　光纤产品介绍

国际电信联盟-电信标准部 ITU-T（Telecommunication Standardization Sector of International Telecommunication Union）公布的几种光纤标准如下：

**1．G.651 光纤（渐变多模光纤）**

G.651 光纤的工作波长有两种：1310nm 和 1550nm。在 1310nm 处具有最小色散值，在 1550nm 处具有最小衰减系数。按照纤芯/包层尺寸，G.651 进一步分为 4 种，它们的纤芯/包层直径/数值孔径分别为 50/125/0.200，62.5/125/0.275，85/125/0.275 和 100/140/0.316，单位均为μm。

**2．G.652 光纤（标准单模光纤）**

G.652 是零色散波长在 1310nm 处的单模光纤。它的传输距离一般只受光纤衰减的限制。

在 1310nm 处，该光纤的衰减率达到 0.3～0.4dB/km。目前已经敷设的光缆线路绝大部分都采用这种光纤。该光纤也可用于 1.55μm 波段、2.5Gb/s 的干线传输。虽然在 1550nm 处的色散较大，为 20ps/(nm·km)，但如果采用高性能的电吸收调制器，传输距离可达 600km。如果传输的数据速率高达 10Gb/s，则只能传输 50km。

G.652 光纤的新产品还有 G.652B、C 和 D，其中 G.652B 光纤具有低 PMD 值，成缆光纤的最大 PMD 系数为 0.2ps/$\sqrt{km}$，可支持数据速率 10Gb/s，达 3000km。如数据速率为 40Gb/s，则可传输 80km。G.652C 光纤为无水峰光纤，原来水峰 1383nm±3nm 处的衰减可做到不大于 1310nm 处的值，所以系统可工作在 E 波段和 S 波段，如表 2.5 所示。同时，水峰的消除使在 1550nm 处的损耗更低，从而可传输速率为 10Gb/s 的数据。G.652D 光纤在波长和带宽上与 G.652C 光纤类似，支持 CWDM 和 O/E/S/C/L/U 波段应用，在数据速率上与 G.652B 光纤类似。

**表 2.5　单模光纤波段划分**

| 波段名称、符号 | 初始波段 O | 扩展波段 E | 短波段 S | 常规波段 C | 长波段 L | 超常波段 U |
|---|---|---|---|---|---|---|
| 波长范围/nm | 1260～1360 | 1360～1460 | 1460～1530 | 1530～1565 | 1565～1625 | 1625～1675 |

### 3．G.653 光纤（色散位移光纤）

G.652 光纤由于零色散与低衰减不在同一波长上，使工程应用受到很大限制，而 G.653 则把零色散点从 1.31μm 处移到了 1.55μm 处，所以也称 G.653 为色散移位光纤 DSF（Dispersion-Shifter Fiber）。它是单波长传输的最佳选择，但是对多信道应用而言，由于各信道光波之间的相位匹配很好，四波混频效应较强，会产生非常严重的干扰产物，所以不适合于 WDM 系统，目前已不再敷设。

### 4．G.654 光纤（衰减最小光纤）

这种光纤是为了满足海底光缆长距离通信的需求而研制的。其特点是在 1.55μm 的衰减很小，仅为 0.185dB/km，但在该波长处的色散较大，约为 17～20ps/(nm·km)，其零色散点在 1.31μm 处。

### 5．G.655 光纤（非零色散光纤）

G.655 光纤是一种改进型的色散移位光纤，与 G.653 相比，其零色散点不在 1.55μm 处，而是在 1.525μm 或者 1.585μm 处，1.55μm 处有适当的微量色散。G.655 光纤适用于密集波分复用 DWDM 系统中，光纤中存在少量色散，四波混频反而减少。

G.655 光纤目前可划分为 A、B、C 三个子类。G.655A 光纤在 C 波段支持 10Gb/s 的波长速率、200GHz 及以上间隔的 DWDM 系统应用，C 波段最大色散为 6 ps/(nm·km)；G.655B 光纤在 C 和 L 波段支持 10Gb/s 波长速率、100GHz 及以下间隔的 DWDM 应用，C 波段最大色散为 10 ps/(nm·km)；G.655C 光纤在 G.655B 的基础上将 PMD 系数降低到 0.2 ps/$\sqrt{km}$，可支持 10Gb/s 波长速率的 DWDM 系统传输距离达 3000km 以上。

### 6．G.656 光纤

这种光纤零色散点在 S 波段的短波侧。在 1460～1565nm 波长范围内，最小色散系数是 2ps/(nm·km)，最大色散系数为 8、11 和 15 ps/(nm·km)三个待定值，并且在 S、C 及 L 三个波段都有 DWDM 适度的色散。

#### 7．色散补偿光纤

色散补偿光纤 DCF 是具有负色散系数的光纤。为了便于现已敷设的 1310 系统采用波分复用和掺铒光纤放大器技术，就必须将光纤的工作波长从 1310nm 处移至 1550nm 处。而标准单模光纤在 1550nm 处的色散为(17～20) ps/(nm·km)，并且具有正的色散斜率，常在其中加接具有负色散的色散补偿光纤，进行色散补偿。图 2.5.6 示出了两种色散补偿光纤模块的色散和损耗特性。

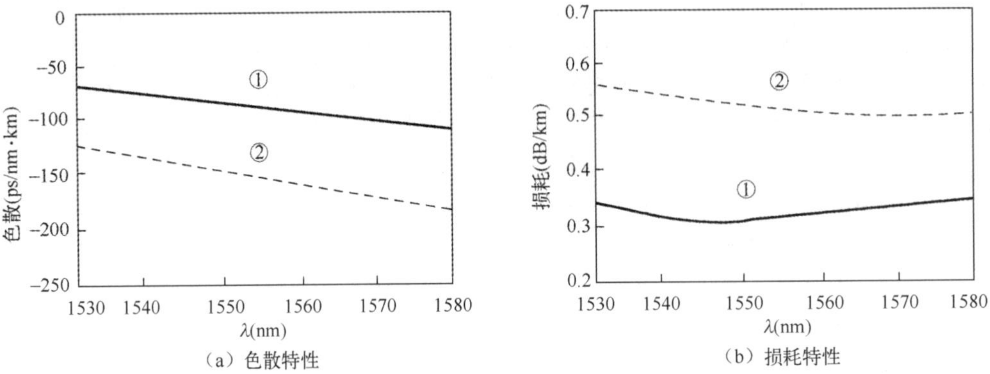


图 2.5.6　两种色散补偿光纤模块的色散和损耗特性

除以上介绍的品种外，还有各种通用型光纤，如适用于小型器件和家庭布线使用的光纤，这种光纤对弯曲不敏感，数值孔径较大，可以承受较小的弯曲半径；多模-单模光纤，与单模光纤接续表现为单模光纤，与多模光纤接续则表现为多模光纤。

### 2.5.4　光纤的型号

光纤的规格代号由光纤数目、光纤类别、光纤主要尺寸参数、传输特性（使用波长、损耗系数、模式带宽）及适用温度等 5 个部分组成，各组成部分均用代号或数字表示。

#### 1．光纤数目

光纤数目在光缆中用阿拉伯数字表示，详见第 7 章。

#### 2．光纤类别的代号及其意义

J——二氧化硅多模渐变型光纤
Z——二氧化硅多模准突变型光纤
X——二氧化硅纤芯塑料包层光纤
T——二氧化硅多模突变光纤
D——二氧化硅单模光纤
S——塑料光纤

#### 3．光纤主要尺寸参数

用阿拉伯数字以 μm 为单位表示多模光纤的芯径/包层直径或单模光纤的模场直径/包层直径。

#### 4．传输性能

这部分用三组数字分布表示使用波长、损耗系数及带宽距离积，第一组数字规定如下：

1——使用波长在 0.85μm 区域

2——使用波长在 1.31μm 区域

3——使用波长在 1.55μm 区域

第二组数字表示损耗系数的个数和小数点后一位的值，单位为 dB/km，第三组数字是带宽距离积的千位数和百位数，单位为 MHz·km，单模光纤无此项。

### 5．适用温度代号及意义

A——适用于-40℃～+40℃

B——适用于-30℃～+50℃

C——适用于-20℃～+60℃

D——适用于-5℃～+60℃

例：J50/125(12008)C，意义如下：

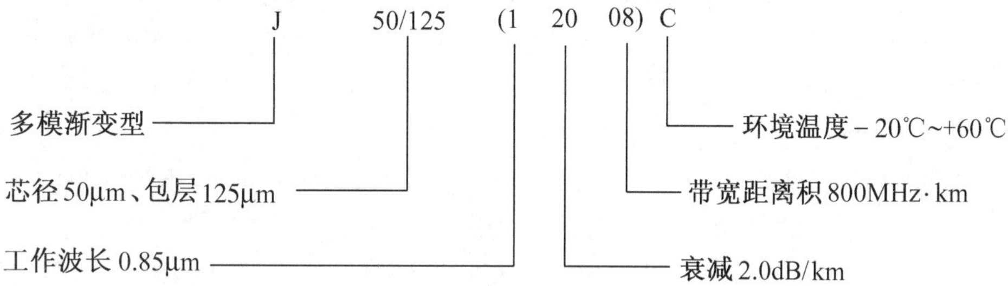


## 本章小结

几何光学分析法可以直观地解释光线在纤芯中的传播，得到数值孔径的概念。波动方程分析法有助于对光波的偏振、导波模形式和传输条件的进一步理解，体现了电磁场的应用。无论单模光纤还是多模光纤，色散都是一个关键指标，它对光纤带宽起着限制作用，故而色散补偿技术至关重要。衰减是限制传输距离的关键因素。非线性效应是光纤中传输光强较大而引起的一种效应，它的影响和应用日益增加，故读者也应对它的作用引起足够的重视。光纤的制作工艺有若干种，读者应知道它们的区别。最后要求读者对光纤参数和产品知识熟练掌握。

### 习题

2.1　某电场可表示为 $E_x(t,z)=5\times10^{-3}\cos2\pi(2t-0.8z)\text{V/m}$，试求：（1）振幅；（2）波长；（3）角频率；（4）磁场表达式。

2.2　水的折射率 $n$=1.33，在水下 15cm 处有一个光源，试求光可以折射出水面的最大圆的半径。

2.3　数值孔径是怎么定义的，其物理意义是什么？

2.4　已知某阶跃折射率光纤参数如下，纤芯直径 $2a=50\mu\text{m}$，$n_1=1.5$，$\Delta=0.01$，$L=1\text{km}$。试求：①光纤的数值孔径；②子午光线的最大时延差。

2.5　已知光纤的相对折射率差 $\Delta=0.002$，纤芯半径 $a=5\mu\text{m}$，$n=1.48$，工作波长 $\lambda=1300\text{nm}$，试求光纤纤芯中功率与总功率之比。

2.6　群速度的意义是什么？

2.7　某一数值孔径为 0.22 的阶跃折射率多模光纤，工作波长为 850nm 时约有 1000 个模式，试求其纤芯直径；在 $\lambda$=1300nm 时，其模式数量又为多少？

2.8 某一单模光纤的参数如下：$2a = 8.3\mu m$，$NA = 0.125$，试求：（1）它的截止波长；（2）如果工作波长是 1.31μm，试问传输的模式是否为一个？

2.9 导波模的模式有哪些？

2.10 证明：$HE_{2n}$ 模与 $TE_{0n}$ 模、$TM_{0n}$ 模具有相同的截止参数。

2.11 某一渐变折射率光纤具有如下特性，NA=0.275，纤芯/包层直径为 62.5/125μm，工作波长 $\lambda = 1300nm$，试问光纤包层传输的能量为多少？

2.12 阶跃光纤 $n_1$=1.48，$n_2$=1.478，$V = 2.4$，$\lambda = 850nm$，计算纤芯直径、数值孔径和模场直径。

2.13 求两根光纤的连接损耗，它们的模场直径分别为 10.5μm 和 9.3μm。

2.14 已知 $D_{PMD} = 0.35ps/\sqrt{km}$，$L = 100km$，计算由偏振模色散引起的脉冲展宽。

2.15 色散补偿的方案有哪些？

2.16 某光纤的色散参数如表 2.4 所示，如果光纤长 $L$=150km，工作波长 $\lambda$=1550nm，问需要多长的 DCF 对其进行色散补偿？设 DCF 的色散系数 $D$=145 ps/(nm·km)。

2.17 计算拉曼阈值功率和布里渊阈值功率，设 $g_R = 1 \times 10^{-13}$m/W，$g_B = 5 \times 10^{-11}$m/W，已知 $A_{eff} = 65\mu m^2$，$L_{eff} = 25$ km。

2.18 解释 SPM 和 XPM 现象之间的区别。

2.19 某光纤的零色散波长在 1312nm 处，零色散斜率为 0.090 ps/(nm²·km)，长度为 200km，工作于 1310nm，计算由色度色散引起的脉冲展宽，设激光器的线宽 $\Delta\lambda = 1nm$。

2.20 已知某光纤参数如下，$A_{eff} = 46\mu m^2$，$\alpha = 0.2dB/km$，$n_2 = 1 \times 10^{-20} m^2/W$，当工作波长 $\lambda = 1550nm$，光纤长度 $L$=30km 时，需要输入功率为何值时才能使自相位调制产生的非线性相移为 180°。

2.21 证明：两根相同的光纤样品，其参数分别为 $L_1$ 和 $L_2$，外加拉力分别为 $\sigma_1$ 和 $\sigma_2$，如果 $\sigma_{1c}$ 和 $\sigma_{2c}$ 为相同断裂概率下相应的快速断裂拉力，则有 $\dfrac{\sigma_{1c}}{\sigma_{2c}} = \left(\dfrac{L_2}{L_1}\right)^{1/m}$。

2.22 四种芯棒加工工艺有什么相同点和不同点？

2.23 光纤的产品有哪几种？各有什么特点？

2.24 试计算由色度色散限制的最大比特率，光纤为 G.625，工作波长 $\lambda = 1550nm$，长度 $L$=150km。

# 第 3 章　光源和光发射机

**内容提要：** 光源可实现从电信号到光信号的转换，是光发射机及光纤通信系统的核心器件，它的性能直接关系到光纤通信系统的性能和质量指标。本章先介绍发光二极管（LED）和激光二极管（LD）两种光源的工作原理和应用，然后介绍光发射机的组成和参数，最后讨论外调制器的功能。

**知识要点：** 器件结构；LD、LED 的工作原理；LD、LED 的特性和类型；光源与光纤的耦合；光发射机的结构和参数；外调制器的工作原理。

**教学建议：** 学时 5，必修。

## 3.1　激光二极管

### 3.1.1　工作原理

#### 1．发光机理

制作 LD 的材料是半导体晶体。晶体中，原子核外的电子运动轨道因相邻原子的共有化运动会发生不同程度的重叠，电子已经不属于某个原子所有，它可以在更大范围内甚至在整个晶体中运动，也就是说，原来的能级已经转变成能带。对应于最外层能级所组成的能带称为导带，次外层的能带称为价带，它们的间隔内没有电子存在，这个间隔区间称为禁带，如图 3.1.1 所示。

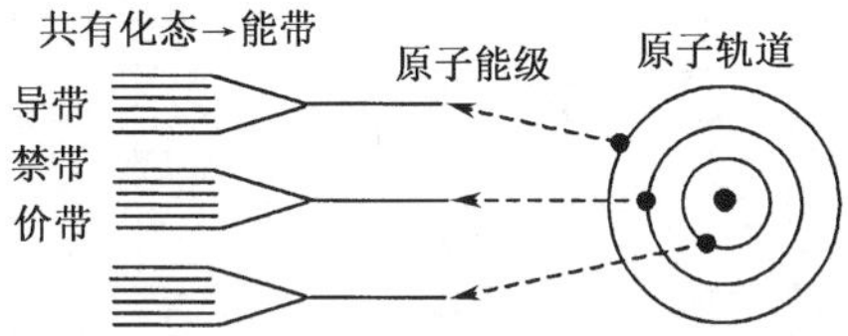


图 3.1.1　晶体中的能级

我们在第 1 章已经说明了 LD 是基于受激发射的原理工作的。实际上，半导体激光器所发射出的光波长不是单一值。造成这种现象的原因有两个：一是半导体导带和价带都是由许多能级组成的，它们所具备的能量有微小差别；二是半导体的能带结构受掺杂和晶体缺陷影响较大，使得禁带宽度有微小的变化，所以用式（1.1.2b）计算出的波长是有一定的范围的量。

在光的受激发射过程中必须保持能量和动量的守恒。禁带形状是与动量有关的，依照禁带的形状，可将半导体分成直接带隙和间接带隙两种，如图 3.1.2 所示。直接带隙材料中，导带最小能级和价带最大能级有相同的动量，电子是垂直跃迁的，发光效率高，如图 3.1.2（a）所示；间接带隙材料中，要完成电子的跃迁，必须有其他粒子的参与以保持动量守恒，在图 3.1.2（b）中，说明了能量为 $E_p$、动量为 $k_p$ 粒子的参与过程。只有直接带隙半导体材料才能制作发光器件，这类材料有 GaAs、AlGaAs、InP 和 InGaAsP 等。

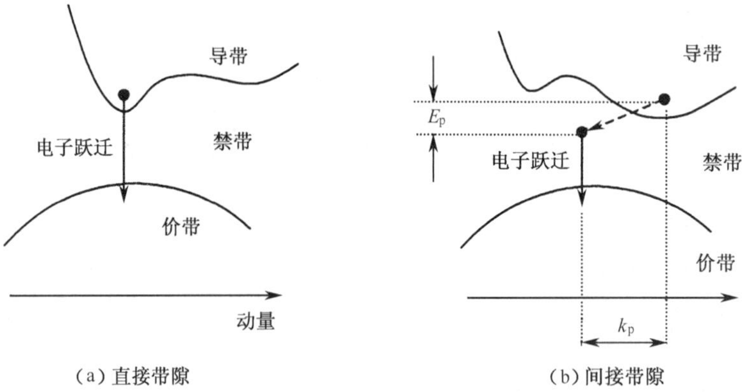


图 3.1.2　直接带隙和间接带隙

不同的半导体材料有不同的禁带宽度，且发光的波长也不同。表 3.1 为常用半导体材料的禁带宽度（带隙）及发光波长。

**2．LD 结构**

激光二极管的结构通常是多层条形的，如图 3.1.3 所示。有源层、限制层和端镜面构成了其结构的基本部分。

**表 3.1　常用半导体材料的带隙及发光波长**

| 材料名称 | 分子式 | 发光波长 $\lambda/\mu m$ | 带隙能量 $E_g/eV$ |
|---|---|---|---|
| 磷化铟 | InP | 0.92 | 1.35 |
| 砷化铟 | InAs | 3.6 | 0.34 |
| 磷化镓 | GaP | 0.55 | 2.24 |
| 砷化镓 | GaAs | 0.87 | 1.424 |
| 砷化铝 | AlAs | 0.59 | 2.09 |
| 磷化铟镓 | GaInP | 0.64～0.68 | 1.82～1.94 |
| 砷化镓铝 | AlGaAs | 0.8～0.9 | 1.4～1.55 |
| 砷化镓铟 | InGaAs | 1.0～1.3 | 0.95～1.24 |
| 砷磷化铟镓 | InGaAsP | 0.9～1.7 | 0.73～1.35 |

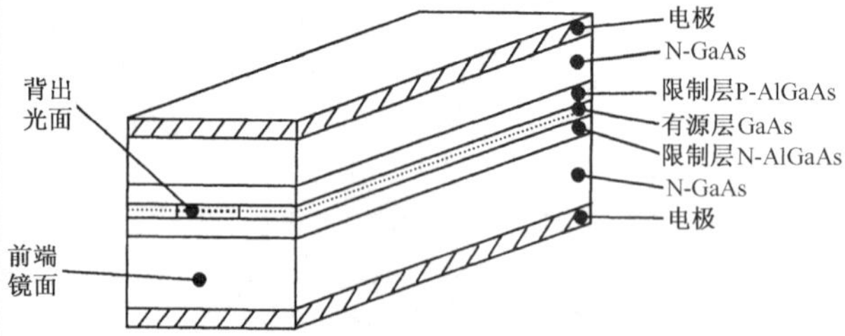


图 3.1.3　激光二极管结构

（1）有源层和限制层

在图 3.1.3 中，有源层的材料是 P 型砷化镓（GaAs）材料，限制层分别是 P 型和 N 型砷化镓铝（AlGaAs）材料，在它们的界面上分别形成两个 PN 结，我们把这类由异种半导体相接的结构称为双异质结，图 3.1.4（a）进一步描述了双异质结的结构，图 3.14（b）是它的能带。

当 PN 结上加正向电压时，电子就会从 N 型限制层注入有源层，同样，空穴会从 P 型限制层注入有源层，电子和空穴在此区复合。当外加电压增加到有源层的禁带宽度 $E_g$ 时，激光器就开始振荡，发出激光。因为限制层的禁带宽度 $E_{gn}$、$E_{gp}$ 比有源层的 $E_g$ 要宽，其导带所处的能量要比有源层的导带能量高，所以就形成了异质势垒，使注入有源层的电子、空穴不会跑掉，而被封闭在有源区内，实现了载流子的封闭。只要外加很小的电流，注入电子和空穴的浓度就增大，从而提高了增益。另一方面，由于限制层的折射率比有源层的低，如图 3.14（c）

所示，所以形成了一个光波导折射率分布，在有源层内电子和空穴复合而产生的辐射激光被封闭在有源层内，如图 3.1.4（d）所示。

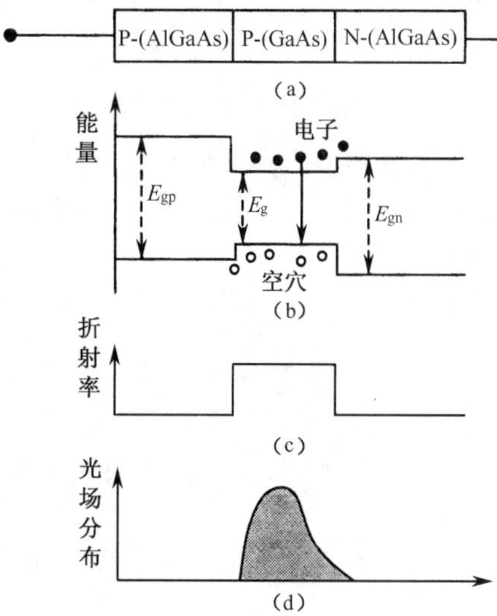

图 3.1.4　双异质结的结构

（2）端镜面

激光器两端是端镜面，互相是平行的，同时又是非常平坦光亮的，它可以使有源层产生的光部分逸出。另外，有源层里产生的光不断在两端镜面间反射，形成光的振荡。随着电流不断注入，光逐渐被放大并趋于稳定的输出状态。综上所述不难理解，有源层实质上是一个矩形有源光波导，它与端镜面共同构成了具有频率选择的光波振荡器、放大器和光的储存器。

### 3. LD 阈值条件

粒子数反转、光学谐振腔是激光器获得激光的条件，除此之外，产生激光还必须满足阈值条件。

在激光器工作过程中，光在谐振腔内传播，除了增益介质的光放大作用外，还存在工作物质的吸收、介质不均匀引起的散射、反射镜的非理想性引起的透射及散射等损耗情况，只有光波在谐振腔内往复一次的放大增益大于损耗，激光器才能建立起稳定的激光输出。

设增益介质的增益和损耗分别为 $G$ 和 $\alpha$，谐振腔内光功率随距离 $z$ 的变化可表示为

$$P(z)=P(0)\exp[(G-\alpha)z] \tag{3.1.1}$$

式中，$P(0)$为 $z=0$ 处的光功率。光束在腔内经过一个来回，两次通过增益介质，这时的光增益为

$$\frac{P(2L)}{P(0)}=\exp[2(G-\alpha)L] \tag{3.1.2}$$

式中，$L$ 为腔长。设两个镜面的反射系数为 $r_1$ 和 $r_2$，建立光振荡的条件为

$$r_1r_2P(2L)\geqslant P(0) \tag{3.1.3}$$

将式（3.1.2）代入式（3.1.3），可得

$$r_1r_2\exp[2(G-\alpha)L]\geqslant 1$$

也即

$$G\geqslant\alpha+\frac{1}{2L}\ln\left(\frac{1}{r_1r_2}\right) \tag{3.1.4}$$

这就是产生激光的阈值条件。式（3.1.4）中第一项是增益介质的损耗，第二项表示通过反射镜的损耗。在半导体激光器中，只有当注入电流满足阈值条件时，才有激光输出。

光与半导体物质的相互作用可用速率方程来描述，速率方程反映了有源层内光子与电子的相互作用。速率方程为

$$\frac{\mathrm{d}s}{\mathrm{d}t}=Dns+R_{\mathrm{sp}}-\frac{s}{\tau_{\mathrm{ph}}} \tag{3.1.5}$$

$$\frac{\mathrm{d}n}{\mathrm{d}t}=\frac{J}{qd}-\frac{n}{\tau_{\mathrm{sp}}}-Dns \tag{3.1.6}$$

式中，$s$ 和 $n$ 分别为光子数目和电子数目；$D$ 是描述光吸收与辐射相互作用强度的系数；$R_{\mathrm{sp}}$

是自发辐射成为激光模式的载流子速率；$\tau_{ph}$ 是光子寿命；$\tau_{sp}$ 是电子寿命；$d$ 是有源层厚度；$J$ 是注入电流密度；$q$ 是电子电荷。

式（3.1.5）的物理意义是在单位时间内，总光子数目取决于受激辐射产生光子数目、自发辐射产生光子数目、激光腔损耗造成的光子损失数目。式（3.1.6）的物理意义是在单位时间内，总电子数目取决于注入载流子数目、自发复合导致导带中电子损失的数目、受激辐射导致导带中电子损失的数目。

阈值条件也可以这样考虑：在式（3.1.5）中忽略 $R_{sp}$，光子从产生到稳定的过程中，当 $s$ 值较小时，应有 $\frac{ds}{dt} \geqslant 0$，这样，由式（3.1.5）得 $Dn - \frac{1}{\tau_{ph}} \geqslant 0$。这表明要使 $s$ 值增加，$n$ 值要大于阈值 $n_{th}$，$n_{th} = \frac{1}{D\tau_{ph}}$。$n_{th}$ 也可由阈值电流密度 $J_{th}$ 来表示，实际上 $J_{th}$ 是光子数目 $s=0$ 时，保持粒子数反转所需的电流密度。由式（3.1.6）可得

$$\frac{n_{th}}{\tau_{sp}} = \frac{J_{th}}{qd} \tag{3.1.7}$$

激光器达到稳定状态后，导带中的电子数目始终为阈值 $n_{th}$。当输入电流增加时，$n$ 值增加，从而导致参与受激跃迁的电子数增加，受激跃迁辐射的光子数增加。也就是说，输入电流越大，输出光功率越高。

稳定状态下，粒子数不再变化，$n = n_{th}$，$\frac{ds}{dt} = 0$，$\frac{dn}{dt} = 0$，将式（3.1.7）代入式（3.1.6），可得

$$s = \frac{\tau_{ph}}{qd}(J - J_{th}) \tag{3.1.8}$$

式（3.1.8）表明，辐射的光子数目与实际电流密度与阈值电流密度之差成正比。

**4．LD 模式**

这里先介绍一下激光器纵横模的概念。由上面分析知，在两平面反射镜之间形成了稳定的振荡，振荡频率可由谐振条件或称驻波条件得到。

在谐振腔中，光波是在两平面反射镜之间往复传输的，只有平面镜间距离是半波长的整数倍时，光波才能得到彼此加强，即

$$L = m\frac{\lambda}{2n} \tag{3.1.9}$$

式中，$\lambda$ 为光波的波长；$n$ 为增益介质的折射率；$m = 1, 2, \cdots$。利用 $\lambda = c/f$，可将式（3.1.9）重写成

$$f = m\frac{c}{2nL} \tag{3.1.10}$$

式中，$f$ 为光波的频率；$c$ 为光速。显然，激光器中振荡的光频率只能取某些分立值，$m$ 的一系列取值对应于沿谐振腔轴向一系列不同的电磁场分布状态，一种分布就是一个激光器的纵模。腔内的纵模很多，例如，某半导体激光器腔长 $L = 300\mu m$，$n = 3.5$，$\lambda = 1.31\mu m$，则由式（3.1.9）可求出 $m = 1603$。只有那些有增益且增益大于损耗的模式才能在激光的输出光谱中存在。只剩下一个模的激光器称为单纵模激光器，否则称为多纵模激光器。相邻两纵模之间的频率间隔

$$\Delta f = \frac{c}{2nL} \tag{3.1.11}$$

激光振荡也可以出现在垂直于腔轴线的方向上，这时在激光器出光的端面上出现稳定的光斑，将这种横向的光场分布称为横模。激光器的横模决定了激光光束的空间分布，它直接影响到器件和光纤的耦合效率。

### 3.1.2　LD 的性质

#### 1．P-I 特性

典型的半导体激光器的 P-I 特性曲线如图 3.1.5 所示。当注入电流小于阈值电流 $I_{th}$ 时，器件发出微弱的自发辐射光，是非相干的荧光；当注入电流超过阈值时，器件进入受激发射状态，发出的光是相干激光，光输出功率迅速增加，并与注入电流基本保持线性关系。

阈值电流 $I_{th}$ 是激光器的重要参数，该值越小、越稳定，说明激光器的设计和制造工艺越好。短波长激光器的 $I_{th}$ 一般在 50～100mA 之间；长波长激光器的 $I_{th}$ 一般在 20～50mA 之间，目前较好的激光器阈值电流小于 10mA。

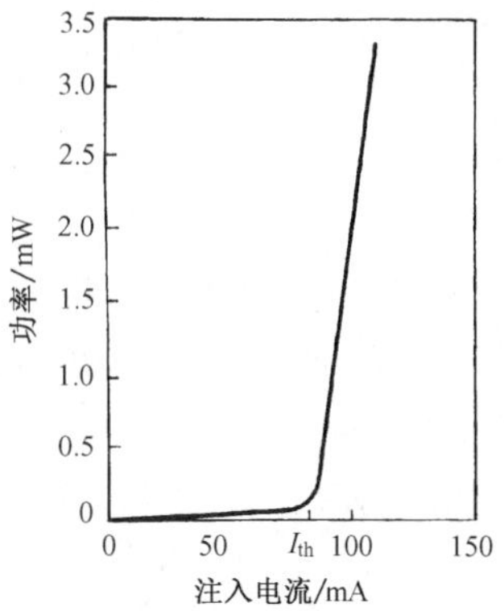


图 3.1.5　半导体激光器 P-I 特性曲线

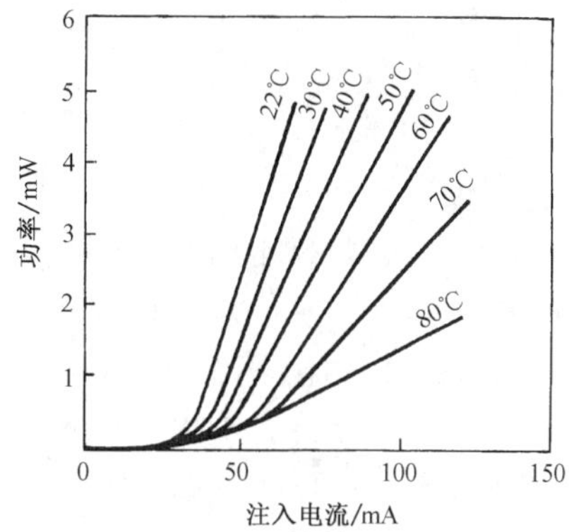


图 3.1.6　激光器 P-I 特性曲线随温度的变化

激光器的 P-I 特性对温度很敏感，图 3.1.6 给出了不同温度下 P-I 特性的变化情况，由此图可见，随着温度的升高，阈值电流增大，发光功率降低。阈值电流与温度的关系可以表示为

$$I_{th}(T) = I_0 \exp\left(\frac{T}{T_0}\right) \tag{3.1.12}$$

式中，$T$ 为器件的热力学温度；$T_0$ 为激光器的特征温度；$I_0$ 为激光器的特征常数。

为解决半导体激光器温度敏感的问题，可以在驱动电路中进行温度补偿，或是采用制冷器来保持器件的温度稳定，通常将半导体激光器与热敏电阻、半导体制冷器等封装在一起，构成组件。热敏电阻用来检测器件温度并控制制冷器，以实现闭环负反馈自动恒温。

#### 2．光电效率

光电效率是表明电功率转换为光功率的比率，有以下几种表示方法。

（1）内量子效率

激光器的发光是靠注入有源层的电子与空穴的复合辐射发光的，但是并非所有的注入电子与空穴都能够产生辐射复合。内量子效率表示有源层内产生光子数与注入的电子-空穴对数之比，即

$$\eta_{\mathrm{I}}=\frac{\text{单位时间内产生的光子数}}{\text{单位时间内注入的电子}-\text{空穴对数}} \tag{3.1.13}$$

（2）外量子效率

激光器的内量子效率可以做得很高，有的甚至可以接近 100%，但实际的激光器发射输出的光子数远低于有源层中产生的光子数，这一方面是由于发光区产生的光子被其他部分材料吸收，另一方面由于 PN 结的波导效应，光子能逸出界面的数目大大减少，所以定义外量子效率即总效率为

$$\eta_{\mathrm{T}}=\frac{\text{发射的光子数}}{\text{单位时间内注入的电子}-\text{空穴对数}} \tag{3.1.14}$$

（3）外微分量子效率

外微分量子效率 $\eta_{\mathrm{D}}$ 定义为 P-I 曲线线性范围内的斜率，可用下面的关系式来进行计算，即

$$\eta_{\mathrm{D}}=\frac{q}{E_{\mathrm{g}}}\frac{\mathrm{d}P}{\mathrm{d}I}=0.8065\lambda\cdot\frac{\mathrm{d}P}{\mathrm{d}I} \tag{3.1.15}$$

式中，$q$、$E_{\mathrm{g}}$ 分别表示电子电量和禁带宽度；$\lambda$、$P$ 和 $I$ 的单位分别为μm、mW 和 mA；$\eta_{\mathrm{D}}$ 与激光器的结构参数、工艺水平及温度有关。实际工作中 $\eta_{\mathrm{D}}$ 使用较多，也最重要。该值约为 15%～20%，对于高性能器件，则可达到 30%～40%。

**3．光谱特性**

激光器的光谱特性主要由其纵模决定。图 3.1.7（a）和（b）分别为多纵模、单纵模激光器的典型光谱曲线，其中 $\lambda_{\mathrm{P}}$ 为具有最大辐射功率的纵模峰值所对应的波长，称为峰值波长，典型值是 850nm、1310nm 和 1550nm。$\Delta\lambda$ 为 LD 的谱宽，其定义为纵模包络下降到最大值的一半时对应的波长宽度，也称半高全宽光谱宽度。单纵模激光器的谱宽度又称为线宽。多纵模激光器光谱特性包络内一般含有 3～5 个纵模，$\Delta\lambda$ 值约为 3～5nm；较好的单纵模激光器的 $\Delta\lambda$ 值约为 0.1nm，甚至更小。$\Delta\lambda_{\mathrm{L}}$ 是一个纵模中光谱辐射功率为其最大值一半的谱线两点间的波长间隔。对于单纵模激光器，定义边模抑制比 MSR 为主模功率 $P_{\text{主}}$ 与次边模功率 $P_{\text{边}}$ 之比，它是半导体激光器频谱纯度的一种度量，有

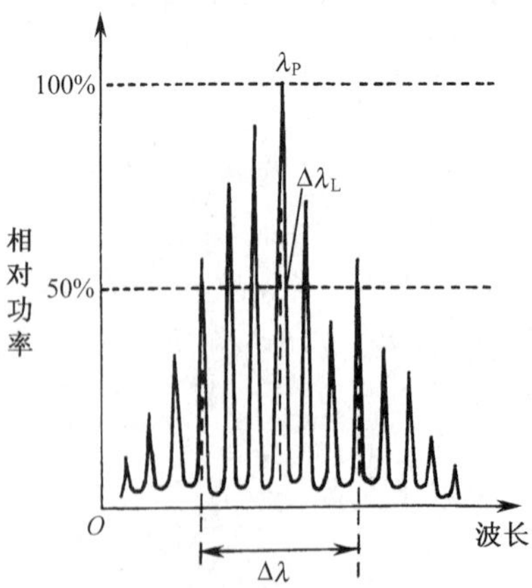

（a）多纵模激光器的典型光谱曲线

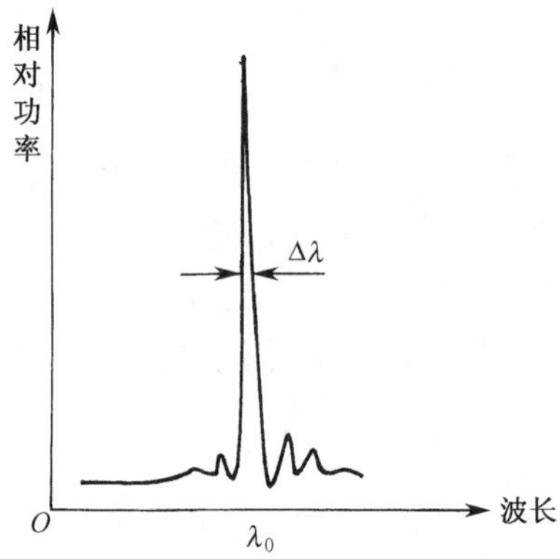

（b）单纵模激光器的典型光谱曲线

图 3.1.7　激光器的光谱特性曲线

$$\text{MSR} = 10\lg\frac{P_{主}}{P_{边}} \tag{3.1.16}$$

半导体激光器的发光谱线会随着工作条件的变化而发生变化，当注入电流低于阈值电流时，激光器发出的是荧光，光谱较宽；当电流增大到阈值电流时，光谱突然变窄，强度增强，出现激光；当注入电流进一步增大，主模的增益增加，而边模的增益减小，振荡模式减少，最后会出现单纵模，如图 3.1.8 所示。

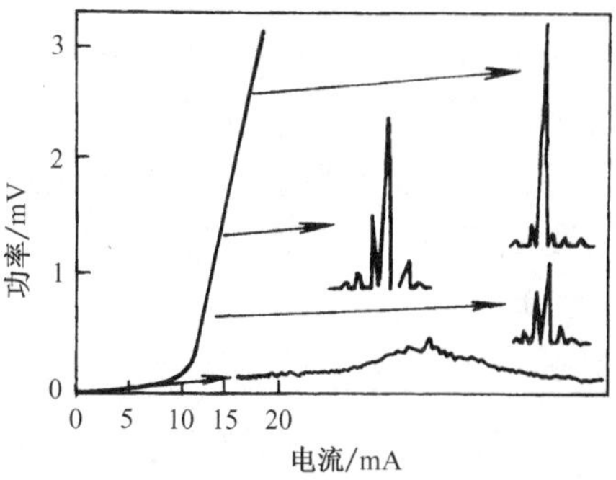


图 3.1.8　激光器输出谱线注入电流的变化

谱宽也可以用频率为单位来表示，根据频率与波长的关系，可以得到

$$|\Delta f| = \frac{c}{\lambda^2}|\Delta\lambda| \tag{3.1.17}$$

**4．调制特性**

将电信号加载到激光束上的过程称为调制。激光器输出是否能准确地重现输入信号取决于激光器的内部特性。

在数字调制时，需要考虑激光器的瞬态特性，瞬态特性有电光延迟、张弛振荡和持续振荡。

（1）电光延迟

当激光器在进行脉冲调制时，要想提高脉冲速率，首先碰到的一个问题是激光器的电光延迟效应，即输出光脉冲的起点与注入电脉冲的起点之间存在一定的电光延迟时间 $t_d$，该值为纳秒量级，如图 3.1.9 所示。这一效应的存在，不仅会使光脉冲变窄，而且当脉冲电流宽度与电光延迟时间 $t_d$ 相当时，甚至还会使脉冲调制完全失效。之所以存在延迟现象，是因为电子和光子密度达到平衡值时都需要一个时间过程。为了提高调制速率，就必须设法减小电光延迟时间 $t_d$。理论研究结果表明，$t_d$ 与注入电流密度 $J$ 有如下关系，即

$$t_d = \tau\ln\left(\frac{J}{J - J_{th}}\right) \tag{3.1.18}$$

式中，$\tau$ 为复合区载流子的寿命；$J_{th}$ 是阈值电流密度。如果加直流预偏置电流 $J_b$，式（3.1.18）则变为

$$t_d = \tau\ln\left(\frac{J}{J - J_{th} + J_b}\right) \tag{3.1.19}$$

显然，当 $J_b$ 接近或等于 $J_{th}$ 时，则 $t_d$ 趋于零。所以半导体激光器在调制速率较高时都要加预偏置。

（2）张弛振荡

当电流脉冲注入激光器以后，输出光脉冲表现出衰减式的振荡，如图 3.1.9 所示，这种现象被称为张弛振荡。张弛振荡的频率一般在几百 MHz～2GHz 的量级。它是激光器内部光电相互作用所表现出来的固有特性，增加直流预偏置也可以抑制张弛振荡，而且预偏置越接近阈值，效果越显著。

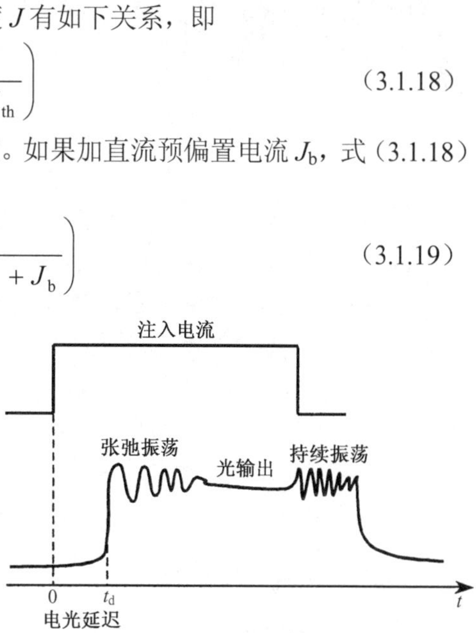


图 3.1.9　激光器的瞬态特性

（3）持续振荡

将某些激光器在某些注入电流下发生的一种持续振荡，称为自脉动现象。实际工作中若遇到这种器件，必须更换。

不论是数字调制还是模拟调制，对于直接强度调制方式，其调制频率都受限于激光器的弛豫振荡频率，即

$$f_0=\frac{1}{2\pi}\frac{1}{(\tau_{sp}\tau_{ph})^{1/2}}\left(\frac{J}{J_{th}}-1\right)^{1/2} \tag{3.1.20}$$

腔长为 300μm 的激光器，$\tau_{sp}$和$\tau_{ph}$大约分别为 1ns、2ps，当注入电流是阈值电流的两倍时，弛豫振荡频率为几个 GHz。由式（3.1.20）可知，阈值较低的激光器，可以获得较大的带宽。当调制频率超过$f_0$后，调制效率将大大降低。

**5．噪声**

激光器输出光的强度总在随机变化，如果光纤链路上的连接器等器件产生的回射光进入激光器被激活放大，也会引起强度波动，这种波动等效为激光器中的强度噪声，它用相对强度噪声来度量，即

$$\mathrm{RIN}=10\lg\frac{\overline{P}_N^2}{P^2B} \tag{3.1.21}$$

式中，$\overline{P}_N$是激光器产生的平均噪声功率；$P$是它发出的平均功率；由于 RIN 的测量需要一个接收机和两者之间的链路，$B$则是接收机和链路的带宽；RIN 的单位为 dB/Hz。

**6．啁啾**

单纵模激光器在高速强度调制时，注入有源层的电子密度不断变化，导致折射率的变化，而且使激光器的输出波长和强度都发生了变化，在调制脉冲的上升沿向短波长漂移，在调制脉冲的下降沿向长波长漂移，从而使输出谱线加宽，这种动态谱线加宽现象叫作啁啾。

对单纵模激光器动态调制时，输出光功率$P(t)$变化所引起的激光频率变化可以近似地表示为

$$\delta f=\frac{\alpha}{4\pi}\left[\frac{\mathrm{d}}{\mathrm{d}t}\ln\Delta P(t)+\chi\Delta P(t)\right] \tag{3.1.22}$$

式中，$\alpha$是线宽增强因子；$\chi$为与激光器结构有关的常数。式（3.1.22）显示，在光脉冲的前沿，因为$\Delta P(t)>0$，所以频率升高，而在光脉冲的后沿，频率下降，光脉冲的频谱展宽了。

啁啾的存在使得光信号的频谱大大展宽，成为光纤通信性能的一个限制因素，对 1.55μm 的系统，如果传输距离在 80～100km，采用普通光纤时码率将被限制在 2Gb/s 以下，如果采用色散位移光纤，码率可得到一定提高。其他解决频率啁啾问题的方法包括对注入电流脉冲形状的控制、注入锁定、采用耦合腔半导体激光器等，最直接的办法就是设计出具有较小线宽展宽因子的激光器，如采用量子阱结构设计。采用外部调制器的外调制法，可以根本消除调制引起的频率啁啾。

### 3.1.3 LD 的类型

图 3.1.3 所示结构的激光器称为法布里-珀罗型（F-P）激光器，是最常见的激光器类型。随着技术的进步，作为光纤通信系统的关键部件，激光器的制造工艺有了突飞猛进的提高，新的品种不断出现，使得激光器的性能有了根本的改变，主要的类型有以下几种。

### 1. 分布反馈激光器

F-P 激光器存在着多个纵模，因为它谱宽较宽，与光纤的色散作用后，会导致光脉冲产生较大的展宽，从而限制了系统数据的传输速率。而分布反馈激光器是单纵模激光器，其边模抑制比 MSR 达到了 30dB，谱宽达到了 50MHz 以下，具有非常好的单色性和方向性，由于它没有使用晶体解理面作为反射镜，所以更容易集成化，应用前景十分诱人。

利用分布反馈原理制成的激光器分成两类：一类是分布式反馈 DFB（Distributed Feedback）激光器，另一类是分布式布拉格反射 DBR（Distributed Bragg Reflector）激光器。

（1）DBR 激光器

图 3.1.10 所示为 DBR 激光器的结构。DBR 激光器在有源层的附近增加了一段分布式布拉格光栅，它具有衍射光栅的作用。反射光经光栅相长干涉，相长干涉的条件是反射光波长等于两倍光栅间距$\Lambda$，这种选择性称作布拉格条件，即

$$m\cdot\frac{\lambda_B}{\bar{n}}=2\Lambda \tag{3.1.23}$$

式中，$\bar{n}$ 是介质折射率；整数 $m$ 代表布拉格衍射阶数，$m=1$ 时相长干涉最强。

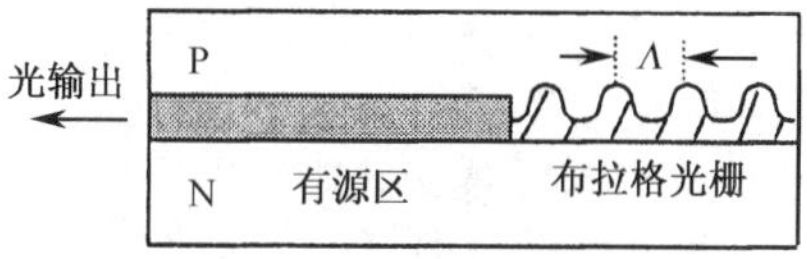


图 3.1.10　DBR 激光器的结构

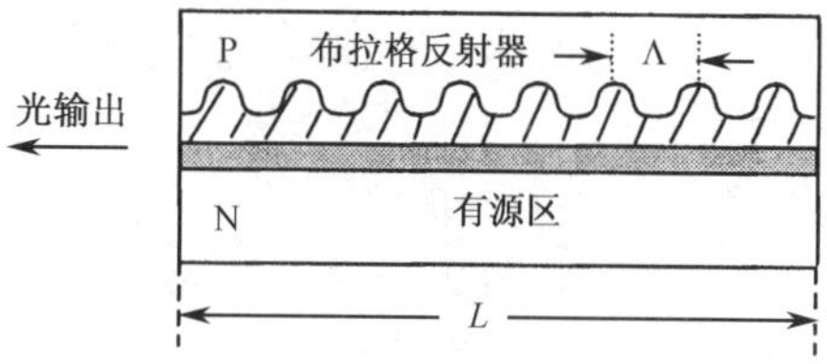


图 3.1.11　DFB 激光器的结构

（2）DFB 激光器

图 3.1.11 为 DFB 激光器的结构。它没有集总反射的谐振腔反射镜，而是靠有源层上的布拉格光栅使有源层的光波产生部分反射，满足布拉格反射条件的特定波长的光会相长干涉，此时激光器输出光波长

$$\lambda_m=\lambda_B\pm\frac{\lambda_B^2}{2nL}(m+1) \tag{3.1.24}$$

式中，$n$ 是有效折射率；$L$ 是衍射光栅有效长度；$m$ 是整数；$\lambda_B$ 是布拉格波长。由此式可见，完全对称的器件应该具有两个与$\lambda_B$等距离的模式，但是实际上，由于制造过程或者有意使其不对称，只能产生一个模式。由于此式的第二项比第一项小很多，光的波长非常接近$\lambda_B$。

分布反馈激光器可以通过改变光栅的周期$\Lambda$来调整发射波长，目前商用的 DFB-LD 和 DBR-LD 在光纤有线电视传输系统中得到了广泛的应用。

### 2. 量子阱激光器

一般双异质结构激光器的有源层的最佳厚度约为 0.15μm，电子的辐射跃迁发生在两个能级之间，但当其有源层厚度减至可以和波尔半径（1～50nm）相比拟时，半导体的性质将发生根本变化，此时，半导体的能带结构、载流子有效质量、载流子运动性质会出现新的效应——量子效应，相应的势阱称为量子阱，这种结构的激光器称为量子阱激光器。

量子阱结构可以通过改变有源层的厚度来改变发射波长，它大大地降低了阈值电流。采用厚度为 5～10nm 的多个薄层结构有源层可改进单量子阱器件性能，这种激光器称为多量子

阱 MQW（Multi-Quantum-Well）激光器，它具有调制性能更好、线宽更窄和效率更高的优点。图 3.1.12 示出了四个量子阱半导体激光器的示意图和能级图，量子阱之间是限制层。

量子阱激光器具有低阈值电流、可高温工作、谱线宽度窄和调制速度高等优点。例如，当阱数为 4 时，最高工作温度可达 105℃，阱数达到 10 以后，最高温度有趋于饱和的趋势，当阱数为 15 时，最高工作温度接近 160℃，这种 LD 不必使用帕尔贴电子制冷器，不需要补偿因温度引起性能变化的自动功率控制，可以延长使用寿命。

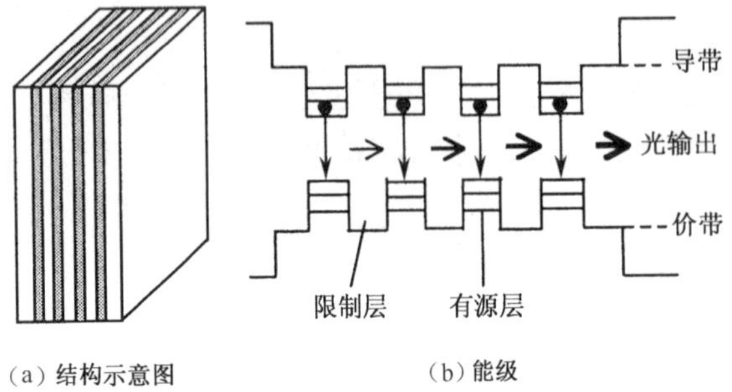


图 3.1.12　多量子阱 LD 的结构和能级

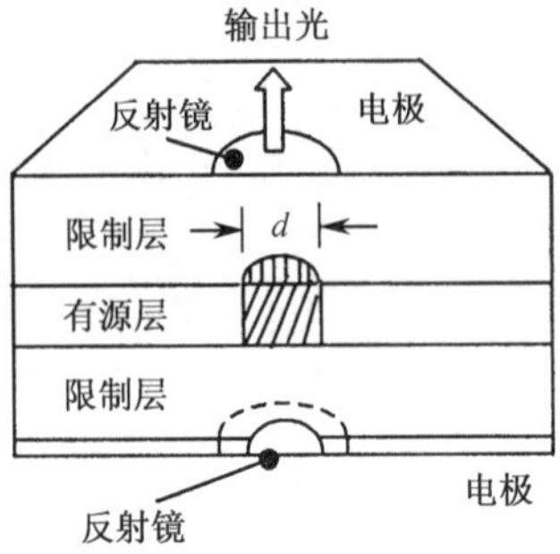


图 3.1.13　VCSEL 结构的原理图

**3．垂直腔面发射激光器**

垂直腔面发射激光器 VCSEL（Vertical Cavity Surface Emitting Laser）是一种电流和发射光束方向都与芯片表面垂直的激光器。垂直腔结构对于二维应用具有很好的灵活性，与光纤耦合时具有最高的耦合效率。

图 3.1.13 是 VCSEL 结构的原理图，它的有源层位于两个限制层之间，并构成双异质结构。因为采用了隐埋制作技术，注入电流被完全限制在直径为 $d$ 的圆形有源层。VCSEL 的腔长是隐埋双异质结构的纵向长度，一般为 5～10μm，而它的谐振腔的两个反射面不再是晶体的解理面，它的一个反射镜设置在 P 区边，另一个反射镜设置在 N 区边。

垂直腔面发射激光器的主要优点有：发光效率高，如 850nmVCSEL，在 10mA 的电流驱动时可以获得高达 1.5mW 输出光功率；阈值电流低，为 1mA～1μA，工作电流也仅为 5～15mA；可以单纵模方式工作，也可以多纵模方式工作，从而减少了多模光纤应用时的相干和模式噪声，VCSEL 主要应用于以多模光纤（纤芯直径为 62.5μm）为传输介质的局域网（LAN）中；可任意配置高密度二维激光阵列；高的温度稳定性和工作速率；价格低、产量高等。目前 VCSEL 在并行数据通信背面板连接、波分复用和宽带传输传感光电子技术等领域得到了广泛应用。

## 3.1.4　LD 组件及其技术指标

激光器组件是除激光二极管 LD 芯片外，配置的其他元件和实现 LD 工作必要的少量电路块的集成器件。其他元件和电路应包括：光隔离器，它的作用是防止 LD 输出的激光回射，避免引起激光器 RIN 的增加，它位于 LD 输出边；监视光电二极管 PD，它的作用是监视 LD 的输出功率变化，它位于 LD 背出光面；尾纤和连接器；LD 的驱动电路；热敏电阻，其作用是测量组件内的温度；热电制冷器，热电制冷器是一种半导体热电元件，通过改变热电元件的极性达到加热或冷却的目的；自动温控电路 ATC，ATC 和热敏电阻相接，其作用是保持 LD 组件内恒定的温度（如 25℃），以保证激光器参数的稳定性；自动功率控制电路 APC 等。

表 3.2 是 1.55μm 的 MQW-FP 腔激光器模块的性能参数，这种 InGaAsP/InP MQW 型激光器内置了隔离器，可用于长距离、高速数据通信系统中。

**表 3.2　MQW-FP 激光器组件的性能参数（飞通光电）**

| 参数 | 符号 | 单位 | 测试条件 | 最小值 | 典型值 | 最大值 |
|---|---|---|---|---|---|---|
| 阈值电流 | $I_{th}$ | mA | CW | – | 10 | 20 |
| 工作电流 | $I_{OP}$ | mA | CW | – | 30 | 50 |
| 工作电压 | $V_{OP}$ | V | CW，$I_F=I_{OP}$（正向电流） | – | 1.1 | 1.5 |
| 中心波长 | $\lambda_C$ | nm | CW，$I_F=I_{OP}$ | 1520 | 1550 | 1580 |
| 谱宽 | $\Delta\lambda$ | nm | CW，$I_F=I_{OP}$ | – | 1.5 | 3.0 |
| 输出功率 | $P_F$ | mW | CW，$I_F=I_{OP}$ | 0.1 | 1.5 | – |
| 上升和下降时间 | $T_r$，$T_f$ | ns | $I_B=I_{th}$，10%～90%（偏置电流） | – | 0.3 | – |
| 跟踪误差 | $E_r$ | dB | $T_C=-40$℃～+85℃ | – | 0.5 | 1.0 |
| 监视电流 | $I_m$ | mA | CW，$I_F=I_{OP}$，$V_{RD}=5$V | 0.1 | 0.8 | – |
| PD 暗电流 | $I_D$ | μA | $V_{RD}=5$V | – | 0.01 | 1.0 |

注：CW 表示连续波（Continuous Wave）。

表 3.2 中，跟踪误差的定义是

$$E_r = 10\lg\left(\frac{P_f(T)}{P_f(25^\circ C)}\right) \tag{3.1.25}$$

式中，$P_f(T)$表示温度为 0℃或者 65℃时激光器到光纤的耦合功率。其实，跟踪误差是一种在工作温度范围内保证光从激光器模块耦合入光纤的稳定性方法，它是由监测光电二极管 PD 完成的，PD 通过检测从激光腔尾部刻面射出的光线来向反馈电路发出信号，以决定是增加还是减少驱动电流以维持输出功率的稳定。

PD 暗电流是指没有光照射到 PD 上时，流过它的电流。该指标反映了光电探测器的精确度。

## 3.2　发光二极管

光纤通信用的半导体 LED 发出的是不可见的红外光，而显示所用 LED 发出的是可见光，如红光、绿光等，但是它们的发光机理基本相同。发光二极管的发射过程主要对应光的自发辐射过程，当注入正向电流时，注入的非平衡载流子在扩散过程中复合发光，所以 LED 是非相干光源，并且不是阈值器件，它的输出功率基本上与注入电流成正比。

LED 的谱宽较宽（30～60nm），辐射角也较大。在低速率的数字通信和较窄带宽的模拟通信系统中，LED 是可以选用的最佳光源，与半导体激光器相比，LED 的驱动电路较为简单，并且产量高，成本低。

### 3.2.1　LED 结构

发光二极管常分为三种类型，即面发光二极管、边发光二极管、超辐射发光二极管。

**1．面发光二极管**

图 3.2.1 示出了面发光（Surface Emitting）二极管的典型结构，它由 N-P-P 双异质结构成。这种 LED 发射面积限定在一个小区域内，该区域的横向尺寸与光纤尺寸相近。利用腐蚀的方

法在衬底材料正对有源层的地方腐蚀出一个凹陷的区域，使光纤与光发射面靠近，同时，在凹陷的区域注入环氧树脂，并在光纤末端放置透镜或形成球透镜，以提高光纤的接收效率。面发光二极管输出的功率较大，一般注入100mA电流时，就可达几个毫瓦，但光发散角大，水平和垂直发散角都可达到120°，与光纤的耦合效率低。

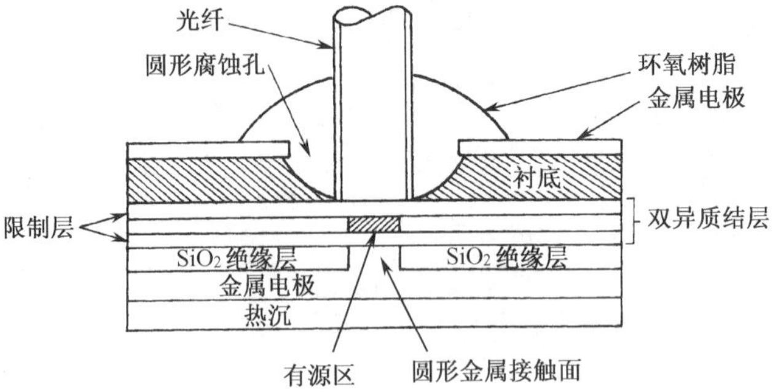


图 3.2.1　面发光二极管的结构

## 2. 边发光二极管

图3.2.2示出了边发光（Edge Emitting）二极管的典型结构。

边发光二极管，也采用了双异质结结构。条形接触电极（40～50μm）可限定有源层的宽度，便于与纤芯匹配；同时导光层进一步提高了光的限定能力，把有源层产生的光辐射导向发光面，以提高与光纤的耦合效率。有源层一端镀高反射膜，另一端镀增透膜，以实现单向出光。边发光二极管的垂直发散角$\theta_{\perp}$约为30°，水平发散角$\theta_{/\!/}$为120°，具有比面发光二极管高的输出耦合效率。

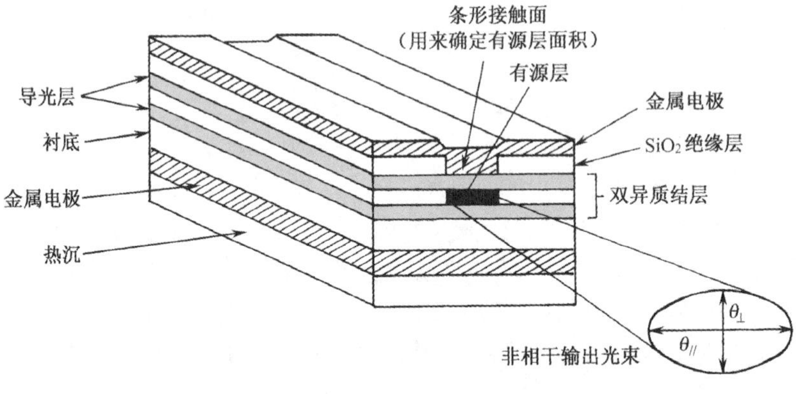


图 3.2.2　边发光二极管的结构

## 3. 超辐射发光二极管

超辐射发光二极管（Superluminescent Diodes）是一种介于激光二极管LD和发光二极管LED之间的半导体光源，它的出现和发展是受到光纤陀螺的驱动，对它的要求是有高的功率输出并有宽的光谱宽度。图3.2.3是超辐射发光管的结构示意图。可以看出，它的结构大体上与激光器的结构相似。除了条形金属接触部分没有扩展到二极管芯片整个长度外，其他部分的长度与条形激光器相同。这种结构的目的是使得超辐射发光二极管既有很高的输出功率而又不产生激射振荡，因为要使输出功率增加，最简单的办法是增大注入电流，但是，过高的注入电流可能会导致激射振荡。非泵浦的后尾部区域是后向光波的吸收体，仅有前向光波被放大。

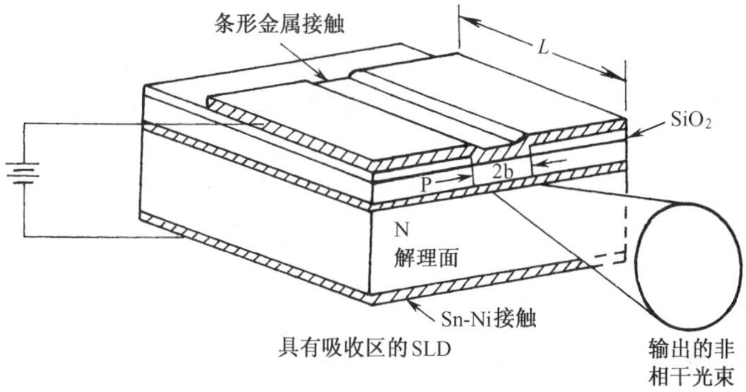


图 3.2.3　超辐射发光二极管的结构

目前，超辐射发光二极管在光纤通信中的应用还比较少。

除了上面介绍的几种发光二极管外，还有高速发光二极管。对于诸如局域网（LAN）和类似短距离网络系统（如计算机数据线路）应用而言，系统设计者总是希望使用 LED，而不愿使用激光二极管 LD，其原因是 LED 除有低成本外，还具有高的温度稳定性、高的可靠性、宽的工作温度范围、低的噪声和简单的控制电路等优点。但是，LED 的窄带宽和进入光纤的光功率较小，限制了它在上述短距离、大容量系统中的应用。研究和开发出工作于每秒数百兆比特到每秒数吉比特速率的 LED 和相应的驱动电路，将会对短距离电话用户环路和局域网数据光纤系统带来极大的方便性和经济性，特别是对即将到来的宽带综合业务数字网络具有更大的吸引力。

### 3.2.2　LED 特性

作为光通信系统中所用的光源，我们所关注的发光二极管的技术指标包括发光效率、光谱特性、P-I 特性、调制特性等。

#### 1．光谱特性

由于 LED 没有光学谐振腔以选择波长，所以它的光谱是以自发发射为主的光谱，发光谱线较宽。图 3.2.4 为一典型 1.3μm LED 的光谱曲线。光谱曲线上发光强度最大时所对应的波长称为发光峰值波长$\lambda_P$，光谱曲线上两个半光强点对应的波长差$\Delta\lambda$被称为 LED 谱线宽度（简称谱宽），它是一个与温度 $T$ 和波长$\lambda$有关的量，即

$$\Delta\lambda = 1.8kT \cdot \left(\frac{\lambda^2}{hc}\right) \tag{3.2.1}$$

式中，$c$ 为光速；$h$ 为普朗克常数（$h = 6.626\times10^{-34}\text{J}\cdot\text{s}$）。由式（3.2.1）可见，谱宽随辐射波长$\lambda$以$\lambda^2$ 增加。一般短波长 GaAIAs/GaAs 发光二极管的谱线宽度为 10～50nm，长波长 InGaAsP/InP 发光二极管的谱线宽度为 50～120nm。

发光二极管的谱线宽度反映了有源层材料的导带与价带内的载流子分布。谱宽随有源层掺杂浓度的增加而增加。面发光二极管一般是重掺杂的，而边发光二极管为轻掺杂的，因此面发光二极管的谱宽就较宽。而且，重掺杂时，发射波长还向长波长方向移动。另外，温

度的变化会使线宽加宽，载流子的能量分布变化也会引起线宽的变化。

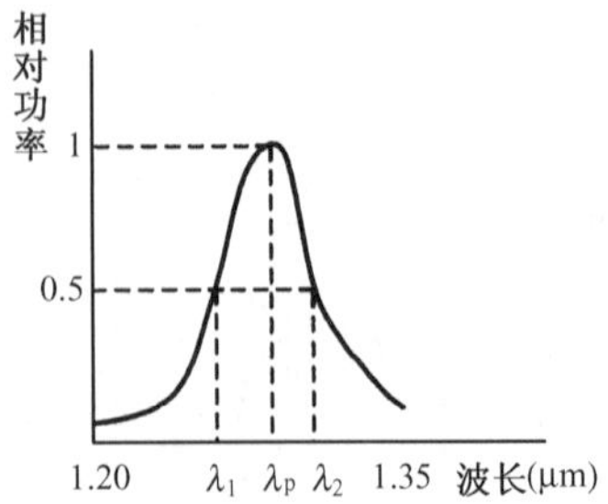


图 3.2.4　典型 1.3μm LED 的光谱曲线

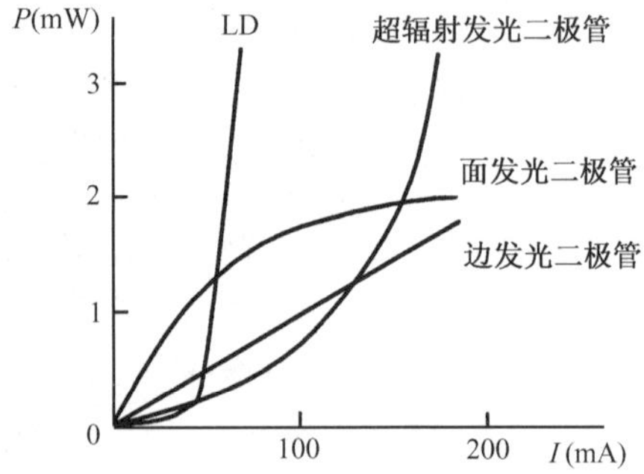


图 3.2.5　发光二极管的 P-I 特性

### 2．P-I 特性

发光二极管的 P-I 特性是指输出的光功率随注入电流的变化关系。为了便于比较起见，图 3.2.5 将各种发光管的注入电流与输出光功率的关系曲线都表示在一个图中。由图 3.2.5 可见，面发光器件的功率较大，但在高注入电流时易出现饱和；而边发光器件的功率相对较低，但线性度较好；超辐射器件的 P-I 特性类似于激光器的曲线，但是没有明显的拐点，即没有阈值电流。一般而言，在同样的注入电流下，面发光二极管的输出光功率要比边发光二极管大 2.5～3 倍，这是由于边发光二极管受到更多的吸收和界面复合的影响。

在通常应用条件下，LED 的工作电流为 50～150mA，输出功率为几个毫瓦，但因其与光纤的耦合效率很低，所以入纤功率要小得多。

温度对发光二极管的 P-I 特性也有影响，对于面发光二极管，有

$$P = P_0 \exp(-\frac{T}{T_0}) \tag{3.2.2}$$

式中，$T_0$ 是器件的特征温度。当温度升高时，同一电流下的发射功率要降低，但与 LD 比较起来，发光二极管的温度特性相对较好，在实际应用中，一般可以不加温度控制。

### 3．调制特性

在规定的正向偏置工作电流下，对 LED 进行数字脉冲或模拟信号电流调制，便可实现对输出光功率的调制。LED 有两种调制方式，即数字调制和模拟调制，如图 3.2.6 所示。

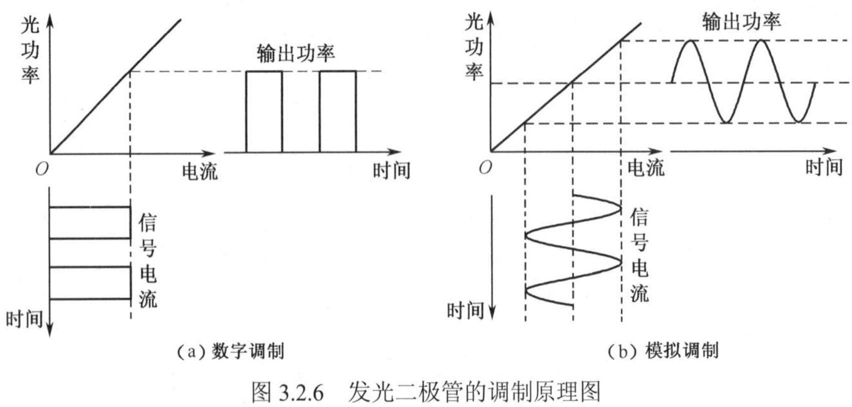


图 3.2.6　发光二极管的调制原理图

调制频率或调制带宽是光通信用 LED 的重要参数之一，它关系到 LED 在光通信中的传输速度大小，LED 因受到有源层内少数载流子寿命的限制，其调制的最高频率通常只有几十兆赫兹，从而限制了 LED 在高比特速率系统中的应用。通常 LED 的应用主要局限在低带宽和局域网上。调制带宽是衡量发光二极管的调制能力，其定义是在保证调制度不变的情况下，当 LED 输出的交流光功率下降到低频率值的一半时（3dB）的频率就是 LED 的调制带宽，它可以表示为

$$\Delta f = \frac{1}{2\pi\tau} \tag{3.2.3}$$

式中，$\tau$ 为载流子的寿命。为了提高带宽，缩短载流子的寿命，可以通过增大有源层的掺杂浓度和提高注入少子浓度改善带宽性能，但是带宽的增加却会使 LED 输出光功率下降。例如面发射 GaAIAs 发光管最高功率可达 15mW，而 3dB 带宽为 17MHz；当最大调制带宽为 1.1GHz 时，功率降低至 0.2mW。LED 的输出功率与调制带宽的乘积是一个常数，即

$$\Delta f \cdot P = 常数 \tag{3.2.4}$$

### 3.2.3 LED 与光纤的耦合

LED 与光纤的耦合是发光二极管应用中一个重要的实际问题。因为发光二极管的输出光束发散性较大，可利用的光功率很小，这会直接影响光纤通信的中继距离。与 LD 比较起来，LED 与光纤的耦合效率要低得多。一般说来，LD 与单模光纤的耦合效率可以达到 30%～50%，多模光纤可达 70%～90%；而 LED 与单模光纤的耦合效率非常低，只有百分之几甚至更小，提高 LED 与光纤的耦合效率是一个很重要的现实问题。

耦合效率定义为入纤的光功率与发光管发出的功率之比，影响耦合效率的主要因素是光源的发散角和光纤的数值孔径。发散角大，耦合效率低；数值孔径大，耦合效率高。此外，光源发光面和光纤端面的尺寸、形状及两者之间的距离都会影响到耦合效率。设光源的半径为 $r_s$，光纤的纤芯半径为 $a$，则入纤光功率可按下式计算，即

$$P = P_s(\mathrm{NA})^2, \quad r_s \leqslant a \tag{3.2.5a}$$

$$P = P_s\left(\frac{a}{r_s}\right)^2(\mathrm{NA})^2, \quad r_s > a \tag{3.2.5b}$$

$$P = 2P_s n_1{}^2\Delta\left[1 - \frac{2}{\gamma+2}\left(\frac{r_s}{a}\right)^\gamma\right] \tag{3.2.5c}$$

式中，NA 为光纤的数值孔径；$P_s$ 为 LED 发出的光功率。其中式（3.2.5a）与式（3.2.5b）适用于阶跃光纤，式（3.2.5c）适用于渐变光纤。

式（3.2.5）应用的前提条件是 LED 与光纤之间介质的折射率 $n$ 与光纤折射率 $n_1$ 完全匹配，否则入纤功率将减少，减少系数为

$$R = \left(\frac{n_1 - n}{n_1 + n}\right)^2 \tag{3.2.6}$$

LED 与光纤的耦合一般采用两种方法，即直接耦合与透镜耦合。直接耦合是将光纤端面直接对准光源发光面进行耦合的方法。当光源发光面积大于纤芯面积时，这是一种唯一有效的方法。这种直接耦合的方法结构简单，但耦合效率低。

当光源发光面积小于纤芯面积时，可在光源与光纤之间放置透镜，使更多的发散光线会聚进入光纤，以此提高耦合效率。图 3.2.7 所示为面发光二极管与光纤的透镜耦合，其中图 3.2.7（a）的光纤端部做成球透镜，图 3.2.7（b）采用截头透镜，图 3.2.7（c）采用集成微透镜。采用这种透镜耦合后，其耦合效率可以达到 10%左右。

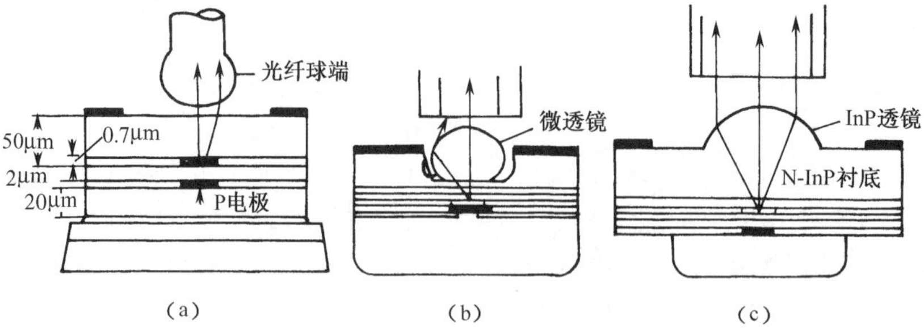


图 3.2.7　面发光二极管与光纤的透镜耦合

对于发散光束非对称的边发光二极管和半导体激光器可以利用圆柱透镜的方法，如图 3.2.8（a）、（b）所示。或者利用大数值孔径的自聚焦透镜，其耦合效率可以提高到 60%，甚至更高。单模光纤和半导体激光器的耦合可以采用如图 3.2.8（c）所示自聚焦透镜或者在光纤端面用电弧放电形成半球透镜的方法。

实际上，许多光源供应商提供的光源都附有一小段光纤，即尾纤，以保证连接总是处于最佳功率耦合状态。

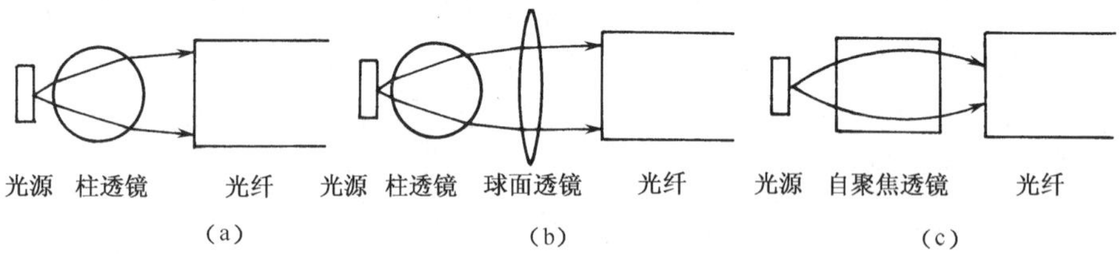


图 3.2.8　光源与光纤的透镜耦合

### 3.2.4　LED 的技术参数

表 3.3 为 LED 的典型技术参数。

**表 3.3　LED 的典型技术参数**

| 有源层材料 | 类型 | 辐射波长 /nm | 谱宽 /nm | 耦合功率 /μW | 正向电流 /mA | 上升/下降时间 /ns |
|---|---|---|---|---|---|---|
| AlGaAs | ELED | 850 | 35～65 | 10～80 | 60～100 | 2/2～6.5/6.5 |
| GaAs | SLED | 850 | 40 | 80～140 | 100 | — |
| GaAs | ELED | 850 | 35 | 10～32 | 100 | 6.5/6.5 |
| InGaAsP | SLED | 1300 | 110 | 10～50 | 100 | 3/3 |
| InGaAsP | ELED | 1300 | 25 | 10～150 | 30～100 | 1.5/2.5 |
| InGaAsP | ELED | 1550 | 40～70 | 1000～7500 | 200～500 | 0.4/0.4～12/12 |

表 3.3 中上升/下降时间是指当输入脉冲驱动电流时，输出光脉冲是从最大值的 10%～90%/90%～10%的时间来定义的，它与调制带宽成反比。

## 3.3 光 发 射 机

### 3.3.1 模拟光发射机

按照光纤通信系统传输的是模拟信号还是数字信号，可以将它分为模拟传输系统和数字传输系统，采用的光发射机分别称为模拟光发射机和数字光发射机。从对激光器的调制来看，两者采取的调制方式分别是模拟调制和数字调制，参见第 1 章图 1.2.2。

模拟系统对其中光源的线性度要求较高，所以非线性补偿电路是模拟光发射机中的重要组成部分。图 3.3.1 为用于有线电视传输系统中的模拟光发射机外形，表 3.4 是其主要技术指标。

图 3.3.1 模拟光发射机外形（宇成鹏展科技有限公司提供）

模拟光发射机的指标主要有：载噪比 CNR、复合二阶失真 CSO 和复合三阶差拍 CTB，它们反映了光发射机的非线性失真特性，这部分内容将在第 6 章中具体介绍。

光发射机一般通过微处理系统自动调整光功率输出（APC）、自动调整制冷电流（ATC）和自动调制度调整（AMC）以保证激光器最佳工作环境。AMC 的功能是输入电平改变时，调制度自动调整到最佳值。调制度的意义也将在第 6 章中介绍。图 3.3.1 中前面板 LCD 可实时显示和监控激光器的光输出功率、工作电流、内部温度、调制度、制冷状态，在后面板上设有 RS-232 工业接口，便于网络的升级与管理。

**表 3.4 模拟光发射机技术指标**

| 类别 | 测试项目 | 性能指标 |
|---|---|---|
| 光特性 | 光波长/nm | 1310±20 |
| | 光功率/mW | 2、4、6、8、10、12、14、16、18、20 |
| | CNR/dB | 51 |
| | CTB/dBc | −65 |
| | CSO/dBc | −60 |
| | 连接器 | FC/APC |
| 射频特性 | 频率范围/MHz | 47~750、47~860 |
| | 输入阻抗/Ω | 75 |
| | 控制范围/dB | ±3/±0.3 |
| | 输入反射损耗/dB | ≥14、≥12 |
| | 输入电平/dBμV | 80±5 |
| | 带内平坦度/dB | ±0.75、±1 |

### 3.3.2 数字光发射机

在第 1 章中，我们已经了解到光发射机的主要功能部件有驱动电路、自动功率控制电路、温度控制电路等，对于数字光发射机，电数字信号通过输入接口后，必须经过码型变换，将普通的二进制双极性信号转换成适合在光纤中传输的码型信号，然后送至驱动电路，完成这一功能的部件称为线路编码单元，如图 3.3.2 所示。

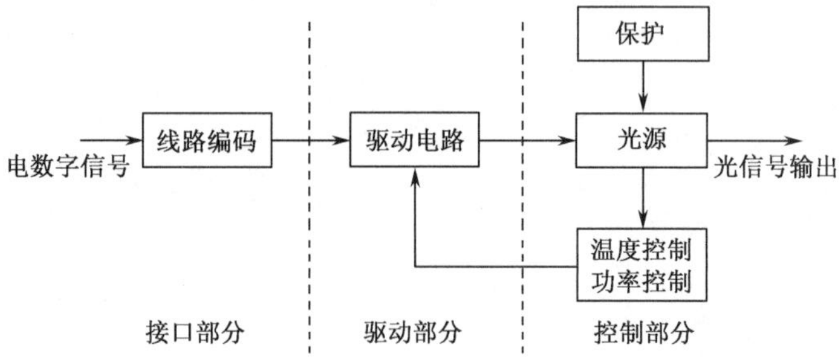


图 3.3.2　数字光发射机的组成

（1）线路编码单元

数字光纤传输系统中常采用的码型是 5B6B 和插入码。

5B6B 是将输入的码流分成 5 比特为一组，然后把每组编成 6 比特输出。通过这样的方式，可以达到平衡码流、避免码流中出现长连“0”和连“1”码，使码流中的时钟易于提取。

5B 为一组，共有 32 个状态；6B 为一组，共有 64 个状态。要在 64 个状态中选出 32 个代替 5B 的状态对应，选择的方法很多，原则是使“0”和“1”的分布比较均匀。表 3.5 示出了一种编码方案。

**表 3.5　5B6B 编码方案**

| 输入码字（5B） | | 输出码字（6B） | | 输入码字（5B） | | 输出码字（6B） | |
|---|---|---|---|---|---|---|---|
| | | 模式 1 | 模式 2 | | | 模式 1 | 模式 2 |
| 0 | 00000 | 110010 | 110010 | 16 | 10000 | 110001 | 110001 |
| 1 | 00001 | 110011 | 100001 | 17 | 10001 | 111001 | 010001 |
| 2 | 00010 | 110110 | 100010 | 18 | 10010 | 111010 | 010010 |
| 3 | 00011 | 100011 | 100011 | 19 | 10011 | 010011 | 010011 |
| 4 | 00100 | 110101 | 100100 | 20 | 10100 | 110100 | 110100 |
| 5 | 00101 | 100101 | 100101 | 21 | 10101 | 010101 | 010101 |
| 6 | 00110 | 100110 | 100110 | 22 | 10110 | 010110 | 010110 |
| 7 | 00111 | 100111 | 000111 | 23 | 10111 | 010111 | 010100 |
| 8 | 01000 | 101011 | 101000 | 24 | 11000 | 111000 | 011000 |
| 9 | 01001 | 101001 | 101001 | 25 | 11001 | 011001 | 011001 |
| 10 | 01010 | 101010 | 101010 | 26 | 11010 | 011010 | 011010 |
| 11 | 01011 | 001011 | 001011 | 27 | 11011 | 011011 | 001010 |
| 12 | 01100 | 101100 | 101100 | 28 | 11100 | 011100 | 011100 |
| 13 | 01101 | 101101 | 000101 | 29 | 11101 | 011101 | 001001 |
| 14 | 01110 | 101110 | 000110 | 30 | 11110 | 011110 | 001100 |
| 15 | 01111 | 001110 | 001110 | 31 | 11111 | 001101 | 001101 |

插入码是把输入的二进制原始码流分成 $m$ 比特一组，然后在每组 $m$B 码的末尾插入一个码，根据该插入码的用途，可以分成 $m$B1C，$m$B1H 和 $m$B1P。

$m$B1C 中的 C 码称为补码，它实际上是第 $m$ 位的补码，如果第 $m$ 位为“1”，则补码为“0”，反之为“1”。$m$B1H 中的 H 称为混合码，它可以用于在线误差检测、区间通信或者是帧同步、公务、数据、监测等信息的传送。$m$B1P 中的 P 码是奇偶校验码，当 $m$ 位码内“1”的个数为奇数时，则 P 码为“1”，反之为“0”。

输入数据的码型变换可以由编码器实现。由于对激光器的驱动必须是串行的数据脉冲，所以编码器的最后输出需将并行数据转换成串行形式。

（2）驱动电路

驱动电路的形式很多，图 3.3.3 为一种 LED 驱动电路的原理图。当数字信号为“0”，即 $u_{in}$ 为低电平时，三极管 VT 截止，LED 中没有电流流过，因此不发光；当数字信号为“1”，$u_{in}$ 为高电平，三极管 VT 饱和导通，LED 中有电流流过，所以发光。可见 LED 的光输出反映了输入数字信号的变化。

图 3.3.4 为 LD 的常用驱动电路。其工作原理如下：VT2 管的基极加一个固定电压 $U_B$，输入数字信号电压 $u_{in}$ 加在 VT1 管的基极，当 $u_{in}$ 为高电平“1”时，$u_{in} > U_B$，VT1 管导通，VT2 管截止，LD 无光输出；依此类推，LD 在 $u_{in}$ 为低电平时将输出光信号。通过控制 $U_B$ 的大小，可使三极管工作在非深度饱和和深度截止状态，从而缩短开关转换时间，实现高速率的调制。

目前，数字光发射机的产品常以光发射模块的形式出现，线路编码单元通常不作为光设备的一个组成部分包括在其中，随着现代通信的发展，为了方便使用，将光发射和光接收的功能做在同一块芯片上，称为光收发合一模块。表 3.6 示出了工作波长为 1550nm 、应用于 2.5Gb/s SDH STM-16 光纤传输系统、最长传输距离 120km 的光发射模块的技术指标（武汉电信器件公司提供），其中的输出光功率是指在当光发射机发送伪随机序列信号时，在它输出端所测得的平均功率；消光比是表示数字信号为“1”时与表示数字信号为“0”时平均光功率之比。

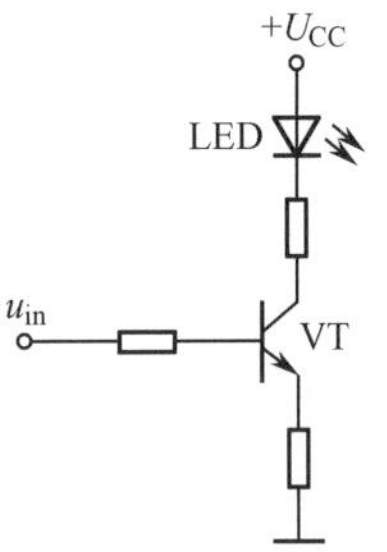


图 3.3.3　LED 驱动电路

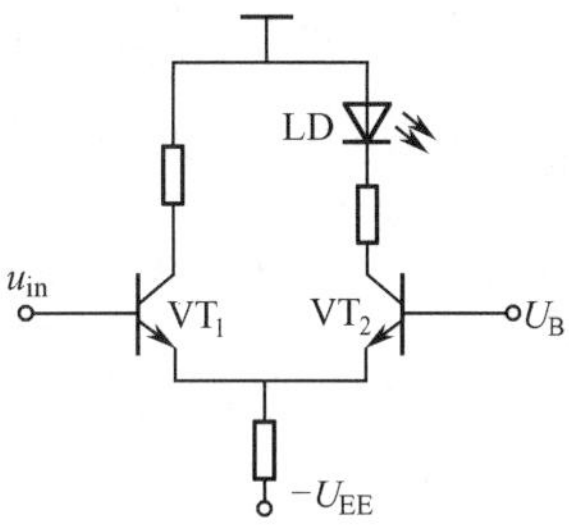


图 3.3.4　LD 驱动电路

**表 3.6　光发射模块 TX5S331A 技术指标**

| 参　　数 | 范　　围 |
|---|---|
| 传输速率/Mb/s | 2488.32 |
| 中心波长/nm | 1535~1565 |
| 输出光功率/dBm | ≥-4 |
| 谱宽/nm（-20dB） | < 0.3 |
| 边模抑制比/dB | > 30 |
| 消光比/dB | > 8.2 |
| 功耗/W（25℃） | < 4 |
| 波长变化/nm（DWDM 特定波长） | < 0.16 |
| 使用温度/℃ | 0~60 |
| 电源/V | ±5.0 |

# 3.4　外 调 制 器

## 3.4.1　外调制器特点和类型

光源采用直接调制方式时，由于带宽受半导体光源的振荡频率的限制和光源啁啾效应的存在，使得这种方式无法应用在 2.5Gb/s 以上的高速率光纤通信系统中。此时，必须使用外调制器。图 3.4.1 为外调制光发射机的基本组成。电信号不再是直接加在激光二极管光源上，而是加在外调制器的电极上，从而把来自激光二极管的连续光波转换成为一个随电信号变化的光输出信号。

外调制下的光源是在直流状态下工作，因而避免了激光器的啁啾效应。

常用的外调制器类型有马赫-曾德尔（M-Z）型电光强度调制器和多量子阱电吸收MQW-EA（Electroabsorption）调制器。

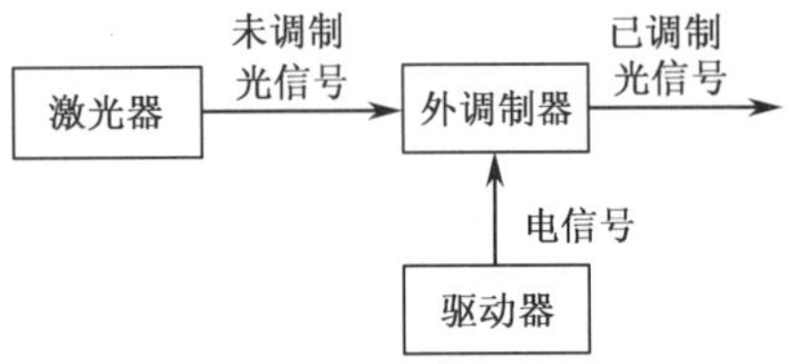


图 3.4.1　外调制光发射机的基本组成

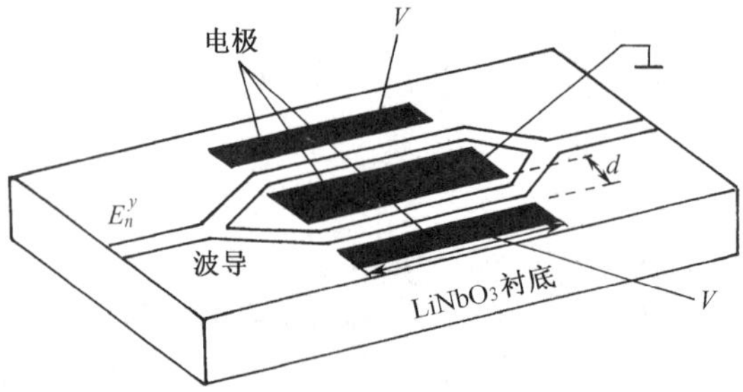


图 3.4.2　M-Z 型调制器结构示意图

### 1．M-Z 型电光强度调制器

图 3.4.2 是 M-Z 型调制器结构示意图。它用铌酸锂晶体 $LiNbO_3$ 制成，其中的光波导是在晶体上用钛扩散技术制作而成的。电信号加到图 3.4.2 所示的电极上，来自激光器的连续波输入到调制器的左端，然后被均匀地分配到两个臂中，经过电信号的调制后从右端输出。

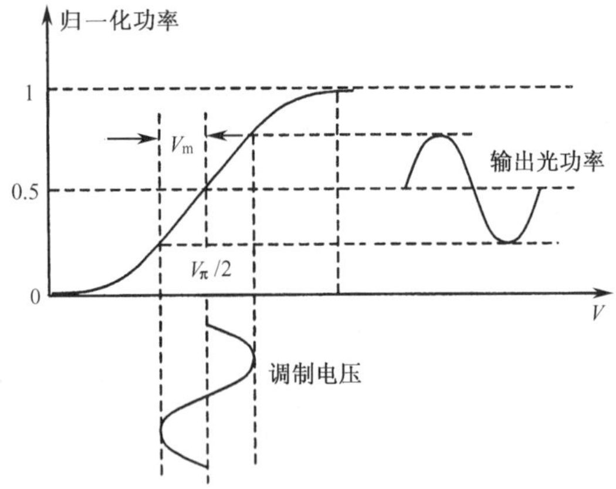


图 3.4.3　调制器 P-V 归一化关系曲线

M-Z 型电光强度调制器的转移特性可表示为

$$P = \frac{P_s}{2L_e}\left[1+\sin\left(\pi\frac{V}{V_\pi}+\phi_b\right)\right] \qquad (3.4.1)$$

式中，$P_s$ 是入射光功率；$L_e$ 是附加损耗；$V_\pi$ 是半波电压，它取决于调制器材料和尺寸；$V$ 是调制电信号；$\phi_b$ 是配置相位，它取决于波导结构。图 3.4.3 给出了调制器 P-V 归一化关系曲线，由图可见，输出光与调制电压在一定范围内呈现线性的关系。

### 2．多量子阱电吸收 MQW-EA 调制器

多量子阱电吸收 MQW-EA 调制器可将外调制器与激光器 DFB 集成为一体，体积小，制造成本低，它避免了 M-Z 型调制器的主要缺点，即 M-Z 型调制器要求较高的调制电压（10V），并且有较大的插入损耗。

该调制器工作过程是：由 DFB 激光器辐射的连续光波穿过由半导体材料构成的波导管，当不加电压时，因为波导管的截止波长小于入射光的波长，所以 DFB 激光器发射的光可顺利穿过波导管；当加上调制电压后，波导材料的禁带宽度 $E_g$ 变小，因而截止波长增大，波导材料开始吸收入射光，也即电场对光的作用等效成一个衰减器。转移特性表示为

$$P = P_0 \exp\left[-\left(\frac{V}{V_0}\right)^\alpha\right] \qquad (3.4.2)$$

式中，$V$ 是调制电压；$\alpha$ 与调制器的结构有关，对于 MQW 型，该值在 2～4 之间；$P_0$ 为调制电压为零时的输出光功率；$V_0$ 为常数。

光纤通信系统对调制的要求是：高的调制速率和宽的调制带宽；低的驱动电压；低的插入损耗；高消光比。

### 3.4.2 外调制器工作原理

外调制器通常是基于晶体的电光、声光、磁光等效应或者晶体对光频的吸收作用工作的。以晶体的电光效应为例，当把电压加到晶体上的时候，将使晶体的折射率发生变化，结果引起通过该晶体的光波特性发生变化，晶体的这种性质称为电光效应。

下面以波导相位调制器来说明外调制器的工作原理。图 3.4.4 示出了 $LiNbO_3$ 波导相位调制器的结构，条形波导是通过在 $x$ 切割的 $LiNbO_3$ 衬底上用钛扩散技术制造的，宽 9μm、长 lcm。调制电场 $E_z$ 加在 $z$ 方向，产生的折射率变化为

$$\Delta n_z = \frac{1}{2} n_0^3 r_{33} E_z \tag{3.4.3}$$

式中，$n_0 = 2.29$ 是光子折射率；$r_{33} = 30.8 \times 10^{-12}$ m/V 是电光系数；调制电场 $E_z = V/d$，$V$ 为调制信号电压，$d$ 为电极间的距离。传输光波在波导中产生的相位变化为

$$\Delta\phi = \frac{\omega}{c} \Delta n_z L = \frac{2\pi}{\lambda} \cdot \frac{1}{2} n_0^3 r_{33} \frac{V}{d} \cdot L = \pi \frac{V}{V_\pi} \tag{3.4.4}$$

式中，$L$ 为波导长度；$V_\pi$ 称为半波电压，有

$$V_\pi = \frac{\lambda}{n_0^3 r_{33}} \left( \frac{d}{L} \right) \tag{3.4.5}$$

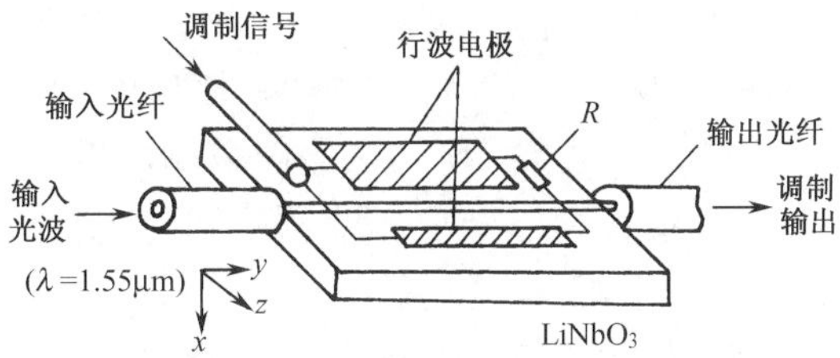

图 3.4.4 $LiNbO_3$ 波导相位调制器结构

由于条形波导的 $L/d$ 很大，使得半波电压大大下降。对于如图 3.4.4 所示的相位波导调制器，调制电极间距 8μm，半波电压仅为 0.85V。在相位匹配的行波状态下，调制带宽达 5GHz。

$LiNbO_3$ 晶体端面进行增透处理，单模尾纤用 V 形槽和 UV 环氧树脂进行粘胶。在波长为 1550nm 时，光纤→波导→光纤的 TE 模插入损耗仅 1.8dB。

因为相位调制信号的解调比较困难，所以在目前的光纤通信系统中，多采用强度调制/直接检测方式。M-Z 型电光强度调制器和多量子阱电吸收 MQW-EA 调制器是目前高速通信系统中的优选器件之一。对于 M-Z 型调制器，如图 3.4.2 所示，两臂各自的相对相位延迟分别为

$$\Delta\phi_1 = \frac{\pi}{\lambda} \cdot n_e^3 r_{33} V \cdot \frac{L}{d} \tag{3.4.6}$$

$$\Delta\phi_2 = -\frac{\pi}{\lambda} \cdot n_e^3 r_{33} V \cdot \frac{L}{d} \tag{3.4.7}$$

式中，$n_e$ 为电子折射率。两束光在输出端产生干涉，从而可得到式（3.4.1）的功率关系。

### 3.4.3 外调制器技术指标

#### 1. 调制深度

调制深度 $\eta_I$ 的定义为

$$\eta_I = \begin{cases} |I - I_0| / I_0, & I_0 > I_m \\ |I - I_0| / I_m, & I_m > I_0 \end{cases} \tag{3.4.8}$$

式中，$I$ 为调制波光强；$I_0$ 为不加调制信号时的光强；$I_m$ 为加最大调制信号时的光强。

**2．调制指数**

调制指数 $\eta_\varphi$ 的定义为

$$\eta_\varphi = \frac{2\pi}{\lambda} \cdot \Delta n_{\text{eff}} \cdot d \tag{3.4.9}$$

式中，$\Delta n_{\text{eff}}$ 为导模在外电场作用下产生的折射率增量；$d$ 为电极长度。

**3．半波电压**

半波电压是指调制指数为π时的调制电压。

**4．调制带宽**

调制带宽定义为

$$\Delta f_{\text{m}} = (\pi RC)^{-1} \tag{3.4.10}$$

式中，$R$ 是调制器等效电路中与电容 $C$ 并联的负载电阻；$C$ 是调制器的集总电容，包括电极、连接器和引线电容，但主要由电极电容确定。当 $R = 50\Omega$，$C = 2\text{pF}$ 时，$\Delta f_{\text{m}} = 3.2\ \text{GHz}$。

外调制器的技术指标还有最大调制频率、单位带宽驱动功率、插入损耗和消光比等。

M-Z 型电光强度调制器的调制深度可达 80%，半波电压约 3.6V，调制带宽可达 17GHz，功耗 35μW/MHz。

表 3.7 列出了工作速率为 10Gb/s $LiNbO_3$ 调制器的技术指标。

**表 3.7　$LiNbO_3$ 调制器技术指标**

| 参　数 | | 范　围 | 单　位 |
|---|---|---|---|
| 光学参数 | 工作波长 | 1535~1565 | nm |
| | 插入损耗 | <5 | dB |
| | 消光比 | >12 | dB |
| | 反射损耗 | >−40 | dB |
| 射频参数 | 带宽 | >8 | GHz |
| | $V_\pi$（DC） | >5.5 | V |
| | 上升/下降时间 | <50 | ps |
| 偏置 | $V_\pi$（DC） | <8 | V |
| | 阻抗 | >1000 | Ω |

## 本 章 小 结

光源 LD 和 LED 是光纤通信系统的关键器件。LD 基于光的受激辐射机理。LD 发光必须满足一定的阈值条件，主要参数有谱宽和 P-I 特性。根据其光谱的形状，LD 有单纵模和多纵模之分，由于 LD 可以发出单色、定向性好和强度高的相干光，在长途光纤通信系统中得到了广泛的应用。新型的激光器-分布反馈激光器、量子阱激光器和垂直腔面发射激光器也在很多场合得到了普及。

LED 基于光的自发辐射机理。主要类型有面发光二极管和边发光二极管。LED 的谱宽较宽，在低速率的数字通信和较窄带宽的模拟通信系统中，LED 是可以选用的最佳光源。由于 LED 的辐射角较大，存在着与光纤耦合的问题。

数字光发射机的主要参数有输出功率、消光比，在应用中应根据场合合理选用。

外调制器主要用在高速光纤通信系统中，它基于晶体的电光、声光、磁光等效应或者晶体对光频的吸收作用工作。对于电光晶体，晶体的折射率随着调制电压的变化而变化，从而引起通过该晶体的光波特性发生变化。由于激光器工作在直流状态，所以消除了光源啁啾。常用的类型是 M-Z 型电光强度调制器和多量子阱电吸收 MQW-EA 调制器。

## 习题

3.1　能带与能级的区别是什么？

3.2　已知 GaAs 材料的 $E_g = 1.43\text{eV}$，求其发射波长。

3.3　激光出射的条件是什么？

3.4　常用的激光器材料有哪些？

3.5　InGaAsP 半导体激光器工作波长是 1300nm，腔长 250μm，损耗 $\alpha = 30\text{cm}^{-1}$，解理面反射率 $r_1 = r_2 = 0.31$，试求增益阈值。

3.6　某 GaAs 激光器发光波长为 800nm，其谐振腔长 400μm，材料折射率 $n = 3.6$，设在波长 750～850nm 的范围内增益大于总损耗系数，求在该激光器中的模式数量。

3.7　光电效率有哪几种表示方法？并解释它们的含义。

3.8　某激光器的斜度效率 dP/dI 是 0.095mW/mA，工作波长是 1550nm，计算外微分量子效率。

3.9　设激光器中载流子数目 $n$ 的关系满足 $\frac{\partial n}{\partial t} = \frac{J}{qd} - \frac{n}{\tau}$，式中 $\tau$ 是载流子的寿命。证明式（3.1.18）。

3.10　试述 RIN 的定义。

3.11　激光器的 RIN = −135dB/Hz，接收机带宽 1GHz，接收到的平均功率为 25μW，求在接收机端接收到的 LD 噪声功率。

3.12　已知某 DFB 激光器的光栅间距 $\Lambda = 0.22\mu\text{m}$，衍射光栅有效长度 $L = 300\mu\text{m}$，介质折射率 $\overline{n} = 3.5$，设布拉格衍射阶数 $m = 1$。求：模式波长和它们的间距。

3.13　试述 VCSEL 激光器的工作原理。

3.14　试述 LED 输出光与光纤耦合的方法。

3.15　比较 LD 和 LED 的特点。

3.16　某发光二极管发出的光功率是 0.75mW，光源的半径为 35μm，纤芯半径为 25μm，数值孔径 NA = 0.20，求入纤光功率的数值。

3.17　某光源折射率为 3.6，如果其尺寸小于纤芯尺寸，并且光纤与光源之间的微小间隙充满折射率为 1.305 的凝胶，那么从光源到光纤的功率损耗是多少分贝？设纤芯折射率为 1.465。

3.18　光发射机的性能指标有哪些？

3.19　试述外调制器的工作原理。

# 第 4 章　光检测器和光接收机

**内容提要**：光接收机是光纤通信系统的重要组成部分，它的作用是把光发射机发送并经光纤传输的携带有信息的光信号转化成相应的电信号，然后放大并再生恢复为原始电信号。本章首先介绍光检测器 PIN 光电二极管和 APD 雪崩二极管的原理、特性和产品，讨论光检测器的特性参数，然后介绍数字光接收机的组成及技术指标，最后介绍光收发模块。

**知识要点**：光检测器类型及原理；光检测器特性参数；光接收机构成；光接收机的技术指标；光收发模块。

**教学建议**：学时 5，必修。

## 4.1　光检测器的工作原理

光检测器的作用是将接收到的光信号转换成电流信号。其工作过程的基本机理是光的吸收，见第 1 章 1.1 节。当能量超过禁带宽度 $E_g$ 的光子入射到半导体材料上时，每一个光子若被半导体材料吸收将会产生一个电子-空穴对，如果此时在半导体材料上加上电场，电子-空穴对就会在半导体材料中渡越，形成光电流。图 4.1.1 说明了光检测器的工作原理。

左侧入射的信号光透过 $P^+$区进入耗尽区，当 PN 结上加反向偏置电压时，耗尽区内受激吸收生成的电子-空穴对分别在电场的作用下做漂移运动，电子向 N 区漂移，空穴向 $P^+$区漂移，从而在外电路形成了随光信号变化的光生电流信号。耗尽区的宽度由反向电压的大小决定。符号 $P^+$表示重掺杂区。

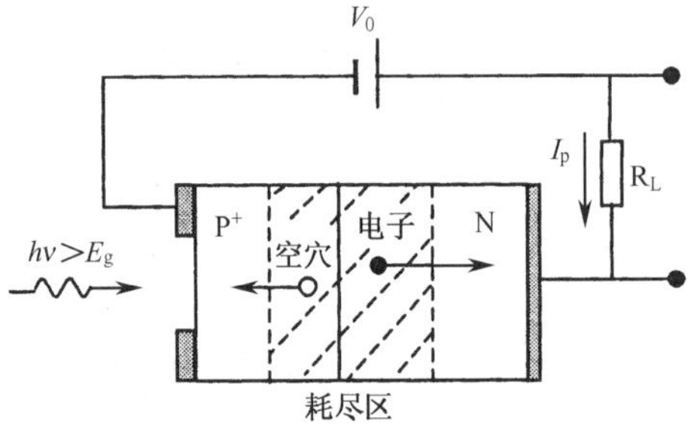


图 4.1.1　光检测器的工作原理

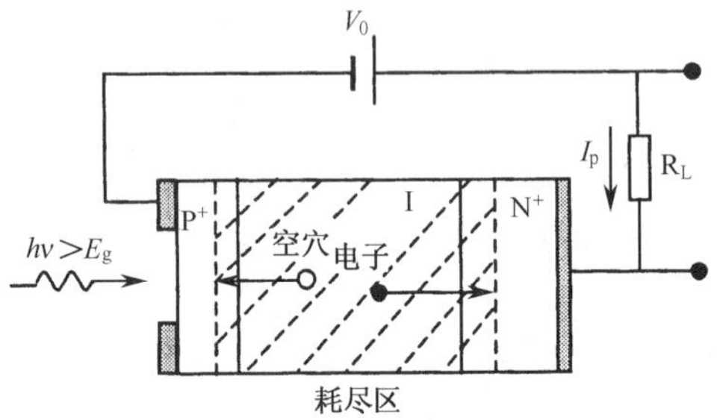


图 4.1.2　PIN 光电二极管

### 4.1.1　PIN 光检测器

PIN 光检测器也称为 PIN 光电二极管，在此，PIN 的意义是表明半导体材料的结构，$P^+$和 N 型半导体材料之间插入了一层掺杂浓度很低的半导体材料（如 Si），记为 I，称为本征区，如图 4.1.2 所示。

在图 4.1.1 中，入射光从 $P^+$区进入后，不仅在耗尽区被吸收，在耗尽区外也被吸收，它们形成了光生电流中的扩散分量，如 $P^+$区的电子先扩散到耗尽区的左边界，然后通过耗尽区才能到达 N 区，同样，N 区的空穴也是要扩散到耗尽区的右边界后才能通过耗尽区到达 $P^+$

区。我们将耗尽区中光生电流称为漂移分量，它的传送时间主要取决于耗尽区宽度。显然扩散电流分量的传送要比漂移电流分量所需时间长，结果使光检测器输出电流脉冲后沿的拖尾加长，由此产生的时延将影响光检测器的响应速度。设耗尽区宽度为 $w$，载流子在耗尽区的漂移时间可由下式计算，即

$$t_{tr} = w / v_d \tag{4.1.1}$$

式中，$v_d$ 是载流子的漂移速度；$t_{tr}$ 的典型值为 100ps。

如果耗尽区的宽度较窄，大多数光子尚未被耗尽区吸收，便已经到达了 N 区，而在这部分区域，电场很小，无法将电子和空穴分开，所以导致了量子效率比较低。

实际上，PN 结耗尽区可等效成电容，它的大小与耗尽区宽度的关系如下：

$$C_d = \varepsilon A / w \tag{4.1.2}$$

式中，$\varepsilon$ 是半导体的介电常数；$A$ 是耗尽区的截面积。$C_d$ 的典型值为 1～2pF。可见，耗尽区宽度 $w$ 越窄，结电容越大，电路的 $RC$ 时间常数也越大，不利于高速数据传输。

考虑到漂移时间和结电容效应，光电二极管的带宽可以表示成

$$B_{PD} = \frac{1}{2\pi\left[(w / v_d) + R_L(\varepsilon A / w)\right]} \tag{4.1.3}$$

式中，$R_L$ 是负载电阻。

由上述分析可知，增加耗尽区宽度是非常有必要的。

由图 4.1.2 可见，I 区的宽度远大于 $P^+$区和 N 区宽度，所以在 I 区有更多的光子被吸收，从而增加了量子效率；同时，扩散电流却很小。PIN 光检测器反向偏压可以取较小的值，因为其耗尽区厚度基本上是由 I 区的宽度决定的。

当然，I 区的宽度也不是越宽越好，由式（4.1.1）和式（4.1.3）可知，宽度 $w$ 越大，载流子在耗尽区的漂移时间就越长，对带宽的限制也就越大，故需综合考虑。由于不同半导体材料对不同波长的光吸收系数不同，所以本征区的宽度选取也各不相同。例如 Si PIN 光吸收系数比 InGaAs PIN 小两个数量级，所以它的本征区宽度大约是 40μm，而 InGaAs PIN 本征区宽度大约是 4μm。这也决定了两种不同材料制成的光检测器带宽和使用的光波段范围不同，Si PIN 用于 850nm 波段，InGaAs PIN 则用于 1310nm 和 1550nm 波段。

### 4.1.2 APD 光检测器

APD 光检测器也称为雪崩光电二极管（Avalanche Photodiode），其工作机理如下：入射信号光在光电二极管中产生最初的电子-空穴对，由于光电二极管上加了较高的反向偏置电压，电子-空穴对在该电场作用下加速运动，获得很大动能，当它们与中性原子碰撞时，会使中性原子价带上的电子获得能量后跃迁到导带上去，于是就产生新的电子-空穴对，新产生的电子-空穴对称为二次电子-空穴对。这些二次载流子同样能在强电场作用下，碰撞别的中性原子进而产生新的电子-空穴对，这样就引起了产生新载流子的雪崩过程。也就是说，一个光子最终产生了许多的载流子，使得光信号在光电二极管内部就获得了放大。

从结构来看，APD 与 PIN 的不同在于增加了一个附加层 P，如图 4.1.3 所示。在反向偏置时，夹在 I 层与 $N^+$层间的 $PN^+$结中存在着强电场，一旦入射信号光从左侧 $P^+$区进入 I 区后，在 I 区被吸收产生电子-空穴对，其中的电子迅速漂移到 $PN^+$结区，$PN^+$结中的强电场便使得电子产生雪崩效应。

与 PIN 光检测器比较起来，光电流在器件内部就得到了放大，从而避免了由外部电子线路放大光电流所带来的噪声。我们从统计平均的角度设一个光子产生 $M$ 个载流子，它等于 APD 光电二极管雪崩后输出的光电流 $I_M$ 与未倍增时的初始光电流 $I_P$ 的比值

$$M = I_M / I_P \tag{4.1.4}$$

式中，$M$ 称为倍增因子。倍增因子与载流子的电离率有关，电离率是指载流子在漂移的单位距离内平均产生的电子-空穴对数。电子电离率与空穴电离率是不相同的，分别用 $\alpha_e$ 和 $\alpha_h$ 表示，它们与反向偏置电压、耗尽区宽度、掺杂浓度等因素有关，记为

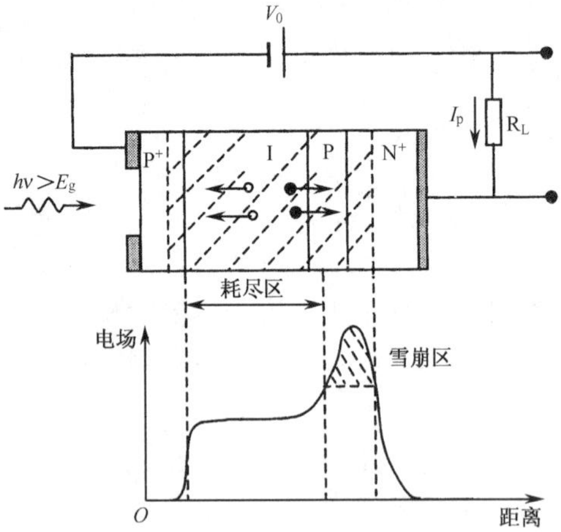

图 4.1.3　APD 光电二极管

$$k_A = \alpha_h / \alpha_e \tag{4.1.5}$$

式中，$k_A$ 为电离系数，它是光检测器性能的一种度量。$k_A$ 对 $M$ 的影响可由下式给出，即

$$M = \frac{1 - k_A}{e^{-(1-k_A)\alpha_e w} - k_A} \tag{4.1.6}$$

当 $\alpha_h = 0$ 时，仅有电子参与雪崩过程，$M = e^{\alpha_e w}$，增益随 $w$ 指数增长；当 $\alpha_e w = 1$ 且 $k_A \to 1$ 时，由式（4.1.6）可得 $M \to \infty$，出现雪崩击穿。通常，$M$ 值的范围在 10～500 之间。

APD 光电二极管出现雪崩击穿是因为所加的反向偏置电压过大，考虑到 $M$ 与反向偏置电压之间的密切关系，常用经验公式描述它们的关系，即

$$M = \frac{1}{1 - (V / V_{BR})^n} \tag{4.1.7}$$

式中，$n$ 是与温度有关的特性指数，$n$ = 2.5～7；$V_{BR}$ 是雪崩击穿电压，对于不同的半导体材料，该值从 70～200V 不等；$V$ 为反向偏置电压，一般取其为 $V_{BR}$ 的 80%～90%。APD 管使用时必须注意保持工作电压低于雪崩击穿电压，以免损坏器件。

# 4.2　光检测器的特性参数

## 4.2.1　光检测器性能参数

### 1. 量子效率

入射光（功率为 $P_{in}$）中含有大量光子，能转换为光生电流的光子数和入射的总光子数之比称为量子效率，它的计算由下式给出，即

$$\eta = \frac{I_P / q}{P_{in} / h\nu} \tag{4.2.1}$$

式中，$q$ 为电子电荷（$1.6\times10^{-19}$C）；$I_P$ 为产生的光电流；$h$ 为普朗克常数；$\nu$ 为光子的频率。量子效率的范围在 50%～90%之间。

**2．响应度**

光检测器的光电流与入射光功率之比称为响应度，有

$$R = I_{\mathrm{P}} / P_{\mathrm{in}} \tag{4.2.2}$$

响应度的单位是 A/W。该特性表明光检测器将光信号转换为电信号的效率。$R$ 的典型值范围是 0.5～1.0A/W。例如，Si 光检测器在波长为 900nm 时，$R$ 值是 0.65 A/W；Ge 光检测器的 $R$ 值是 0.45 A/W（1300 nm 时）；InGaAs 在波长为 1300nm 和 1550nm 时，响应度分别是 0.9 A/W 和 1.0 A/W。

对于给定的波长，响应度是一个常数，但是当考虑的波长范围较大时，它就不是常数了。随着入射光波长的增加，入射光子的能量越来越小，如果小于禁带宽度时，响应度会在截止波长处迅速下降。

响应度与量子效率的关系为

$$R = \frac{\eta q}{h\nu} \tag{4.2.3}$$

考虑到 APD 光检测器的雪崩效应，它的响应度可表示为

$$R_{\mathrm{APD}} = \frac{\eta M q}{h\nu} = M R_{\mathrm{PIN}} \tag{4.2.4}$$

APD 光检测器的响应度在 0.75～130 之间。

**【例 4.2.1】** 设 PIN 光电二极管的量子效率为 80%，计算在1.3μm 和1.55μm 波长时的响应度；说明为什么在1.55μm 处光电二极管比较灵敏？

**解：** 由式（4.2.3）可知 $R = \frac{\eta q}{h\nu} = \frac{q}{hc}\eta\lambda = \frac{\eta\lambda(\mu\mathrm{m})}{1.24}$

可计算出，在1.3μm 波长时，响应度为 0.84A/W，在1.55μm 波长时，响应度为 1A/W。

因为响应度正比于波长，故在1.55μm 处光电二极管比1.3μm 处灵敏。

**3．响应光谱**

为了产生光生载流子，入射光子的能量必须大于光检测器材料的禁带宽度，即满足条件

$$h\nu > E_{\mathrm{g}} \tag{4.2.5}$$

常用半导体材料的禁带宽度和对应波长见表 4.1。

式（4.2.5）也可以表示成

$$\lambda < \frac{hc}{E_{\mathrm{g}}} = \lambda_{\mathrm{c}} \tag{4.2.6}$$

式中，$\lambda_{\mathrm{c}}$ 称为截止波长。也就是说，对确定的半导体检测材料，只有波长小于截止波长的光才能被检测到，并且探测器的量子效率随着波长的变化而变化，这种特性被称作响应光谱。所以光检测器不具有通用性，各种材料的响应光谱不同。常用的光电半导体材料有 Si，Ge，InGaAs，InGaAsP，GaAsP 等，图 4.2.1 示出了几种半导体材料的响应光谱。

**4．响应时间**

响应时间是用来反映光检测器对瞬变或高速调制光信号响应能力的参数。如前所述，它主要受以下三个因素的影响：①耗尽区的光载流子的渡越时间；②耗尽区外产生的光载流子的扩散时间；③光电二极管及与其相关的电路的 $RC$ 时间常数。

响应时间可以用光检测器输出脉冲的上升时间和下降时间来表示。当光电二极管的结电

容比较小时，上升时间和下降时间较短且比较一致；当光电二极管的结电容比较大时，响应时间会受到负载电阻与结电容所构成的 $RC$ 时间常数的限制，上升时间和下降时间都较长。

表 4.1　常用半导体材料的禁带宽度和对应波长

| 半导体材料 | 禁带宽度 $E_g$/eV | 波长 /nm |
|---|---|---|
| Si | 1.17 | 1067 |
| Ge | 0.775 | 1610 |
| GaAs | 1.424 | 876 |
| InP | 1.35 | 924 |
| AlGaAs | 1.42~1.92 | 879~650 |
| InGaAs | 0.75~1.24 | 1664~1006 |
| InGaAs | 0.75~1.35 | 1664~924 |

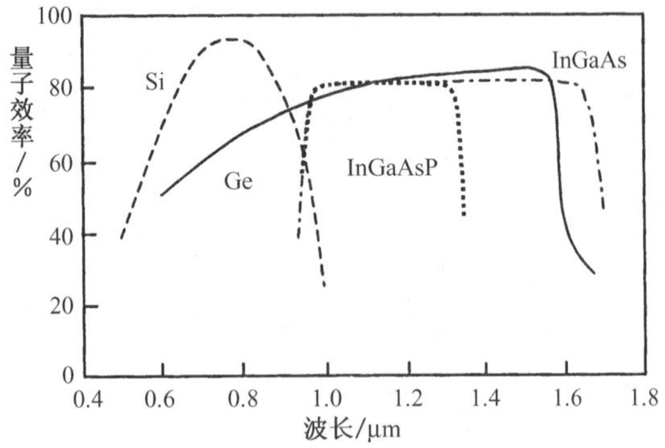

图 4.2.1　半导体材料的响应光谱

一般光检测器的产品技术指标中给出的是上升时间，对于 PIN 管而言，通常上升时间 $t_r$ <1ns；对于 APD 管而言，该值小于 0.5 ns。

光检测器的带宽与上升时间成反比，它们的关系可表示为

$$B = 0.35/t_r \tag{4.2.7}$$

**5．暗电流**

暗电流是指光检测器上无光入射时的电流。虽然没有入射光，但是在一定温度下，外部的热能可以在耗尽区内产生一些自由电荷，这些电荷在反向偏置电压的作用下流动，形成了暗电流。显然，温度越高，受温度激发的电子数量越多，暗电流越大。对于 PIN 管，设温度为 $T_1$ 时的暗电流为 $I_d(T_1)$，当温度上升到 $T_2$ 时则有

$$I_d(T_2) = I_d(T_1) \cdot 2^{(T_2 - T_1)/C} \tag{4.2.8}$$

式中，$C$ 是经验常数，Si 光电二极管的 $C$ 值为 8。

暗电流最终决定了能被检测到的最小光功率，也就是光电二极管的灵敏度。

根据所选用半导体材料的不同，暗电流的变化范围在 0.1～500 nA 之间。

### 4.2.2　光检测器的噪声

光检测器的噪声是限制光纤通信系统接收机灵敏度的关键因素，其噪声源有以下几种。

**1．散粒噪声**

式（4.2.2）说明，如果入射光功率是一恒定值，光生电流就是一个常量。而实际上，光生电流是一个随机变量，它围绕着某一平均统计值而起伏，这种起伏称作散粒噪声的电流起伏 $i_s(t)$。考虑散粒噪声电流的影响后，光电二极管中的光生电流表示为

$$I(t) = I_p + i_s(t) \tag{4.2.9}$$

式中，$I_P$ 为平均电流。散粒噪声可以用均方散粒噪声电流表示，即

$$\sigma_s^2 = \langle i_s^2(t) \rangle = 2q(I_P + I_d)B \tag{4.2.10}$$

式中，$B$ 是带宽，它与我们的考察点有关，如果考察点在光电二极管的输出端，则 $B$ 为光电二极管的带宽；如果考察点在光检测器后的判决电路端，则 $B$ 为接收机的带宽。需要说明的

是，式（4.2.9）已经考虑了暗电流的影响。

对于雪崩光电二极管，散粒噪声受到了雪崩效应的影响，其计算公式为

$$\sigma_s^2(\mathrm{APD}) = \langle i_s^2(t) \rangle = 2qM^2 F_A(I_P + I_d)B \tag{4.2.11}$$

式中，$F_A$ 称为过剩噪声指数，它由下面的公式计算，即

$$F_A = k_A M + (1 - k_A)(2 - 1/M) \tag{4.2.12}$$

式中，$k_A$ 是电离系数，它与选用的半导体材料有关，对于 Si，$k_A$ 为 0.03；对于 Ge，$k_A$ 为 0.8；对于 InGaAs，$k_A$ 为 0.5。

式（4.2.12）表明，为了得到较小的过剩噪声指数，就需要有较小的电离系数，这就是为什么用 Si 材料制作的 APD 性能要优于其他材料制作的 APD 的原因。

当电离过程仅仅是由电子引起的时候，$\alpha_h = 0$，$k_A = 0$，此时 $F_A$ 的极限值为 2。

散粒噪声属于白噪声，为了降低它的影响，通常在判决电路之前使用低通滤波器，使得信道的带宽变窄。

**2．热噪声**

温度变化导致的瞬间电子数目围绕其平均值的起伏称为热噪声。热噪声由均方热噪声电流表示，即

$$\sigma_T^2 = \langle i_T^2(t) \rangle = (4k_B T / R_L)B \tag{4.2.13}$$

式中，$k_B$ 为玻耳兹曼常数（$1.38\times10^{-23}$J/K）；$T$ 为热力学温度；$R_L$ 为负载电阻。式（4.2.13）适用于 PIN 和 APD 光检测器。

**3．1/*f* 噪声**

除了散粒噪声和热噪声以外，光电二极管还存在 1/*f* 噪声，顾名思义，该噪声与频率成反比，一般而言，它的影响只在低频范围内，当信号的调制频率大于 100MHz 时，就可以忽略它对光电二极管输出信号的作用了。

综上所述，光电二极管总的噪声电流均方值可以表示为

$$\sigma^2 = \sigma_s^2 + \sigma_T^2 \tag{4.2.14}$$

在实际使用中，噪声也可以用单位带宽的电流均方根表示，对于散粒噪声，有

$$i_{sN} = i_s / \sqrt{B} = \sqrt{2q(I_P + I_d)} \quad (\mathrm{A}/\sqrt{\mathrm{Hz}}) \tag{4.2.15}$$

**【例 4.2.2】** 在考虑热噪声和散粒噪声的情况下，设 APD 的 $F_A(G_m) = G_m^x$，$x \in (0,1)$，推导 APD 的 $G_m$ 的最佳值 $G^{opt}$，此时 APD 接收机的 SNR 最大。

**解**：光接收机输出端的信噪比定义为：

SNR = 光电流信号功率/（光检测器噪声功率+放大器噪声功率）

光检测器的噪声功率表示为 $\sigma^2_{散粒} = 4eG_m^2 F_A(G_m) R P_R B_e$

式中，$F_A(G_m)$ 是 APD 的散粒噪声系数，下标 A 表示 APD 的意思，$G_m$ 是 APD 的倍增因子（系数），$R$ 是相应度，$P_R$ 是灵敏度，$B_e$ 是接收机的带宽。

假设放大器的输入阻抗远大于负载电阻 $R_L$，所以放大器电路的热噪声远小于 $R_L$ 的热噪声，那么光检测器负载电阻的均方热噪声电流为

$$\sigma_{RE}^2 = \frac{4k_B T}{R_L} F_n B_e$$

式中，$F_n$是放大器的噪声因子（系数），$k_B$是玻尔兹曼常数，$T$是温度。

放大器输入端的信号功率为$\langle i_p^2 \rangle G_m^2$，其中$\langle i_p^2 \rangle$是信号功率，$i_p$是用 PIN 检测到的信号电流。或把输入放大器的信号功率表示为$(G_m RP_R)^2$，其中$P_R$是输入到 PIN 的功率。

放大器输入端的信噪比为$\text{SNR} = \dfrac{(G_m RP_R)^2}{4eG_m^2 F_A(G_m)RP_R B_e + \dfrac{4k_B T}{R_L} F_n B_e}$

设 APD 的$F_A(G_m) = G_m^x$，代入上式得到

$$\text{SNR} = \frac{(G_m RP_R)^2}{4eG_m^2 G_m^x RP_R B_e + \dfrac{4k_B T}{R_L} F_n B_e}$$

要使 APD 接收机的 SNR 最大，可以求出一个最佳的$G_m$值。通过信噪比对$G_m$求导，并使导数为零，解出$G_m$的最佳值为

$$G^{\text{opt}} = \left( \frac{2k_B TF_n}{xeRP_R R_L} \right)^{-x-2}$$

### 4.2.3 光检测器产品介绍

#### 1．PIN 产品及参数

PIN 光电二极管具有较好的光电转换线性度、响应速度快、不需要高的工作电压等优点，得到了广泛的应用。图 4.2.2 为 PIN 光电二极管（深圳飞通光电股份有限公司提供）。表 4.2 为其性能指标。

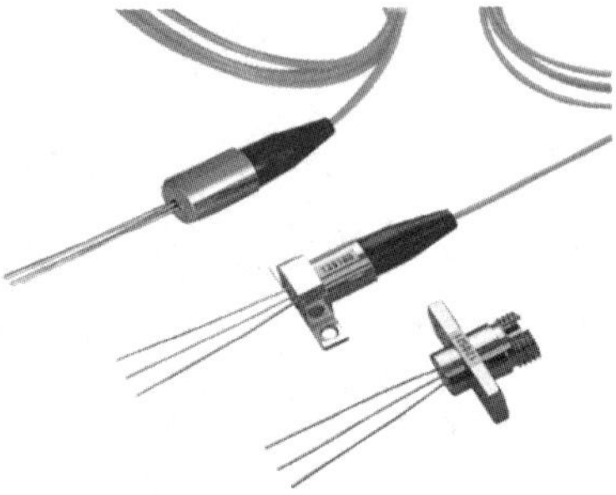

图 4.2.2　PIN 光电二极管

表 4.2　PIN 光电二极管性能指标

| 参　　数 | 符号 | 测试条件 | 最小 | 典型 | 最大 | 单位 |
|---|---|---|---|---|---|---|
| 波长 | $\lambda$ | | 1100 | — | 1600 | nm |
| 暗电流 | $I_d$ | $V_R = 5V, 25℃$ | — | 1 | 5 | nA |
| 响应度（1310nm） | $R$ | $V_R = 5V, \lambda = 1310nm$ | 0.80 | — | — | A/W |
| 饱和光功率 | $P$ | $V_R = 5V$ | — | — | 10 | mW |
| 光敏面直径 | $\Phi$ | | — | 75 | — | μm |
| 上升、下降时间 | $t_r, t_f$ | $R_L = 50\Omega$ | — | 0.1 | — | ns |
| 电容 | $C$ | $V_R = 5V$ | — | — | 0.75 | pF |

表 4.2 中的饱和光功率决定了光电流作为光功率的线性关系的最大功率值。当入射光功率比较大时，光生电流不再与输入功率成正比，而是呈饱和趋势，式（4.2.2）不再成立。光敏面直径则决定了光电二极管的激活区，当光从光纤耦合到光电二极管必须考虑该参数的作用，应选择合适的透镜系统，使得光电二极管的感光区达到最大光覆盖。制造商在很多产品中已经解决了光纤到光电二极管的耦合问题，如图 4.2.2 所示的带有尾纤的产品。电容的数值依赖于所加的反向偏置电压，所以表 4.2 中给出了测试条件。

除了上述的性能指标外，还有该光电二极管额定极限值，它们是：存储温度为−40℃～+85℃，

工作温度为−40℃～+85℃，反向电压为 30V。

光电二极管的输出电流比较小，必须在它后面加放大器，对微弱的电流信号进行放大，将光电二极管和放大器制作在一起就是光检测器组件。如 PIN-TIA 组件和 APD-TIA 组件，其中 TIA 称为互阻放大器，它可以将电流信号转换成电压信号，在光接收机中，常将它称为前置放大器。

图 4.2.3　APD-TIA 光检测器

**2．APD 产品及参数**

图 4.2.3 示出了传输速率为 2.5Gb/s、APD-TIA 同轴带尾纤的光检测器组件示意图，它具有内置的 AGC 电路，差分输出，采用 5 针带尾纤封装。

表 4.3 给出了该 APD-TIA 组件的光电性能。

**表 4.3　APD-TIA 组件的光电性能（深圳飞通光电股份有限公司提供）**

| 参　数 | 符号 | 测 试 条 件 | 范　围 | | | 单位 |
|---|---|---|---|---|---|---|
| | | | 最小值 | 典型值 | 最大值 | |
| 响应波长 | $\lambda$ | — | 1260 | — | 1580 | nm |
| APD 击穿电压 | $V_{BR}$ | $I_d = 100\mu A$，$T_c = +25℃$ | 50 | — | 70 | V |
| $V_{BR}$温度系数 | $\gamma$ | $T_c = -20℃～+85℃$ | — | 0.126 | — | V/℃ |
| 工作电流 | | DC | 35 | 50 | 65 | mA |
| 响应度 | $R$ | $P_{in} = -30dBm, \lambda = 1310nm, M = 1$ | 0.75 | 0.85 | — | A/W |
| 带宽（−3dB） | | AC, $R_L = 50\Omega$, $M = 10$, $\lambda = 1310nm$, $P_{in} = -30dBm$ | 1.5 | 1.8 | — | GHz |
| 输出阻抗 | $Z_0$ | 差分输出 | 40 | 60 | 80 | Ω |
| 跨阻 | $Z_t$ | 差分输出，$f = 100MHz$ | 1.6 | 2 | 2.5 | kΩ |
| 饱和光功率 | $P_s$ | AC, $R_L = 50\Omega$, NRZ, 2.48832Gb/s，PRBS = $2^{23}-1$, RER = $10^{-10}$, $\lambda = 1550nm$ | −7 | −5 | — | dBm |
| 灵敏度 | $P_r$ | AC, $R_L = 50\Omega$, NRZ, 2.48832Gb/s，PRBS = $2^{23}-1$, RER = $10^{-10}$, $\lambda = 1550nm$ | — | −33 | −31 | dBm |
| 光反射 | ORL | $\lambda = 1310nm$，单模光纤 | — | — | −30 | dB |

注：$V_{CC}$=3.1～3.5V。

APD-TIA 的极限额定参数有：TIA 工作电压（+5V），TIA 工作电流（70mA），APD 偏置电压（$V_{BR}$），APD 偏置电流（2mA）等。

使用光电二极管的注意事项有：①静电防护，仪器设备、工具、电路板接地良好，操作者需穿戴防静电服并通过高电阻接地；②焊接温度不超过 260℃，焊接时间不超过 10s；③严禁超过额定极限电压。

# 4.3　光 接 收 机

## 4.3.1　光接收机的组成

光接收机的作用是将光纤终端的光信号转换为电信号，然后进行放大、处理，最后还原成原始的电信号形式。光接收机是光纤通信系统的重要组成部分，它的性能的优劣直接影响了整个光纤通信系统的性能。

光纤通信系统分模拟和数字两种传输系统。在这两种不同系统中采用的光接收机分别称为模拟光接收机和数字光接收机。模拟光接收机比较简单，方框图如图 4.3.1（a）所示，光检测器的输出信号经低噪声前置放大器放大后，送入主放大器做进一步放大处理，然后根据模拟信号的调制方式，选择相应的解调器，解调后的信号即为所需的模拟电信号。模拟光接收机的技术指标将在第 6 章中讨论。

数字光接收机方框图如图 4.3.1（b）所示，考虑到数字系统的普及性，本节重点介绍数字光接收机各部分的功能及相关的技术指标。

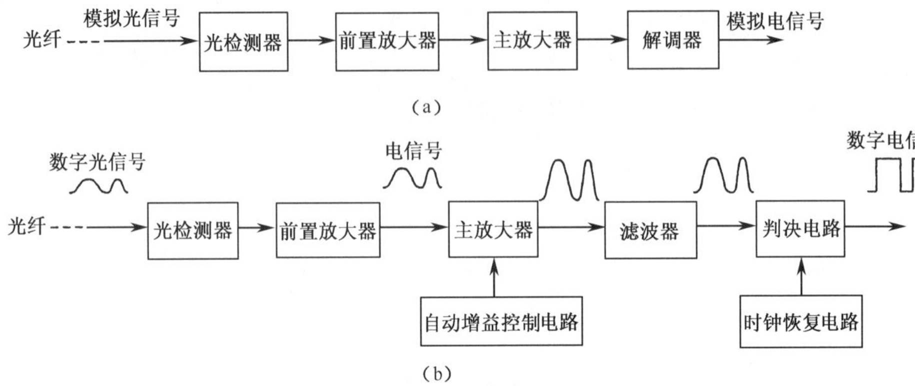


图 4.3.1　光接收机原理框图

如图 4.3.1 所示，光接收机主要由光检测器、前置放大器、主放大器、滤波器、判决电路、时钟恢复电路、自动增益控制电路等电路组成。各部分的功能叙述如下。

### 1．前置放大器

从光检测器输出的电流信号十分微弱，必须经过前置放大器放大，前置放大器在光接收机中起关键作用，要求它有足够小的噪声、适当的带宽和一定的增益。前置放大器有多种类型，如双极型晶体管前置放大器、场效应晶体管互阻抗前置放大器、PIN-FET（PIN 管与场效应管）前置放大器组件等。图 4.3.2 示出了被广泛采用的放大器原理图，其输出电压为

$$v_{\text{out}} = I_{\text{P}} R_{\text{F}} \tag{4.3.1}$$

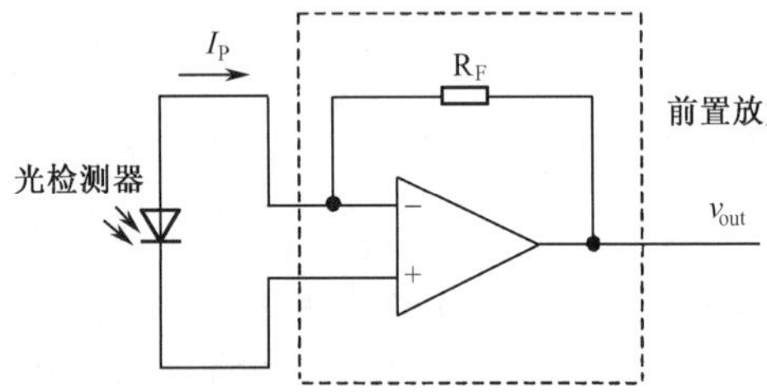


图 4.3.2　互阻放大器作为前置放大器

互阻放大器的主要优点是：动态范围较宽；输出阻抗小，不易感应耦合噪声；性能稳定，容易通过调节 $R_{\text{F}}$ 控制增益。

### 2．增益可调节的主放大器

前置放大器输出信号的幅度对于信号的判决是不够的，因此还需主放大器做进一步的放大。主放大器除了将前置放大器输出的信号放大到判决电路所需要的信号电平外，还起着调节增益的作用。当光电检测器输出的信号出现起伏时，通过光接收机的自动增益控制电路对主放大器的增益进行调整，即输入信号越大，增益越小，反之，对于小的信号呈现较大的增益，这样主放大器的输出信号幅度在一定范围不受输入信号的影响。一般主放大器的峰-峰值

输出大约是几伏。

**3．滤波器**

在数字光纤通信系统中，光脉冲从光发射机输出，经过光纤长距离传输，由于光纤色散的影响，波形将出现拖尾，系统中其他的器件，如光放大器、光检测器等，因其带宽的限制和非理想的传输特性，会使光脉冲发生畸变，同时加剧码元间的串扰，造成判决电路误判，产生误码。所以在判决电路前必须加滤波器对已发生畸变和有严重码间干扰的信号进行均衡，使其尽可能地恢复原来的状况，以利于定时判决。

滤波器的机理可以用图 4.3.3 的波形说明。图 4.3.3（a）中的波形表示单个已经发生拖尾现象的码元，在其他码元的判决时刻，其存在的拖尾会对其他码元造成串扰。但经过滤波器后输出的波形，在本码元判决时刻，波形的瞬时值为最大值；而这个码元波形的拖尾在邻码判决时刻的瞬时值应为零。这样，即使经过滤波均衡以后的输出波形仍有拖尾，但是这个拖尾在邻码判决的这个关键时刻为零，从而不干扰对相邻码元的判决，上述这种情况可从图 4.3.3（b）中明显地看出。

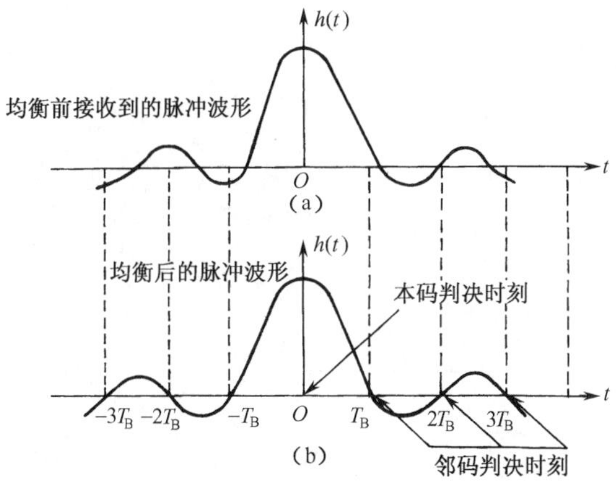


图 4.3.3　滤波器均衡波形示意图

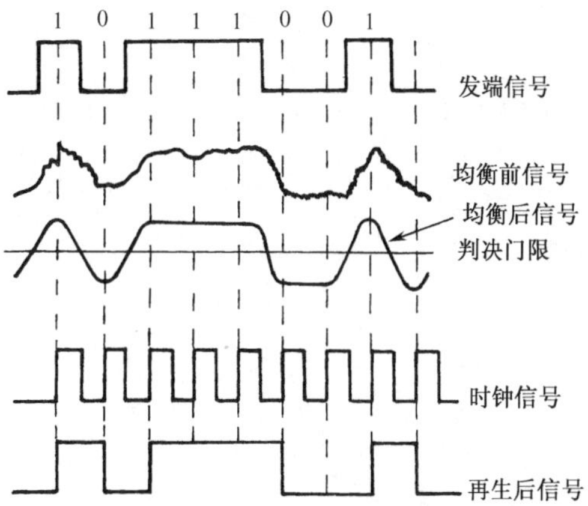


图 4.3.4　信号再生示意图

**4．时钟恢复和判决电路**

为了能从滤波器的输出信号判决出是“0”码还是“1”码，首先要设法知道应在什么时刻进行判决，亦即应将混合在信号中的时钟信号（又称定时信号）提取出来，这是时钟恢复电路应该完成的功能。接着再根据给定的判决门限电平，按照时钟信号所“指定”的瞬间来判决由滤波器送过来的信号，若信号电平超过判决门限电平，则判为“1”码；低于判决门限电平，则被判为“0”码。上述信号再生过程，可从图 4.3.4 中十分明显地看出来。

### 4.3.2　光接收机的技术指标

灵敏度是光接收机最重要的参数，它表征光接收机调整到最佳工作状态时，接收机接收微弱信号的能力。对于模拟光接收机而言，则是光接收机工作在规定信噪比 SNR（Signal Noise Ratio）所要求的最小平均接收光功率；对于数字光接收机而言，它等于在满足特定误码率 BER（bit error rate）条件下，光接收机所需的最小平均光功率，通常，数字光接收机要求的误码率小于 $10^{-9}$，也即要求 $1\times10^{9}$ 个码元中最多有 1 个错码。由于灵敏度与误码率密切相关，所以先讨论数字光接收机误码率的决定因素，然后再介绍灵敏度的表达式及与误码率的关系。

**1．误码率**

误码率的定义是

$$\text{BER}=\frac{\text{出错的比特数}}{\text{总的比特数}} \tag{4.3.2}$$

造成误码的原因很多，如光纤的色散、光电二极管的噪声、前置放大器的噪声等，在这里讨论的是光接收机噪声对误码率的影响。

为了计算光接收机的误码率，必须知道滤波器输出信号的概率分布。图 4.3.5（a）为比特 1 和比特 0 的脉冲电平示意图，记接收比特 1 和比特 0 的概率密度函数分别为 $p(v/1)$、$p(v/0)$，如图 4.3.5（b）所示，判决电平为 $v_{th}$。显然，在判决时刻将比特 1 误判成 0 的概率是 $p(v/1)$ 曲线中 $v\leqslant v_{th}$ 的概率，它由下式计算，即

$$P_1=\int_{-\infty}^{v_{th}}p(v/1)\mathrm{d}v \tag{4.3.3}$$

式中，$P_1$ 的下标 1 表示应出现比特 1。同样，判决时刻将比特 0 误判成 1 的概率即是 $p(v/0)$ 曲线中 $v\geqslant v_{th}$ 的概率可表示为

$$P_0=\int_{v_{th}}^{\infty}p(v/0)\mathrm{d}v \tag{4.3.4}$$

$P_0$ 的下标 0 表示应出现比特 0。假设比特 1 和 0 到达的概率相同，都是 1/2，误码率则为

$$\text{BER}=\frac{1}{2}(P_1+P_0) \tag{4.3.5}$$

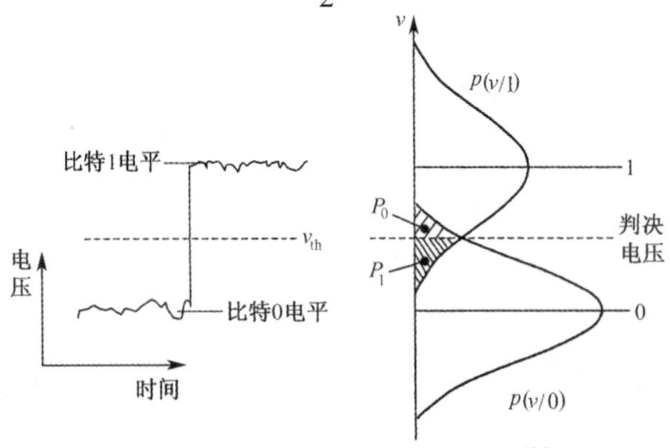


图 4.3.5　误码率的判定

滤波器输出信号在抽样时刻的统计特性常用高斯分布近似来描述，高斯分布的概率密度为

$$f(x)=\frac{1}{\sqrt{2\pi}\sigma}\exp\left[-\frac{(x-m)^2}{2\sigma^2}\right] \tag{4.3.6}$$

式中，$m$ 为高斯随机变量的均值，也称为数学期望；$\sigma^2$ 为方差。

利用概率密度函数便可计算 $P_1$ 和 $P_0$。设比特 1 对应的高斯输出均值和方差分别是 $b_1$ 和 $\sigma_1^2$，比特 0 对应的高斯输出均值和方差分别是 $b_0$ 和 $\sigma_0^2$，如图 4.3.6 所示。

先考虑发送比特 0 的情况，此时的误码是由于噪声超过了阈值 $v_{th}$，从而误判成 1。运用式（4.3.4）和式（4.3.6），可得

$$P_0=\int_{v_{th}}^{\infty}p(v/0)\mathrm{d}v=\int_{v_{th}}^{\infty}f_0(v)\mathrm{d}v=\frac{1}{\sqrt{2\pi}\sigma_0}\int_{v_{th}}^{\infty}\exp\left[-\frac{(v-b_0)^2}{2\sigma_0^2}\right]\mathrm{d}v \tag{4.3.7}$$

其次考虑发送比特 1 的情况，此时的误码是由于抽样的信号加噪声落在阈值 $v_{\mathrm{th}}$ 以下。这种情况的概率是

$$P_1=\int_{-\infty}^{v_{\mathrm{th}}}p(v/1)\mathrm{d}v=\int_{-\infty}^{v_{\mathrm{th}}}f_1(v)\mathrm{d}v=\frac{1}{\sqrt{2\pi}\sigma_1}\int_{-\infty}^{v_{\mathrm{th}}}\exp\left[-\frac{(b_1-v)^2}{2\sigma_1^2}\right]\mathrm{d}v \tag{4.3.8}$$

引入互补误差函数

$$\mathrm{erfc}(x)=\frac{2}{\sqrt{\pi}}\int_x^{\infty}\exp(-y^2)\mathrm{d}y \tag{4.3.9}$$

则式（4.3.7）和式（4.3.8）可分别表示成

$$P_0=\frac{1}{\sqrt{2\pi}\sigma_0}\int_{v_{\mathrm{th}}}^{\infty}\exp\left[-\frac{(v-b_0)^2}{2\sigma_0^2}\right]\mathrm{d}v=\frac{1}{2}\mathrm{erfc}\left(\frac{v_{\mathrm{th}}-b_0}{\sqrt{2}\sigma_0}\right) \tag{4.3.10}$$

$$P_1=\frac{1}{\sqrt{2\pi}\sigma_1}\int_{-\infty}^{v_{\mathrm{th}}}\exp\left[-\frac{(b_1-v)^2}{2\sigma_1^2}\right]\mathrm{d}v=\frac{1}{2}\mathrm{erfc}\left(\frac{b_1-v_{\mathrm{th}}}{\sqrt{2}\sigma_1}\right) \tag{4.3.11}$$

可以证明，选取合适的 $v_{\mathrm{th}}$，满足下列关系

$$\frac{v_{\mathrm{th}}-b_0}{\sigma_0}=\frac{b_1-v_{\mathrm{th}}}{\sigma_1}=Q \tag{4.3.12}$$

此时，误码率 BER 最小，即

$$\mathrm{BER}=\frac{1}{2}\mathrm{erfc}\left(\frac{Q}{\sqrt{2}}\right)\approx\frac{1}{\sqrt{2\pi}Q}\exp\left(-\frac{Q^2}{2}\right) \tag{4.3.13}$$

式中的近似表达式是由互补误差函数的渐进展开式而来。

下面分析一下 $Q$ 的物理意义。由式（4.3.12）可以得到 $v_{\mathrm{th}}$ 的表达式为

$$v_{\mathrm{th}}=\frac{\sigma_0 b_1+\sigma_0 b_0}{\sigma_0+\sigma_1} \tag{4.3.14}$$

将式（4.3.14）带入式（4.3.12）中，参数 $Q$ 又可以表示成

$$Q=\frac{b_1-b_0}{\sigma_0+\sigma_1} \tag{4.3.15}$$

式中的分子（$b_1$-$b_0$）是比特 1 和比特 0 的平均电压之差，分母（$\sigma_0+\sigma_1$）则是在比特 0 和比特 1 电平上的噪声电压的均方根值。如果比特 0 对应的平均电压等于零，则 $Q$ 就是信号电压与噪声电压之比，所以称 $Q$ 为数字信噪比。显然，$Q$ 值越大，误码率就越小。图 4.3.7 显示了 BER 与 $Q$ 的关系曲线。对于误码率小于 $1\times10^{-9}$ 的要求，可以查到 $Q=6$；如果希望 BER< $1\times10^{-12}$，必须使 $Q>7$。

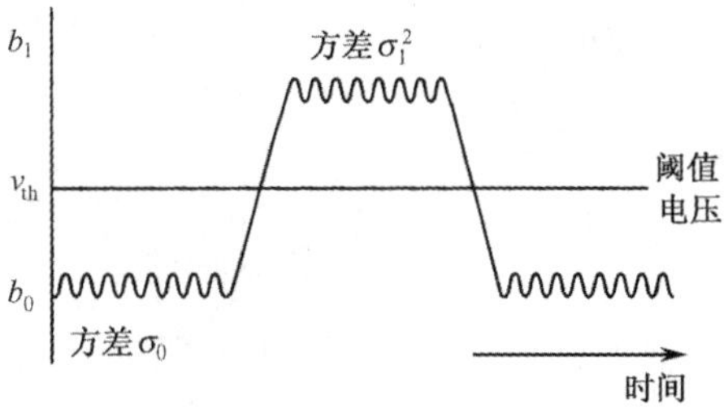


图 4.3.6　比特 1 和比特 0 的高斯噪声统计特性

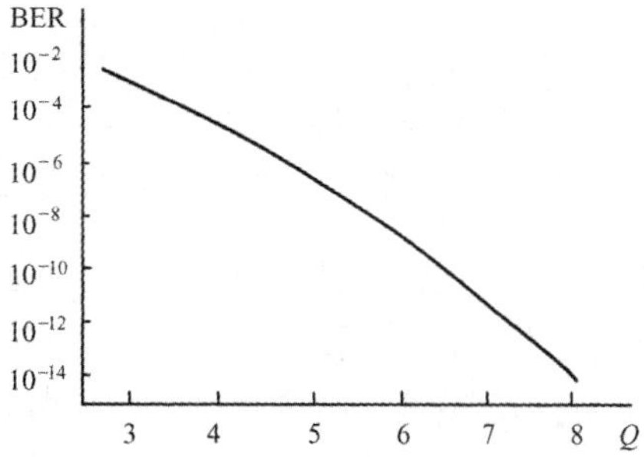


图 4.3.7　BER 与 $Q$ 的关系曲线

**2．量子极限**

假设光检测器具有理想特性，量子效率为 1，且无热噪声，无暗电流，这样没有光功率

入射时，就没有电子–空穴对产生。在该条件下，就可以得到数字系统中对于给定误码率所要求的最小接收光功率，这个最小接收到的功率值就是量子极限。量子极限的计算公式如下：

$$P_r = N_p \cdot \frac{hcB}{2\lambda} \tag{4.3.16}$$

式中，$N_p$是比特 1 所含的平均光子数；$B$ 为比特率。

$N_p$值取决于所需达到的特定比特率。对于理想光检测器，已经不能用前述的高斯分布来描述噪声特性，而是应用泊松分布形容电子–空穴对产生的起伏，即

$$P(n) = (N_p)^n \frac{e^{-N_p}}{n!} \tag{4.3.17}$$

式中，$n$ 为 $N_p$ 个光子产生的电子–空穴对数，光功率入射到光检测器上而没有产生电子–空穴对的概率是

$$P(0) = e^{-N_p} \tag{4.3.18}$$

由此可以推导得出误码率的表达式

$$\text{BER} = e^{-N_p} \tag{4.3.19}$$

由式（4.3.19）可以算得，当要求 $\text{BER} = 1\times10^{-9}$ 时，$N_p = 9\ln 10 \approx 21$，也就是说，每个比特 1 含有的平均光子数应至少为 21 个，这就是所谓的量子极限值。用式（4.3.16），可以得到对于确定波长、比特率、量子极限的功率要求。

量子极限是对系统特性的基本物理限制，大多数接收机的灵敏度要比量子极限高出 20dB 左右。

**3．灵敏度**

光接收机的灵敏度与诸多因素有关，比如光检测器的灵敏度、前置放大器的类型和噪声特性、光脉冲形状、非理想均衡等，计算方法有很多种，也较为复杂，这里仅仅给出一种计算的公式，对它的推导过程就不再赘述。

光接收机中光检测器类型的不同，灵敏度的计算方法也不一样。对于 PIN 检测器，光接收机的灵敏度可表示为

$$S_{r,\text{PIN}} = \frac{1+E}{1-E} Q\left(\frac{hc}{q\lambda}\right)\langle i_a^2\rangle^{1/2} \tag{4.3.20}$$

式中，$E$ 是消光比，此处的定义是 $E = P_0 / P_1$，$P_0$、$P_1$ 分别为传输比特 0 和比特 1 的功率；$Q$ 为数字信噪比；$h$ 是普朗克常数；$c$ 是光速；$\lambda$ 是光波长；$\langle i_a^2\rangle^{1/2}$ 是考虑光检测器和放大器等因素在内的接收机噪声电流的均方根值，它也与光接收机的带宽有关。

对于 APD 光接收机，如果忽略其暗电流的话，灵敏度为

$$S_{r,\text{APD}} = A\left(\frac{1+E}{1-E}\right)\left\{qQF_A I_1 R_b\left(\frac{1+E}{1-E}\right) + \left[(2qQF_A I_1 R_b)^2 \frac{E}{(1-E)^2} + \frac{\langle i_a^2\rangle}{M^2}\right]^{1/2}\right\} \tag{4.3.21}$$

式中，$A = Q(hc/q\lambda)$；$F_A$ 为过剩噪声指数；$I_1$ 为与波形有关的参数，其值一般在 1～3.2 之间；$R_b$ 为比特率；$M$ 为倍增因子。

当光接收机灵敏度一定时，由式（4.3.21）可见，需要的信号功率随着雪崩增益增大而减小。但同时，过剩噪声指数也增大。可见存在一个倍增因子的最优值 $M_{opt}$，使得灵敏度为

最小值。由于过剩噪声指数是一个与材料有关的量，光接收机的灵敏度与光检测器材料密切相关，计算说明，小的电离系数 $k_A$ 值对灵敏度具有明显的改善作用。

## 4.4 光收发合一模块

光收发合一模块是将传统分离的发射、接收组件合二为一的一种新型光电器件，其应用的领域包括千兆以太网、同步数字传输系统（SDH /SONET）、CWDM、CDMA 光纤直放站、光纤通道、城域网等，传输速率分为 155Mb/s、622Mb/s、1.25Gb/s、2.5Gb/s、10Gb/s 等，采用的波长为 850nm、1310nm、1550nm，传输距离从几百米到一百多千米。

光收发合一模块通常由插拔式光电器件、电子功能线路和光接口几个部分组成，图 4.4.1 为一些光收发合一模块的外形图。

这里介绍某光收发合一模块产品，其功能简述如下：2.488Gb/s 光发射接收单元；16 路 155.52Mb/s 复用/解复用功能；采用 1310/1550nm 无制冷 DFB 激光器和 APD 型光接收组件，可传输 40～80km；差分 LVPECL（低压正发射极耦合逻辑）数据接口；诊断环回；线路环回；单＋3.3V 电源。图 4.4.2 是该产品的结构框图，产品型号 RTXM163/164。

数据发送部分的工作如下：待发送的并行 16 位数据 TXD[15.0]在输入信号时钟作用下进入 FIFO（先进先出）缓冲器，然后被转换成串行数字形式，送入 LD 驱动器，经过 DFB LD 变为光脉冲输出。数据接收部分的工作如下：光信号由 APD-TIA（由 APD BIAS UNIT 提供偏置电压）检测放大后，进入 CDR（时钟数据恢复）电路，CDR 内设限幅放大器、锁相环等电路，将 2.5Gb/s 的数据处理后再送入串行到并行转换电路中，最后并行 16 位输出到外部电路。图 4.4.2 的左侧是外部电路，它分为数据发送（DATA TX）和数据接收（DATA RX）两部分，数据在这里可以根据要求（如 SDH 系统）进行处理，如转换为帧结构形式，所以，也可将这部分电路称为成帧器/映射器（FRAMER/MAPPER）。该模块采用了外接的系统时钟，通过分频器（CLOCK Synthesizer）的信号为发送数据通过 2.5Gb/s 的时钟信号。电路中的诸多控制时钟 CLK 均可根据需要设置为上升沿或下降沿触发（P/N）。

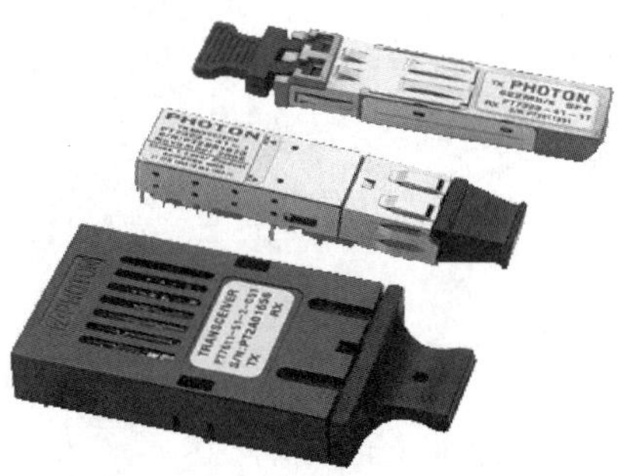

图 4.4.1 光收发合一模块外形（深圳飞通光电股份有限公司提供）

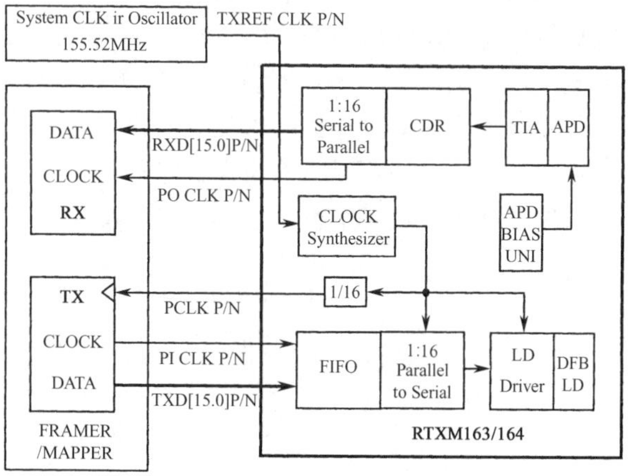


图 4.4.2 2.5Gb/s 长程 Transponder 模块结构（武汉电信器件公司提供）

表 4.4 是该产品的光接口技术指标，表 4.5 是它的电接口技术指标。

**表 4.4　RTXM163/164 光接口技术指标**
**（武汉电信器件公司提供）**

| 性能参数 | | 测试环境 | 最小值 | 典型值 | 最大值 | 单位 |
|---|---|---|---|---|---|---|
| 发射部分 | 平均输出光功率 | | −2 | 0 | +3 | dBm |
| | 消光比 | | 8.2 | 10 | | dB |
| | 输出眼图 | | 满足 Telcordia GR-253 和 ITU-T G.975 建议要求 | | | |
| | 中心波长 | RTXM164 | 1290 | 1310 | 1330 | nm |
| | | RTXM163 | 1480 | 1550 | 1580 | nm |
| | 边模抑制比 | | 30 | | | dB |
| | −20dB 带宽 | | | | 1 | nm |
| 接收部分 | 接收灵敏度 | BER=1×$10^{-11}$ PRBS=$2^{23}$−1 | | −32 | −31 | dBm |
| | 饱和光功率 | | −7 | | | |
| | 通道代价 | RTXM164 | | | 1 | dB |
| | | RTXM163 | | | 2 | |
| | 接收光回损 | | | | −27 | dB |
| | 无光告警点 | | | −38 | −36 | dBm |

**表 4.5　RTXM163/164 电接口技术指标**
**（武汉电信器件公司提供）**

| 性能参数 | | 测试环境 | 最小值 | 典型值 | 最大值 | 单位 |
|---|---|---|---|---|---|---|
| LVPECL 输入 | 输入高电平 | | $V_{CC}$−1.25 | | $V_{CC}$−0.55 | V |
| | 输入低电平 | | $V_{CC}$−2.00 | | $V_{CC}$−1.40 | |
| | 建立时间 | | 1.5 | | | ns |
| | 保持时间 | | 1 | | | ns |
| LVPECL 输出 | 输出高电平 | 外部 270Ω电阻直流到地正负端负载阻抗 100Ω | $V_{CC}$−1.1 | | $V_{CC}$−0.8 | |
| | 输出低电平 | | $V_{CC}$−1.9 | | $V_{CC}$−1.4 | |
| | 差分输出峰-峰值 | | 1000 | | 1800 | mV |
| | 建立时间 | | 2 | | | ns |
| | 保持时间 | | 2 | | | ns |
| 激光器输出光功率监测 | | | 500mV | | | |
| 激光器偏置电流监测 | | | 20mV/mA | | | |
| 激光器关断 | | | LVPECL 电平（高有效） | | | |
| 激光器失效告警 | | | LVPECL 电平（低有效） | | | |
| 无光告警输出 | | | LVPECL 电平（低有效） | | | |
| 诊断环回使能 | | | LVPECL 电平（低有效） | | | |
| 线路环回使能 | | | LVPECL 电平（低有效） | | | |
| MUX/DEMUX 复位 | | | LVPECL 电平（低有效） | | | |

## 本 章 小 结

光检测器工作基于半导体材料对光的吸收原理，它是将光信号转换成电流信号的器件，分成 PIN 光电二极管和 APD 雪崩光电二极管两类，它们均工作在反向偏置条件下。评价光检测器的性能指标有：量子效率、响应度、响应光谱、响应时间、暗电流等。

光检测器的噪声主要有散粒噪声和热噪声，它们反映了光检测器的重要特征，对整个光接收机的性能有关键的影响。

光接收机分为模拟光接收机和数字光接收机两类，数字光接收机的基本组成是光检测器、前置放大器、主放大器、滤波器和判决电路。误码率和灵敏度反映了它的技术性能。

光收发合一模块已经投入商用，它是将传统分离的发射、接收组件合二为一的一种新型光电器件，对于一般光系统而言都可以满足要求，所以有必要了解这类产品。

### 习题

4.1　求 PN 光电二极管的宽度 $w$，使得带宽为最佳值。

4.2　请解释光电二极管中各种噪声产生的原因。

4.3　有一个光电二极管由 Ge 材料制成，已知其禁带宽度为 0.775eV，求它的截止波长。

4.4　某光电二极管材料是由 InGaAs 制作的，在 100ns 的脉冲时间段内共入射了波长为 1300nm 的光子 $6\times10^6$ 个，平均产生了 $5.4\times10^6$ 个电子-空穴对，试计算量子效率。

4.5　当波长为 1310nm 时，InGaAs 的量子效率大约为 85%，试计算它的响应度。

4.6　已知某 InGaAs-PIN 管的带宽是 2.5GHz，响应度为 0.7A/W，暗电流为 3nA，计算当入射光功率为

0.1μW 时总噪声电流的均方根值。设负载电阻为 50kΩ。

4.7 什么是雪崩增益效应？

4.8 请在网上查一个 PIN 组件的产品参数。

4.9 某光纤通信系统，采用的 LED 光源发射功率 10mW，PIN 光检测器响应度为 0.6A/W，暗电流 5nA，负载电阻 50Ω，接收机带宽 10MHz，工作温度 300K，光纤损耗为 20dB，另外有 14dB 的光源耦合损耗和 10dB 的连接、熔接损耗。试计算接收到的光功率，检测到的电流和功率，散粒噪声和热噪声功率，SNR 值（$\mathrm{SNR}=\dfrac{I_{\mathrm{P}}^2}{\sigma^2}$）。

4.10 某数字传输系统，工作波长为 1310nm，比特率为 10Mb/s，要求 $\mathrm{BER}=1\times10^{-9}$，试计算光检测器的最小入射光功率。

4.11 光接收机由哪几个部分组成？其中时钟恢复的作用是什么？

# 第 5 章　光网络器件

**内容提要：** 本章将系统介绍光纤通信网络中常用的有源器件和无源器件的基本工作原理，有源器件包括半导体光放大器、掺杂光纤放大器、光纤拉曼放大器等，无源器件包括耦合器、滤波器、隔离器、环形器、衰减器、连接器和光开关等。另外，还讨论它们在网络中的作用及它们的应用方法，突出说明它们的技术参数。

**知识要点：** 光放大器的增益系数、增益饱和、噪声系数；半导体光放大器的结构、增益谱；掺铒光纤参数，掺铒光纤放大器的工作原理、性能指标；光纤拉曼放大器的增益谱；光放大器应用类型；耦合器工作原理、参数；滤波器类型、工作原理；隔离器工作原理；环形器工作原理；衰减器类型、工作原理；连接器结构、型号和参数；光开关类型、工作原理。

**教学建议：** 学时 8，必修。

光纤通信系统中所用的器件可以分成有源器件和无源器件两大类。有源器件的内部存在着光电能量转换的过程，而没有该功能的则称为无源器件。由于光纤系统网络化程度日益提高，本章所讨论的器件在光网络中得到了广泛的应用，所以本章所涉及的器件也称为光网络器件。

## 5.1　光 放 大 器

光放大器是可将微弱光信号直接进行光放大的器件。在第 1 章中，已经对光放大器的作用和地位做了说明。下面对光放大器的类型、工作原理及应用作进一步的讨论。

### 5.1.1　概述

#### 1．增益系数

光放大器是基于受激辐射或受激散射的原理来实现对微弱入射光进行放大的，其机制与激光器类似。当光介质在泵浦电流或泵浦光作用下产生粒子数反转时就获得了光增益。增益系数与信号光功率和频率有关，可表示为

$$g(\omega,P)=\frac{g_0(\omega)}{1+(\omega-\omega_0)^2T_2^2+P/P_{\rm sat}} \tag{5.1.1}$$

式中，$g_0(\omega)$ 是由泵浦强度决定的增益峰值；$\omega$ 为入射光信号频率；$\omega_0$ 为介质原子跃迁频率；$T_2$ 称作偶极子弛豫时间；$P$ 是信号光功率；$P_{\rm sat}$ 是饱和功率，它与介质特性有关。对于小信号放大有 $P/P_{\rm sat}\ll 1$，则式（5.1.1）可表示为

$$g(\omega)=\frac{g_0(\omega)}{1+(\omega-\omega_0)^2T_2^2} \tag{5.1.2}$$

设光放大器增益介质长度为 $L$，信号光功率将沿着放大器的长度按指数规律增长，有

$$\frac{{\rm d}P(z)}{{\rm d}z}=g(\omega)P(z) \tag{5.1.3}$$

则输出功率为
$$P_{out} = P(L) = P_{in}\exp[g(\omega)L] \tag{5.1.4}$$
故放大器增益为
$$G(\omega) = P_{out}/P_{in} = \exp[g(\omega)L] \tag{5.1.5a}$$
增益常用分贝表示为
$$G = 10\lg\left(\frac{P_{out}}{P_{in}}\right)\text{（dB）} \tag{5.1.5b}$$
由式（5.1.5）可见，放大器增益是频率的函数。当 $\omega=\omega_0$ 时，$g(\omega)$ 为最大，$G(\omega)$ 也为最大。图 5.1.1 给出了放大器增益曲线和增益系数曲线。当 $g(\omega)$ 降至最大值的一半时，$(\omega-\omega_0)^2T_2^2=1$，记 $\Delta\omega_g = 2|\omega-\omega_0|$，则此时 $\Delta\omega_g = 2/T_2$。我们将 $\Delta\nu_g = \Delta\omega_g/2\pi$ 称作 $g(\omega)$ 的半最大值全宽 FWHM（Full Width at Half Maximum），而 $\Delta\nu_A$ 则是 $G(\omega)$ 的 FWHM，也称作光放大器的带宽。经计算，得到
$$\Delta\nu_g = \frac{1}{\pi T_2} \tag{5.1.6}$$
$$\Delta\nu_A = \Delta\nu_g\left[\frac{\ln 2}{g_o L - \ln 2}\right]^{1/2} \tag{5.1.7}$$

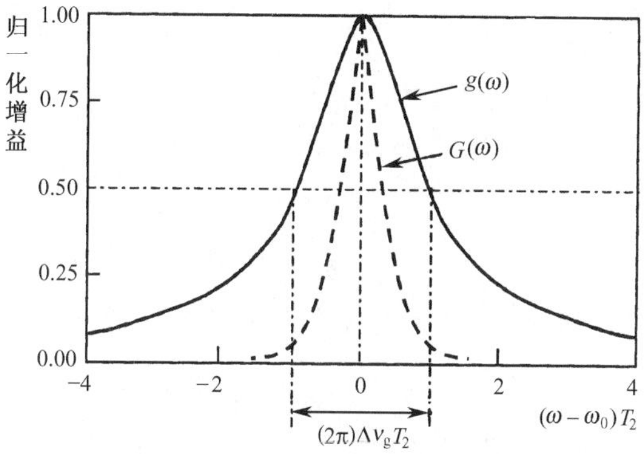

图 5.1.1　光放大器增益曲线和增益系数曲线

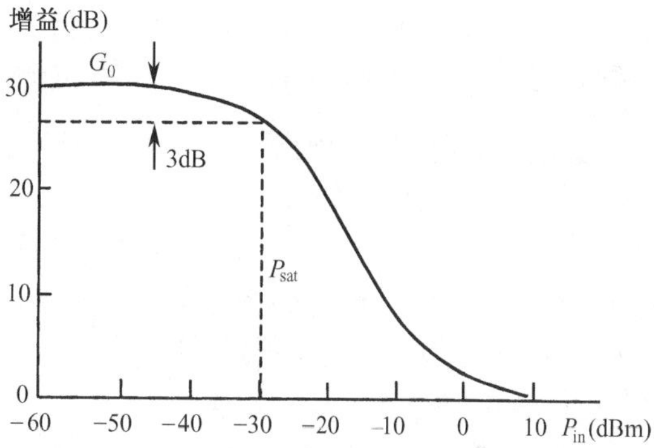

图 5.1.2　增益 $G$ 与输入光功率的关系曲线

**2．增益饱和**

当输入光功率比较小时，$G$ 是一个常数，也就是说输出光功率与输入光功率成正比，此时的增益用符号 $G_0$ 表示，称为光放大器的小信号增益。但当 $P_{in}$ 增大到一定数值后，光放大器的增益开始下降，这种现象称为增益饱和，如图 5.1.2 所示。

当光放大器的增益降至小信号增益 $G_0$ 的一半，用分贝表示为下降 3dB 时，所对应的输出功率称为饱和输出光功率。

产生增益饱和的原理可由式（5.1.1）解释。当 $P$ 较大时，分母中 $P/P_{sat}$ 便不能省略。假设 $\omega=\omega_0$，则有
$$g(\omega,P) = \frac{g_0(\omega)}{1+P/P_{sat}} \tag{5.1.8}$$
将式（5.1.8）代入式（5.1.3），并积分，就可以得到大信号增益
$$G = G_0\exp\left[-\frac{(G-1)P_{out}}{GP_{sat}}\right] \tag{5.1.9}$$
式中，$G_0=\exp[g_0(\omega)L]$，由上式分析可知，随着 $P_{out}$ 的增加，$G$ 值将下降。根据饱和输出光功率的定义，可求得它的表达式为

$$P_{\text{out}}^{\text{sat}} = \frac{G_0 \ln 2}{G_0 - 2} P_{\text{sat}} \tag{5.1.10}$$

**3．噪声系数**

我们知道，光放大器是基于受激辐射或散射的机理工作的。在这个过程中，绝大多数受激粒子因受激辐射而被迫跃迁到较低的能带上，但也有一部分是自发跃迁到较低能带上的，它们会自发地辐射光子。自发辐射光子的频率在信号光的范围内，但相位和方向却是随机的。那些与信号光同方向的自发辐射光子经过有源区时被放大，所以叫作放大的自发辐射。因为它们的相位是随机的，对于有用信号没有贡献，就形成了信号带宽内的噪声。

光放大器的主要噪声来源是放大的自发辐射 ASE（Amplified Spontaneous Emission）。放大自发辐射功率为

$$P_{\text{ASE}} = 2n_{\text{sp}} h\nu (G-1)\Delta\nu \tag{5.1.11}$$

式中，$h\nu$ 是光子能量；$G$ 是放大器增益；$\Delta\nu$ 是光带宽；$n_{\text{sp}}$ 是自发辐射因子，它的定义是

$$n_{\text{sp}} = N_2 /(N_2 - N_1) \tag{5.1.12}$$

式中，$N_2$、$N_1$ 分别是受激高能级和低能级上的粒子数。当高能级上的粒子数远大于低能级粒子数时，$n_{\text{sp}} \to 1$，自发辐射因子为最小值。但实际的 $n_{\text{sp}}$ 值在 1.4～4 之间。

自发辐射噪声是一种白噪声，叠加到信号光上，会劣化信噪比 SNR。信噪比的劣化用噪声系数 $F_{\text{n}}$ 表示，其定义

$$F_{\text{n}} = (\text{SNR})_{\text{in}} / (\text{SNR})_{\text{out}} \tag{5.1.13}$$

式中，$(\text{SNR})_{\text{in}}$ 和 $(\text{SNR})_{\text{out}}$ 分别表示输入信噪比和输出信噪比，它们都是用接收机端光信号转换成光电流后的电功率来计算的。

（1）输入信噪比

光放大器输入端的信号功率 $P_{\text{in}}$ 经光检测器转化为光电流为

$$\langle I \rangle = RP_{\text{in}} \tag{5.1.14}$$

式中，$R$ 为光检测器的响应度；$\langle I \rangle^2 = (RP_{\text{in}})^2$ 则表示检测的电功率。

由于信号光的起伏，光放大器输入端噪声的考虑以光检测器的散粒噪声为限制，它可以表示为

$$\sigma_{\text{s}}^2 = 2q\langle I \rangle B \tag{5.1.15}$$

式中，$q$ 为电子电荷；$B$ 为光检测器的电带宽。由式（5.1.14）和式（5.1.15）可以得到输入信噪比

$$(\text{SNR})_{\text{in}} = \frac{(RP_{\text{in}})^2}{2q(RP_{\text{in}})B} = \frac{RP_{\text{in}}}{2qB} \tag{5.1.16}$$

（2）输出信噪比

光放大器增益为 $G$，输入光功率 $P_{\text{in}}$ 经光放大器放大后的输出为 $GP_{\text{in}}$，相应的光检测器电功率就是 $(RGP_{\text{in}})^2$。

光放大器的输出噪声主要由两部分组成，一是放大后的散粒噪声 $2q(RGP_{\text{in}})B$，二是由自发辐射与信号光产生的差拍噪声。由于信号光和 ASE 具有不同的光频，落在光检测器带宽的差拍噪声功率为

$$\sigma_{\text{S-ASE}}^2 = 4(RGP_{\text{in}})(RS_{\text{ASE}}B) \tag{5.1.17}$$

式中，$S_{\text{ASE}}$ 为放大自发辐射的功率谱，由此可得输出信噪比

$$(\text{SNR})_{\text{out}}=\frac{(RGP_{\text{in}})^2}{2q(RGP_{\text{in}})B+4(RGP_{\text{in}})(RS_{\text{ASE}}B)}=\frac{RP_{\text{in}}}{2qB}\cdot\frac{G}{1+2n_{\text{sp}}(G-1)} \tag{5.1.18}$$

所以噪声系数

$$F_{\text{n}}=\frac{1+2n_{\text{sp}}(G-1)}{G} \tag{5.1.19}$$

当光放大器的增益比较大时，噪声系数可用自发辐射因子表示，即

$$F_{\text{n}}\approx 2n_{\text{SP}} \tag{5.1.20}$$

### 5.1.2 半导体光放大器

半导体光放大器 SOA（Semiconductor Optical Amplifier）分为法布里-珀罗放大器 FPA（Fabry-Perot Amplifier）和行波放大器 TWA（Travelling-Wave Amplifier）两大类。法布里-珀罗放大器两侧有部分反射镜面，它是由半导体晶体的解理面形成的，其自然反射率达 32%。当信号光进入腔体后，在两个镜面间来回反射并被放大，最后以较高的强度发射出去，如图 5.1.3（a）所示。行波放大器在两个端面上有增透膜以大大降低端面的反射系数，或者有适当的切面角度，所以不会发生内反射，入射光信号只要通过一次就会得到放大，如图 5.1.3（b）所示。它的光带宽较宽，饱和功率高，偏振灵敏度低，所以用途比法布里-珀罗放大器更广。

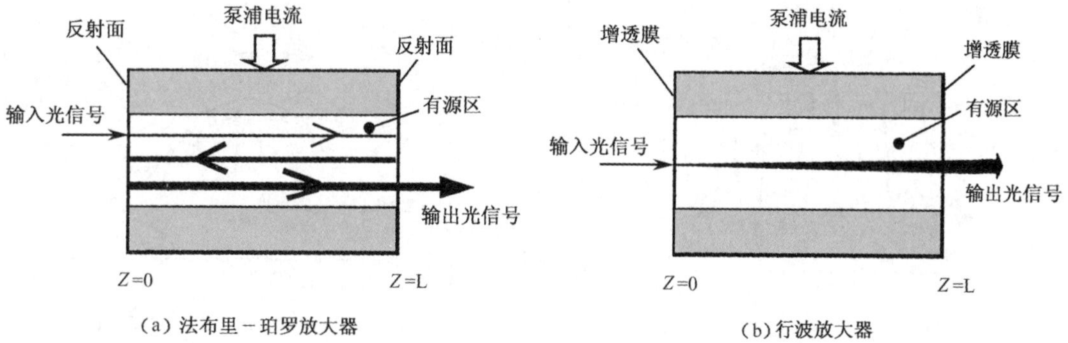


图 5.1.3　半导体光放大器的结构和机理

#### 1. 光放大器的增益

法布里-珀罗放大器的增益可以表示为

$$G_{\text{FPA}}(\omega)=\frac{(1-R)^2G_{\text{S}}}{(1-RG_{\text{S}})^2+4RG_{\text{S}}\sin^2[(\omega-\omega_0)L/(c/n)]} \tag{5.1.21}$$

式中，$R$ 为反射面的反射系数；$G_{\text{S}}$ 称为单程功率放大因子；$L$ 为有源区长度；$n$ 为折射率；$c/n$ 即为光在有源区的速度。$G_{\text{S}}$ 是一个与频率有关的参量。假设它与频率关系为高斯型。由式（5.1.21）可画出图 5.1.4。

图 5.1.4 中，$G_{\text{FPA}}^{\max}=\dfrac{(1-R)^2G_{\text{S}}}{(1-RG_{\text{S}})^2}$、$G_{\text{FPA}}^{\min}=\dfrac{(1-R)^2G_{\text{S}}}{(1+RG_{\text{S}})^2}$ 分别对应着式（5.1.21）分母中的正弦项为 0 和 1。由此图可见，法布里-珀罗放大器的增益频谱是一条振荡的曲线。峰值频率

$$\omega_N=\frac{2\pi vN}{2L} \tag{5.1.22}$$

式中，$v = c/n$，$c$ 为光速，$N$ 为整数。在 $\omega = \omega_0$ 处，增益最大。随着反射系数的降低，增益振荡幅度逐渐减小，当 $R = 0$ 时，增益频谱就为高斯型曲线，即成了行波放大器的增益曲线。我们将行波放大器的增益写为

$$G_{\mathrm{TWA}} = G_{\mathrm{S}}(\omega) \tag{5.1.23}$$

单程增益用光放大器的参数可表示为

$$G_{\mathrm{S}} = \exp[(\varGamma g - \overline{\alpha})L] \tag{5.1.24}$$

式中，$\varGamma$ 为限制系数，它反映了有源区波导结构对辐射光子的引导作用；$g$ 和 $\overline{\alpha}$ 是有源区每单位长度的增益系数和损耗系数，单位是 1/m；$L$ 为激活区长度。

SOA 增益典型值为 20～30dB。需要说明的是 SOA 的增益依赖于输入信号的偏振状态，不同的极化模式具有不同的增益。造成增益对偏振依赖的原因是由于有源区的矩形形状和晶体结构所致，使得增益系数 $g$ 和限制系数 $\varGamma$ 与偏振方向有关，由此造成的偏振增益差可达 5～7dB。

减小 SOA 的偏振增益的差可采用几种方法，一种是使有源区的横截面成正方形；另一种是通过串联或是并联两个 SOA 来补偿增益差。这些方法的使用可以使偏振增益差降至 0.5dB。

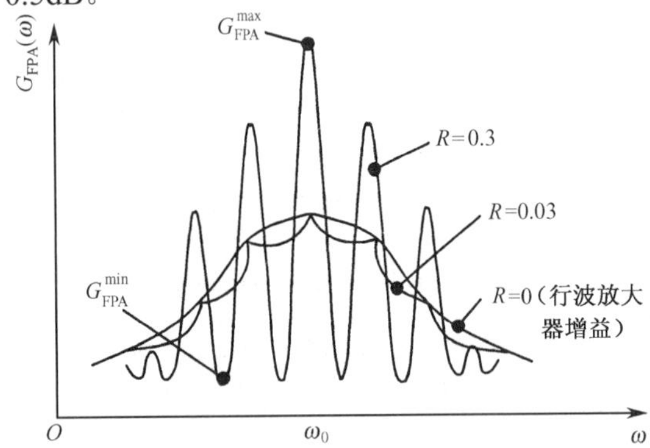


图 5.1.4　SOA 放大器的增益频谱

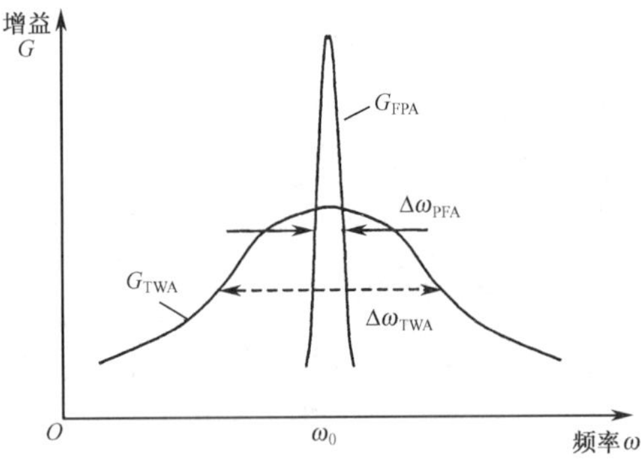


图 5.1.5　FPA 与 TWA 的带宽比较

**2．光放大器的带宽**

法布里–珀罗放大器的带宽在图 5.1.4 上为振荡主峰对应的频宽。根据光放大器带宽的定义，由式（5.1.21）可知，增益减小到峰值一半时，$2(\omega - \omega_0)$ 值就是带宽，由此求得

$$\Delta\omega_{\mathrm{FPA}} = 2(v/L)\arcsin[(1 - RG_{\mathrm{S}})/(2\sqrt{RG_{\mathrm{S}}})] \tag{5.1.25}$$

上式成立要满足条件：$0.17 < RG_{\mathrm{S}} < 5.83$。

通常 FPA 的带宽值不超过 10GHz。对应 1550nm 的工作波长，允许的信道宽度约为 0.08nm（$|\Delta\lambda| = \dfrac{\lambda^2}{c}|\Delta v|$），而典型的 WDM 网络带宽是 30nm，即 3.746THz，所以 FPA 是无法应用在这样的系统中的。FPA 常用在有源滤波器、构造光子开关、光波长转换器和路由器等场合。以有源滤波器为例，由于 FPA 的增益具有周期性特点，各振荡峰间距 $\Delta\omega_{\mathrm{N}} = \dfrac{2\pi v}{2L} = \dfrac{2\pi c}{2nL}$，通过改变泵浦电流可以改变有源区折射率，从而改变其振荡特性，便能实现可调谐的滤波。

理想行波放大器的反射系数 $R = 0$。但实际上是很难做到的。一般用关系式

$$G_{\mathrm{S}}R < 0.17 \tag{5.1.26}$$

作为行波放大器的条件。行波放大器的带宽用下式进行估算，即

$$\Delta\omega_{\text{TWA}} \approx \frac{c}{L\sqrt{G_{\text{S}}}}\sqrt{(1-R)^2/R} \tag{5.1.27}$$

TWA 的带宽大约是 40nm。图 5.1.5 给出了 FPA 与 TWA 的带宽比较。显然，FPA 增益较大，而带宽较小；TWA 增益较小，带宽较大。

**【例 5.1.1】** 一个行波放大器，工作于 1550nm，已知腔长为 50μm，两端反射率 $R=0.001$，$G_{\text{S}}R=0.16$，求其带宽。

**解**：由式（5.1.27）可知

$$\Delta\omega_{\text{TWA}} \approx \frac{c}{L\sqrt{G_{\text{S}}}}\sqrt{(1-R)^2/R} = \frac{c}{L}\sqrt{(1-R)^2/G_{\text{S}}R} = \frac{3\times10^8}{50\times10^{-6}}\sqrt{\frac{(1-0.001)^2}{0.16}} = 14.99\text{THz}$$

$$\Delta\nu = \frac{\Delta\omega_{\text{TWA}}}{2\pi} = 2.39\text{THz}$$

$$\Delta\lambda = \frac{\lambda^2}{c}\Delta\nu = 19.14\text{nm}$$

**3．噪声系数**

在前面已经提到，噪声指数主要取决于自发辐射因子 $n_{\text{sp}}$，对于 SOA，$n_{\text{sp}} = \dfrac{N}{N-N_0}$，$N$ 是 SOA 的载流子浓度，$N_0$ 是透明载流子浓度。考虑到内部损耗 $\overline{\alpha}$，使得可用增益减小到 $g-\overline{\alpha}$，所以噪声系数可以表示为

$$F_{\text{n}} = 2\left(\frac{N}{N-N_0}\right)\left(\frac{g}{g-\overline{\alpha}}\right) \tag{5.1.28}$$

SOA 噪声系数的范围为 6～9dB。

## 5.1.3 掺杂光纤放大器

掺杂光纤放大器是利用光纤中掺杂稀土引起的增益机制实现光放大的。光纤通信系统最适合的掺杂光纤放大器是工作波长为 1550nm 的掺铒光纤放大器和工作波长为 1300nm 的掺镨光纤放大器。目前已商品化并获得大量应用的是 EDFA。

掺镨光纤放大器的工作波段在 1310nm，并与 G.652 光纤的零色散点相吻合，在已建立的 1310nm 光纤通信系统中有着巨大的市场。但由于掺镨光纤的机械强度较差，与常规光纤的熔接较为困难，故尚未获得广泛的应用。另一掺杂光纤放大器——掺铥放大器工作的波段为光传输开辟了新的波段资源。下面首先讨论掺铒放大器的工作机制。

**1．EDFA 结构**

掺铒光纤放大器 EDFA（Erbium Doped Fiber Amplifier）是利用掺铒$(E_{\text{r}}^{3+})$光纤作为增益介质、使用激光器二极管发出的泵浦光对信号光进行放大的器件。图 5.1.6 给出了 EDFA 的结构。

掺铒光纤是 EDFA 的核心部件。它以石英光纤作为基质，在纤芯中掺入固体激光工作物质——铒离子。在几米至几十米的掺铒光纤内，光与物质相互作用而被放大、增强。

掺铒光纤的模场直径为 3～6μm，比常规光纤的 9～16μm 要小得多。这是为了提高信号

光和泵浦光的能量密度，从而提高其相互作用的效率。但掺铒光纤芯径的减小也使得它与常规光纤的模场不匹配，从而产生较大的反射和连接损耗，解决的方法是在光纤中掺入少许氟元素，使折射率降低，从而增大模场半径，达到与常规光纤可匹配的程度。另外，在熔接时，通过使用过渡光纤、拉长常规光纤接头长度以减小芯径等方法减小 MFD 的不匹配。

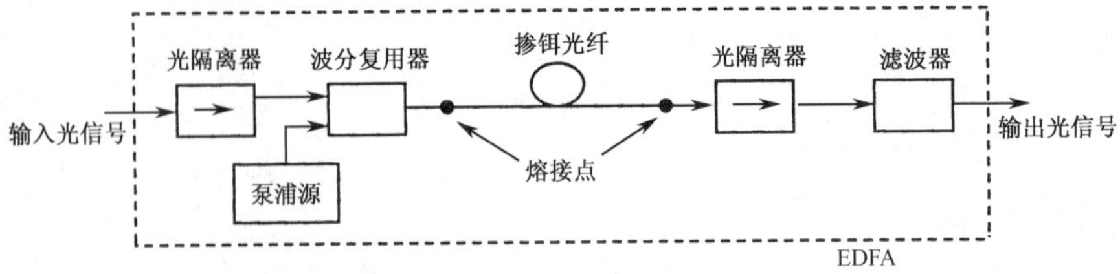


图 5.1.6　EDFA 的结构

为了实现更有效地放大，在制作掺铒光纤时，将大多数铒离子集中在纤芯的中心区域，因为在光纤中，可认为信号光与泵浦光的光场近似为高斯分布，在纤芯轴线上光强最强，铒离子在近轴区域，将使光与物质充分作用，从而提高能量转换效率。根据掺铒光纤放大器的使用场合，有多种型号的掺铒光纤供设计 EDFA 时采用，如 EDF-PAX-01 用于设计在线放大器和前置放大器，其增益带宽具有平坦和宽的特性；EDF-LAX-01 可用于在线放大器，它的功率转换效率高且噪声系数低；EDF-BAX-01 能提供高的输出功率等。

表 5.1 列出了一些掺铒光纤的技术指标。

**表 5.1　掺铒光纤的技术指标**

| 型　　号 | EDF-PAX-0 | EDF-LAX-01 | EDF-BAX-01 | EDF-HCX-01 |
|---|---|---|---|---|
| 数值孔径 | 0.24±0.02 | 0.24±0.02 | 0.22±0.02 | 0.24±0.02 |
| 截止波长/nm | 953±35 | 953±35 | 920±40 | 920±40 |
| 峰值吸收波长/nm | ≤1529.5 | 1530.5±0.5 | 1531±0.5 | 1530±1 |
| 峰值衰减/dB/m | 7±2 | 7±2 | 5±2 | 8.5±2 |
| 衰减（980nm）/dB/m | 5±1.5 | 5±1.5 | 3.5±1.5 | 8.5±2 |
| 背景损耗（1200nm）/dB/m | <35 | <15 | <15 | <15 |
| 饱和功率（1530nm）/mW | 0.17 | 0.15 | 0.18 | 0.20 |
| 模场直径/μm | 4.8～5.9 | 4.8～5.9 | 5.2～6.6 | 4.8～6 |

泵浦源是 EDFA 的另一核心部件，它为光信号放大提供足够的能量，是实现增益介质粒子数反转的必要条件，由于泵浦源直接决定着 EDFA 的性能，所以要求其输出功率高，稳定性好，寿命长。实用的 EDFA 泵浦源都是半导体激光二极管，其泵浦波长有 980nm 和 1480nm 两种，应用较多的是 980nm 泵浦源，其优点是噪声低，泵浦效率高，功率可高达数百毫瓦。

泵浦光与信号同时进入光纤，在掺铒光纤入口处泵浦光最强，当它沿光纤传输时，将能量逐渐转移给信号光，使得信号强度越来越大，自己的强度逐渐变小，如图 1.2.15 所示。

除了激光二极管 LD 外，作为泵浦模块还包括监视 LD 性能的光电二极管 PD 和控制并稳定 LD 温度的热电冷却器。

按泵浦源所在的位置可以分为三种泵浦方式，第一种如图 5.1.6 所示，称作同向泵浦，这种方式下，信号光与泵浦光以同一方向进入掺铒光纤，这种方式具有较好的噪声性能；第二种方式为反向泵浦，信号光与泵浦光从两个不同的方向进入掺铒光纤，如图 5.1.7（a）所示，这种泵浦方式具有输出信号功率高的特点；第三种方式为双向泵浦源，用两个泵浦源从掺铒光纤两端进入光纤，如图 5.1.7（b）所示，由于使用双泵浦源，输出光信号功率比单泵浦源要高，且放大特性与信号传输方向无关。

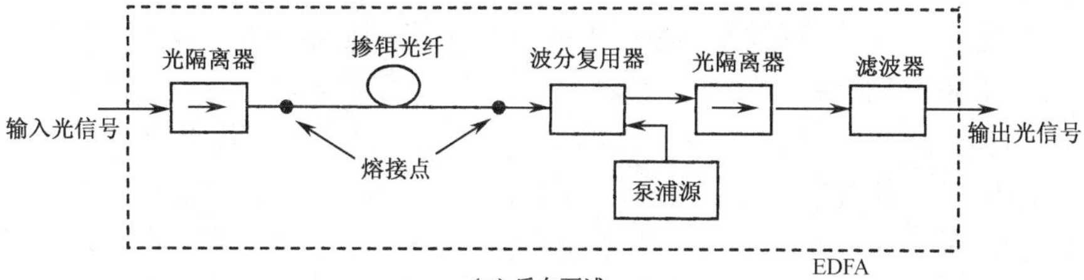


（a）反向泵浦

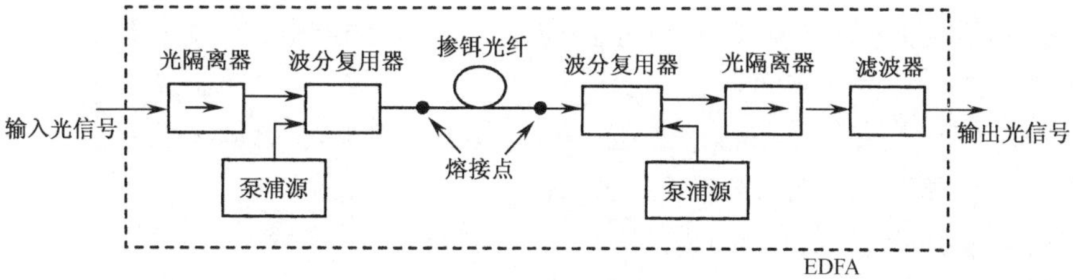


（b）双向泵浦

图 5.1.7　EDFA 的泵浦方式

图 5.1.8 为三种泵浦方式输出功率、噪声特性的比较，图 5.1.8（a）为输出光信号功率与泵浦光功率之间的关系，三种泵浦方式的微分转换效率分别为 61%、76%和 77%。图 5.1.8（b）为噪声系数与放大器输出功率的关系，随着输出功率的增加，粒子反转数将下降，结果是使噪声指数增大。图 5.1.8（c）为噪声系数与掺铒光纤长度之间的关系。由图 5.1.8 可见，不管掺铒光纤的长度如何，同向泵浦方式的 EDFA 噪声最小。

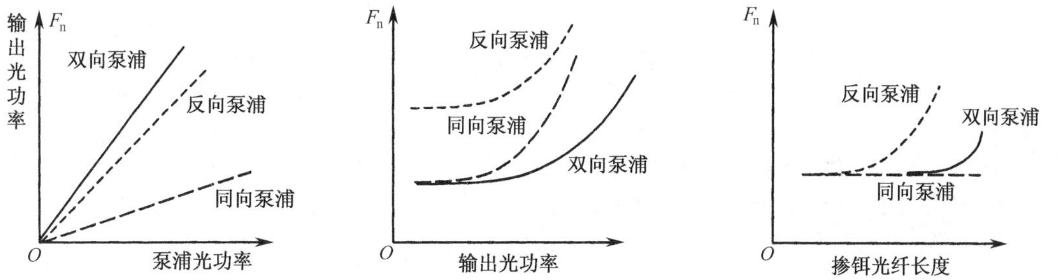


（a）转换效率的比较　（b）噪声系统与放大器输出功率的关系　（c）噪声系数与掺铒光纤长度之间的关系

图 5.1.8　不同泵浦方式下输出功率及噪声特性比较

图 5.1.7 中，波分复用器也称为合波器，它的功能是将 980/1550nm 或 1480/1550nm 波长的泵浦光和信号光合路后送入掺铒光纤，对它的要求是插入损耗小，而且对光的偏振不敏感。

光隔离器的功用是使光的传输具有单向性，防止光反射回原器件，因为这种反射会增加放大器的噪声并降低放大效率。

光滤波器的作用是滤掉工作带宽之外光放大器中的噪声，以提高系统的信噪比。

### 2．EDFA 工作原理

（1）能级与泵浦

EDFA 的工作机理基于受激辐射。这里首先讨论激活介质掺铒石英的能级图，图 5.1.9 示出了掺铒石英的能级图，用 3 个能级表示。铒离子从能级 2 到能级 1 的跃迁产生的受激辐射光，其波长范围为 1500～1600nm，这是 EDFA 得到广泛应用的原因。

为了实现受激辐射，需要产生能级 2 与能级 1 之间的粒子数反转，即需要泵浦源将铒离子从能级 1 激发到能级 2。有两种波长的泵浦源可以满足要求，一种是 980nm 波长的泵浦源。在这种情况下，铒离子受激不断地从能级 1 转移到能级 3 上，如图 5.1.9 所示，在能级 3 上停留很短的时间（生存期），约 1μs，然后无辐射地落到能级 2 上。由于铒离子在能级 2 上的生存期约为 10ms，所以能级 2 上的铒离子不断积累，形成了能级 1、2 之间的粒子数反转。在输入光子（信号光）的激励下，铒离子从能级 2 跃迁到能级 1 上，这种受激跃迁将伴随着与输入光子具有相同波长、方向和相位的受激辐射，使得信号光得到了有效的放大；另一方面，也有少数粒子以自发辐射方式从能级 2 跃迁到能级 1，产生自发辐射噪声，并且在传输的过程中不断得到放大，形成放大的自发辐射。放大自发辐射噪声的总功率可由式（5.1.11）表示。

另一种是 1480nm 波长的泵浦源，它可以直接将铒离子从能级 1 激发到能级 2 上去，实现粒子数反转。

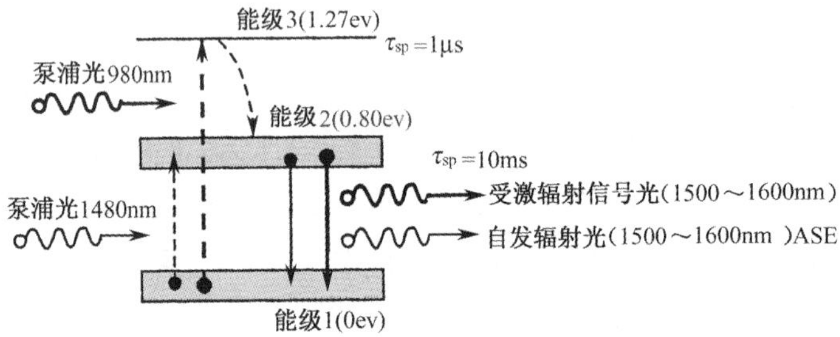


图 5.1.9　石英光纤中铒离子的能级

（2）增益

EDFA 的输出功率含信号功率和噪声功率两部分，噪声功率是放大的自发辐射产生的，记它为 $P_{\mathrm{ASE}}$，则 EDFA 的增益用分贝表示为

$$G_{\mathrm{E}} = 10\lg\frac{P_{\mathrm{out}} - P_{\mathrm{ASE}}}{P_{\mathrm{in}}} \quad (\mathrm{dB}) \tag{5.1.29}$$

式中，$P_{\mathrm{out}}$、$P_{\mathrm{in}}$ 分别是输出光信号和输入光信号功率。

EDFA 的增益不是简单的一个常数或解析式，它与掺铒光纤的长度、铒离子浓度、泵浦功率等因素有关。泵浦光和信号光在通过掺铒光纤时，其光功率沿掺铒光纤长度（$z$）的传输方向是变化的，它们相互之间满足下式

$$\frac{\mathrm{d}P_{\mathrm{S}}}{\mathrm{d}z} = \sigma_{\mathrm{S}}(N_2 - N_1) - \alpha P_{\mathrm{P}} \tag{5.1.30a}$$

$$\frac{\mathrm{d}P_{\mathrm{P}}}{\mathrm{d}z} = \sigma_{\mathrm{P}} N_1 - \alpha' P_{\mathrm{S}} \tag{5.1.30b}$$

式中，$P_{\mathrm{S}}$、$P_{\mathrm{P}}$ 分别表示信号光功率和泵浦光功率；$\sigma_{\mathrm{S}}$、$\sigma_{\mathrm{P}}$ 分别是信号频率 $\omega_{\mathrm{S}}$、泵浦频率 $\omega_{\mathrm{P}}$ 处受激吸收和受激发射截面；$\alpha$、$\alpha'$ 分别是掺铒光纤对信号光和泵浦光的损耗；$N_2$、$N_1$ 分别是能级 2 和能级 1 的粒子数。由式（5.1.29）和式（5.1.30a）可以知道增益 $G_{\mathrm{E}}$ 与掺铒光纤

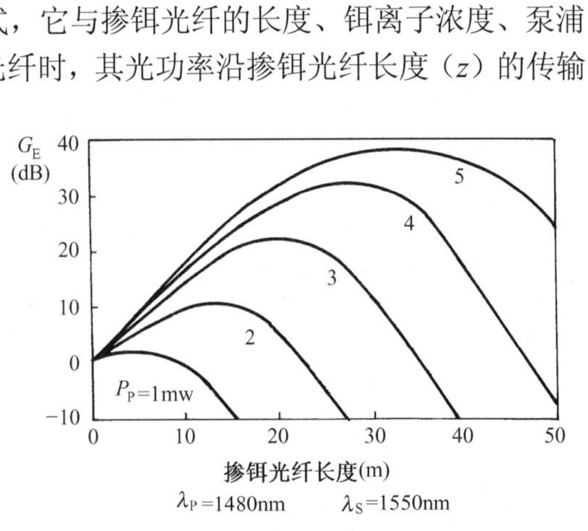


图 5.1.10　增益与掺铒光纤长度的关系

长度与泵浦功率之间的关系。由于式（5.1.30a）及式（5.1.30b）是一个超越方程，所以经常用数值解或图形来反映增益与泵浦功率或掺铒光纤长度的关系，如图 5.1.10 所示。

由图 5.1.10 可以看出，随着掺铒光纤长度的增加，增益经历了从增加到减小的过程，这是因为随着光纤长度的增加，光纤中的泵浦功率将下降，使得粒子反转数降低，最终在低能级上的铒离子数多于高能级上的铒离子数，粒子数恢复到正常的数值。由于掺铒光纤本身的损耗，造成信号光中被吸收掉的光子多于受激辐射产生的光子，引起增益下降。由上面的讨论可知，对于某个确定的入射泵浦功率，存在着一个掺铒光纤的最佳长度，使得增益 $G_E$ 最大。图 5.1.10 也显示了不同泵浦功率下增益与掺铒光纤长度的关系。如，当泵浦功率为 5mW 时，铒纤长为 30m 的放大器可以产生 35dB 的增益。

经常用关系式

$$G_E=\frac{P_{S,out}}{P_{S,in}}\leqslant 1+\frac{\lambda_P}{\lambda_S}\frac{P_{P,in}}{P_{S,in}} \tag{5.1.31}$$

来估算增益，式中 $\lambda_P$ 和 $\lambda_S$ 分别表示泵浦波长和信号波长，而 $P_{P,in}$ 和 $P_{S,in}$ 则为泵浦光和信号光的入射功率，单位为 mW。

图 5.1.11 示出了 EDFA 增益和噪声与输入光信号功率的关系曲线。当输入光信号功率增大到一定值后，增益开始下降，出现了增益饱和现象，与此同时，噪声增加。

（3）噪声系数

噪声系数的计算用式（5.1.19），实际上它也与掺铒光纤长度和泵浦功率有关。理论分析还表明，噪声系数与泵浦源波长有关，使用 980nm 泵浦源的噪声特性优于 1480nm 泵浦源。EDFA 噪声系数的变化范围在 3.5～9dB 之间。

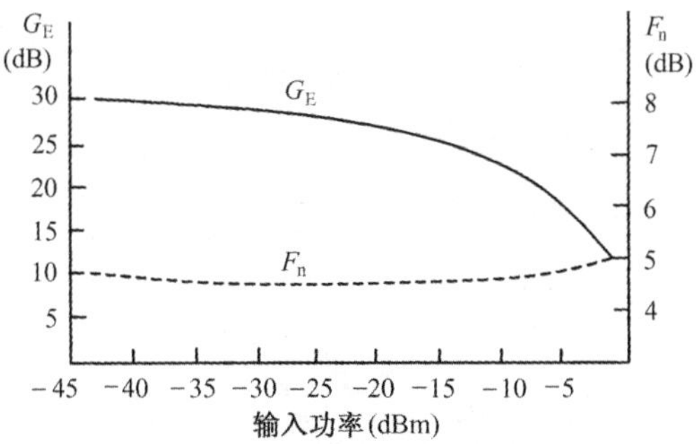


图 5.1.11　EDFA 增益和噪声与输入光信号功率的关系曲线

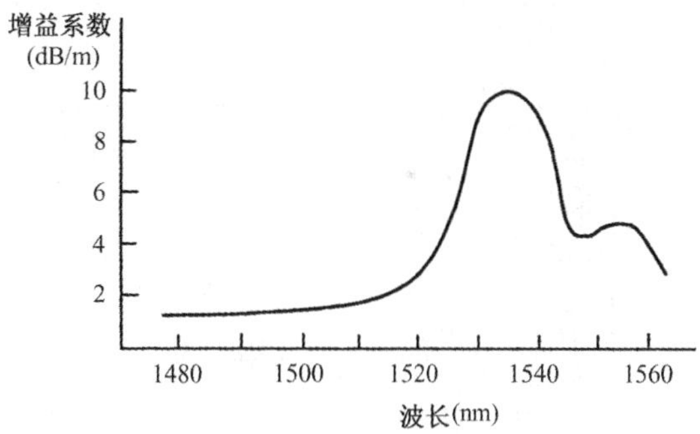


图 5.1.12　掺铒光纤增益系数与波长的关系

### 3. EDFA 增益平坦性

增益平坦性是指增益与波长的关系，很显然，我们所希望的 EDFA 应该在我们所需要的工作波长范围具有较为平坦的增益，特别是在 WDM 系统中使用时，要求对所有信道的波长都具有相同的放大倍数。但是作为 EDFA 的核心部件——掺铒光纤的增益平坦性却不理想，如图 5.1.12 所示。

为了获得较为平坦的增益特性，增大 EDFA 的带宽，有两种方法可以采用。一种是采用新型宽谱带掺杂光纤，如在纤芯中再掺入铝离子；另一种方法是在掺铒光纤链路上放置均衡滤波器。如图 5.1.13 所示，该均衡滤波器的传输特性恰好补偿掺铒光纤增益的不均匀。

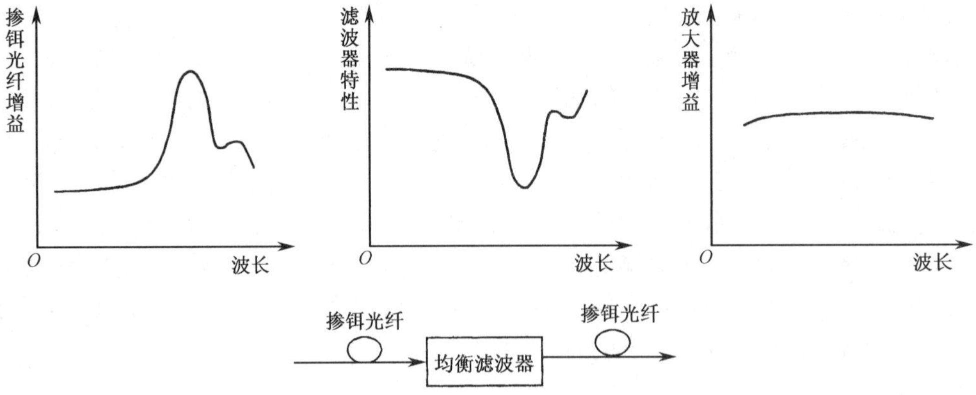


图 5.1.13　EDFA 中的均衡滤波器作用

**4．EDFA 的性能指标**

这里我们给出三种型号（16 通道）掺铒光纤放大器性能指标，如表 5.2 所示。

**表 5.2　三种型号 EDFA 性能指标（O-Net 公司提供）**

| 参　　数 | A1W-C-16 功放 | A2W-C-16 预放 | A3W-C-16 线放 |
|---|---|---|---|
| 波长范围 | 1545～1561nm | 1545～1561nm | 1545～1561nm |
| 典型输入功率范围 | -17～-5dBm | -23～-11dBm | -20～-8dBm |
| 噪声系数 | ≤5dB | ≤4.5dB | ≤4.5dB |
| 输入/输出回波损耗 | ≥40dB | ≥40dB | ≥40dB |
| 泄漏到输入端的泵浦功率 | ≤-60dBm | ≤-60dBm | ≤-60dBm |
| 泄漏到输出端的泵浦功率 | ≤-30dBm | ≤-30dBm | ≤-30dBm |
| 输出功率 | ≥17dBm | ≥12dBm | ≥17dBm |
| 增益响应时间 | ≤5ms | ≤5ms | ≤5ms |
| 信道增益 | 20-25dB | 20-25dB | 20-25dB |
| 增益平坦度(增益固定) | ≤1dB | ≤1dB | ≤1dB |
| 增益平坦度(增益可调) | ≤1.2dB | ≤1.2dB | ≤1.2dB |
| 偏振相关增益 | 0.2dB | 0.2dB | 0.2dB |

除了光通道技术指标外，还有表明工作电压及功耗的电气性能及温度、湿度的环境要求，在使用时都应注意。

**5．掺镨光纤放大器**

目前，已敷设的光纤大都工作在 1310nm 波段，而 EDFA 只能用于 1550nm 的系统，所以工作在 1310nm 波段上的掺镨光纤放大器 PDFA 具有较大的实用价值。与 EDFA 不同的是，掺镨光纤是在氟化物玻璃而不是石英玻璃中掺入镨离子($P_r^{3+}$)制作的。目前已研制出的PDFA 模块所采用泵浦波长为 1017nm，在 1310nm 波长处放大器的增益可达 24dB，噪声系数为 6.6。在-3dBm 输入时放

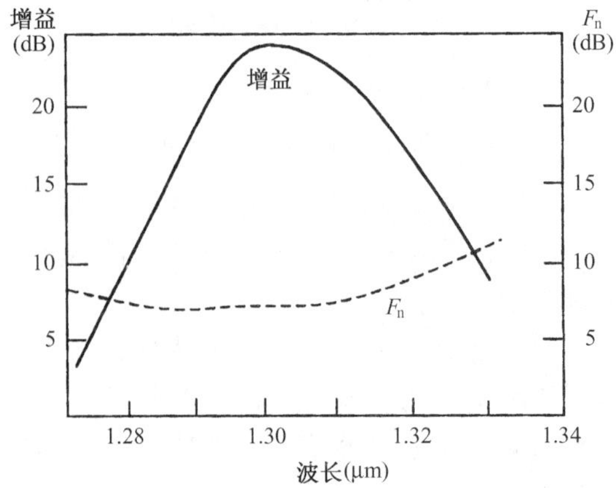


图 5.1.14　增益和噪声与波长的关系曲线

大波段为 1281～1381nm，放大带宽达 37nm。

图 5.1.14 示出了 PDFA 的增益和噪声与波长的关系曲线，图中取输入信号功率为 −30dBm。

**6．掺铥光纤放大器**

掺铥光纤是在氟化物玻璃中掺入铥离子($T_{m}^{3+}$)制作的，其工作波长范围为 1450～1480nm，增益可达 22dB，噪声指数在 6dB 以下，主要与 EDFA 配合应用在 DWDM 系统中。

### 5.1.4 拉曼光纤放大器

回顾一下第 2 章中光纤非线性效应的内容。基于受激拉曼散射机理，可以制造出拉曼光纤放大器 RFA（Raman Fiber Amplifier）。

如果将频率为 $\omega_S$ 的小功率信号光与一个频率为 $\omega_P$ 的大功率泵浦光同时注入光纤，并且它们的频差 $\Omega = \omega_P - \omega_S$（也称为频移）落在拉曼增益谱带宽范围之内，则信号光沿着光纤传输时将得到有效的放大。对于固定的泵浦光频率，由于拉曼增益谱宽度很大，如图 2.3.7 所示，所以利用 SRS 效应可以在相当宽的波长范围对信号光进行放大。由图 2.3.7 可知，当$\Omega$= 13.2THz 时，拉曼增益达到最大。该频差对应的信号光（1550nm）要比泵浦光的波长长 100nm。

**1．增益**

泵浦光与信号光之间的能量交换描述见式（2.3.41）。在小信号放大的情况下，因为信号光强$I_S$比泵浦光强$I_P$小很多，所以可以忽略泵浦光因对信号光放大而产生的衰减。在长为 $L$ 的光纤输出端，信号光功率可由式（2.3.43）表示，重写如下

$$P_S(L) = P_S(0)\exp\left[g_R \frac{P_P(0)}{A_{eff}} L_{eff} - \alpha_S L\right]$$

式中，$P_S(0)$ 是信号光的输入功率；$P_P(0)$ 是泵浦光的输出功率；$g_R$ 是拉曼增益系数；$\alpha_S$ 是光纤对信号光的衰减系数；$A_{eff}$ 和 $L_{eff}$ 分别为光纤有效面积和有效长度。

若没有拉曼放大，经光纤输出的信号为 $P_S(0)\exp(-\alpha_S L)$，故拉曼放大器的小信号增益定义为

$$G_R = \frac{P_S(L)}{P_S(0)\exp(-\alpha_S L)} = \exp[\frac{g_R P_P(0) L_{eff}}{A_{eff}}] \tag{5.1.32}$$

随着信号光的增强，泵浦光的减弱，增益会逐渐降低达到饱和。设光纤对信号光和泵浦光的衰减系数相等，即 $\alpha_S = \alpha_P$，由式（2.3.41a）和式（2.3.41b）可算得饱和增益 $G_{R0}$ 为

$$G_{R0} = \frac{1 + r_0}{r_0 + G_R \exp[-(1 + r_0)]} \tag{5.1.33}$$

$$r_0 = \frac{\omega_P P_S(0)}{\omega_S P_P(0)} \tag{5.1.34}$$

式中，$G_R$ 为由式（5.1.32）定义的小信号增益。

**2．带宽**

光纤的SRS增益与拉曼增益系数之间的关系是 $g(\omega)=g_{\mathrm{R}}(\omega)I_{\mathrm{P}}$，$I_{\mathrm{P}}$ 是泵浦光强度，因此有

$$g(\omega)=g_{\mathrm{R}}(\omega)\frac{P_{\mathrm{p}}}{A_{\mathrm{eff}}} \tag{5.1.35}$$

SRS增益与拉曼增益的形状相似，图5.1.15给出了泵浦功率分别为100mw和200mw的SRS增益，由拉曼增益谱曲线可见，在增益峰值附近的增益带宽约为6～7THz。如果采用不同波长的多个泵浦源同时作用，则可获得更为平坦的，带宽更宽的增益特性。目前拉曼放大器的带宽已达132nm。

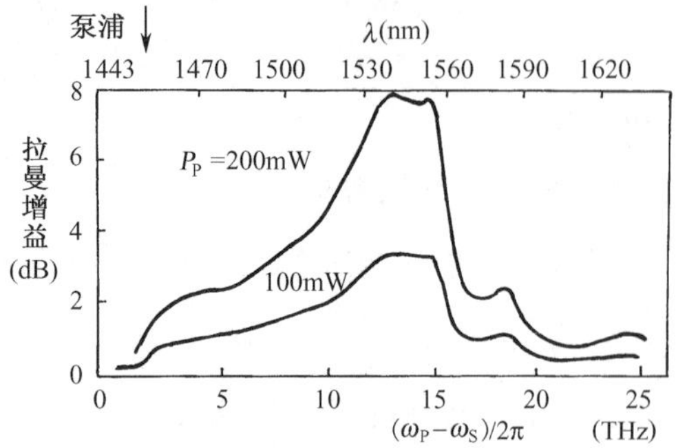


图5.1.15　SRS增益

**3．产品的性能指标**

表5.3给出了工作在C波段和L波段两种拉曼放大器的一些性能指标。

**表5.3　两种拉曼放大器性能指标**

| 参　　数 | | X-RPU-C（C-波段） | X-RPU-L（L-波段） |
|---|---|---|---|
| 波长范围 | | 1528～1562nm | 1570～1612nm |
| 泵浦功率输出 | （最小值） | 550mw | 550mw |
| 泵浦极化度 | （典型值）<br>（最大值） | 5.0%<br>7.5% | 5.0%<br>7.5% |
| C波段插入损耗<br>（最大值） | （典型值） | 0.8dB<br>1.1dB | |
| L波段插入损耗 | （典型值）<br>（最大值） | | 0.8dB<br>1.1dB |
| 温度范围内插入损耗变化 | （最大值） | 0.2dB | 0.2dB |
| 波长范围内插入损耗变化 | （最大值） | 0.2dB | 0.2dB |
| 极化损耗 | （最大值） | 0.1dB | 0.1dB |
| 极化模式色散 | （最大值） | 0.1ps | 0.1ps |
| 泵浦源数目 | | 4 | 4 |
| 功耗 | （典型值）<br>（最大值） | 40W<br>70W | 40W<br>70W |
| 工作温度 | | -5℃～70℃ | -5℃～70℃ |
| 储存温度 | | -40℃-85℃ | -40℃～85℃ |
| SMF28增益 | | 10～12dB | 11～13dB |
| LEAF增益 | | 15～17.5dB | 14～16.5dB |
| TW-RS增益 | | 17～19dB | 19～22dB |
| SMF-28噪声指数 | | -0.1～-0.9dB | -0.5～-1.7dB |
| LEAF噪声指数 | | -1～-2.1dB | -1.1～-2.7dB |
| TW-RS噪声指数 | | -1.2～<br>-2.2dB | -1.6～-3.3dB |

注：SMF-28，G.652：常规单模光纤；

LEAF，G.655：非零色散位移光纤（大有效截面）；

TW-RS，G.655：低色散斜率光纤。

上述拉曼光纤放大器带光输出光监控，面板为数字可控式，内置集成化泵浦光与信号光复用器，具有低噪声，增益平坦性能好的特点。它可应用在超长距离 DWDM、40Gb/sDWDM 等系统中。

### 5.1.5 光放大器的应用

光放大器的类型很多，不同的使用场合对光放大器参数的要求是不一样的，这就要求我们除了知道光放大器的一些基本特性外，还要对它的实际应用有所了解。根据光放大器在光链路中所处位置的不同，将其应用分成三个类型。

**1．在线放大（in-line amplifier）**

在单模光纤通信系统中，光纤的色散影响较小，限制传输距离的主要因素是光纤的衰减，所以用光放大器可以补偿传输损耗。它适用于超长距离传输的系统，如图 5.1.16（a）所示。

每个在线放大器的增益必须恰好补偿前面一段光纤中的信号损耗。在设计光纤系统时，还要考虑放大器噪声等因素的影响，使用多个在线放大器，光纤链路中会积累 ASE 噪声，它随着信号光一起传输，最终影响输出端的信噪比，造成信噪比下降。当 $k$ 个放大器级联时，考虑 ASE 噪声影响的噪声指数

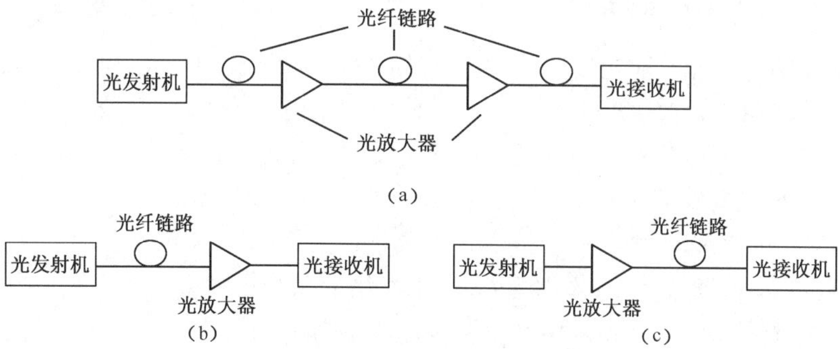


图 5.1.16 光放大器的几种应用

$$F_n = \frac{F_{n1}}{\alpha L_1} + \frac{F_{n2}}{\alpha L_1 G_1 \cdot \alpha L_2} + \cdots + \frac{F_{nk}}{\alpha L_1 G_1 \cdot \alpha L_2 G_2 \cdots G_{k-1} \cdot \alpha L_k} \tag{5.1.36}$$

式中，$\alpha L_i\,(i = 1, 2, \cdots, k)$表示两个放大器之间的链路损耗；$F_{ni}, G_i$ 分别表示放大器的噪声指数和增益。如果放大器之间链路长度相等，每个放大器的噪声指数和增益也相等，记为 $F$、$G$，且每个放大器的增益恰好补偿与前一个放大器之间的链路损耗，即

$$F_n = \frac{kF_{n1}}{\alpha L_1} = kFG \tag{5.1.37}$$

可见噪声指数大大提高了，因而输出信噪比 $(\mathrm{SNR})_{\mathrm{out}} = (\mathrm{SNR})_{\mathrm{in}} / F_n$ 劣化了。通过放大器增益和级联数目的选择，可以得到总增益和 $(\mathrm{SNR})_{\mathrm{out}}$ 的最佳组合。

一般而言，选择在线放大器的输入信号标称范围从–26dBm（2.5μW）~ –9dBm（125μW），增益大于 15dB。

**2．前置放大（pre-amplifier）**

前置放大是指光放大器的位置在光纤链路末端、接收机之前，如图 5.1.16（b）所示。在光电检测之前将弱信号放大，可以抑制在接收机中由于热噪声引起的信噪比下降。设接收机

的噪声电功率为 $N$，接收机可探测的最小电信号功率为 $S_0$，则 $S_0/N$ 为接收机要求的最小信噪比。当接收机前置光放大器时，接收到的信号电功率为 $G^2S'$，则此时接收机的信噪比为

$$\text{SNR}' = \frac{G^2 S'}{N + N'} \tag{5.1.38}$$

式中，$N'$ 为前置光放大器的自发辐射噪声经光电二极管转化为附加的背景噪声。设加前置放大器后接收机可探测到的最小电信号功率为 $S_0'$，且接收机要求的最小信噪比不变，仍为 $S_0/N$，则下式成立，即

$$\frac{G^2 S_0'}{N + N'} = \frac{S_0}{N} \tag{5.1.39}$$

式（5.1.39）又可表示成

$$\frac{S_0}{S_0'} = G^2 \frac{N}{N + N'} = G^2 \frac{1}{1 + \dfrac{N'}{N}} \tag{5.1.40}$$

由于光放大器的增益足够高，使得 $G^2 > 1 + \dfrac{N'}{N}$，也即 $S_0' < S_0$，它说明前置放大器的加入，使可检测到的最小信号功率降低了，换句话说，使接收机的灵敏度提高了。

**3．功率放大（power boaster）**

功率放大指的是在光发射机后安装一个光放大器，如图 5.1.16（c）所示，以提高发射功率，一般可使传输距离增加 10～100km。如果同时使用前置放大，即可实现 200～250km 的无中继海底传输。由于功率放大器直接放置于光发射机后，其输入功率较高，要求的泵浦功率也较大。其输入一般要在-8dBm 以上，具有的增益必须大于 5dB。

**【例 5.1.2】** 用 EDFA 做功率放大器，设其增益为 20dB，泵浦波长为 $\lambda$ = 980nm，输入光信号的功率为 0dBm，波长为 1550nm，求所用的泵浦源功率为多少？

**解：** 入射功率 0dBm，即为 1mw。由功率放大器增益表达式

$$G_\text{E} = 10\lg \frac{P_\text{S,out}}{P_\text{S,in}}$$

可求出 EDFA 的输出光信号功率

$$P_\text{S,out} = P_\text{S,in} \times 10^{\frac{G_\text{E}}{10}} = 1\text{mW} \times 10^{\frac{20}{10}} = 100\text{mW}$$

由式（5.1.31）$G_\text{E} = \dfrac{P_\text{S,out}}{P_\text{S,in}} \leqslant 1 + \dfrac{\lambda_\text{P}}{\lambda_\text{S}} \dfrac{P_\text{P,in}}{P_\text{S,in}}$，得

$$P_\text{P,in} \geqslant \frac{\lambda_\text{S}}{\lambda_\text{P}} (P_\text{S,out} - P_\text{S,in}) = \frac{1550}{980} (100\text{mW} - 1\text{mW}) = 156.6\text{mW}$$

## 5.2 无 源 器 件

光无源器件是能量消耗型光学器件。其种类繁多，功能各异，是一类实用性很强的的器件。其中主要的产品有耦合器、滤波器、隔离器、衰减器、光开关和连接器等。它们的作用概括起来有连接光路，控制光的传输方向，控制光功率的分配，控制光波导之间、器件之间及光波导与器件之间的光耦合、合波、分波。现将几种主要的光无源器件分别介绍如下。

### 5.2.1 耦合器

#### 1. 耦合器类型

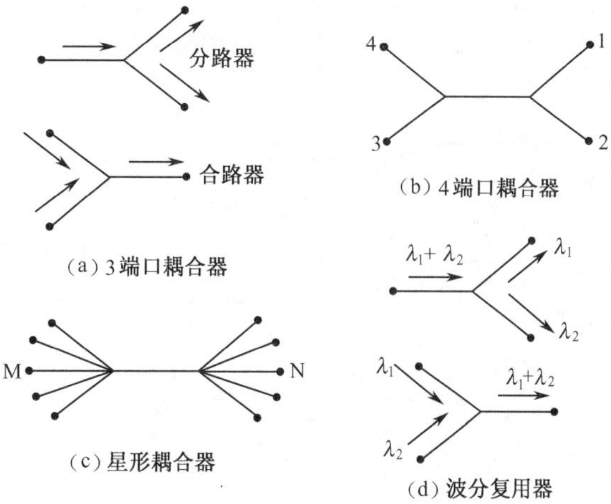


图 5.2.1 光纤耦合器结构图

耦合器是对光信号实现分路、合路和分配的无源器件，是波分复用、光纤局域网、光纤有线电视网及某些测量仪表中不可缺少的光学器件。图 5.2.1 展示了几种典型的光纤耦合器结构图。

其中图 5.2.1（b）也称为 2×2 耦合器，它用来完成光功率在不同端口间的分配，是构成其他光学元件的基础。图 5.2.1（c）有多个输入端口和多个输出端口，称为星形耦合器，它通常完成将单个输入信号分配给多个输出信号的功能。星形耦合器常用多个 2×2 耦合器级联而成。图 5.2.1（d）除了涉及光功率的分配外，还涉及不同波长的分配，我们将它称为波分复用器。它可以看作是一种特殊形式的光纤耦合器。光纤耦合器有熔锥型和研磨型。除用光纤制成耦合器外，还可用集成光波导制作耦合器。

#### 2. 工作原理

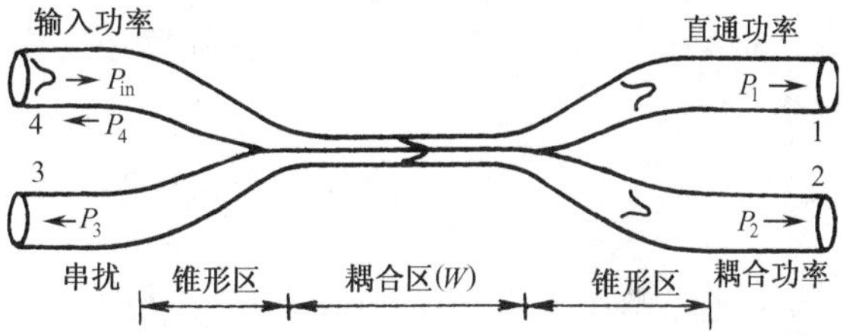


图 5.2.2 熔锥型光纤耦合器结构示意图

2×2 耦合器是最简单的器件，下面以它为例来说明耦合器的工作原理。图 5.2.2 为熔锥型光纤耦合器结构示意图。

将两根单模光纤扭绞在一起，然后加热并拉伸，使它在长为 $W$ 的距离内均匀熔融以形成耦合器。在耦合区，纤芯直径变小，归一化频率 $V = k_0 n_1 a\sqrt{2\varDelta}$ 下降，由式（2.3.10）可知，$V$ 值越小模场直径越大，也即模场超过光纤直径的部分越多，如图 5.2.2 所示。这样，一个光模式的更多部分在耦合区的包层部分传播，然后被耦合到另一根光纤的纤芯中。

从一根光纤耦合到另一根光纤的光功率取决于耦合区内两个纤芯之间的距离、两根纤芯直径和工作波长，并与耦合区的长度有关。

图 5.2.2 中 $P_{in}$ 是输入功率，$P_1$ 称为直通功率，$P_2$ 是耦合到第二根光纤中的功率，$P_3$、$P_4$ 是由于耦合器弯曲和封装而产生的反射和散射功率。假设耦合器是无损耗的，因为 $P_3$、$P_4$ 的比例很小，在此可忽略掉，则耦合功率和直通功率分别表示为

$$P_2 = P_{in}\sin^2(cz) \tag{5.2.1}$$

$$P_1 = P_{in} - P_2 = P_{in}\cos^2(cz) \tag{5.2.2}$$

式中，$c$ 为耦合系数，有下式成立，即

$$c = \frac{\lambda}{2\pi n_1}\cdot\frac{U^2}{a^2V^2}\cdot\frac{K_0\left(\dfrac{Wd}{a}\right)}{K_1^2(W)} \tag{5.2.3}$$

式中，$d$ 为光纤耦合区中的两纤芯距离；$K_0$、$K_1$ 为第二类零阶和一阶的贝塞尔函数。

图 5.2.3 示出了归一化功率与耦合区长度及波长的关系曲线。显然，当波长固定时，可以通过改变 $W$ 等参数来制作不同性能的耦合器。

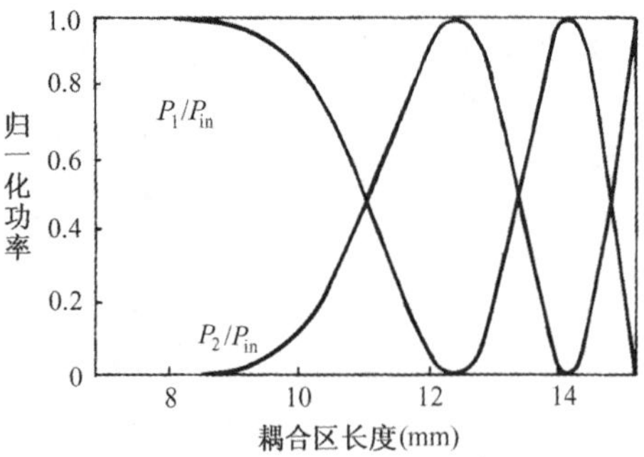


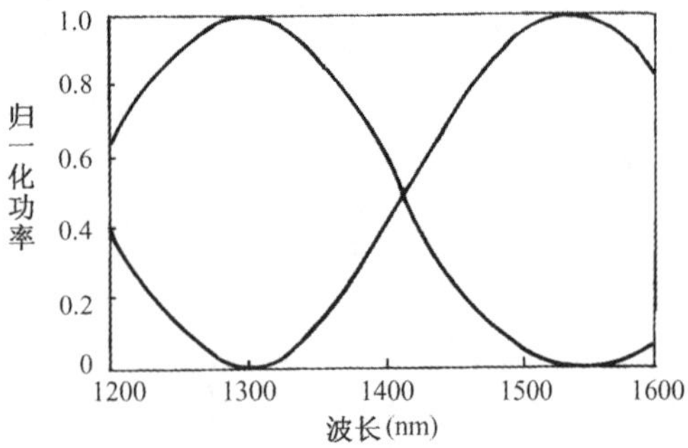


图 5.2.3　耦合功率和直通功率与耦合区长度、波长的关系曲线

### 3．性能参数

表示光纤耦合器性能的主要参数有插入损耗、附加损耗、分光比与隔离度（串音）。在实际的耦合器中，信号通过它时，总会有一些损耗。两种基本类型的损耗是插入损耗和附加损耗。

（1）插入损耗

插入损耗是指光功率从特定的端口到另一端口路径的损耗。从输入端口 $k$ 到输出端口 $j$ 的插入损耗可表示为

$$L_i = 10\lg\frac{P_{in,k}}{P_{out,j}} \tag{5.2.4}$$

式中，$P_{in,k}$ 表示第 $k$ 个口的输入功率，$P_{out,j}$ 表示第 $j$ 个口的输出功率。

（2）附加损耗

附加损耗的定义是输入功率与总输出功率的比值

$$L_e = 10\lg\frac{P_{in}}{\sum_j P_{out,j}} \tag{5.2.5}$$

对于图 5.2.2 所示的 2×2 耦合器有

$$L_e = 10\lg\frac{P_{in}}{P_1 + P_2}$$

（3）分光比

分光比是某一输出端口的光功率与所有输出端口光功率之比，即

$$S_R = \frac{P_{out,k}}{\sum_j P_{out,j}} \times 100\% \tag{5.2.6}$$

它说明输出端口间光功率分配的百分比。对于 2×2 耦合器可以是

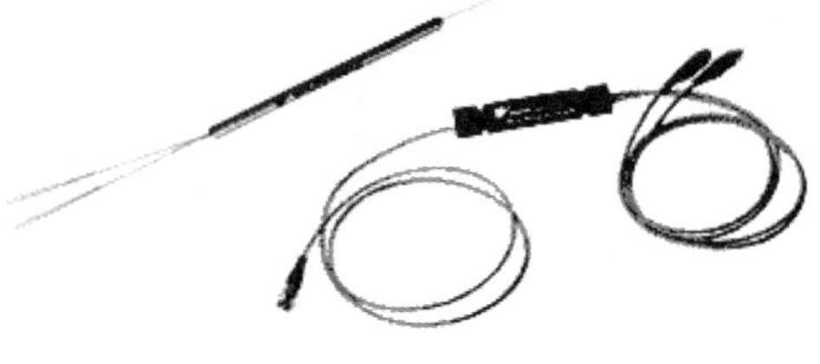

图 5.2.4　1×2 耦合器实物照片

$$S_R = \frac{P_2}{P_1 + P_2} \times 100\%$$

【例 5.2.1】 分光比为 3:1 的定向耦合器，假设从输入口 0 输入的功率为 1mW，从输入口 0 到输入口 1 的插入损耗为 1.5dB，求两个输出口的输出光功率。

**解**：由题意 $S_R = 3:1$，即 $S_R = \frac{P_1}{P_1+P_2}:\frac{P_2}{P_1+P_2}$，故有 $P_1 = 3P_2$。

已知 $-10\lg\frac{P_1}{P_0} = 1.5$，得 $\frac{P_1}{P_0} = 10^{-0.15}$。

由于 $P_0 = 1\text{mW}$，所以 $P_1 = P_0 10^{-0.15} = 10^{-0.15} = 0.70\text{mW}$。

$$P_2 = \frac{1}{3}P_1 = \frac{1}{3}10^{-0.15} = 0.23\text{mW}$$

（4）隔离度

隔离度也称作方向性或串扰，隔离度高意味着线路之间的串扰小。它表示输入功率出现在不希望的输出端的多少。对于 2×2 耦合器，其数学形式是

$$L_c = 10\lg\frac{P_3}{P_{in}} \quad (5.2.7)$$

图 5.2.4 为某一耦合器的实物照片。表 5.4 为其性能指标，表中的均匀性是在工作带宽范围内，各输出端口输出功率的最大变化量。偏振相关损耗（Polarization Dependant Loss）是衡量耦合器对传输光信号偏振态敏感程度的参量，它指的是传输光信号的偏振方向发生 360° 的变化时，耦合器输出端口输出光功率的最大变化量。

**表 5.4 1×2 耦合器的参数（浙江南方通信集团有限公司提供）**

| 参 数 | 单窗口 | |
|---|---|---|
| 规格（Grade） | *P* | *A* |
| 工作波长（Operating Wavelength）/nm | 1310 或 1550 | |
| 工作带宽（Operating Bandwidth/nm | ±40 | |
| 附加损耗（Excess Loss）（max）/dB | 0.1 | 0.2 |
| 插入损耗（Insertion Loss）（max）/dB | 3.4 | 3.6 |
| 偏振相关损耗 PDL（max）/dB | 0.1 | 0.13 |
| 均匀性 Uniformity（max）/dB | 0.5 | 0.8 |
| 方向性 Directivity（min）/dB | 55 | |
| 工作温度（Operating Temperature）/℃ | -20～+27 | |
| 储存温度（Storage Temperature）/℃ | -40～+85 | |
| 封装尺寸（Package Dimension）/mm | $\phi$3.0×48 | |
| 分 光 比 | 插入损耗（最大值）dB | |
| | *P* | *A* |
| 50/50 | 3.4/3.4 | 3.6/3.6 |
| 40/60 | 4.4/2.5 | 4.6/2.8 |
| 30/70 | 5.6/5.8 | 6.0/2.0 |
| 20/80 | 7.4/1.2 | 7.7/1.3 |
| 10/90 | 10.8/0.6 | 11.2/0.7 |
| 5/95 | 13.8/0.4 | 14.5/0.5 |
| 3/97 | 16.5/0.3 | 17.0/0.4 |
| 1/95 | 21.0/0.2 | 22.0/0.3 |

## 5.2.2 滤波器

滤波器是一种波长选择器件，在光纤通信系统中有着重要的应用，如上节光放大器中噪声的滤波。特别在 WDM 光纤网络中每个接收机都必须选择所需要的信道，滤波器成为必不可少的部分。

滤波器分成固定滤波器和可调谐滤波器两大类。前者是允许一个确定波长的信号光通过，而后者是可以在一定光带宽范围内动态地选择波长，如图 5.2.5 所示。

滤波器的传输特性如图 5.2.6 所示。由该图可固定波长滤波器的主要参数为中心波长$\lambda_0$和带宽$\Delta\lambda$，除它们以外，还有插入损耗和隔离度等。对于可调谐滤波器，主要参数有调谐范围、带宽、可分辨信道数、调谐速度、插入损耗、偏振相关损耗和分辨率等。其中可分辨信道数是信道范围与最小信道间隔之比。调谐速度指的是滤波器调到指定波长所需要的时间。分辨率是滤波器能检测的最小波长偏移。

下面首先介绍固定波长滤波器的工作原理。

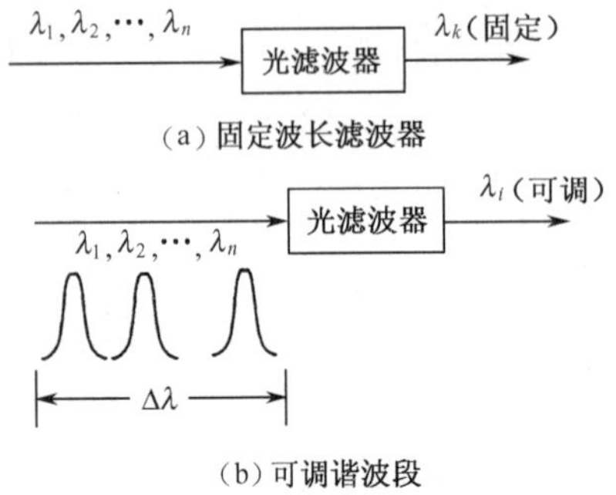

图 5.2.5　光滤波器功能和分类

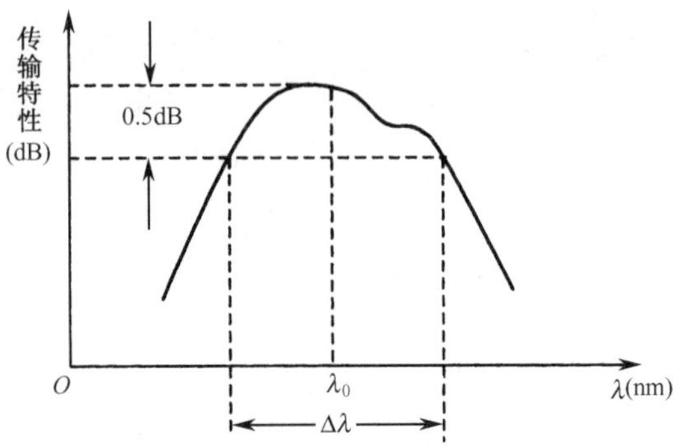

图 5.2.6　实际滤波器的传输特性

## 1．固定波长滤波器

（1）薄膜干涉滤波器

这种滤波器采用多层不同材料的介质薄膜构成，一层为高折射率，一层为低折射率，交叠而成。每层介质的等效光学厚度为$\lambda/4$，利用各层的反射光与入射光的干涉效应实现滤波。图 5.2.7 示出了薄膜干涉滤波器的原理。当光由光疏介质入射到光密介质时，反射光不产生相移；而当光由光密介质入射到光疏介质时，反射光产生 180° 相移。由于介质厚度为$\lambda/4$，光经低折射率层内传输、反射、再传输后的总相移为 360°，与经高折射率层的反射光同相叠加，这样，在中心波长附近，各层的反射光叠加，在滤波器上端面形成很强的反射光，得到中心波长为$\lambda$具有一定带宽的光信号。其他频率的光因不能满足相长干涉而不能被反射。

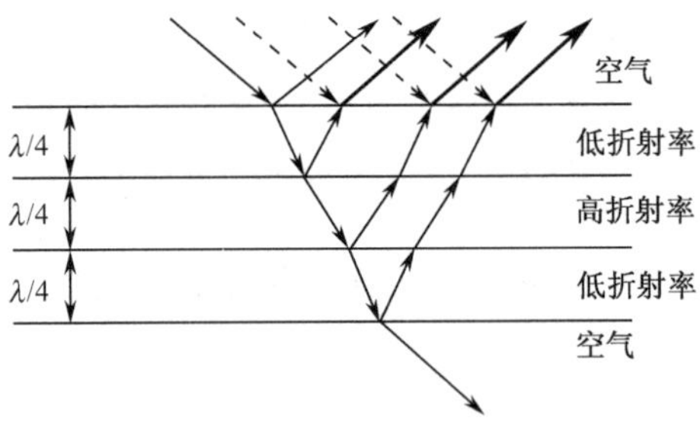

图 5.2.7　薄膜干涉滤波器结构

（2）法布里-珀罗固定波长滤波器

法布里-珀罗固定波长滤波器是由两片平行镜组成的谐振腔组成，如图 5.2.8 所示。当入射光波长满足谐振条件$\lambda = 2L/N$时方能通过，式中$L$为谐振腔体的长度，$N$为整数。

该滤波器的传输特性可由下式表示，即

$$T_{\mathrm{FPF}}(\omega) = \frac{\alpha_{\mathrm{m}}(1-R)^2}{(1-\alpha_{\mathrm{m}}R)^2 + 4\alpha_{\mathrm{m}}R\sin^2[(\omega-\omega_0)L/v]} \tag{5.2.8}$$

式中，$\alpha_{\mathrm{m}}$是介质和平行镜吸收引起的插入损耗；$R$ 为两平行镜的反射率；$v$是光在腔体中的速度，由式（5.2.8）可看出，传输特性是与$R$密切相关的一个周期函数，图 5.2.8（b）给出了传输特性曲线，我们将周期长度称为自由光谱范围 FSR，有

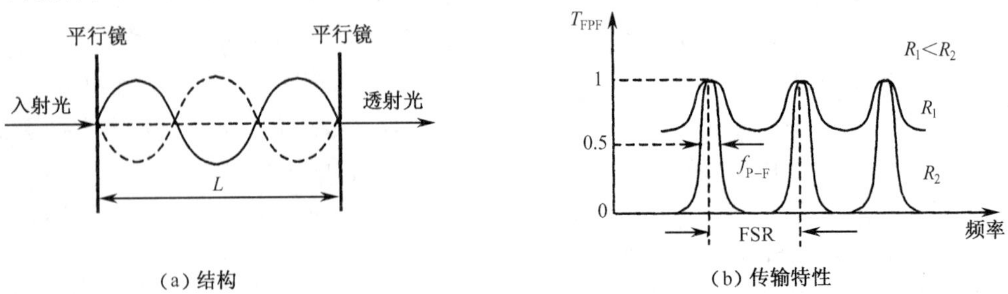

图 5.2.8　F-P 滤波器原理

$$\mathrm{FSR}=\frac{c}{2nL} \tag{5.2.9}$$

F-P 滤波器的带宽由下列公式给出，即

$$\Delta f_{\mathrm{F-P}}=\frac{c}{2nL}\cdot\frac{1-R}{\pi\sqrt{R}} \tag{5.2.10}$$

定义

$$F=\frac{\mathrm{FSR}}{\Delta f_{\mathrm{F-P}}}=\frac{\pi\sqrt{R}}{1-R} \tag{5.2.11}$$

为 F-P 滤波器的精细度，它反映滤波器的选择性，即能分辨的最小频率差。

**2．可调谐滤波器**

严格来说，可调谐滤波器属于有源器件，它可以通过控制电压或温度的变化来改变滤波器的某些参数，从而达到波长动态选择的目的。

可调谐滤波器主要使用在 WDM 系统中，WDM 网络中所有波长都应从 ITU 标准中选取，如波长间隔约为 0.8nm（1550nm 窗口），则对应信道频率间隔是 100GHz。所以可调谐滤波器的调谐范围、带宽应该根据要求来设计。下面讨论以下几种滤波器。

（1）光纤法布里-珀罗滤波器

图 5.2.9 示出了一个光纤 F-P 滤波器的结构示意图，工作原理与 F-P 固定波长滤波器相同，输入光纤和输出光纤的两个端面被抛光镀膜，两个光纤端面之间的部分构成了法布里-珀罗腔，这两根光纤经过支架与压电陶瓷相连，对压电陶瓷施加电压（300～500V）可使支架产生左右变化的位移，从而改变反射镜之间的长度，达到波长调谐的目的。

如果不是通过压电陶瓷改变 F-P 腔长而是在两光纤端面之间填入介质液晶，由于液晶的折射率随着施加电压的变化迅速改变，F-P 腔的光子长度 $L = nL_0$ 也随之变化。这种填充液晶的滤波器调谐时间在 10μs 内，调谐范围达 80nm，波长分辨率 0.05～10nm，插入损耗为几个分贝。

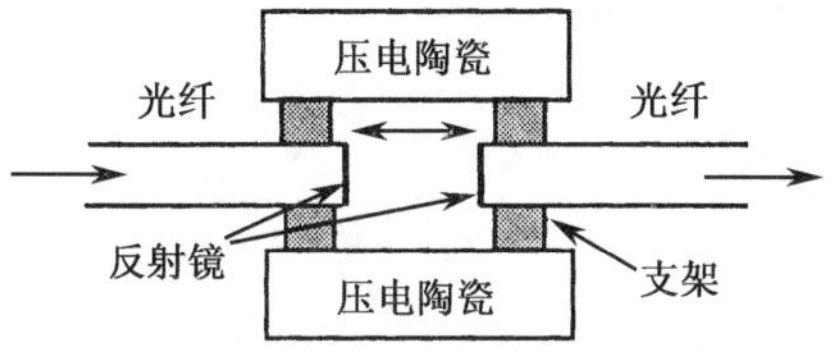


图 5.2.9　光纤 F-P 滤波器结构示意图

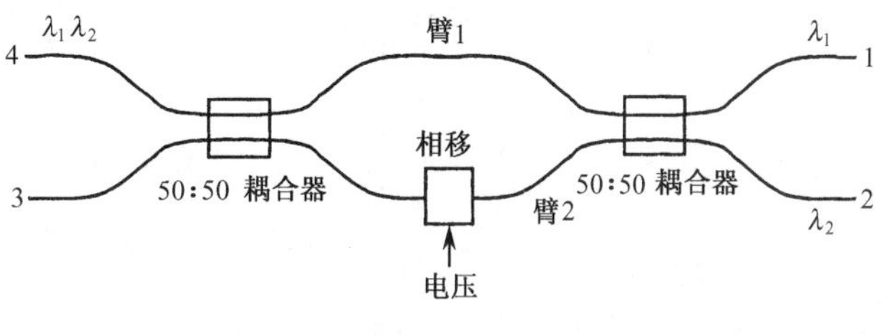


图 5.2.10　M-Z 滤波器

（2）马赫-曾德尔干涉滤波器

马赫-曾德尔（M-Z）干涉滤波器的机理是基于单色光经过不同长度光波导传输后之间的干涉。在图 5.2.10 中，两个波长$\lambda_1$ 和$\lambda_2$ 的光信号输入光纤，经过方向耦合器使它们被均匀地分配到滤波器的两臂上，光信号经过两臂时，获得的相位变化不等，也即产生了相位差，当它们以不同的相位到达第二个方向耦合器时，如果相位差满足一定的条件，在输出光纤 1 端，波长$\lambda_1$“相长”干涉，波长$\lambda_2$“相消”干涉，所以输出波长为$\lambda_1$ 的光波。同理，输出光纤 2 端输出波长为$\lambda_2$ 的光波。图 5.2.10 中，臂 2 上放置了光电材料，当臂上的电压改变时，该臂的折射率便发生变化，假设两臂的长度相等为 $L$，臂 1 的折射率为 $n_1$，臂长的折射率为 $n_1+\Delta n$，则在第二个耦合器输入端两个臂中光波的相位差为

$$\Delta\varphi = \frac{2\pi f_i L\Delta n}{c} \tag{5.2.12}$$

式中，$f_i(i=1,2)$ 表示两个光波频率；$c$ 为光速。进一步用传输特性描述 M-Z 滤波器，它可表示为

$$T_{\rm MZ} = \begin{cases} \cos^2(\Delta\varphi/2), & 4端 \rightarrow 2端 \\ \sin^2(\Delta\varphi/2), & 4端 \rightarrow 1端 \end{cases} \tag{5.2.13}$$

显然，如果 $\Delta\varphi = \dfrac{2\pi f_1 L\Delta n}{c} = (2m-1)\pi$ 的话（$m$ 为整数），由上式可知，在 1 端将输出波长为 $\lambda_1$ 的光波，在 2 端则无光信号输出；如果同时还满足条件 $\Delta\varphi = \dfrac{2\pi f_2 L\Delta n}{c} = 2m\pi$ 的话，2 端将出现波长 $\lambda_2$ 的光，也即 $\lambda_1$ 和 $\lambda_2$ 波长的光信号分别由 1 端和 2 端输出。

由于 $m$ 的多值性，M-Z 滤波器的通带具有循环的特点，光信道间隔

$$\Delta f = c/(2L\Delta n) \tag{5.2.14}$$

图 5.2.10 中的电压起到调谐的作用，调谐时间小于 50ns。

可调谐滤波器的类型还有光栅滤波器和声光滤波器。光栅滤波器是通过施加压力或者加热光栅改变光栅的周期长度，从而达到调谐的目的。声光滤波器结构类似于 M-Z 滤波器。其中的两臂被刻蚀在 $LiNbO_3$ 双折射半导体中，进入的光被输入偏振器分成 TE 波和 TM 波，如图 5.2.11 所示，一个换能器产生表面声波，在 $LiNbO_3$ 中引起折射率的周期性波动，这种波动等效为动态的布拉格光栅，由于光栅相互作用，满足谐振条件（对应某一波长）的 TE 模光能被转化成 TM 模光能，而 TM 模光能转换成 TE 模光能，然后经输出偏振器输出，波长不满足谐振条件的信号将从另一个端口输出。

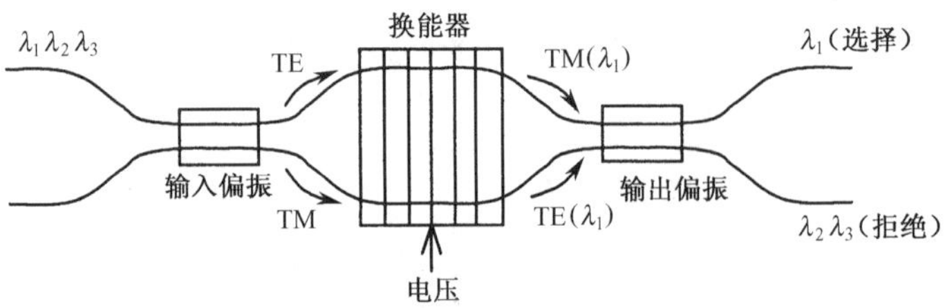


图 5.2.11　声光可调性滤波器的结构

表 5.5 示出了光梳滤波器的性能指标。

表 5.5 中回波损耗也称为反射损耗，它反映输入端反射的光功率占总输入光功率之比，以分贝表示为 $L_{\rm R} = -10\lg\dfrac{P_{反}}{P_{入}}$（dB）。

## 5.2.3　隔离器

隔离器是一种只允许光单方向传输的器件。光纤通信系统中的很多光器件如激光器和光放大器等对来自连接器、熔接点、滤波器的反射光非常敏感，反射光将导致它们的性能恶化，例如半导体激光器的线宽受反射光的影响会展宽或压缩，甚至可达几个数量级。因此要在靠近这种光器件的输出端放置隔离器，阻止反射光的影响。

隔离器由三个功能部件组成，而输入偏振器（起偏器）、法拉第旋转器和输出偏振器

（检偏器），如图 5.2.12 所示。输入和输出偏振器的作用是将光变成固定偏振方向的线偏振光。法拉第旋转器是使入射光的偏振方向发生旋转变化，旋转的角度由下式决定，即

$$\alpha = \rho HL \tag{5.2.15}$$

式中，$L$ 是法拉第旋转器的长度；$H$ 是法拉第旋转器沿光束传播上所加的磁场强度，单位为 A/m（安培/米），$\rho$ 是材料的韦尔德常数，对于石英光纤，$\rho = 4.86\times 10^{-6}$ r/A（弧度/安培）。

隔离器的工作过程如下：入射光经过输入偏振器后变成垂直偏振光，如图 5.2.12 所示。经过法拉第旋转器，垂直偏振光的偏振方向旋转了 45°，输出偏振器的方向设计成 45°，所以允许其通过；另一方面，在隔离器的反方向上，反射光经输出偏振器变成 45° 的线偏振光，经法拉第旋转器又一次旋转 45° 后，变成了水平偏振，由于输入偏振器只允许垂直偏振光通过，所以反射光便无法到达隔离器输入端。

隔离器的主要性能指标有工作波长、典型插入损耗（参考值：0.4dB）、最大插入损耗（参考值为 0.6dB）、典型峰值隔离度、最小隔离度（参考值为 40dB）、最大偏振灵敏度（参考值为 0.05dB）、回波损耗（参考值为输入/输出 60/60dB）等。

**表 5.5　光梳滤波器参数（武汉光迅科技提供）**

| : | 单位 | 指　标 | |
|---|---|---|---|
| 信道间隔 | GHz | 50 | 100 |
| 工作波长范围 | nm | C 波段 1528~1564 | |
| | | L 波段 1568~1610 | |
| 中心波长 | nm | ITU-T 标准 | |
| 波长精度（0.5dB 通带内平均值） | nm | ±0.02 | ±0.04 |
| 插入损耗（全通带） | dB | 典型 2.0 | 典型 1.7 |
| 通带宽度　0.5dB | nm | ≥0.15 | ≥0.35 |
| 通带宽度　25dB | nm | ≤0.7 | ≤1.3 |
| 通带平坦度 | dB | ≤0.5 | |
| 插入损耗均匀性 | dB | ≤0.5 | |
| 隔离度 | dB | ≥25 | |
| 回波损耗 | dB | ≥45 | |
| 方向性 | dB | ≥55 | |
| 偏振相关损耗（PDL） | dB | ≤0.3 | |
| 偏振模色散（PMD） | ps | ≤0.2 | |
| 色散 | ps/nm | ±15 | ±10 |
| 工作温度 | ℃ | 0~+60 | |
| 储存温度 | ℃ | -45~+85 | |
| 封装尺寸 A 型 | mm | 121×32×11.5 | 86×32×11.5 |
| 封装尺寸 B 型 | | 118×19×8 | 83×19×8 |

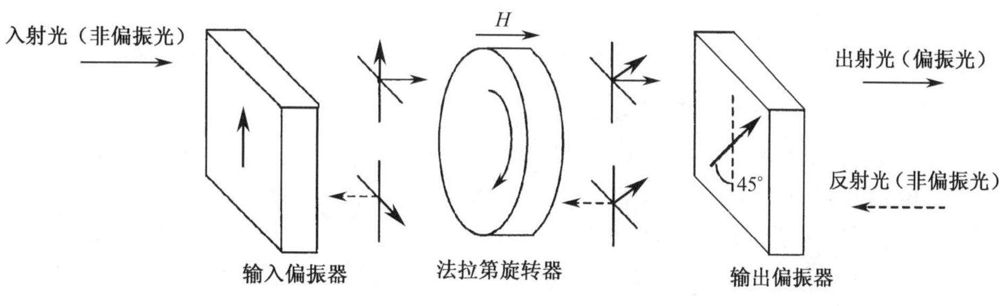


图 5.2.12　隔离器的工作原理

### 5.2.4　环形器

第 2 章在讨论色散补偿时提到了环形器。环形器有 3、4 和 6 端口之分，它是只允许某端口的入射光从确定端口输出的器件，如图 5.2.13 所示，对于 3 端口环形器，端口 1 的输入光信号只能从端口 2 输出，而端口 2 的输入光信号只能从端口 3 输出。环形器的主要功能部件为双折射分离元件、法拉第旋转器和相位旋转器。双折射分离元件不仅能使入射

光分离成相互正交的偏振光，而且两者具有一定的分裂度，即在空间上可以分离开来，如图 5.2.14 所示。

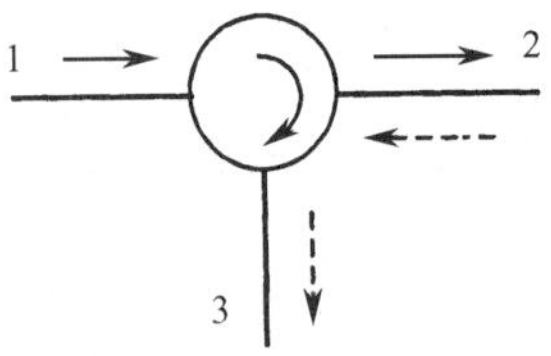


图 5.2.13　3 端口环形器

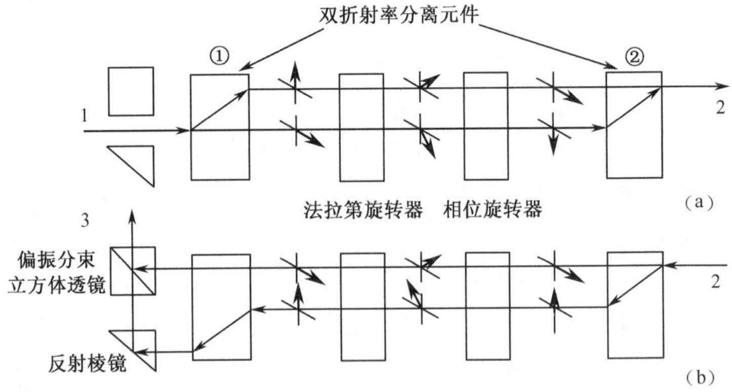


图 5.2.14　环形器的工作原理

光束由端口 1 到端口 2 传播的工作过程如下，入射光经过双折射分离元件①后，被分离成两束，上束为垂直偏振光（也称 E 光），下束为水平偏振光（也称为 O 光），经过法拉第旋转器和相位旋转器分别再旋转 45° 后，上束变为水平偏振光，下束变为垂直偏振光，由于水平偏振光通过双折射分离元件②时其偏振方向不变，且不发生折射，而垂直偏振光通过时发生折射，过程与分离元件①相反，所以光束在端口 2 处被合成后输出。

光束由端口 2 到端口 3 传播的工作过程如图 5.2.14（b）所示，经过双折射率分离元件的两次分离后，它们已经偏离了端口 1 的轴，两束光线分别通过反射棱镜和偏振分束立方体透镜重新组合，并从端口 3 输出。

这里以某环形器产品说明其性能指标，它们是中心波长（1310 或 1550nm，波长范围为 ± 20nm、典型插入损耗（0.7dB）、最大插入损耗（0.8dB）、隔离度（≥45dB）、串扰（≥50dB）、回波损耗（≥55dB）、偏振相关损耗（≤0.1dB）、偏振模式色散（≤0.1ps）、最大承载功率（300mW）、最大承担拉力（5N）、光纤类型（corning SMF28）、工作温度（-5℃～+70℃）、环境温度（-40℃～+85℃）和封装尺寸（5.5mm×5.5mm×54mm）等。

### 5.2.5　衰减器

衰减器的功能是对光功率进行预定量的衰减。在光纤通信系统中，许多场合都需要减少光信号的功率。例如，光接收机对光功率的过载非常敏感，必须将输入功率控制在接收机的动态范围内，防止其饱和；光放大器前的不同信道输入功率间的平衡可防止某个或某些信道的输入功率过大，引起光放大器增益饱和等。另外，在光系统的评估、研究和调整、校正等方面也大量使用衰减器。

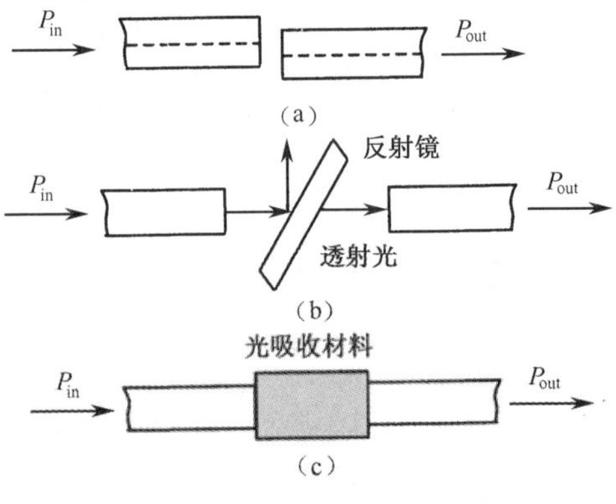


图 5.2.15　衰减器的工作原理

衰减器按工作机理分为以下几种。

**1．耦合型**

它是通过输入、输出两根光纤纤芯的偏移来改变光耦合的大小，从而达到改变衰减量的目的，如图 5.2.15（a）所示。耦合型衰减器有横向位移动型和轴向位移动型两种，衰减器与位移、横场直径、纤芯和两端面介质的折射率等因素有关。

**2．反射型**

如图 5.2.15（b）所示，通过改变反射镜的角度，可控制透射光的大小。

**3．吸收型**

采用光吸收材料制成衰减片，对光的作用是吸收和透射。

衰减器可分成固定式、步进可变式和连续可变式三种类型。固定衰减器引入一个预定的损耗，例如 5dB，10dB 等。步进衰减器常表示成诸如 10dB×5 的形式，也即 5 步进式的，每步为 10dB。连续可变式是指衰减量在一个范围内连续可调，如 0～60dB。

根据使用场合的不同，又可将衰减器分为在线型衰减器、适配器型固定衰减器、插头式衰减器、光纤端口终止器等。

技术参数主要有中心波长、带宽、衰减量、衰减精度、最小回波损耗、最大偏振灵敏度等，其中的衰减精度是指能被精细调节衰减的准确性。

### 5.2.6 连接器

光纤的连接常采用两种办法，一种是要求两根光纤（缆）的连接要固定和永久。在光缆施工中，因为一盘光缆的长度一般在 2km 以内，所以两根光缆的接续要采用熔接机将它们熔融相连。另一种是光纤与光发射机（附带尾纤）、光接收机或仪表之间的连接，或者是与另一根光纤暂时性地连接，就要用到连接器。连接器是易出故障的器件，也是用途最广泛的无源器件，我们有必要对其结构性能等有所了解。

**1．连接器结构**

连接器的基本功能部件有：插针件、闭锁装置、后壳、压接套管和保护套，图 5.2.16（a）为与光接收机相连的连接器示意图。

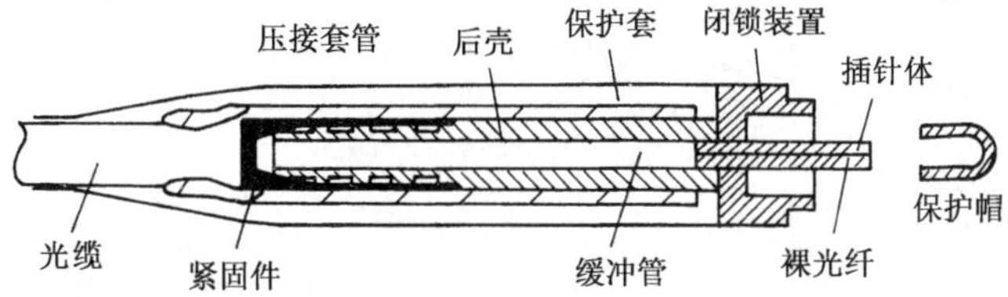


（a）

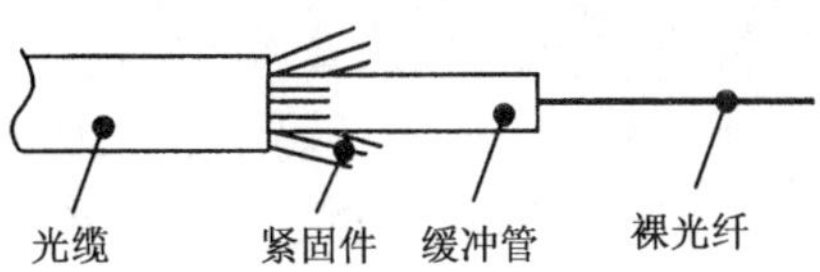


（b）

图 5.2.16　连接器的结构

图 5.2.16（b）是准备连接的光缆示意图。准备工作包括剥离光缆外层护套，揭开紧固件，除去缓冲管，将光纤裸露出来，这种准备好的光缆插进连接器时，插针才能护住裸露的光纤。

图 5.2.16 示出的结构称为套管结构，是采用得最为广泛的一种形式。除此之外还有双锥结构、V 形槽结构、球面空心结构和透镜耦合结构，如图 5.2.17 所示。

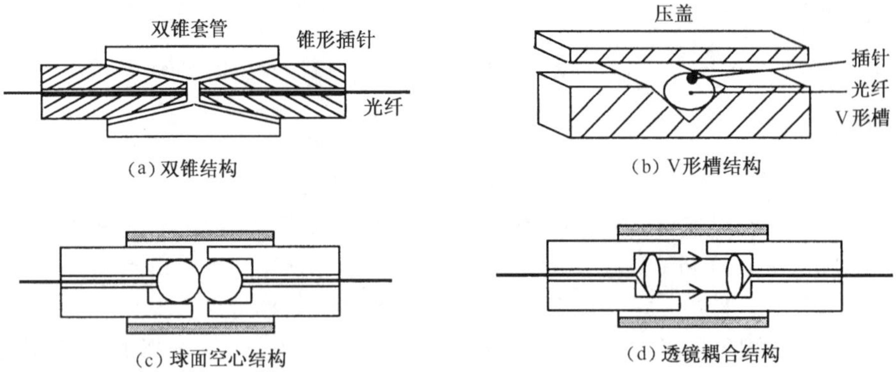


图 5.2.17 连接器的几种形式

### 2. 连接损耗

连接损耗产生的原因可归为两类：一类是光纤公差引起的固有损耗，如纤芯有径、折射率指数等的失配，如图 5.2.18（a）所示。另一类是连接器加工装配引起的外部损耗，如图 5.2.18（b）所示。外部损耗往往是主要的，其中间隙和横向偏移造成的损耗占有较大的比例。

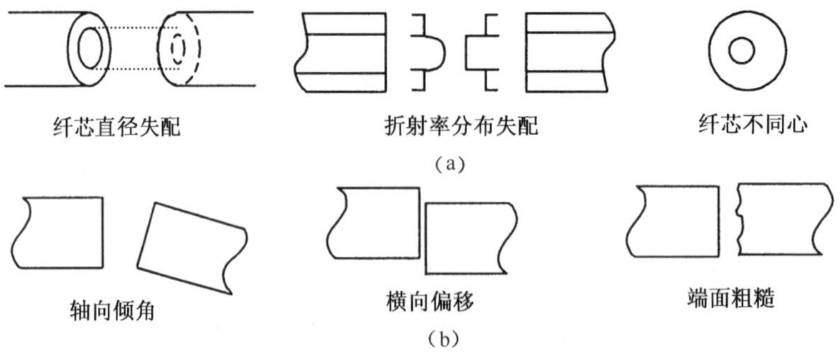


图 5.2.18 连接损耗机理

### 3. 连接器型号和参数

常用的连接器型号有 FC/PC、FC/APC、SC/PC、SC/APC 和 ST/PC，其中分子部分表示外部加强件的材料和固定方式。FC 是金属套筒，卡口螺旋式；SC 是插拔式，外壳为矩形；ST 是弹簧带锁卡口结构。分母部分表示内部光纤端面的处理形式：PC 是端面做成凸球面形，APC 是端面处理成斜面。值得说明的是，APC 连接器端面的倾斜面为 8°，这是为了保证光传输到两光纤端面产生部分反射时，反射光不致反射传播回去，而是近距离消失。因为标准单模光纤的数值孔径是 0.13，这相当于 7.5°（$NA = \sin\theta_0$），所以 8° 的倾斜角使反射光角度大于接收角，如图 5.2.19 所示。

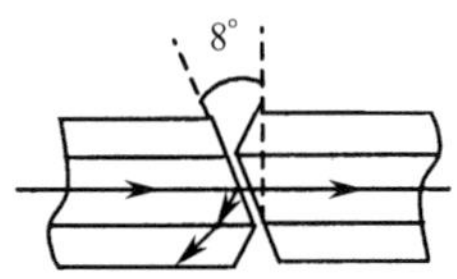


图 5.2.19 APC 端面

除了单芯活动连接器外，已经有大量双芯和多芯连接器问世，它们在光纤用户接入网中得到广泛应用。

连接器的规格型号很多，各种型号的连接器都有自己的特点和用途。例如 FC/PC 型连接器，插入损耗小，适用于长距离干线网。APC 型连接器回波段损耗大，可用于高速率数字系统或模拟视频系统。

连接器的主要性能指标有：插入损耗，一般在 0.5dB 以下；重复性，即每插拔一次或数次之后，其损耗的变化情况，一般应小于±0.1dB；互换性，是指同一种连接器不同插针替换时损耗的变化量，它应小于±0.1dB；寿命，即在保证连接器具有上述损耗参数范围内插拔资料的多少，一般应在千次以上；温度性能是指在一定温度范围内连接器损耗的变化量，一般是在-25℃～+70℃范围内，损耗变化应小于或等于 0.2dB。此外还有反射损耗（一般应小于-35dB）、抗拉强度及振动试验等性能。

### 5.2.7 光开关

光开关是光交换的关键器件，它具有一个或多个可选择的传输端口，可对光传输线路中的光信号进行相互转换或逻辑运算，在光纤网络系统中有着广泛的应用。

光开关可分成机械式和非机械式两大类。机械式光开关依靠光纤或者光学元件的移动，使光路发生转换。非机械式光开关依靠电光、声光、热光等效应来改变波导的折射率，使光路发生变化，下面对这两类光开关的结构、工作原理做一介绍。

#### 1. 机械式光开关

新型机械式光开关有微光机电系统光开关和金属薄膜光开关两类。

微光机电系统光开关（MEMS, Micro Electro Mechanical Systems）是在半导体衬底材料上制造出可以做微小移动和旋转的微反射镜，微反射镜的尺寸非常小，约 140μm×150μm，它在驱动力的作用下，将输入光信号切换到不同的输出光纤中。加在微反射镜上的驱动力是利用热力效应、磁力效应或静电效应产生的。图 5.2.20 示出了 MEMS 光开关的结构。当微反射镜为取向 1 时，输入光经输出波导 1 输出；当微反射镜为取向 2 时，输入光经输出波导 2 输出。微反射镜的旋转由控制电压（100～200V）完成。

这种器件的特点是体积小，消光比（光开关处于通状态时的输出光功率与断状态时的输出光功率之比）大，对偏振不敏感，成本低，开关速度适中，插入损耗小于 1dB。

金属薄膜光开关的结构如图 5.2.21 所示。波导芯层下面是底包层，上面则是金属薄膜，

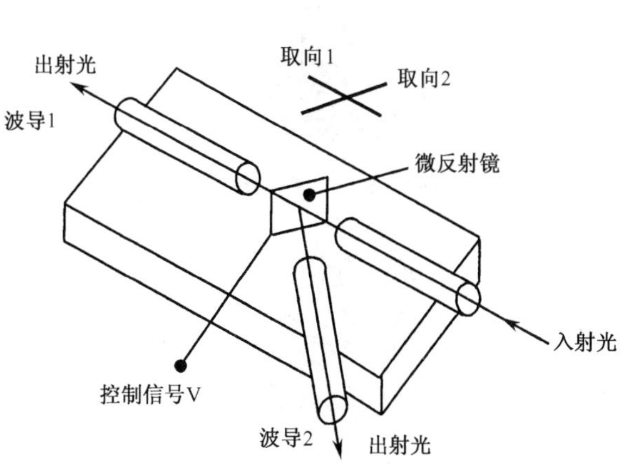

图 5.2.20　MEMS 光开关结构

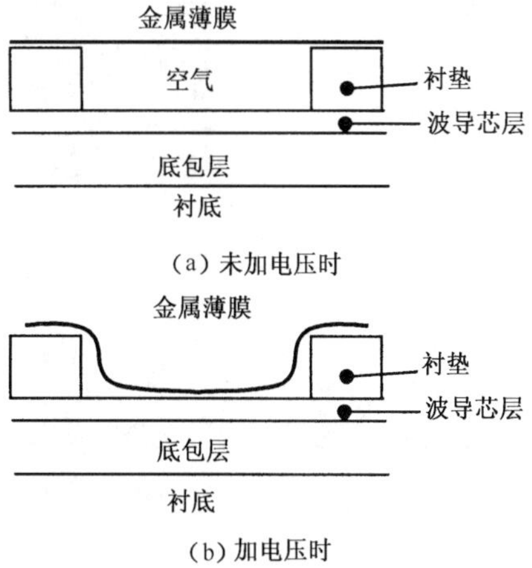

图 5.2.21　金属薄膜光开关结构

金属薄膜与波导之间为空气。通过施加在金属薄膜与衬底之间的电压，使金属薄膜获得静电力，在它的作用下，金属薄膜向下移动与波导接触在一起，使波导的折射率发生改变，从而改变了通过波导光信号的相移。

图 5.2.22 为金属薄膜 M-Z 型光开关结构示意图。如果不加电压，金属薄膜跷起，M-Z 干涉仪两个臂的相移相同，此时光信号从端口 2 输出；如果加电压，金属薄膜与波导接触，引起该臂π的相移，光信号从端口 1 输出。

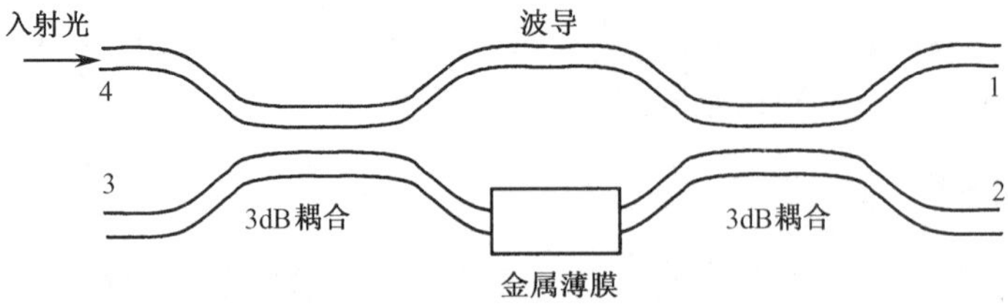


图 5.2.22　金属薄膜 M-Z 型光开关

**2．非机械式光开关**

非机械式光开关的类型有液晶光开关、电光效应光开关、热光效应光开关、半导体光放大器光开关等。

液晶光开关是在半导体材料上制作出偏振光束分支波导，在波导交叉点上刻蚀具有一定角度的槽，槽内注入液晶，槽下安置电热器。不对槽加热时，光束直通；加热后，液晶内产生气泡，经它的全反射，光改变方向，输出到要求的波导中。

电光效应、热光效应等是利用材料的折射率随电压和温度的变化而改变，从而实现光开关的器件。

半导体光放大器光开关利用改变放大器的偏置电压实现开关功能。

光开关的参数主要有波长范围、插入损耗、光路回波损耗、串扰、光路输入功率、偏振相关损耗、重复性、开关速度和寿命等。

各种光纤连接线，见二维码 5-1 和 5-2；光纤连接器的胶接彩图，见二维码 5-3。南京华脉光纤技术有限公司部分产品目录，见二维码 5-4。

二维码 5-1　光纤连接线 1

二维码 5-2　光纤连接线 2

二维码 5-3 光纤连接器的胶接

二维码 5-4　华脉公司部分产品目录

## 本章小结

光放大器和光无源器件的重要性随着光纤通信应用范围的不断扩大而日益显著，它们的性能也直接影响到信号传输的各种指标。对于光放大器，应掌握增益系数、增益饱和和噪声系数的意义，各类放大器的基本工作原理、参数和应用。EDFA 已经得到了普遍的使用，读者对它应有足够的了解。光无源器件的种类很多，读者除了理解其基本工作原理外，更应注重它们的参数和应用，并且应学会在网上搜索有关产品的性能指标。

### 习题

5.1 某放大器增益参数 $g(\nu)=\dfrac{g_0}{1+4(\nu-\nu_0)^2/(\Delta\nu)^2}$，式中 $\Delta\nu$ 为光带宽，$\nu_0$ 为最大增益频率，证明 3dB 带宽 $2(\nu-\nu_0)$ 与光带宽 $\Delta\nu$ 之比为 $\dfrac{2(\nu-\nu_0)}{\Delta\nu}=[\log_2(g_0/2)]^{-1/2}$。

5.2 放大的自发辐射噪声是怎样产生的？

5.3 某光放大器输入信号功率为 320μW，输入噪声功率在 1nm 带宽上是 30nW，输出信号功率是 50mW，且输出噪声功率在 1nm 带宽上是 12μW，该光放大器的噪声系数为多少？

5.4 已知法布里－珀罗放大器 $RG_S=0.96$，$n=3.6$，$L=50\mu m$，试计算其带宽。

5.5 行波放大器工作波长 $\lambda=1300nm$，增益为 30dB，带宽为 40nm，求它产生的 ASE 功率。

5.6 已知行波放大器 $g=52\ (1/cm)$，$\overline{\alpha}=14\ (1/cm)$，$\Gamma=0.8$，$L=500\mu m$，计算其单程增益。

5.7 设 EDFA 饱和功率是 20mW，每毫瓦泵浦功率产生 5dB 的增益，泵浦功率是 5mW，试问没有饱和的最大输入功率是多少？

5.8 有一个 EDFA 功率放大器，工作波长 $\lambda=1545nm$，输入光信号功率为−10dBm 时，输出光信号功率为 22dBm，试求：（1）该放大器的增益；（2）所需的最小泵浦功率为多大？

5.9 在线放大器，前置放大器和功率放大器在功能和性能上有什么不同？

5.10 计算 20 个光放大器级联时的输出信噪比，设每个光放大器的噪声指数相等，$F$=3dB，光发射机信噪比为 $10^8$，两个放大器之间的光纤损耗为 20dB，放大器的增益为 20dB。

5.11 已知某 2×2 双锥形光纤耦合器的输入功率 $P_{in}=200\mu W$，另外三个端口的输出功率分别为 $P_1=90\mu W$、$P_2=85\mu W$、$P_3=6.3nW$，试求该耦合器的插入损耗、附加损耗、分光比和隔离度。

5.12 什么是滤波器的主要特性？解释 M-Z 干涉滤波器的工作原理。

5.13 法拉第旋转器由 BIG 晶体制成，$\rho=9°/(Oe\cdot cm)$，设磁场为 1000Oe，求旋转光偏振面为 45° 时的晶体长度。注：$1Oe=10^3/4\pi\ (A/m)$。

5.14 连接器的类型有哪些？

5.15 引起连接器损耗的因素有哪些？

# 第 6 章　光纤通信系统的设计

**内容提要**：本章介绍光纤通信系统设计的原则、功率预算和带宽预算方法，对数字和模拟光纤链路设计的技术指标和要求及方法也做具体讨论，最后给出光纤传输系统实例。本章的特点在于全面介绍数字和模拟光纤系统的指标及影响这些指标的因素，注重设计方法的可操作性，并通过实例对光纤系统的设计知识进行了拓展。

**知识要点**：系统设计方法——功率预算法、带宽预算法；数字传输系统的技术考虑；数字传输系统中各种噪声的功率代价；模拟传输系统中载噪比与设计参数的关系；光放大器对模拟传输系统设计的影响；光互连设备作用、光端机的类型和作用。

**教学建议**：学时 6，选修。

在前面几章中，已经学习了光纤通信系统中基本元器件的功能，从光源、光检测器、光放大器等有源器件到连接器、隔离器等无源器件。在这章里将讨论如何将这些器件通过光纤组合形成具有完整通信功能的系统。

光纤通信系统就其拓扑而言是多种多样的，有星形结构、环形结构、总线结构和树形结构等，其中最简单的是点到点传输结构。从其应用来看，分光同步传输网、光纤用户网、复用技术、高速光纤通信系统、光孤子通信和光纤通信在计算机网络中的应用等。从其地位来看，又有骨干网、城域网、局域网等。不同的应用环境和传输体系，对光纤通信系统设计的要求是不一样的，这里只研究简单系统的设计，即点到点传输的光纤通信系统。内容包括设计原则、数字和模拟通信系统的设计，最后给出了设计实例，以期读者对光纤通信方面的知识有全面了解。

## 6.1　设 计 原 则

### 6.1.1　工程设计与系统设计

光纤通信系统的设计包括两方面的内容：工程设计和系统设计。

工程设计的主要任务是工程建设中的详细经费预算，设备、线路的具体工程安装细节。主要内容包括对近期及远期通信业务量的预测；光缆线路路由的选择及确定；光缆线路敷设方式的选择；光缆接续及接头保护措施；光缆线路的防护要求；中继站站址的选择及建筑方式；光缆线路施工中的注意事项。设计过程大致可分为：项目的提出和可行性研究；设计任务书的下达；工程技术人员的现场勘察；初步设计；施工图设计；设计文件的会审；对施工现场的技术指导及对客户的回访等。

系统设计要遵循建议规范，采用较为先进成熟的技术，综合考虑系统经济成本，合理选用器件和设备，明确系统的全部技术参数，完成实用系统的合成。

## 6.1.2 系统设计的内容

光纤通信系统的设计涉及许多相互关联的变量，如光纤、光源和光检测器的工作特性、系统结构和传输体制等。

例如，目前在骨干网和城域网中普遍选择同步数字序列（SDH, Synchronous Digital Hierarchy）作为系统制式，在设计 SDH 体制的光纤通信系统时，首先要掌握其标准和规范，SDH 的传输速率分为 155.52Mb/s（STM-1）、622.08Mb/s（STM-4）、2.5Gb/s（STM-16）和 10Gb/s（STM-64）等四个级别。ITU-T 对每个级别（STM-64 正在研究中）所使用的工作波长范围、光纤通道特性、光发射机和接收机的特性都做了规定，并对其应用给出了分类代码，表 6.1 给出了 STM-1 标准光接口的主要指标，其中应用分类代码中的符号 I 表示距离不超过 2km 的局内应用，S 表示距离在 15km 的局间短距离应用，L 表示距离在 40～80km 的局间长距离应用，符号后的数字表示 STM 的速率等级和工作波长（1310nm）。

**表 6.1 STM-1 光接口规范**

| 项目 | | 单位 | STM-1 | | | | | | | | |
|---|---|---|---|---|---|---|---|---|---|---|---|
| 标称比特率 | | Mb/s | 155.20 | | | | | | | | |
| 应用分类代码 | | | I-1 | S-1.1 | S-1.2 | | L-1.1 | L-1.2 | L-1.3 | | |
| 工作波长范围 | | nm | 1260～1360 | 1261～1360 | 1430～1576 | 1430～1580 | 1280～1335 | 1480～1580 | 1534～1566 | 1523～1577 | 1480～1580 |
| 发送机特性S点 | 光源类型 | | MLM<br>LED | MLM | MLM | SLM | MLM<br>SLM | SLM | MLM | MLM | SLM |
| | 最大（rms）谱宽（$\sigma$） | nm | 40<br>80 | 7.7 | 2.5 | — | 4<br>— | — | 3 | 2.5 | — |
| | 最大 20dB 谱宽 | nm | — | — | — | 1 | —<br>4 | 1 | — | — | 1 |
| | 最小边模抑制比 | dB | — | — | — | 30 | —<br>30 | 1<br>30 | — | — | 30 |
| | 最大平均发射功率 | dBm | -8 | -8 | -8 | -8 | 0 | 0 | 0 | 0 | 0 |
| | 最小平均发射功率 | dBm | -15<br>-8 | -15 | -15 | -15 | -5 | -5 | -5 | -5 | -5 |
| | 最小消光比 | dB | 8.2 | 8.2 | 8.2 | 8.2 | 10 | 10 | 10 | 10 | 10 |
| 光通道特性 | 衰减范围 | dB | 0～7 | 0～12 | 0～12 | 0～12 | 10～28 | 10～28 | 10～28 | 10～28 | 10～28 |
| | 最大色散 | ps/nm | 18<br>25 | 96 | 295 | NA | 185<br>NA | NA | 246 | 296 | NA |
| | 光缆在 S 点的最小回波损耗 | dB | NA | NA | NA | NA | NA | 20 | NA | NA | NA |
| | SR 点间最大离散反射系数 | dB | NA | NA | NA | NA | NA | -25 | NA | NA | NA |
| 接收机特性R点 | 最差灵敏度 | dBm | -23 | -28 | -28 | -28 | -34 | -34 | -34 | -34 | -34 |
| | 最小过载点 | dBm | -8 | -8 | -8 | -8 | -10 | -10 | -10 | -10 | -10 |
| | 最大光通道代价 | dB | 1 | 1 | 1 | 1 | 1 | 1 | 1 | 1 | 1 |
| | 接收机 R 点的最大发射系数 | dB | NA | NA | NA | NA | NA | -25 | NA | NA | NA |

注：S 点——发送点；R 点—接收点；NA——不做要求。

又如，对于局域网（LAN）的设计，IEEE、TIA/EIA 等组织也有相关的标准，表 6.2 对数据速率、波长做了规定。表 6.3 表示了波长范围及相应技术的要求。对于数据速率为 10Mb/s 或 100Mb/s 的 LAN 系统，其光缆的长度可以查阅 IEEE802.3u 和 TIA/EIA568A 标准。表 6.4 为其建议的最大光缆长度。

**表 6.2　以太网 LAN 标准**

| 数据速率/Mb/s | 光纤标准 | 波长（nm） |
|---|---|---|
| 10 | 10Base-FL | 850 |
| 100 | 100Base-FX | 1310 |
| 100 | 100Base-SX | 850 |
| 1000 | 1000Base-LX | 1310 |
| 1000 | 1000Base-SX | 850 |

**表 6.3　LAN 中波长范围与相应光技术**

| 波长标准/nm | 下限/nm | 中心波长/nm | 上限/nm | 光源 | 探测器 | 光纤类型 |
|---|---|---|---|---|---|---|
| 850 | 820 | 850 | 920 | LED/VCSEL | PIN | 多模 |
| 1310 | 1270 | 1300 | 1380 | LED/VCSEL/激光 | PIN/APD | 多模/单模 |

虽然光纤通信系统的形式多样，但在设计时，不管是否有成熟的标准可循，以下几点是必须考虑的：①传输距离；②数据速率或信道带宽；③误码率（数字系统）或载噪比和非线性失真（模拟系统）。在进行相关的分析后，要决定以下内容：①是采用多模光纤还是单模光纤，并涉及纤芯尺寸、折射率剖面、带宽或色散、损耗、数值孔径或模场直径等参数的选取；②是采用 LED 还是 LD 光源，涉及波长、谱线宽度、输出功率、有效辐射区、发射方向图、发射模式数量等指标的确定；③是采用 PIN 还是 APD 接收器，它涉及响应度、工作波长、速率和灵敏度等参量的选择。

**表 6.4　10/100Mb/s LAN 最大光缆长度**

| LAN 类型 | 波长/nm | 最大长度/m | | 最大损耗 | 带宽距离积/Mb/s×km | |
|---|---|---|---|---|---|---|
| | | 纤芯 50μm | 纤芯 62.5μm | dB/km | 纤芯 50μm | 纤芯 62.5μm |
| 10Base-F | 850 | 1000 | 2000 | 3.75 | 500 | 160 |
| 100Base-FX | 1300 | 2000 | 2000 | 1.5 | 500 | 500 |
| 100Base-SX | 850 | | 2000 | 3.75 | | 500 |

### 6.1.3　系统设计的方法

为了确保获得预期的系统性能，做出合适的选择，必须进行两种分析：功率预算和带宽预算。

#### 1．功率预算

功率预算的目的是判断光检测器接收到的光功率是否达到其所需的最小光功率（灵敏度）。光发射机发送的功率减去光纤链路的损耗和系统裕量，即为接收机的接收功率。光纤链路的损耗包括光纤损耗、连接器损耗、接头损耗及诸如分路器和衰减器等元件设备引入的损耗。系统裕量是一个估计值，用于补偿器件老化、温度波动及将来可能加入链路器件引起的损耗，这个值在 2～8dB 之间。设总的光功率损耗为 $P_T$，光发射机发送的光功率为 $P_S$(dBm)，光接收机的灵敏度为 $P_R$(dBm)，则

$$P_T = P_S - P_R = \alpha L + A_C + A_S + M_C \tag{6.1.1}$$

式中，$\alpha L$ 为总长度为 $L$；衰减为 $\alpha$ 的光纤损耗；$A_C$(dB)为连接器损耗。FC 型连接器一般为 0.8dB/个，PC 型连接器一般为 0.5dB/个；$A_S$(dB)为光纤固定接点损耗，一般为 0.1dB/个；

$M_C$(dB)为系统裕量。由式（6.1.1）可以计算出给定光纤的最大传输距离、连接器和接头等数量，得到较合适的设计。

**【例 6.1.1】** 某光纤链路共有 4 个连接器，每个衰减为 0.2dB；3 个接头，每个衰减为 0.02dB；光发射机的发射功率为−10dBm，接收机的灵敏度为−25dBm。如果使用衰减系数为 0.2dB/km 的单模光纤并且要求功率余量为 3dB，求链路最大中继距离。

**解**：根据

$$P_s - P_R = \alpha L + A_c + A_s + M_c$$

代入已知条件可得

$$-10-(-25)=0.2\times L+0.2\times 4+0.02\times 3+3$$

则链路最大中继距离 $L$=55.7km。

**2．带宽预算**

带宽预算的目的是为了满足传输速率的要求。光纤通信系统的带宽除了和光纤的色散特性有关外，还与光发射机和光接收机等设备有关。工程上常用系统上升时间来表示系统的带宽。上升时间的定义是：在阶跃脉冲作用下，系统响应从幅值的 10%上升到 90%所需要的时间，如图 6.1.1 所示。

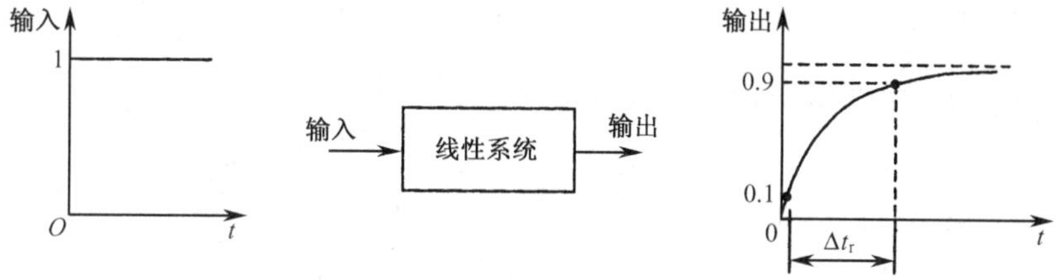


图 6.1.1　上升时间的定义

系统带宽 $\Delta f_{sys}$ 与上升时间 $\Delta t_r$ 成反比，常用下式作为系统设计的标准，即

$$\Delta f_{sys} = 0.35 / \Delta t_r \tag{6.1.2}$$

式（6.1.2）仅适用于归零码（RZ），对于非归零码（NRZ），则应当修正为

$$\Delta f_{sys} = 0.7 / \Delta t_r \tag{6.1.3}$$

系统上升时间与诸多因素有关，较为主要的因素有光纤色散、光发射机和光接收机的上升时间。设由光纤色散引起的上升时间为 $\Delta t_{fib}$，光发射机等光电设备的上升时间为 $\Delta t_{eq}$，则得到

$$\Delta t_{sys} = \sqrt{(\Delta t_{fib})^2 + (\Delta t_{eq})^2} \tag{6.1.4}$$

**【例 6.1.2】** 某 LAN 光纤链路工作波长 $\lambda$ = 850nm，链路长度 $L$ = 2000m，最大比特率为 16Mb/s，采用线宽为 20nm 的 LED 光源，光设备的上升时间为 8ns。问用 MMF（多模光纤）62.5/125μm 的光纤可以达到指定的比特率吗？

解：该题可分成几个部分求解。

（1）计算系统要求的上升时间 $\Delta t_r$

在第 2 章中，我们已经知道带宽与比特率的关系，由式（2.3.24）得到

$$\Delta f_{sys} = B = 16\text{MHz}$$

所以

$$\Delta t_r = \frac{0.35}{\Delta f_{sys}} = \frac{0.35}{16\text{MHz}} = 21.9(\text{ns})$$

（2）计算系统实际的上升时间$\Delta t_{sys}$

现在计算式（6.1.4）右边的值是否小于系统所要求的上升时间。因为$\Delta t_{eq}$为已知，所以只需计算$\Delta t_{fib}$，已知

$$\Delta t_{fib}=\sqrt{(\Delta t_{mod})^2+(\Delta t_{ch})^2}$$

式中，$\Delta t_{mod}$是模式色散引起的脉冲展宽；$\Delta t_{ch}$是色度色散引起的脉冲展宽。

① 计算$\Delta t_{mod}$

从表 6.4 可知，62.5/125μm 光纤工作于 850nm 时的带宽距离积为 160MHz・km，由于链路长度是 2000m，所以模式带宽（光带宽）为

$$\Delta f_{mod}=\frac{160(\text{MHz}\cdot\text{km})}{2\text{km}}=80(\text{MHz})$$

转换成电带宽 $$\Delta f_{el-mod}=0.707\times\Delta f_{mod}=56.6(\text{MHz})$$

所以光纤模式上升时间 $$\Delta t_{mod}=\frac{0.35}{\Delta f_{el-mod}}=\frac{0.35}{56.6}=6.2(\text{ns})$$

② 计算$\Delta t_{ch}$

由色度色散计算公式 $D(\lambda)=\frac{S_0}{4}(\lambda-\frac{\lambda_0^{\ 4}}{\lambda^3})$ 和 $\Delta t_{ch}=|D(\lambda)|\Delta\lambda L$，可得 $D(\lambda)\approx 0.1\text{ns}/(\text{nm}\cdot\text{km})$，$\Delta t_{ch}=0.1\text{ns}/(\text{nm}\cdot\text{km})\times 20\text{nm}\times 2\text{km}=4\text{ns}$，所以

$$\Delta t_{fib}=\sqrt{(\Delta t_{mod})^2+(\Delta t_{ch})^2}=\sqrt{6.2^2+4^2}=7.4(\text{ns})$$

故实际的系统上升时间为

$$\sqrt{(\Delta t_{fib})^2+(\Delta t_{eq})^2}=\sqrt{7.4^2+8^2}=10.9(\text{ns})$$

可见该值小于系统所要求的上升时间 21.9ns，光纤的选择满足系统设计的要求。如果光纤的带宽不能满足要求，可以将波长换为 1300nm 或采用 LD 光源。

## 6.2 数字传输系统的设计

### 6.2.1 技术考虑

数字传输系统的描述和指标有比特率、传输距离、码型和误码率等，其中误码率是保证传输质量的基本指标，它受多种因素制约，与光探测器性能、前置放大器性能、码速、光波形、消光比及线路码型有关。数字传输系统设计的任务就是要通过器件的适当选择以减小系统噪声的影响，确保系统达到要求的性能。

在系统的传输容量确定后，就应确定系统的工作波长，然后选择工作在这一区域内的器件。如果系统传输距离不太长，工作波长可以选择在第一窗口（800～900nm）；如果传输距离较长，应选择 1300 nm 或 1550 nm 波长。

光纤的选择应该根据通信容量的大小和工作波长来决定。多模光纤和单模光纤除了工作模式上的差别外，它们在带宽、衰减常数、尺寸和价格等方面存在较大差异。表 6.5 为典型的多模、单模光纤在带宽和衰减常数上差异的比较。多模光纤的带宽比单模光纤带宽小得多，衰减常数比单模光纤大得多，所以比较适用于低速、短距离的系统和网络，典型的应用有计算机局域网、光纤用户接入网等。表 6.6 为不同类型多模光纤的技术规范。

表 6.5 多模光纤、单模光纤部分性能比较

| 光纤类型 | 带宽/GHz | 衰减常数/dB/km | 工作波长/nm |
|---|---|---|---|
| 0.85μm 梯度多模光纤 | 0.2～0.5 | 2～4 | 850 |
| 1.31μm 梯度多模光纤 | 0.2～2.0 | 0.5～2 | 1310 |
| 1.31μm 零色散单模光纤 | 20～1000 | 0.3～0.9 | 1310 |
| 1.55μm 零色散单模光纤 | 20～1000 | 0.19～0.5 | 1550 |

表 6.6 多模光纤的技术规范

| 光纤类型<br>/μm | 衰减<br>/dB/km | 数值孔径<br>/NA | 带宽距离积<br>/Mb/s×km | 最大损耗（850nm 处）<br>/dB | 最大长度<br>/km |
|---|---|---|---|---|---|
| 50/125 | 3.0 | 0.20 | 50 | 2.0 | 0.6 |
| 50/125 | 2.7 | 0.20 | 50 | 2.0 | 0.7 |
| 62.5/125 | 3.5 | 0.29 | 50 | 5.0 | 1.4 |
| 62.5/125 | 3.0 | 0.29 | 50 | 5.0 | 1.6 |
| 100/140 | 5.0 | 0.29 | 50 | 9.5 | 1.5 |
| 100/140 | 4.0 | 0.29 | 50 | 9.5 | 1.8 |

多模光纤的芯径最小为 50μm，最大为 100μm，数值孔径较大，有利于光源光功率到光纤的耦合。另外，对于连接器和接头的要求都不高，这也决定了多模光纤比较适用于多交叉点、多连接头的场所。

单模光纤的带宽较宽，衰减较低，所以比较适合高速、长距离的系统，典型的应用有 SDH、WDM 网络等。

光检测器的选取通常放在光源之前。接收灵敏度和过载光功率是主要考虑的参数。接收灵敏度是指在一定误码率（一般为 $10^{-9}$）下，接收机所能接收到的最小光功率。过载功率是指接收机可以接收的最大光功率。当接收机接收的光功率开始高于灵敏度时，信噪比的改善会使误码率变小，但是若光功率继续增加到一定程度，接收机前置放大器将进入非线性区域，继而发生饱和或过载，使信号脉冲波形产生畸变，导致码间干扰迅速增加，误码率开始劣化（变大），当误码率再次到达规定值时，对应的接收光功率即为过载功率。

在选取光检测器时，应综合考虑成本和复杂程度。PIN 管与 APD 管相比，结构简单，成本较低，但灵敏度没有 APD 管高，目前它们经常与前置放大器组合成组件使用。

光源的选择要考虑系统的一些参数，如色散、数据速率、传输距离和成本等。LD 的谱宽比 LED 的要窄得多。在波长 800～900nm 的区域里，LED 的谱宽与石英光纤的色散特性的共同作用将带宽距离积限制在 150(Mb/s)·km 以内，要达到更高的数值，在此波长区域内就要用激光器。当波长在 1300nm 附近时，光纤的色散很小，此时使用 LED 可以达到 1500(Mb/s)·km 的带宽距离积。若采用 InGaAsP 激光器，则该波长区域上的带宽距离积可以超过 25(Gb/s)·km。而在 1550nm 波长区域内，单模光纤的极限带宽距离积可以达到 500(Gb/s)·km。

一般而言，半导体激光器耦合进光纤的功率比 LED 要高出 10～15dB，因此采用 LD 可以获得更大的无中继传输距离，但是价格要贵许多，所以要综合考虑。

### 6.2.2 光通道功率代价、损耗及色散预算

当传输距离确定后，根据功率预算关系式（6.1.1）可以知道链路允许损耗与光发送机和接

收机的功率关系。实际的数字光纤链路除了光纤本身的损耗、连接器和接头的损耗外，还存在着因模式噪声、模分配噪声、激光器频率啁啾、反射及码间干扰而导致的光通路功率代价。

**1．模式噪声**

在多模光纤中，由于振动、微弯等机械扰动，各传输模式间的干涉在光检测器的受光面上产生的斑图将随时间波动，它会导致接收功率发生波动，并附加到总的接收噪声中，使得误码率劣化，这种波动称为模式噪声。另外，连接器和接头起到了空间滤波器的作用，它们也会造成斑图的瞬时波动，增加模式噪声。

相干激光器的谱宽（$\Delta\nu$）如果比较小，使得相干时间（$1/\Delta\nu$）大于模间时延差（见2.2节）的话，同样会产生模式噪声。

一般而言，传输速率低于 100Mb/s 的链路，可以不考虑模式噪声的影响，但当传输速率达到 400Mb/s 以上时，模式噪声就变得较为严重了。减小模式噪声可以采取下列方法：使用非相干光源 LED 或使用纵模数多的激光器，也可使用数值孔径较大的光纤或使用单模光纤。

**2．模分配噪声**

多模 LD 在调制时，即使总功率不随时间改变，其各个模式的功率将随时间呈随机波动。由于光纤色散的存在，这些模式以不同的速度传播，造成各模式不同步，引起系统接收端电流附加的随机波动，形成噪声，使判决电路的信噪比降低。因此，为了维持一定的信噪比，达到要求的误码率，就要增大接收光功率。

模分配噪声的影响在高速率的系统中表现较为明显。由于 DFB 激光器的边模抑制比很高，所以选择动态单纵模 DFB 激光器而不是 F-P 腔激光器就可以有效地降低这种噪声的影响。

**3．频率啁啾**

单纵模激光器工作于直接调制状态时，由于注入电流的变化引起了有源区载流子浓度变化，进而使有源区折射率发生变化，结果导致谐振波长随时间漂移，产生频率啁啾，由于光纤的色散作用，频率啁啾造成光脉冲波形展宽，影响到接收机的灵敏度。

减小啁啾效应最理想的方法是通过选择激光器的工作波长接近于光纤的零色散波长，另外采用多量子阱结构 DFB-LD 或者采用外调制器都可以减少频率啁啾的影响。

**4．码间干扰**

码间干扰是因为光纤色散导致所传输的光脉冲展宽，最终相邻光脉冲彼此重叠而形成的。对于使用多纵模激光器的系统，即使光接收机能够对单根谱线形成的波形进行理想均衡，但由于各个谱线产生的波形经历的色散不同而前后错开，光接收机很难对不同模式携带的合成波进行理想均衡，从而造成光信号损伤，导致功率损耗。

**5．反射**

在光传输路径上总是存在连接器、接头等折射率不连续的点，这时一部分光功率就会被反射回来，反射信号对光发射机和接收机都会产生不良影响，在高速系统中，这种反射功率造成的光反馈使激光器处于不稳定状态，表现为激光器的输出功率发生波动、激光器的谐振状态受到扰乱，形成较大的强度噪声、抖动或相位噪声，同时引起发射波长、线宽和阈值电流的变化。

如果在两个反射点之间产生多次反射，反射光与信号光相互叠加，将产生干涉强度噪声，对高速系统将产生较大的影响。在 STM-1 标准光接口的主要指标中，为了控制反射的影响，规定了两种反射指标，即 S 点的最小回波损耗和 S-R 点之间的最大离散反射系数。

减小光反射的方法有：将光纤端面制成曲面或者斜面，从而使反射光偏离轴线，不重新进入光纤传输；将光纤与空气交界面上涂上折射率匹配的物质，如凝胶；使用 PC 连接器；使用光隔离器。

当考虑到上述因素后，在式（6.1.1）的右边，还需要加上一项光通道功率 $P_C$，取值范围为 1～2dB，功率预算关系式重新表达为

$$P_T = P_S - P_R = \alpha L + A_C + A_S + P_C + M_C \tag{6.2.1}$$

根据上式得出的 $L$ 值也称为损耗受限系统中继距离。

如果仅考虑色散对传输距离的限制，则可利用下式来计算色散受限系统中继距离

$$L_d = \frac{10^6 \times \varepsilon}{B \times D \times \delta\lambda} \tag{6.2.2}$$

式中，$L_d$ 为色散受限中继距离（km）；$\varepsilon$ 为与激光器有关的系数，光源为多纵模激光器时取 0.115，光源为 LED 时取 0.306；$B$ 为信号比特率（Mb/s）；$D$ 是光纤色散系数 [ps/(nm·km)]，$\delta\lambda$ 是光源的均方谱宽（nm）。

对于采用单纵模激光器的系统，假设光脉冲为高斯波形，允许的脉冲展宽不超过发送脉冲宽度的 10%，计算公式为

$$L_d = \frac{71400}{\alpha \times D \times \lambda^2 \times B^2} \tag{6.2.3}$$

式中，$\lambda$为工作波长（μm）；$B$ 为信号比特率（Tb/s）；$\alpha$为啁啾系数，对于量子阱激光器，$\alpha = 3$，若采用 EA 调制器，取$\alpha = 0.5$。

实际设计时，应根据式（6.2.1）和式（6.2.2）或式（6.2.3）分别计算后，取两者较小值为最大无中继距离。

**【例 6.2.1】** 有一个 565Mb/s 单模光纤传输系统，其系统总体要求如下：

（1）光纤通信系统的光纤损耗为 0.2dB/km，有 5 个接头，平均每个接头损耗为 0.2dB，光源的入纤功率为−3dBm，接收机灵敏度为−36dBm（$\text{BER} = 10^{-12}$）；

（2）光纤线路上的线路码型是 5B6B，光纤的色散系数为 1ps/(nm.km)，光源谱宽为 3.6nm。

求：最大中继距离是多少？

注：取功率代价为 1dB，光连接器损耗为 1dB（发送和接收端各一个），设备余量为 5dB。

**解**：（1）由式（6.2.1）可知

$$L = \frac{P_S - P_R - A_C - A_S - P_C - M}{\alpha}$$

把$P_S = -3\text{dBm}$，$P_R = -36\text{dBm}$，$A_C = 2 \times 1\text{dB} = 2\text{dB}$，$A_S = 5 \times 0.2\text{dB} = 1\text{dB}$，$M = 5\text{dB}$，$\alpha = 0.2\text{dB/km}$代入，可得受损耗限制的最大中继距离为$L = 120\text{km}$。

（2）系统采用 5B6B 码型，因此线路实际传输的码率为

$$B = 565 \times \frac{6}{5} = 678\text{Mb/s}$$

由于 $\delta\lambda = 3.6\text{nm}$，可知采用的是多纵模激光器，对应式（6.2.2）中的 $\varepsilon = 0.115$，可得受色散限制的最大传输距离为 $L = 47.12\text{km}$。

注意，式（6.2.2）中分子上的 $10^6$ 是为了和分母的 $B$ 的单位相匹配，$B$ 的单位一定要用 Mb/s。

综上可知，该系统的最大无中继传输距离为 47.12km。

## 6.3 模拟传输系统的设计

### 6.3.1 系统组成及其评价

#### 1. 系统组成

大多数光纤通信系统是数字系统，但有的时候，以模拟的形式传送信息具有更多的优点。图 6.3.1 给出了模拟光纤传输系统的示意图。

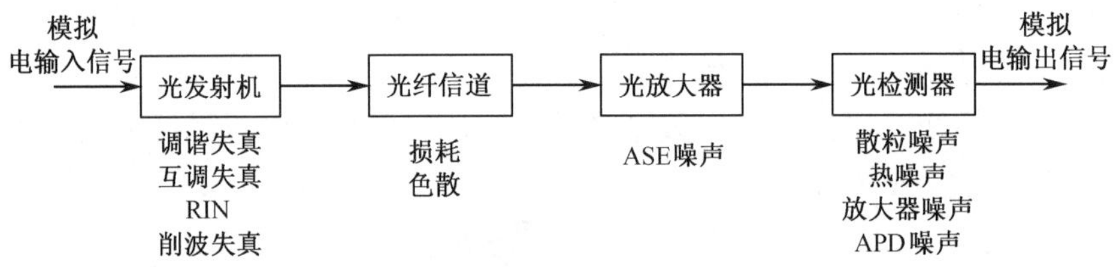


图 6.3.1 模拟光纤传输系统示意图

图 6.3.1 中的模拟电输入信号可以是微波多路复用信号、雷达信号、视频分配信号等。以多路电视信号传输为例，它是将各个电视基带信号调制到不同频率的载波上，CATV 系统一般都是采用残留边带幅度调制方式。这些信号的频谱相互不重叠，每路信号所占带宽为 8MHz。所有信号合成后再以某种方式去调制光载波，一般对激光器以直接强度方式调制。因为合成的载波信号对于光信号而言扮演着副载波的角色，所以这种技术也称为副载波复用 SCM（Subcarrier Multiplexing），如图 6.3.2 所示。

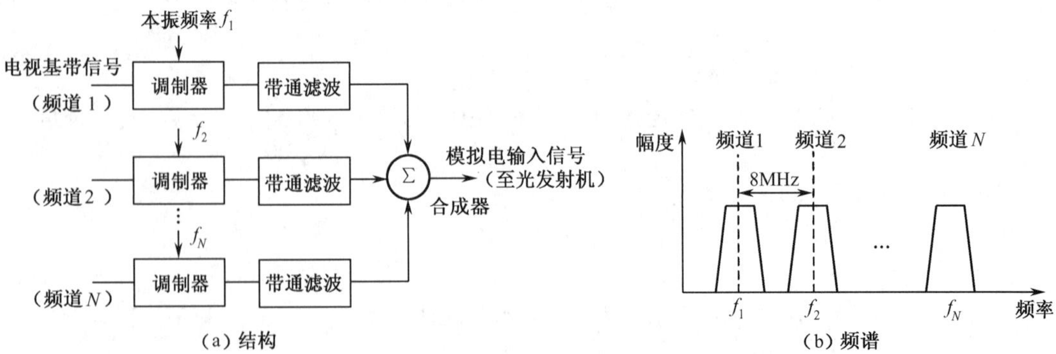


图 6.3.2 副载波复用原理图

**2．主要指标**

模拟传输系统的主要性能指标有三个，它们是载噪比 CNR（Carrier to Noise Ratio）、复合二阶失真 CSO（Composite Second Order Intermodulation）和复合三阶差拍 CTB（Composite Triple Beat）。后两项指标针对多路信道复用的使用情况。

图 6.3.2 中，多路频分复用的模拟电信号对激光器进行调制时，由于激光器的 P-I 曲线不是理想线性的，所以会出现谐波及互调产物（各个副载波之间的和频与差频的各种组合），如果它们落在所传输的频带内，将导致谐波失真和互调失真。当输入的驱动电流信号超过了激光器的阈值 $I_{th}$ 时，还会出现削波失真。所有这些失真称之为非线性失真。非线性失真的影响可以用 CSO、CTB 来描述，CSO 定义是

$$\text{CSO}=\frac{\text{二阶互调产物总功率（某频道）}}{\text{载波功率（某频道）}} \tag{6.3.1}$$

CTB 的定义是

$$\text{CTB}=\frac{\text{三阶差拍产物和三阶互调产物总功率（某频道）}}{\text{载波功率（某频道）}} \tag{6.3.2}$$

对于多信道视频图像传输系统，CSO 和 CTB 的值应分别低于-60dBc、-63dBc。

载噪比 CNR 是在规定的带宽内载波功率与噪声功率的比值，单位为 dB。调制方式不同，对 CNR 值的要求不同。对于幅度调制度电视信号，CNR 应大于 50dB，若采用频率调制，该值只需大于 15dB。

系统总的载噪比与各个类型噪声成分导致的载噪比之间的关系是

$$\frac{1}{\text{CNR}}=\sum_{i=1}^{n}\frac{1}{\text{CNR}_i} \tag{6.3.3}$$

式中，$n$ 为噪声类型的数目。

对于单信道模拟传输链路，主要噪声源有激光器相对强度噪声 RIN、削波噪声、光检测器噪声和光放大器噪声，其基本噪声类型是相对强度噪声 RIN 和光检测器噪声。仅考虑它们作用时系统 CNR 的表达式推导如下。

首先计算载波功率。如图 6.3.3 所示，设模拟驱动信号为 $i(t)=I_m\sin\omega t$，则输出光功率为

$$P(t)=P_b(1+m\sin\omega t) \tag{6.3.4}$$

式中，$P_b$ 是光源在偏置电流 $I_b$ 处的输出光功率，$m$ 是调制指数，其表达式为

$$m=\Delta P/P_b \tag{6.3.5}$$

$\Delta P$ 的定义由图 6.3.3 给出。$m$ 的取值范围是 0.25～0.50。

光检测器输出电流

$$\begin{aligned} i_r(t)&=I_0(1+m\sin\omega t)\\ &=RP_r(1+m\sin\omega t)\end{aligned} \tag{6.3.6}$$

式中，$R$ 是光检测器的响应度；$P_r$ 是它的平均接收功率，故载波功率为

$$C=\frac{1}{2}(mI_0)^2=\frac{1}{2}(mRMP_r)^2 \tag{6.3.7}$$

式中，$M$ 是光检测器的增益，对于 PIN 光电二极管，$M=1$。

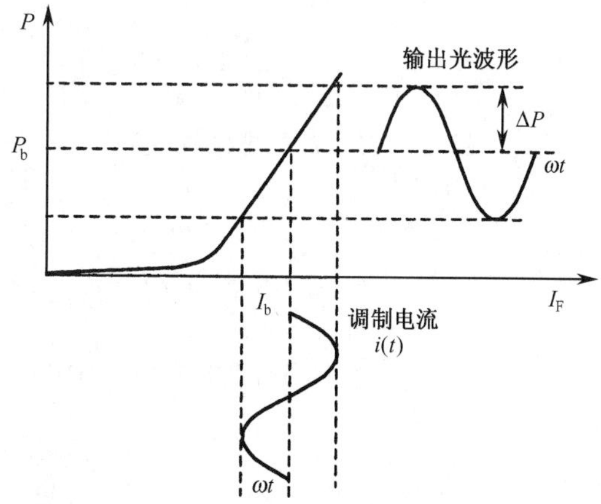


图 6.3.3　激光器模拟调制

再计算噪声功率。激光器相对强度噪声 RIN 的产生是由于其输出光的强度总在随机变化，其噪声功率表达式为

$$\sigma_{\mathrm{RIN}}^2 = \mathrm{RIN}(RP_{\mathrm{r}})B \tag{6.3.8}$$

式中，$B$ 为频道的带宽；RIN 的典型值为-130～-160dB/Hz。

散粒噪声是光检测过程中由光生电流的随机效应产生的。由于器件内部物理过程使得光生电流围绕一个统计平均值而起伏，该起伏就是散粒噪声，其功率为

$$\sigma_{\mathrm{shot}}^2 = 2q(I_{\mathrm{d}} + I_{\mathrm{P}})M^2 F_{\mathrm{A}} B \tag{6.3.9}$$

式中，$q$ 为电子电荷（$1.6\times10^{-19}$C）；$I_{\mathrm{d}}$ 是光检测器的暗电流；$I_{\mathrm{P}} = RP_{\mathrm{r}}$ 是光电流；$M$ 是光电二极管的增益；$F_{\mathrm{A}}$ 是光检测器的过剩噪声指数，对于 PIN 管，该数值为 1；$B$ 为带宽。

热噪声功率表达式是

$$\sigma_{\mathrm{T}}^2 = \frac{4k_{\mathrm{B}}T}{R_{\mathrm{i}}}FB \tag{6.3.10}$$

式中，$k_{\mathrm{B}}$ 为玻耳兹曼常数（$1.38\times10^{-23}$J/K）；$T$ 为热力学温度；$F$ 是前置放大器的噪声系数；$R_{\mathrm{i}}$ 为前置放大器的输入电阻；$B$ 为带宽。

由式（6.3.7）～式（6.3.10），可得到模拟系统的载噪比公式，即

$$\frac{C}{N} = \frac{\frac{1}{2}(mRMP_{\mathrm{r}})^2}{\mathrm{RIN}(RP_{\mathrm{r}})B + 2q(I_{\mathrm{d}} + I_{\mathrm{P}})M^2 F_{\mathrm{A}} B + \frac{4k_{\mathrm{B}}T}{R_{\mathrm{i}}}FB} \tag{6.3.11}$$

$$\mathrm{CNR} = 10\lg\frac{C}{N} \tag{6.3.12}$$

图 6.3.4 为载噪比与接收光功率的关系曲线，其中的参数为 $m = 0.25$，RIN=-143dB/Hz，入纤功率 $P_{\mathrm{S}} = 0$dBm，$R = 0.6$A/W，$B = 10$MHz，$I_{\mathrm{d}} = 10$nA，$R_{\mathrm{i}} = 750\Omega$，$F = 3$dB，采用 PIN 管。

**【例 6.3.1】** 假设一个有 32 个信道的 FDM 系统中每个信道的调制指数为 4.4%，若 $\mathrm{RIN} = -135\mathrm{dB/Hz}$，PIN 光电二极管接收机的响应度为 $0.6\mathrm{A/W}$，$B = 5\mathrm{MHz}$，$I_{\mathrm{d}} = 10\mathrm{nA}$，$R_{\mathrm{i}} = 50\Omega$，前置放大器噪声系数为 3dB。若接收光功率为-10dBm，试求这个链路的载噪比。

**解：** FDM 系统的调制指数与每个信道的调制指数的关系由下式表示

$$m = \left(\sum_{i=1}^{N} m_i^2\right)^{0.5} = (32\times0.044^2)^{0.5} = 0.25$$

考虑到采用 PIN 管，故倍增系数 $M = 1$，$F_{\mathrm{A}} = 1$，取 $T$=300K，则根据式（6.3.11）

$$\frac{C}{N} = \frac{\frac{1}{2}(mRMP_{\mathrm{r}})^2}{\mathrm{RIN}(RP_{\mathrm{r}})B + 2q(I_{\mathrm{d}} + I_{\mathrm{P}})M^2 F_{\mathrm{A}} B + \frac{4k_{\mathrm{B}}T}{R_{\mathrm{i}}}FB}$$

其中　$P_{\mathrm{r}} = -10\mathrm{dBm} = 0.1\mathrm{mW}$，$\mathrm{RIN} = -135\mathrm{dB/Hz} = 3.16\times10^{-14}/\mathrm{Hz}$

则 $$\frac{C}{N} = \frac{\frac{1}{2}(0.25\times0.6\times1\times0.1)^2}{3.16\times10^{-14}\times0.6\times0.1\times50\times10^6 + 2\times1.6\times10^{-19}\times(10\times10^{-9}+0.6\times0.1)\times1^2\times1\times50\times10^6 + \frac{4\times1.38\times10^{-23}\times300}{50}\times1\times50\times10^6}$$

$$= 1.19\times10^4$$

因此，载噪比为　$\mathrm{CNR} = 10\lg\frac{C}{N} = 40.8\mathrm{dB}$

由图 6.3.4 可见，要满足 CNR>50dB，接收光功率必须大于-14dBm，当然，对于不同的光源和光检测器，因为它们的参数各异，所以要求的接收功率是不一样的。图 6.3.4 用虚线描述了三个极限情况下载噪比的数值，它们是通过令式（6.3.11）分母中某一项起作用而另两项为零得到的。当接收光功率较高时，光源噪声起主导作用，载噪比几乎是一个常数；对于中等强度的接收光功率，主要噪声是散粒噪声，接收光功率减少 1dB，CNR 值就降低 1dB；当接收的光功率较低时，接收光功率每变化 1dB，CNR 的值将改变 2dB。

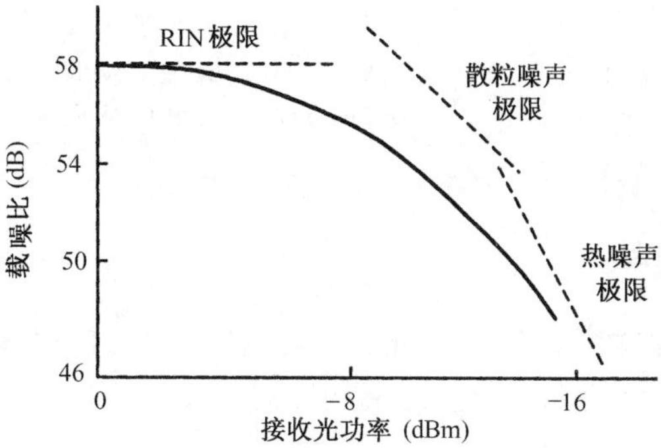


图 6.3.4　载噪比与接收光功率的关系

### 6.3.2　光放大器对系统性能的影响

如果模拟系统链路较长，就要用光放大器来弥补光纤的损耗，但是光放大器的噪声会影响到系统的性能。假设光放大器置于光探测器前，那么光探测器中除了热噪声以外，还有与光放大器放大的自发辐射有关的噪声分量。设信号场和放大的自发辐射场分别为 $E_S$ 和 $E_n$，则光检测器电流 $i \propto (E_S + E_n)^2$，显然，除了信号和噪声项以外，还有信号与噪声的乘积项，我们称之为差拍噪声。如果它落在光接收机的带宽内，将会降低系统的载噪比。光接收机的典型带宽小于 50GHz（0.4nm），所以只有那些距离信号波长 0.4nm 以内的 ASE 成分才会产生差拍噪声。

仅考虑信号项和噪声项的话，光探测器的入射光功率是

$$P_r = GP_{in} + P_{ASE} \approx GP_{in} + S_{ASE}\Delta\nu \tag{6.3.13}$$

式中，$P_{in}$ 为信号光功率；$G$ 为光放大器增益；$P_{ASE}$ 为放大自发辐射功率；$S_{ASE}$ 是其功率谱；$\Delta\nu$为其带宽，如果在光检测器前放置一个光滤波器，则可明显降低放大的自发辐射的影响。这样光探测器中散粒噪声可表示为

$$\sigma^2_{shot\text{-}ASE} = 2qRGP_{in}B \tag{6.3.14}$$

信号与放大自发辐射所产生的差拍噪声功率为

$$\sigma^2_{S\text{-}ASE} = 4(RGP_{in})(RS_{ASE}B) \tag{6.3.15}$$

除此之外，ASE 还产生自拍噪声$\sigma^2_{ASE\text{-}ASE}$，但要比$\sigma^2_{S\text{-}ASE}$小得多，在光放大器增益足够大时，还可以忽略光探测器的热噪声，所以此时模拟系统中噪声的影响主要由式（6.3.8）、式（6.3.14）和式（6.3.15）决定。

对于模拟传输系统，功率预算的步骤是根据 CNR 指标以及光源和光检测器的参数，由式（6.3.11）求出光接收机要求的最小功率，根据链路损耗，再求出光源的发射光功率要求

值。如果链路较长需采用光放大器的话，式（6.3.11）分母上还要加上由式（6.3.14）和式（6.3.15）所描述的两项噪声。需要说明的是：简单、传输距离短的系统可采用渐变多模光纤、波长为 0.8～0.9μm 的 LED 光源和 PIN 探测器，假如这些器件不能满足系统的指标要求，就要选取工作在 1.3μm 的 LD、单模光纤和 APD 探测器。带宽预算的方法与 6.1 节采用的相同。

## 6.4　光纤系统实例

光纤及光纤网络终端产品广泛应用于各种广域网、城域网、宽带接入网及专业网，如金融、交通、能源等，特别是生活小区宽带网的兴起，更使光纤网络的应用范围渗透到我们生活的各个领域，这节将介绍光纤网络的几个实际应用。

### 6.4.1　设备互联方案

采用光纤及光纤收发器可以在 100km 的范围内实现两台设备的互连，这种方法能够延伸以太网的连接距离，将设备连接至远端局域网。图 6.4.1 示出了两台交换机之间的互连结构。

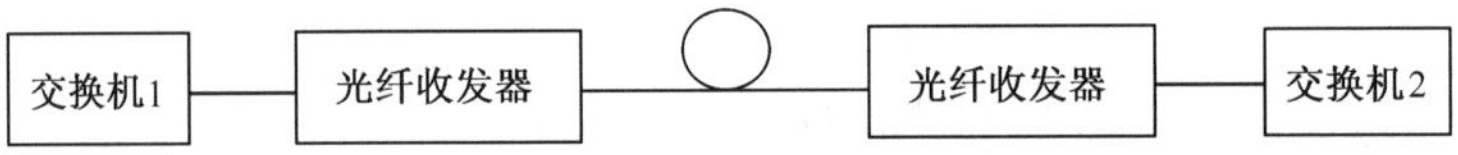


图 6.4.1　交换机之间的互连结构

光纤收发器实际上是一个光电转换器，用以实现光、电信号在一定标准下的相互转换，它带有光接口和电接口。下面列出了某光纤收发器产品的主要性能。

电接口：① 符合标准 IEEE802.3、IEEE802.3u、IEEE802.3x；

② 传输速率 10/100Mb/s，全双工、半双工自适应；

③ 接口 RJ-45（双绞线）；

④ 连接电缆 5 类/超 5 类 UTP，传输距离 100m。

光接口：① 单模/多模可选；

② 光接口 ST、SC 两种；

③ 工作模式及波长多模 850nm、1310nm 和单模 1310nm、1550nm；

④ 连续光纤可采用 50/125μm、62.5/125μm、100/140μm 等多模光纤和 8.3/125μm、8.7/125μm、9/125μm、10/125μm 等单模光纤。

连接距离：① 多模光纤 5km；

② 单模光纤 120km。

### 6.4.2　数据/视频光端机在闭路监控系统中的应用

光端机是光纤通信系统中的传输终端设备，由光发射机和光接收机组成，光发射机内部包含输入接口、光线路码型变换和光发送等部分，光接收机包括光接收、定时再生、光线路码型反变换和输出接口等部分。光端机的类型、功能繁多，按所连接的光纤来分，有与单模光纤或与多模光纤相连的光端机；按功能来分，有用于传输视频、音频、视频/数据、视频/音频、视频/数据/音频、以太网计算机数据多路复用的光端机；按传输的信号路数和信号的方向来分，有一路、多路、单向和双向的光端机；按应用来分，其主要应用于安防系统、闭路监视系统、智能化远程传输系统（高速公路、智能交通）、楼宇控制系统和校园网络等系统中。

图 6.4.2 示出了光端机在闭路监控系统中的应用。控制主机能够监视并控制 5km 左右的远端摄像机，远端摄像机的控制信号为 RS-485，同时要传输一路视频信号到控制中心主机。该系统可选择 AB 公司的 AB-M100TA/RA-0001C 数据/视频光端机对，它具有一路视频信号（采用频率调制 FM）传输，又具有一路反向 RS-485 控制信号的传输，它的光发射机内置一路反向数据接收器，光接收机内置一路反向数据发射器。该系列光端机的技术规格如下。

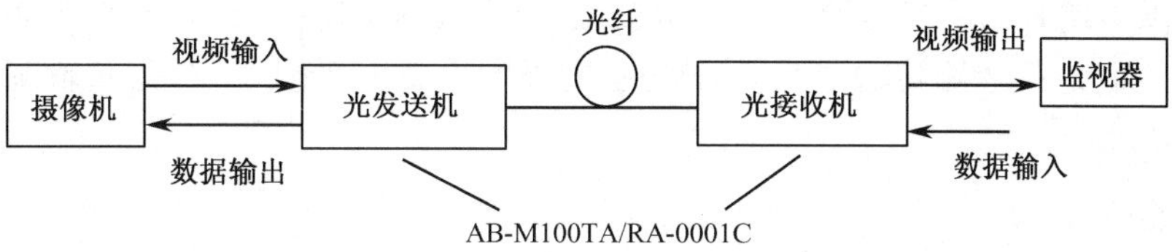


图 6.4.2　闭路监控系统

### 1. 光学指标

光端机的光学指标见表 6.7。

**表 6.7　光学指标**

| 波长 | LED 850/1300nm | | ELED 1300nm | LD 1310/1550nm |
|---|---|---|---|---|
| 光纤类型 | 50/125μm 多模 | 62.5/125μm 多模 | 62.5/125μm 多模 | 9/125μm 单模 |
| 光输出功率 | -21dBm（ST 接头） | -18dBm（ST 接头） | -10dBm（ST 接头） | -8dBm（FC 接头） |
| 接收机灵敏度 | -37dBm | -37dBm | -37dBm | -37dBm |
| 光学允许最大链耗 | 16dB | 19dB | 27dB | 29dB |
| 光学动态范围 | 20dB | 20dB | 26dB | 26dB |

### 2. 视频指标

- 视频输入/输出阻抗：75Ω（非平衡）
- 视频输入/输出电压：典型峰-峰值 1.0V，最大值 1.5V
- 最大功耗：3.5W
- 频率响应：5Hz～8MHz
- 微分增益：<2%典型值
- 微分相位：<2（典型值）
- 场斜率：<0.5%（最大值）
- 信噪比：67dB
- FM 载波频率：70MHz

### 3. 音频指标

- 音频输入/输出阻抗：600Ω、10kΩ或 47kΩ平衡/非平衡

- 音频输入/输出电平：-6～+6dBm
- 频率响应：10Hz～20kHz
- 信噪比：>60dB

**4．数据指标**

- 传输速率：0～100kb/s(RS-232)、0～300kb/s(RS-422)
- 误码率：$1\times10^{-9}$

### 6.4.3 多通道业务光端机的应用

这节介绍一种多通道业务光端机的应用。其产品主要性能如下：支持 4 路、8 路或 16 路 E1（2.048Mb/s）的传输容量；E1 接口符合 G.703 建议；一路 PCM 数字公务电话；一路网管通道，以实现对设备的网管；一路 RS232 异步数据接口；一路 V.35 通道可选，一路 10Base-T 接口可选；一路传输速率 100Mb/s 的以太网接口可选；无中继传输距离 120km，主要技术参数如下。

**1．E1 接口**

- 传输速率：（$2.048\pm50\times10^{-6}$）Mb/s
- 码型：$HDB_3$
- 阻抗：75Ω（非平衡），120Ω（平衡）
- 接口特性：符合 G.703、G.742 和 G.823 标准
- 帧结构：无帧结构

**2．光纤接口**

- FC 接口
- 波长：单模 1310/1550nm，多模 850/1310nm
- 发送功率：>-10dBm
- 接收灵敏度：优于-36dBm（误码率小于 $1\times10^{-11}$）

**3．以太网接口（选配）**

- 传输速率：10/100Mb/s 自适应
- 半双工/全双工自适应

**4．V.35 接口（选配）**

- 传输速率：（$2.048\pm30\times10^{-6}$）Mb/s
- 连接器：DB25
- DEC 工作方式

**5．10Base-T 接口（选配）**

- 传输速率：10Mb/s
- 半双工/全双工自适应

图 6.4.3 为北京光桥光科技公司的多功能光端机的典型应用。

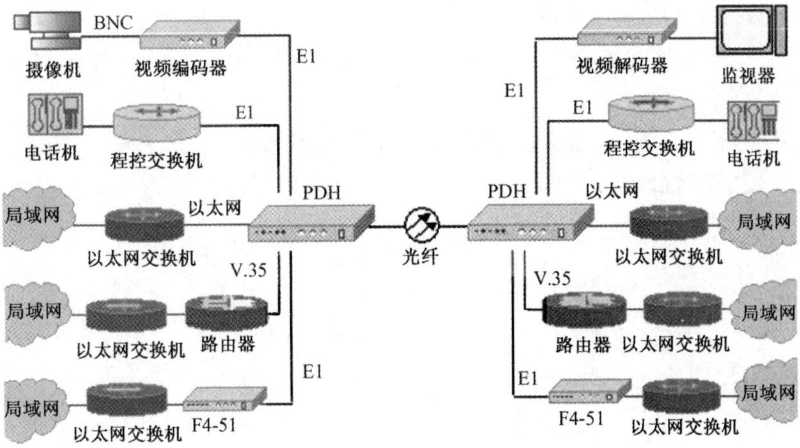

图 6.4.3　多功能光端机的典型应用

## 本 章 小 结

光纤通信的设计是一项复杂的工作，它要求读者熟知光源、光检测器和光纤的基本性能参数，并对其他光网络产品及应用有一定了解，是对前面几章内容的综合和提升。本章内容重点在于掌握光纤通信系统的基本方法——功率预算和带宽预算及高速系统的色散受限和损耗受限对中继距离的影响。在学习过程中，对规范、标准应有足够的重视，并应培养从网上搜索相关产品信息的习惯。

## 习题

6.1　工程设计与系统设计的任务有何不同？

6.2　功率预算中常考虑的因素是什么？

6.3　某条光纤链路，有四个连接器，每个为 0.2dB；三个接头，每个为 0.02dB；发送器功率为−10dBm，接收器灵敏度为−25dBm。如果使用衰减系数为 0.3dB/km 的单模光纤并且要求功率裕量为 3dB，链路的最大长度是多少？

6.4　某工作于 1310nm 的光纤链路长度为 15.5km，衰减系数为 0.35dB/km，两个熔接点损耗：0.1dB/个，两个连接器损耗：0.5dB/个，发射机平均输出功率为−10.0dBm，接收机的动态范围为−10～−25dBm，设计裕量为 3dB，问该系统是否满足功率预算条件。

6.5　一条本地数据链路的主要性能如下，最大比特率 32Mb/s，线路码为归零（RZ）格式；光纤，62.5/125μm，安装长度 2000m，工作波长 1300nm；光纤设备上升时间 6ns；LD 光谱宽度 2nm。问这根光纤是否支持要求的比特率。

6.6　对传输速率 50Mb/s，波长 0.85μm，光纤长 10km 的系统进行上升时间预算，LED 发射机和 Si-PIN 接收机分别具有 10ns 和 15ns 的上升时间，GI 光纤折射率 $n_1$ 为 1.46，$\Delta$ = 0.01，$D$ = 90ps/(nm・km)，LED 谱宽为 50nm，该系统是否可用于 NRZ 码的传输？

6.7　某渐变折射率光纤的带宽距离积为 800MHz・km，传输距离为 7km，系统传输速率为 80Mb/s 的 NRZ 数据，所用 GaAlAs 半导体激光器的谱宽为 1nm，发送脉冲的上升时间为 2ns。设接收机带宽为 90MHz，问系统上升时间是多少？是否满足 NRZ 数据传输的需要？

6.8　某系统采用多纵模激光器的均方谱宽为 2nm，光纤色散系数 $D$ = 3.2ps/(nm・km)，若链路长度为 10km，则能传输数据的最大速率为多少？

6.9　设计一个模拟调制系统，传输 4 路视频信号，每路带宽 6MHz，距离 10km，接收机信噪比 SNR 大于 50dB。

6.10　模拟系统中，前置光放大器对系统载噪比的影响是什么？

6.11　从网上查四个光纤网络产品，并了解它们的主要技术参数。

# 第 7 章　光缆线路的施工和测试

**内容提要**：本章介绍光缆的结构、类型和技术规范，对光缆线路施工的基本步骤及方式做了说明，并介绍光缆线路施工中的常用器件和测试仪器，对施工前及竣工后的测试项目及方法做讨论，最后提出了故障诊断的方法和排除步骤。

随着社会发展对知识和应用复合型人才的需要，要求学生对这部分内容有所了解，这也体现了本教材的特点。

**知识要点**：光缆结构，类型和技术规范；室外光缆的敷设形式；室内光缆的敷设；光缆接续与成端；光时域反射仪，光纤熔接机，光源与光功率计等；常用仪表的使用；光缆线路测试项目；故障检测步骤和方法。

**教学建议**：6 学时，选修。

## 7.1　光　　缆

在第 1 章中，我们已经对光缆有了初步了解。本节将从使用的角度进一步介绍光缆的结构、类型和参数。

### 7.1.1　光缆的结构与类型

#### 1．光缆结构

光缆是由光纤、松套管、中心加强件和外护套等部分构成的，光缆结构设计的要点是根据系统的通信容量、使用环境条件、敷设方式、制造工艺，通过合理选用各种材料来赋予光纤抵抗外界机械作用力、温度变化、水渗透等功能。图 7.1.1 示出了单铠装层绞式阻燃光缆 YSTZA 的横截面结构。

光缆置于强度较高的松套管内，对松套管的要求是具有优良的机械特性、热稳定性、耐化学腐蚀性，并与管内和缆芯填充油膏有很好的相容性，经常采用聚对苯二甲酸丁二醇酯来作为光纤松套管材料。

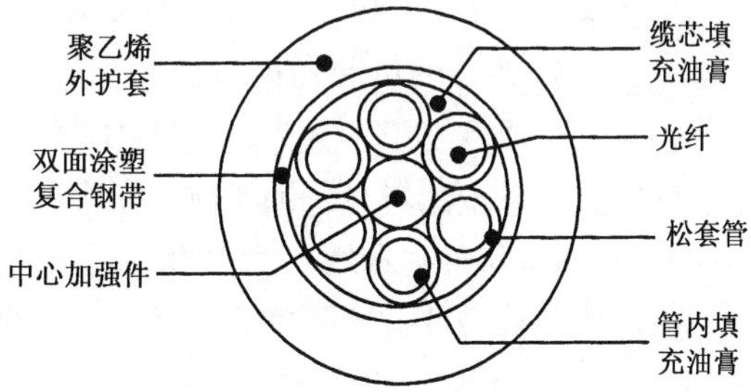


图 7.1.1　单铠装层绞式阻燃光缆 YSTZA 的横截面结构

松套管内、松套管与双面涂塑扎纹钢带之间要填充不同的阻水油膏，旨在防止各护层破裂后水向松套管和光纤的纵向渗透，因为光纤对水和潮气产生的氢氧根极为敏感，水和潮气扩散、渗透到光纤表面时，会促使光纤表面的微裂纹迅速扩张导致光纤断裂，降低光纤使用寿命，同时水与金属材料之间的置换化学反应产生的氢会引起光纤的氢损，导致光纤的光传输损耗增加。

双面涂塑复合钢带黏结聚乙烯（PE）外护套除了起到防水隔潮作用外，还可以保护缆芯从而使其免遭机械损伤，提高光缆抗冲击、耐侧压等机械性能。

PE 外护套是室外安装光缆普遍采用的形式，是一种极好的绝缘体并且具有稳定的介质性能，聚乙烯本身是可燃的，如果在其中添加适合的阻燃剂，就会变成阻燃聚乙烯；在其中添加抗紫外线的添加剂，使之具有抗紫外线辐射的性能。

中心加强件的作用是为了抵御光缆在敷设和使用过程中可能产生的轴向应力，保证光缆在所允许的应力作用下工作，使光缆具有良好的抗拉伸、压扁和弯曲等机械性能。常用的材料有磷化钢丝、不锈钢丝和玻璃钢圆棒。该类型光缆还有精确的光缆余长控制，以保证光缆具有较好的机械性能和温度特性，这种光缆的最大纤芯数为 144，适用温度范围为-40℃～+60℃，适用于架空的敷设方式。

**2．光缆类型**

光缆的品种繁多，应用场合也在不断拓宽，表 7.1 根据光缆的使用场合、结构等列出了光缆的类型。

**表 7.1　光缆的类型**

<table>
<tr><th>分类依据</th><th colspan="2">光 缆 类 型</th></tr>
<tr><td>网络层次</td><td colspan="2">骨干网光缆；中继网光缆；接入网光缆</td></tr>
<tr><td>套管状态</td><td colspan="2">松套管光缆；半松半紧套管光缆；紧套管光缆</td></tr>
<tr><td>光纤组态</td><td colspan="2">分离光纤光缆；光纤束光缆；光纤带光缆</td></tr>
<tr><td>缆芯结构</td><td colspan="2">束管光缆；层绞式光缆；骨架式光缆</td></tr>
<tr><td>敷设方式</td><td colspan="2">架空光缆；管道光缆；直埋光缆；隧道光缆；水底光缆</td></tr>
<tr><td rowspan="4">使用环境</td><td>室内光缆</td><td>多用途光缆；分支光缆；互连光缆</td></tr>
<tr><td>室外光缆</td><td>金属加强件；非金属加强件</td></tr>
<tr><td rowspan="2">特种光缆</td><td>电力光缆；缠绕式光缆；光纤复合地线式光缆；全介质自承式架空光缆</td></tr>
<tr><td>阻燃光缆；室内阻燃光缆；室外阻燃光缆</td></tr>
</table>

（1）网络层次

按照电信网的网络功能和管理层次，公用电信网可分为骨干网（长途端局以上部分）、中继网（长途端局与市话局之间及市话局之间部分）和接入网（端局到用户之间部分）。相应所采用的光缆分为骨干网光缆、中继网光缆和接入网光缆。骨干网光缆多为几十芯的室外直埋光缆。中继网光缆多为几十芯至上百芯的室外架空、管道和直埋光缆。接入网光缆按其具体作用又可细分为馈线光缆、配线光缆和引入线光缆。馈线光缆多为几百至上千芯的光纤带光缆，配线光缆为几十至上百芯光缆，引入线光缆为几芯至十几芯光缆。

（2）套管状态

按照套管对光纤的束缚程度可以将光缆分为松套管光缆、半松半紧套管光缆、紧套管光缆。松套管光缆主要用于室外，光纤在光缆中有一定自由移动空间。这样的结构有利于减小外界机械应力对于涂覆光纤的影响。紧套管光缆为室内环境而设计，紧套管光缆是指在光纤的 250μm 涂覆层外包覆直径为 900μm 的塑料涂层，它直径小、重量轻、易剥离、易敷设和易连接，但对拉力载荷和弯曲较为敏感，会增加光缆的微弯损耗。

（3）光纤组态

根据光纤在松套管中所呈现的组态可将光缆分成分离光纤光缆、光纤束光缆、光纤带光缆三种类型。分离光纤光缆是指每根光纤在松套管内都呈分离状态；光纤束光缆是将几根至几十根扎成一个光纤束后置于松套中而成；光纤带光缆是将多芯光纤（4，6，8，10，12，16，24，36 芯）制成带状后重叠成一个光纤带矩阵形式再放进一个大松套管。光纤带光缆的优点是光纤密度高，节约了管道空间，可使用光纤熔接机和专用的光纤带光缆剥离和切割工具，单根光纤的等效熔接时间可大大缩短。光缆中的松套管都要编号或着色，同样为了便于识别，管中的每根光纤都要依次着色。显然松套管光缆不适合长距离的垂直安装，否则会使其中的油膏流动，光纤移动，最大的垂直安装高度是它的一项技术规范。

（4）缆芯结构

按缆芯结构的不同特点，光缆又可分为束管式光缆、层绞式光缆和骨架式光缆。束管式（中心管）光缆是将光纤束直接放到一个松套管内，加强件由光缆芯中央移至套管周围，管内填油膏。层绞式光缆是将套管光纤绕在中心加强件周围螺旋绞合而成，这种结构的缆芯制作设备简单，工艺成熟，得到了广泛采用。骨架式光缆的光纤置放于塑料骨架的槽中，槽的截面可以是 V 形、U 形或其他合理的形状，槽纵向呈螺旋形成正弦形。这种缆芯具有较好的抗侧压性能。

（5）敷设方式

光缆的敷设方式可以分为：架空光缆、管道光缆、直埋光缆、隧道光缆和水底光缆。架空光缆是使用在地形陡峭、跨越江河等特殊的地形条件下，借助于吊挂钢索或自身附加的吊线钢丝悬挂到电线杆或塔上的光缆；管道光缆一般用在城市光缆环路，需要穿管敷设的光缆；直埋光缆是用于长途干线需要经过辽阔田野、沙漠，直接埋入规定深度和宽度的缆沟的光缆；隧道光缆是经过公路、铁路等隧道的光缆；水底光缆是用于穿越江河湖泊水底的光缆。

（6）使用环境

按使用环境又可将光缆分为室外光缆和室内光缆，室外光缆应能经受住气候的极端变化，工作在很宽的温度范围，防止水渗透，抗阳光紫外线辐射，在大风及其他应力作用下不会受到损伤，而且耐啮齿动物啃咬，所以室外光缆常用重型护套和金属铠装。其中全介质自承式光缆可以悬挂在高压电线杆、电线塔上。室内光缆用于室内环境中，多为紧套结构，其特点是柔软、阻燃，以满足室内布线的要求。

### 7.1.2 光缆的技术规范

#### 1. 技术规范

光缆的技术规范分为两大部分，第一部分是光缆的性能参数，第二部分是光缆中光纤的性能参数。光纤的性能参数已经在第 2 章讲过了，在此仅讨论光缆的性能参数。表 7.2 和表 7.3 给出了 GYXTW 型中心管式室外光缆的技术参数和温度特性。

**表 7.2 中心管式室外光缆的技术参数（GYXTW 型）**

| 光纤芯数 | | 2～12 | 14～24 |
|---|---|---|---|
| 参考外径 $D$/mm | | ～12.0 | ～13.0 |
| 光缆护套平均厚度/mm | | ～2.8 | |
| 加强钢丝外侧最小护套厚度/mm | | 1.0 | |
| 参考重度/kg/km | | 148 | 160 |
| 允许抗拉强度（最小值） | 短期 $F_{ST}$ /N | 1500 | 1500 |
| | 长期 $F_{lt}$/N | 600 | 600 |
| | $F_{ST}$/G | 0.8 | 0.8 |
| 允许侧压力（最小值） | 短期 $F_{SC}$/N/100mm | 1000 | 1000 |
| | 长期 $F_{LC}$/N/100mm | 300 | 300 |
| 允许最小弯曲半径/mm | 静态弯曲 | 10D | |
| | 动态弯曲 | 20D | |

**表 7.3 GYXTW 型光缆的温度特性**

| | 温度范围 | 允许光纤附加衰减/dB/km | | |
|---|---|---|---|---|
| 代号 | C | 1 级 | 2 级 | 3 级 |
| A | -40℃～+60℃ | 0.02 | 0.05 | 0.10 |
| B | -40℃～+60℃ | 0.02 | 0.05 | 0.05 |

包装：光缆在外护套上每间隔 1m 有白色标志、制造商名称、光缆产品型号、制造年份及长度。

标准盘长：2000+(0～100) m，3000+(0～100) m；

包装盘：铁木盘或木盘。

**2．型号**

光缆型号由光缆形式代号和光纤型号两部分构成，中间用短线分开。光纤型号已在 2.5.4 节中介绍过，这里仅介绍光缆形式代号，它由光缆分类号、加强构件代号、派生形状代号、护套层代号和外护层代号五个部分组成，它们的意义见表 7.4。外护层代号见表 7.5。

**表 7.4　光缆形式代号**

| 光缆分类号 | 加强构件代号 | 派生形状代号 | 护套层代号 | 外护层代号 |
|---|---|---|---|---|
| GY－通信用室外光缆 | 无符号－金属加强构件 | B－扁平式结构 | Y－聚乙烯护套 | 见表 7.5 |
| GR－通信用软光缆 | F－非金属加强构件 | C－自承式结构 | V－聚氯乙烯护套 | |
| GJ－通信用室（局）内光缆 | | D－光纤带结构 | U－聚氨酯护套 | |
| GS－通信用设备内光缆 | | J－光纤紧套被覆结构 | A－铝-聚乙烯黏结护套 | |
| GH－通信用海底光缆 | | S－松套结构 | L－铝护套 | |
| GT－通信用特殊光缆 | | T－填充式结构 | G－钢护套 | |
| | | X－中心束管结构 | Q－铅护套 | |
| | | Z－阻燃 | S－钢-铝-聚乙烯综合护套 | |

**【例】** GYSTA03-12J50/125(21008)C+5×4×0.9

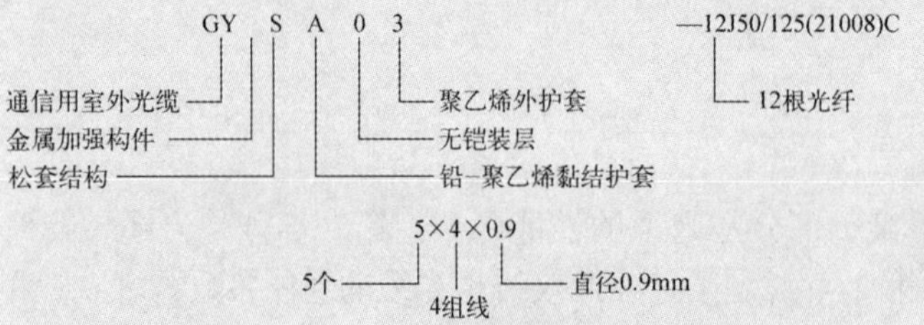


**表 7.5　外护层代号**

| 代号 | 铠装层 | 外被层 |
|---|---|---|
| 0 | 无铠装层 | 无外被层 |
| 1 | － | 纤维层 |
| 2 | 双钢带 | 聚氯乙稀套 |
| 3 | 细圆钢丝 | 聚乙烯套 |
| 4 | 粗圆钢丝 | 聚乙烯套加覆尼龙套 |
| 5 | 单钢带皱纹纵包 | 聚乙烯保护 |

可扫描二维码 7-1、7-2，观看室内通信用光缆生产流程视频（由南京华脉光纤技术有限公司提供）。

二维码 7-1　光缆生产流程 1

二维码 7-2　光缆生产流程 2

视频中依次出现的各材料与工艺流程如下：

（1）金属吊线，起承重和加强的作用；

（2）芳纶线，起抗拉作用；

（3）光纤裸纤与金属吊线，以及芳纶成束；

（4）烘干纤芯及加强线水分；
（5）光缆外护套成型；
（6）45° 水定型冷却；
（7）常温水冷却；
（8）光缆型号及商标信息喷码；
（9）成缆卷缆。

## 7.2 光 缆 施 工

在完成光纤通信系统的设计后，就可以着手施工的准备工作。

### 7.2.1 施工准备工作

施工准备工作的内容有以下几个方面。

**1．路由选择**

光缆路由的选择应根据现有的地形、地物、建筑设施，并考虑有关部门的发展要求。原则上应选择最短、弯曲较少的路由；光缆线路应尽量远离高压线路，避开其接地装置。穿越时尽可能与高压线垂直，当条件限制时最小交越角不能小于 45°；光缆线路也应尽量少与其他管线交越，必须穿越时应在管线下方 0.5m 距离加钢管保护，如敷设管线埋深大于 2m 时，光缆也可以从其上方适当位置通过，交越处加钢管保护；光缆线路尽可能少穿越水塘、沟渠。不宜穿过大型工业基地、矿区，如不能避开，应采取修建管道等措施加以保护。

建筑物外侧的光缆可经固定在屋顶或楼面的管道或托架引导。室内水平敷设的光缆路由可以选择在天花板上面。高层建筑物内光缆的垂直敷设应在竖井里完成，如果竖井不适用，则要在楼面上钻孔来敷设光缆。

**2．勘察**

勘察的主要任务是确定终端站及中间站的站址，配合设备、电力、土建等相关专业的工程技术人员，商定有关站内的平面布局和光缆的进线方式、走向；拟定线路路由上光缆采用直埋、管道、架空、过桥、水底敷设的方式和光缆的类型；绘制出光缆线路路由图、系统配置图、管道系统图；由图纸计算路由总长度。

**3．光缆盘测与配盘**

光缆运到现场后就要用光时域反射计 OTDR（Optical Time-Domain Reflectmeter）进行检测。由于此时光缆仍在运输盘上，也称之为盘测。检测的步骤如下：将光缆的一端剥开（一般在 1m 左右），分开光纤并将每根光纤的端面处理好，然后将光纤通过连接器与 OTDR 的测试尾纤连接起来，测量并记录内容：总的损耗、每公里衰减系数、整个光纤的 OTDR 衰减谱、有无异常（OTDR 曲线上的陡变）、总的盘长（缆盘上的长度标记）、总的光纤长度（OTDR 显示）、测试方向、缆盘识别号、光缆制造厂名、光缆型号、光缆中的光纤数等。测试完成后，应剪去松弛的光纤并重新密封光缆端口，防止潮气和灰尘侵入光缆。

除了以上光特性的测试外，还要进行电特性的测试。内容包括光缆护层的绝缘电阻和绝缘强度测试；光缆中铜导线（用于传输业务信号及中继器供电）的直流电阻、环路电阻偏差、绝缘电阻和绝缘强度等。所用的测试仪器主要有兆欧摇表、耐压测试仪、电桥等。

单盘光缆的长度一般为 2000m ± (0～100m)，如果线路长度超过了这个范围，则需要进行配盘，选择若干个单盘光缆进行接续。光缆实际的敷设长度要大于由图纸计算得到的路由总长度，这是由于光缆弯曲、接续，与光端机相连裕量的需要等因素造成的，表 7.6 示出了陆地光缆布放的预留长度。

**表 7.6 陆地光缆布放预留长度**

| 敷设方式 | 接头每侧预留长度/m | 光端机每侧预留长度/m | 每 500m 自然弯曲增加长度/m | 每孔内弯曲增加长度/m | 杆上预留长度/m |
|---|---|---|---|---|---|
| 直埋 | 6～8 | 10～20 | 7 | — | — |
| 管道 | 6～8 | 10～20 | 5 | 0.5～1 | — |
| 架空 | 6～8 | 10～20 | 5 | — | 0.1～0.12 |

光缆配盘时，应尽量选用同一厂家的产品。接头应满足下列要求：直埋光缆接头应选在地势平坦和地质稳固的地点，避开水塘、河流、沟渠及道路；管边光缆的接头应避开交通要道口；直埋式与管道交界处的接头，应安排在人孔内；架空光缆接头，一般应安装在杆上或杆弯 1m 左右。

光缆的敷设分为室外和室内两种情况。

### 7.2.2 室外光缆敷设

室外光缆的敷设形式有直埋、管道、架空和水底等多种形式，它们的布放方法和施工技巧也有所不同。

**1．直埋光缆敷设**

直埋光缆敷设是通过挖沟、开槽，将光缆直接埋入地下的敷设方式。它适用于长途干线等光缆接头较少的场合使用，其主要步骤是：

① 挖沟。挖沟的深度应大于 1m ± 0.2m，沟底的宽度为 0.3m，并应平整、无坎。如遇石质或半石质，沟底应垫 10cm 的细土或砂土，以免伤害光缆。光缆沟应尽可能保证是直线，拐弯处的光缆沟应符合光缆最小曲率半径的规定。

② 光缆的布放和牵引。有两种方法可以采用，一种是将光缆的端头固定，使光缆盘沿敷设方向移动。另一种是光缆盘在固定位置转动，通过牵引逐渐进行放缆。由于光缆放置过程中，经受的张力必须控制在一定的范围内，所以随着光缆布放长度的增加，除了光缆端头牵引外，还需在光缆的中间若干处加牵引。牵引可以是人工或机械的。光缆入沟后，应先回填 30cm 厚的细土，人工踏平。回填结束后，回填部分应高出地面 10cm 以便日后沉积。

③ 埋设标石。埋设标石的目的是为了方便日后维护。标石一般位于光缆路由的正上方。直线段每 100m、光缆接头、拐弯点等处都要放置标石，并给出相应的符号标记。

**2．管道光缆敷设**

管道光缆敷设有两种形式，一是利用现有城市埋设的电信管道，一般用水泥管道进行安装；二是利用硅芯管，采用光缆穿入的安装方式。

（1）用水泥管道安装。利用现有水泥管道安装前，必须在打开人孔后，做好清洁和通风工作，并放置警示信号。为了保护光缆，必须将其放在塑料子管内，所以应先布放塑料子管。布放之前，先将子管在地面上放开并量好距离，为了方便穿放光缆，一般在子管内预设尼龙绳，作为光缆的牵引绳。另外子管不允许有接头，它的端部应用塑料胶布包起来，以免在穿放时卡到水泥管接缝处造成牵引困难。塑料子管布放过程中，人孔口要有专人管理，避免将子管压扁。一般塑料子管的布放长度为一个人孔段。如果人孔距离较短，可以连续布放，但最长距离不超过 200m，布放结束后应给塑料子管装好堵头。

可采用机械牵引法将光缆敷设在塑料子管内，即使用终端牵引机采用集中牵引、分散牵引或中间辅助牵引等方法完成。在分散牵引时，要注意各个牵引机之间的同步问题。人工牵引也是一种较为简便、实用的方法。这种方法需要在人孔处安排一到两人传输光缆，并有统一的指挥协调者。人工牵引一次布放的长度不宜过长，常通过将光缆牵引几个人孔段后引出倒成“8”字，再向后面几个人孔段传输以延长光缆穿放的距离。如果光缆需要接续，它在人孔中预留的长度一般不少于 8m，并注意将光缆端头做密封处理。图 7.2.1 示出了人孔中光缆及接头的安装。

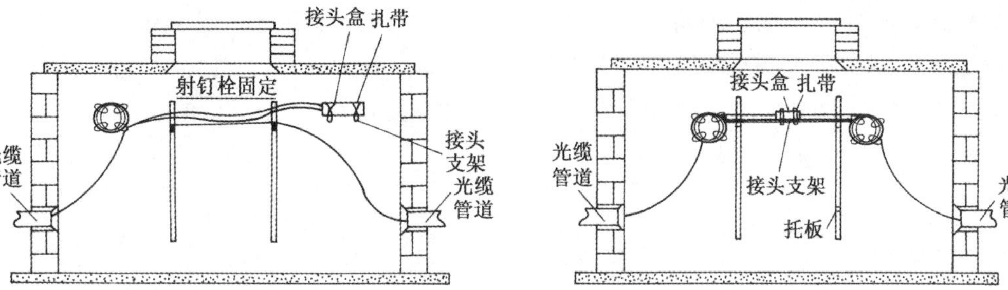

图 7.2.1　人孔中光缆及接头的安装

（2）用硅芯管安装。硅芯管是通信用光缆保护套管，它采用高密度聚乙烯（HDPE）加硅料共同挤压复合制成。它的主要特性是：具有抗压、抗张力和抗冲击的能力；内壁的硅芯层起着固体润滑剂的作用，且不会剥落；曲率半径小，是其外径的 10 倍，所以敷管时遇到弯曲或有少许落差处时，可随路而转，不必做特殊处理；使用寿命达 50 年以上；环境适应性好，温度范围为−30℃～+80℃；密封性能好、防水、防潮；可免遭啮齿动物的破坏。与直埋光缆敷设的方法比较起来，由于硅芯管内的光缆很容易被反复抽取，且管道的强度大，所以具有光缆维护方便，对光缆的保护作用更强的优势。从工程造价来讲，其施工成本比 PVC 管、双壁波纹管成本低 40%以上。

硅芯管的盘长为 700～3000m 不等。直径（外径/内径）有 32/26，32/28，40/33，46/38，50/42 和 60/52（mm）几种，其选用的原则是地势较为平坦的场所尺寸略小些，而地势变化较大的场所尺寸可相对大些，同时，光缆的截面积与硅芯管的内截面积之比（填充率）应小于 0.4。

硅芯管的主要技术指标有拉伸强度（大于 18MPa），断裂伸长度（大于等于 380%），最大牵引负荷（大于等于 8000N），内壁摩擦系数（小于 0.15），接头连接力（大于 34 300N），气密闭性能（大于等于 31.6MPa）。

**表 7.7　高密度聚乙烯硅芯管埋深要求**

| 地段及土质 | | 埋深（m） |
|---|---|---|
| 普通土、硬土 | | ≥1.2 |
| 半石质（砂砾土） | | ≥0.8 |
| 市郊、村镇 | | ≥1.0 |
| 市区街边 | | ≥0.8 |
| 沟、渠、水塘 | | ≥1.0 |
| 河流 | 直接开挖 | ≥2.0 |
| | 地龙钻孔 | ≥5.0 |
| 与其他缆线交越处（在其下方） | | ≥0.4 |

布放高密度聚乙烯硅芯管的埋深要求见表 7.7。在施工前，应将高密度聚乙烯硅芯管两端管口

用堵头严密封堵，防止水、土及其他杂物进入管内，放管时若采用人工方式的话，约 100m 站一个人，牵引管子直至放完拉直；也可以将管子的一端固定在埋设沟的一头后，将管盘放到机动车上并用专用工具将盘管架起，开动机动车向前行驶，这样管子就可随着机动车不断前进和盘架的转动而敷设了。须注意的是，在放管过程中，不得使用机械设备做直接牵引，在人井处管头的预留量不少于 50cm，堵头必须塞紧。硅管布放完毕后，需仔细检查管材是否有问题，接头处是否有脱开现象，发现问题要立即解决。

硅芯管的连接需要专用连接件和工具。专用连接件有：气密封接口，用以连接两段硅芯管；修补管，用以取代被损坏的硅芯管段；抗缆塞，是硅芯管与光缆接头盒连接处的密封部件；护缆塞（堵头），敷设硅芯管时防止泥沙进入管道。专用工具有硅芯管刨刀、接口扳手、滑轮割刀和修补钳等。

接头安装的方法如下：先把两管端面剪齐对接好；将螺帽、卡圈、密封圈按顺序套在管上；然后把两管插入接头，用手拧紧螺帽后再用专用扳手拧紧。

光缆穿入硅芯管的办法叫作吹气法。由专用的吹气机将光缆线和高速压缩气流一起送入管道。管道内壁极小的摩擦系数和高压气体的流动使光缆在管道内呈悬浮状态向前移动。光缆在管内可快速被吹送达 2000m 之远，且不会拉断。图 7.2.2 为光缆穿入硅芯管的过程示意图。

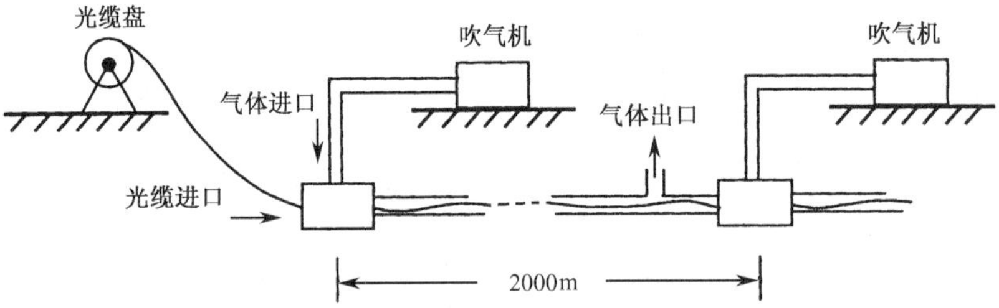


图 7.2.2　光缆穿入硅芯管过程示意图

采用多台吹气机可实现光缆的长距离敷设。

### 3. 架空光缆敷设

架空光缆主要有钢绞线支承式和自承式两种，我国基本上选用前者。这种结构是通过杆路吊线托挂成捆扎来架设光缆。架设光缆的机械性能要求较高，如防震、防雪、防风、防低温变化负荷产生的张力，并具有防潮、防水性能。在-30℃以下的地区不宜采用架空方式。

架空线路的杆距，市区为 35～40m，郊区为 40～50m。郊外随不同气象负荷区而异，可做适当调整，但最短为 25m，最长为 67m。可以充分利用架空明线的杆路加挂光缆，如原架空明线已经淘汰，可以不考虑光缆金属加强构件对明线的影响，明线可给光缆提供防震、防强电的保护。

架空光缆的吊线采用规格为 7/2.2mm（钢绞线股数/每股线径）的镀锌钢绞线，在重负荷区可减少杆距或采用 7/2.6mm 的镀锌钢绞线。

光缆的架空办法有两种。一种是定滑轮牵引法，另一种是缆盘移动放出法。前者的特点是在引上和引下两处的电杆上固定好布放光缆用的大滑轮，在每杆档内的吊线上每隔 10～20m 挂一个小滑轮，并将牵引绳穿放入小滑轮内。注意牵引端头制作时，使牵引力主要作用在光缆的加强芯上。缆盘移动放出法是将缆盘架在卡车上，人工推动光缆盘，将光缆挂在吊线上。

布放架空电缆须注意：光缆在杆上要做伸缩弯。重负荷区和超重负荷区要求每根杆上都做预留。中负荷区每 2～3 杆做一预留：轻负荷区每 3～5 杆做一预留。对于无冰期地区可以不做预留，但布放时不能将光缆拉得太紧。杆上预留光缆下垂靠杆中心部位应采用聚乙烯波纹管保护，如图 7.2.3 所示。预留长度为 1.5～2m。预留两侧及绑扎部位不能扎死，以利于气温变化时光缆能伸缩自如，光缆经挂钩处时，也应安装套管进行保护。

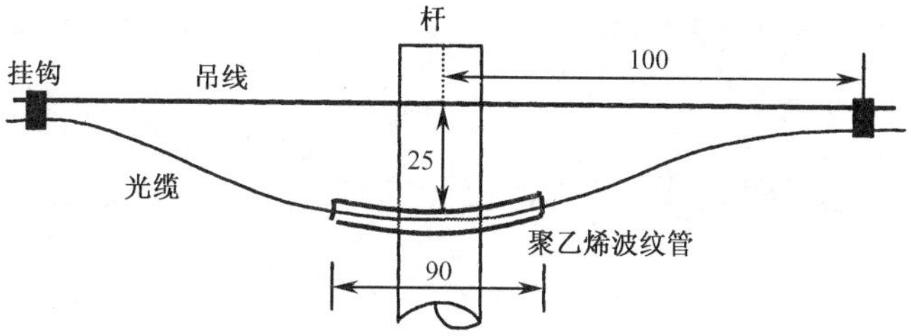


图 7.2.3　光缆杆上预留、保护示意图

当架空光缆线路的架设高度与其他设施接近时，需要保持的最小间距见表 7.8。

### 7.2.3　室内光缆敷设

室内光缆敷设的路由可简单地分为垂直路由和水平路由。垂直路由（如果作为主干光缆的敷设）一般选在建筑物竖井的管槽中，光缆应敷设在槽道内和走线架上，槽道和走线架的安装应牢固可靠。为了防止光缆下垂或脱落，除了采用紧套光纤外，在穿越每个楼层的槽道上端、下端和中间，应按 1.5～2m 的间隔对光缆采取有效的固定措施，例如用网套挂钩、尼龙绳索和钢丝卡子扎住。光缆敷设后，在设备间的设备端应预留 5～10cm，光缆的曲率半径应符合规定。如果在同一路由上存在其他弱电系统的缆线或管线，光缆与它们应有一定间距，应分开固定和敷设。

**表 7.8　架空光缆线路与其他建筑物、树木的最小间距**

| 名称 | 垂直净距（与光缆平行）/m | 垂直净距（与光缆交越）/m |
|---|---|---|
| 市区街道 | 4.5 | 5.5 |
| 胡同 | 4.0 | 5.0 |
| 铁路 | 3.0 | 7.0 |
| 公路 | 3.0 | 5.5 |
| 土路 | 3.0 | 4.5 |
| 房屋 |  | 0.6（距脊）<br>1.0（距顶） |
| 河流 |  | 1.0 |
| 市区树木 |  | 1.0 |
| 郊区树木 |  | 1.0 |
| 通信线路 |  | 0.6 |

水平敷设的形式有若干种：第一种是沿水平槽架敷设，光缆在弱电线槽内单独捆扎固定，在进出槽架部位留有足够的缓冲段；第二种是沿管边敷设，将光缆穿入聚乙烯管内沿墙明敷或暗敷。如果管内穿一根光缆，光缆与管内截面积之比应小于 0.53；第三种是在顶棚内（天花板上方）敷设，顶棚内敷设一般也应穿聚乙烯管，并且固定牢靠。

为了敷设牵引方便，当管道较长时，可以沿管道布置直通牵引箱。另外，在线路拐弯时也应安装一个拐弯牵引箱。如图 7.2.4 所示，图中 $R$ 表示光缆的最小弯曲半径。

### 7.2.4　光缆接续与成端

光缆敷设过程中，当线路长度超过单盘光缆长度时就需要进行光缆接续，将两段同一规格型号的光缆接到一起。这种情况在室外光缆安装时用得较多，对于室内光缆应尽量避免接续。

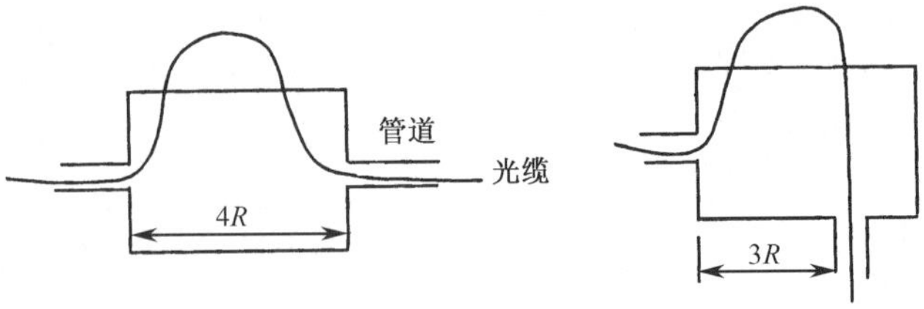


(a) 直通牵引箱　　(b) 拐弯牵引箱

图 7.2.4　牵引箱

光缆成端也称光缆的终端连接，光缆必须通过终端连接才能连接到配线架和终端盒上，最后到光端设备。

**1．光缆的接续**

光缆的接续包括光纤接续和光缆护套等部分接续两部分，下面分别介绍。

（1）光纤的接续

光纤接续可分为活动连接和固定连接两种方式，活动连接是采用光纤连接器来实现的，而光纤的固定连接则是光纤之间永久性的连接，要求其接头损耗小于 0.1dB。

光纤接续的主要工具是光纤熔接机，它可以将光纤两端定位在显微镜动态观察监视下，通过高频电弧放电熔化光纤接头处，从而使光纤两端在高温下熔化为液态并连接起来，在下节中对其工作过程将做进一步的介绍。除了光纤熔接机外，还需配置一个光缆施工工具箱，主要包括：美工笔（光缆开剥辅助工具）、开夫拉剪刀（剪断芳纶纤维）、光纤松套去除钳（剥除光纤松套套塑和外护层）、光纤紧套去除钳（剥除光纤紧套套塑）、一次涂覆层剥除钳（剥除光纤涂覆层）和光纤切割刀（光纤端面的切割）等。

光纤接续的步骤是：首先除去涂覆层，然后用纱布蘸无水酒精擦净，再用光纤切割刀将光纤端面切割得平整、光滑。为了防止在切割过程中光纤碎片溅入眼内，须戴上防护眼镜。将制备的待接续的两根光纤置于熔接机的微调架上，让其自动对准，选择好熔接时间和电压即可进行熔接。为了保证连接部位的机械强度，熔接前给光纤套上增加机械强度的热缩套管。实际上热缩套管内还有一根热熔管，接续的光纤就是通过此管的。当光纤接续完成后，把预先套在待接续光纤上的热缩管移至连接处，用专用加热器加热至 120℃左右，持续一分钟即可。这样，热熔管完全熔融并紧紧附着在光纤周围，使光纤与空气隔离从而得到保护。与此同时，热缩管收缩，两端有微量熔体溢出形成圆球，把钢丝与已接续的光纤紧紧捆在一起，增加了连接部位的机械强度。

除了以上的熔接连接方法，还可以用 V 形槽法。将待接续的两根光纤的端面切割平整后，分别置于 V 形槽的两端，然后加少量匹配液，用黏结剂固定 V 形槽盖板和底板。这种方法可以用于有特别要求的场合，如油田、仓库等需要防火的地方。

（2）光缆护套的接续

对光缆的其余部分（这部分简称为光缆护套）进行接续。这部分接续是在光缆接头盒内进行的，对它的要求是：可以长期保护光缆中接续光纤免受震动、冲击、拉力、压缩力、弯曲等机械外力的影响；应具有密封性，能防水，防潮和有害气体的侵入；耐腐蚀，防雷击；操作简便，具有拉伸预留光纤和日后维护操作必要的空间。表 7.9 为某型号光缆接头盒的规格。该接头盒的主要性能：采用阻燃聚碳酸酯，抗震，抗压，抗拉；工作温度为-40℃～+80℃，重复使用次数：10 次以上。寿命：25 年。

**表 7.9　某型号光缆接头盒规格（展通电信设备有限公司）**

| 型　　号 | 尺寸（长×宽×高）/mm | 光缆进出孔配置 | 已配置安排附件熔接盘（含热缩管） | 最大容量（芯） |
|---|---|---|---|---|
| GPJ-B-I | 420×210×105 | 8 个光缆进出孔 | 12 芯单芯熔接盘 | 12～96 |
| GPJ-B-II | 420×210×105 | 8 个光缆进出孔 | 12 芯双芯熔接盘 | 24～144 |
| GPJ-B-III | 420×210×105 | 8 个光缆进出孔 | 48 芯带状熔接盘 | 48～288 |

光纤护套的接续步骤如下：

首先按照接头盒的尺寸分别对光缆外护层和铠装钢带进行开剥。由于光缆端头在敷设过程中易受机械损伤和受潮，所以光纤的开剥长度可取 1.5m 左右，然后按照接头盒说明书的要求，将光缆引入接头盒内。光缆金属构件有光缆铠装层、加强芯、铜线等，其连接应符合各自的技术要求。如果光纤中有铜线，可采用绕接、焊接或接线子连接，它的接续点应距光纤接头中心 100mm 左右，对于远端共用铜导线，在接续后应测试直流电阻、绝缘电阻和绝缘耐压强度等。

如果固定在接头盒内的支撑架上，如果两端光缆要求电器连通，则应把两个金属支撑架固定在同一个金属连接板上，光缆钢带铠装层是嵌入接头盒的接线卡子内被固定的。

随后进行光纤的接续并将接续的光纤均匀缠绕在接头盒内的托盘上，最后将接头盒封装好。

**2．光缆的成端**

光缆的终端一般都连接在光纤终端盒、分线箱或光纤配线架上。光纤终端盒内设适配器和尾纤，可用于室内光纤的直通接续和分支接续，从而方便光纤线路的测试和改接，具有光缆固定、终接光缆、将光纤与尾纤熔接连接的作用，容量从几芯到几十芯，有带状光缆和非带状光缆、室内和室外之分。

光纤分线箱内置连接器或热缩式光纤保护套管（光纤采用熔接连接方式）、集线盘，是较为常用的终端设备。配线架则是大容量、高密度的光纤接续设备，主要应用于光纤网局端或光纤分支节点，完成主干光纤与配线光纤的熔接、交换、调度和分配功能。图 7.2.5 画出了采用尾纤的分线箱进行光端设备与光缆互连的例子。

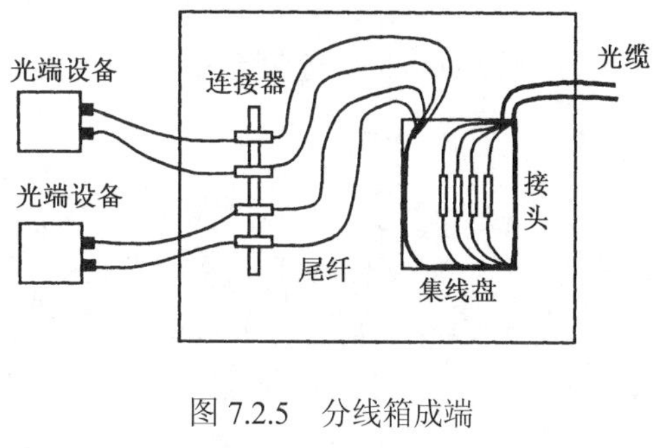

图 7.2.5　分线箱成端

光缆成端的主要技术要求是留足预留光纤以备后用；终端盒或分线箱安装平稳，远离热源；光纤在箱内盘绕时的曲率半径大于规定值，光缆中的加强芯、金属铠装层应按要求接地或进行终结处理。

## 7.3　常用仪器

### 7.3.1　光时域反射仪

光时域反射仪（OTDR）是光缆线路施工和维护中常用的测试仪器。它可以测试光纤故障点的位置、光纤衰减、光纤接头损耗及光纤长度等，并且在屏幕上以图形曲线的形式直观地显示出来，OTDR 还可以自动存储测试结果，自带打印机。由于它可在光纤一端进行测量，所以使用非常方便。

**1．基本工作原理**

OTDR 将一光脉冲送入光纤，测量该光脉冲反射回到 OTDR 所需的时间以及反射的功率，反射的光信号通过定向耦合器至 OTDR 的接收器，并转换成电信号，最终在屏幕上显示出结果曲线。图 7.3.1 为 OTDR 的组成方框图，主时钟产生标准时钟信号，控制脉冲发生器产生脉冲，也即控制光源发射光脉冲的时刻，同时控制信号处理与光源的同步；定向耦合器将光源发出的光耦合到被测光纤，并将反射光信号耦合到光检测器；放大器将光检测器送来的电信号放大、整形；信号处理部分将反射光信号与发射脉冲比较，计算出相关数据。

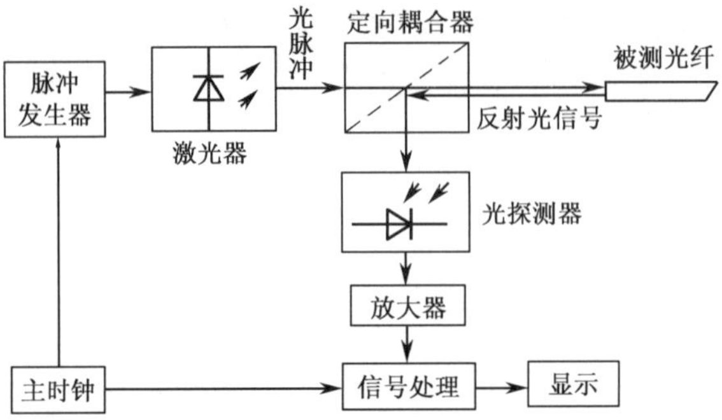


图 7.3.1　OTDR 组成方框图

**2．测试方法**

OTDR 测试方法如下：

① 剖开光缆，将被测光纤露出约 2m 长，并清洗光纤，使盘端面平整。

② 将被测光纤通过尾纤或光纤跳线与 OTDR 连接起来。

③ 选择 OTDR 的波长、模式，它们应与被测光纤的工作模式相同。

④ 根据光纤的长度、损耗，选择合适的量程和其他参数，输入被测光纤的折射率。

⑤ 测量反射事件（连接器，接头，光纤中断裂点）损耗和光纤总损耗及衰减。

⑥ 将测量结果和光纤衰减谱进行存储或打印。

**3．衰减谱分析**

图 7.3.2 显示了 OTDR 测量的光纤衰减谱，横坐标表示光纤长度，单位为 km，纵坐标表示光纤和反射事件损耗，单位为 dB。该图形象地反映了沿光纤长度所发生的事件，对曲线各点、段的分析如下。在曲线起点附近，也就是靠近 OTDR 的被测光纤段，有一凸起形状，这个光纤区域称为盲区，它是由 OTDR 前的连接器产生的反射造成的。在这个区域内，光纤所发生的事件无法观测到，为了消除盲区的影响。可以在 OTDR 与被测光纤之间添加一根盲区光纤（大约 1km）。由图可见，在 *A* 点曲线有明显陡降，说明这里是接头或者存在某些缺陷导致了损耗的增加。究竟是接头还是缺陷，可由线路施工设计资料来判断，从衰减谱上可知所处的位置。该处曲线下降的范围对应到纵轴上就是接点或缺陷的损耗值。*B* 点处的曲线突然升高，说明该点的反射或散射强烈，它有可能是连接器或者光纤损伤而造成的。而在 *C* 点虽有接头，却产生了“增益”现象，这是因为接头两侧的光纤类型不匹配造成的。这时两侧光纤的瑞利散射不同，当光由散射程度较小的光纤传入散射程度较大的光纤

时，就会出现一个向上的增益。$D$ 点是光纤的末端端面产生的菲涅耳反射，图 7.3.3 示出了两种光纤末端形式对曲线的影响，其中图（a）为端面平整时的情况，其反射程度较大；图（b）为端面不平整时的情况，如果此处不是末端，则说明光纤已经断裂。

OTDR 通过测量入射光脉冲与反射光信号之间的时间差来确定衰减谱上的传输距离，设连接到 OTDR 的光纤折射率为 $n$，则到达事件上的光纤距离，有

$$L_{\text{OTDR}} = \frac{c \times \Delta t}{2n} \tag{7.3.1}$$

式中，$c$ 是光速；$\Delta t$ 为时间差。由于光纤在光缆松套管呈绞合形状，而松套管又绕中心加强件螺旋绞绕，所以光纤的测量距离（实际长度）与光缆长度是不一样的。光缆制造商提供的光缆中光纤的余长量（%）反映了它们之间的关系，即

$$L_{\text{光缆长度}} = \frac{L_{\text{OTDR}}}{1 + a} \tag{7.3.2}$$

式中，$a$ 即为余长量。

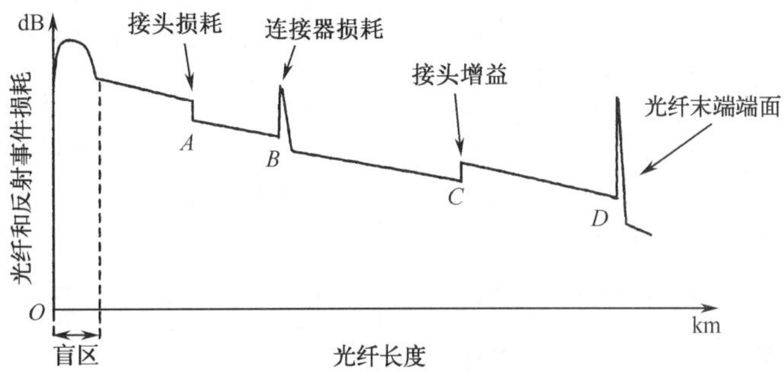


图 7.3.2　OTDR 测量的光纤衰减谱

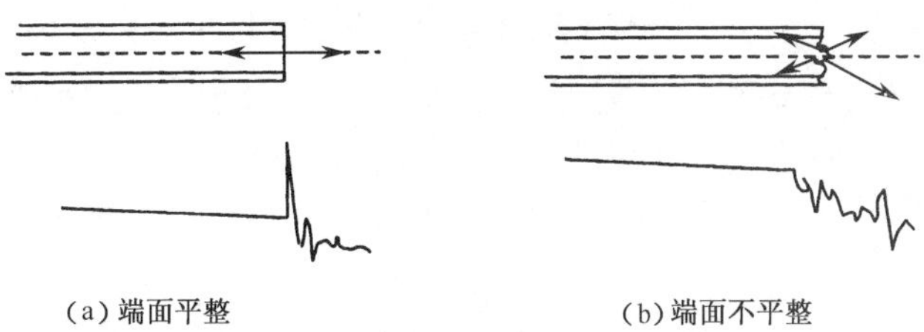


图 7.3.3　光纤末端形式对曲线的影响

## 7.3.2　光谱分析仪

光谱分析仪 OSA（Optical Spectrum Analyzer）是测量光信号波长（光谱）的功率分布特性的仪表。它的显示器纵坐标表示光功率，用 dBm 刻度定标，横坐标表示波长，用 nm 刻度来定标。它可以用来显示和测量光纤中一个或多个波长的光信号特性，在 WDM 系统中应用较多。用它可以测量的项目有：光信号功率，光信噪比，波长，光谱宽度，信道间隔等。图 7.3.4 为某公司的一款光谱分析仪。

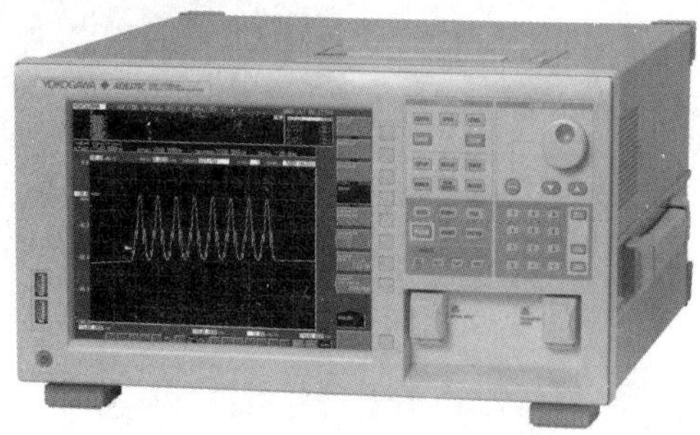

图 7.3.4　光谱分析仪

**1．衍射光栅型光谱分析仪工作原理**

根据工作原理不同，光谱分析仪可分为衍

射光栅型和干涉型两种。常用的光谱分析仪多采用衍射光栅作为中心元件。图 7.3.5 所示为衍射光栅型光谱分析仪的工作原理图。入射光通过透镜照射到衍射光栅上，衍射光栅将不同波长的光分离形成衍射光，衍射光通过一个狭缝到达光电探测器。旋转衍射光栅时，入射光波中不同波长的光所对应的衍射光依次通过狭缝到达光电探测器，以实现对入射光波长的扫描。

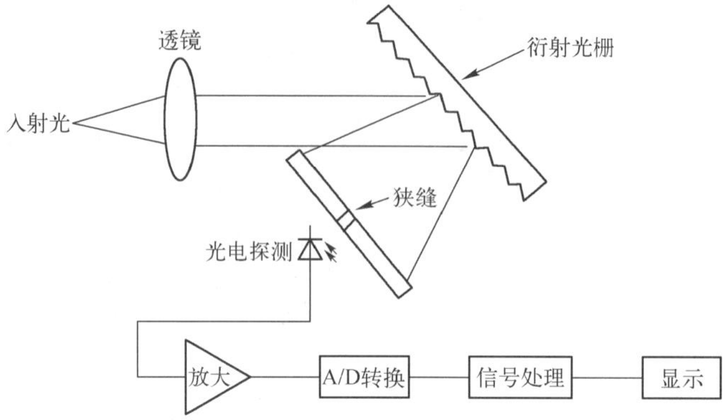


图 7.3.5　衍射型光栅光谱分析仪的工作原理图

**2．光谱分析仪指标参数**

光谱分析仪的主要指标有以下几个：

- 工作波长范围：指光谱分析仪所能测量的光波长的范围。通信用光谱分析仪的波长测量范围通常为 600～1700nm。目前一些公司还开发有适合长波长（1200～2400nm）和短波长（350～1200nm）的商用光谱分析仪。
- 波长分辨率：指光谱分析仪辨析相邻波长光信号的能力。常用分辨率带宽表示，定义为光信号半功率电平的滤波器带宽，即电平为最大值一半时所对应的带宽。
- 波长精度：指光谱分析仪准确测量光信号波长的能力。
- 动态范围：指在特定带宽下同时测量到的强光信号与相邻的 ASE 噪声信号的功率之差。如图 7.3.6 所示。

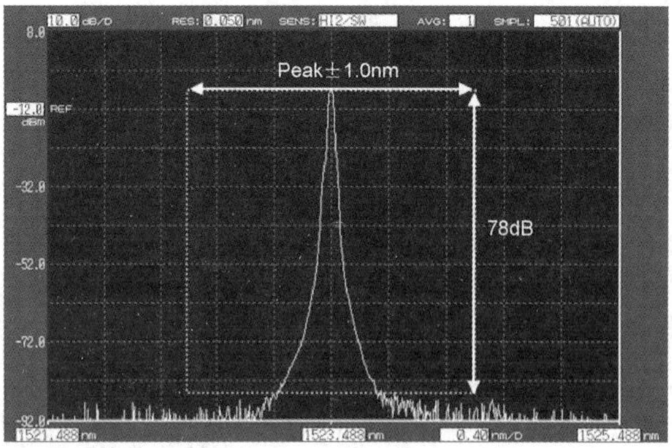


图 7.3.6　光谱分析仪动态范围实例

- 灵敏度：指光谱分析仪能够测量到的最小光功率。
- 光功率量程：指能够测量的最大光功率值与最小光功率值的差。

目前较先进的光谱分析仪，波长分辨率最高可达±0.02nm，波长测量精度可达±0.01nm，动态范围为 78dB，测量光功率可从+20dBm 的高功率到-90dBm 的极低功率，且适合单模和多模光纤的输入测量。另外，偏振敏感性也是表征光谱分析仪性能的一个指标。不同偏振态的光波可能会在光谱分析仪中显示不同的功率。这种因偏振态的不同而产生的最大和最小的功率差定义为偏振相关性。一般来讲，光谱分析仪应尽量减小对光的偏振敏感度。光谱分析仪测量的数据可存于仪器内置的内存中或通过 USB 接口进行移动存储和硬盘存储。

### 3. 利用光谱分析仪进行光谱测量

光谱分析仪可以测量各种光源（包括 DFB、FP 和 LED）光谱、光纤放大器（EDFA）光谱、WDM 信道波长以及各种无源器件的插损、中心频率和带宽等性能参数。

图 7.3.7 所示为由光谱分析仪测得的一波分复用系统中 5 个信道的光谱分布示意图，由图可知信道间隔、光信噪比、峰值等参数。

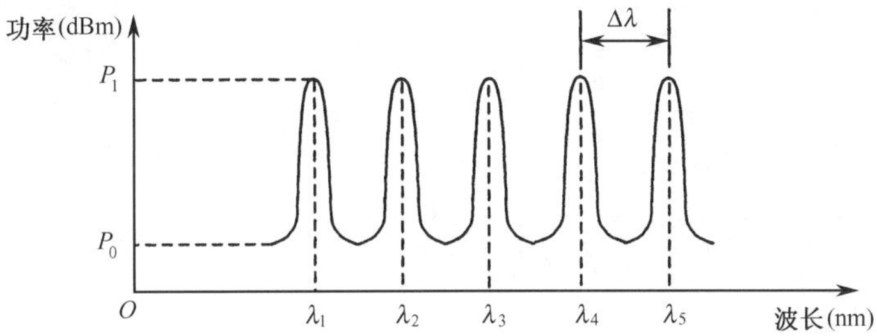


图 7.3.7 波分复用系统中 5 个信道的光谱分布示意图

利用光谱分析仪对各种器件光谱进行测量时应注意以下几点：

（1）首先确认所测的光功率是否小于光谱分析仪允许的最大光功率。若不是，则在接入光谱分析仪之前，须将光信号衰减，使衰减后的光功率在光谱分析仪的功率测量范围之内。

（2）预热与自动对准：当光谱分析仪长期未使用或被搬动后，使用前需预热 30 分钟以上。然后连接光源，利用光谱分析仪的自动对准功能进行自动对准。

（3）波长校准与功率校准：当光谱分析仪长期未使用或被搬动后，需要进行波长和功率的校准。通常，商用的光谱分析仪都有波长自校准功能。可将仪器自带的校准光源输入光谱分析仪，进行波长校准。也可通过外接 DFB 光源或可调谐光源与光波长计配合进行校准。功率的校准则稍微复杂一些，特别是对 WDM 的测试。此时可选择一个 1550nm 附近的 OUT 波长或 DFB 光源或可调谐激光器，使用经计量过的功率计测试该波长的功率。再使用已进行过波长校准的光谱分析仪测试该信号的 3dB 中心波长，进入功率校准菜单，输入刚才用功率计测得的标准功率和光谱分析仪测得的标准波长，执行功率校准。

（4）对被测试的光纤端面、连接器、跳线以及接口进行清洁，避免光接口端面的污染。连接器末端受污染后会产生损耗、光反射等，如遇高功率信号可能会烧坏连接器的接口端面，甚至损坏仪器。

（5）当一切准备工作就绪后，就可以进行测量了。可使用自动扫描功能对所测试的光功率和光波长进行扫描。如果已知被测的器件类型，可选择相应的内置自动测试软件进行测试。测试过程中，配合选择和调整扫描带宽、中心波长、扫描方式、分辨率带宽、电平刻度、灵敏度等参数即可完成光谱测量。

### 7.3.3 光纤熔接机

光纤熔接机是光缆线路施工和维护中不可缺少的设备。光纤熔接机可以连接多模、单模等各种型号的光纤，其工作原理是利用电弧放电，在瞬间使待接续的光纤熔融对接在一起，接续的质量，即接头的损耗大小与多种因素有关，如光纤端头端面的处理状况，放电电流的大小和时间等，我们以“住友”光纤熔接机为例，如图 7.3.8 所示，介绍光纤熔接机的主要技术性能。

**1．适用光纤**

- 材质/石英光纤
- 光纤种类/SMF（单模光纤），MMF（多模光纤），DSF（色散位移光纤），NZ—DSF（G.655），EDF（掺铒光纤）
- 包层外径/80～150μm
- 涂覆外径/250～900μm
- 切断长/8～16mm（$\phi$0.25）、16mm（$\phi$0.25 以外）
- 置于机器上的光纤种类通过图像智能处理自动识别，并将结果告知操作人员。

图 7.3.8 “住友”光纤熔接机

**2．接续特性**

- 平均接续损耗/SMF 0.02dB，MMF 0.01dB，DSF 0.05dB，NZ-DSF 0.04dB
- 标准接续时间/约 18s
- 加热时间/约 75s

**3．设定条件**

- 接续条件/最多 48 种
- 加热条件/最多 10 种
- 对芯方式/纤芯对准，外径对准
- 接续方式/自动接续，手动接续

光纤熔接机主机除了上述的基本性能之外，还有一些特点，如 5.6 英寸 TFT 彩色显示器，采用了大型防风盖，在 15m/s 的强风下仍能进行接续工作，高倍率图像（340 倍），画面显示各种测试结果，记录接续前后的光纤图像，白色 LED 照明 V 形槽，方便暗处作业，另外还备有高精度切割刀、光纤剥套钳等附件。

在使用光纤熔接机对光纤进行熔接时，很重要的一点是光纤端面的处理。光纤端面制作的好坏将直接影响接续质量。好的光纤端面应该非常平整，不倾斜，没有毛刺或缺痕。制作端面时需用专用的剥线工具剥去光纤涂覆层，再用蘸有酒精的清洁麻布或棉花在裸纤上擦拭几次，使用精密光纤切割刀切割光纤。对 0.25mm（外涂层）的光纤，切割长度一般为 8mm～16mm，对 0.9mm（外涂层）的光纤，切割长度约为 16mm。切好的光纤端面可以在彩色显示器上显示出来。

### 7.3.4 光源与光功率计

光源和光功率计常一起使用，以测量光纤或光器件的损耗，如图 7.3.9 所示。

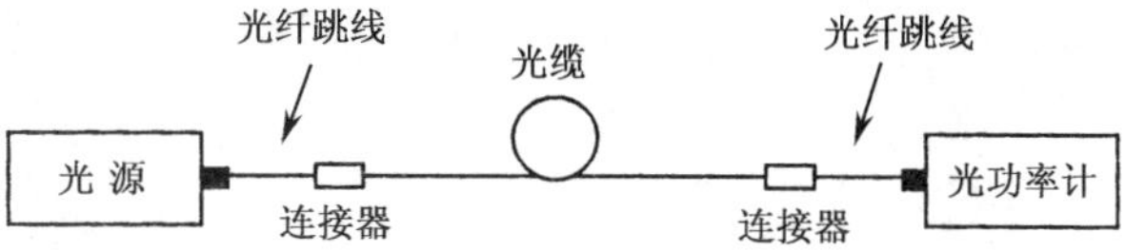


图 7.3.9　光纤损耗的测量

测试用光源常为便携手持式的，发光器件可以是 LED 或者 LD，工作波长可以选择，应根据所测光纤或光器件的工作波长来决定，对光源的基本要求是稳定性好，线宽小，功耗低，体积小，重量轻，下面列出了台湾泰仕光源的参数。

- 光源：LED（YC-6410，YC-6420）；LD（YC-6430，YC-6440）
- 中心波长输出：850nm（YC-6410），1300nm（YC-6420），1310nm（YC-6430），1550nm（YC-6400）
- 调制频率：270Hz/1kHz/2kHz/CW（连续波）
- 光功率输出：CW18dBm，CW-3dBm
- 不稳定度：±0.5dB
- 连接器：ST（另配 FC，SC）
- 电源：9V 电池或直流 9V，300mA 适配输入

光功率计有台式和便携式之分，台式多在实验室、机房使用，便携式既可在室内使用，又可在施工现场使用，它的主要技术指标包括波长范围、精度、显示分辨率、功率量程等。大多数有存储功能，微机接口。下面为 FOD1204 型光功率计的技术规范。

- 测量范围：+10～-73dBm（FOD1204），+27～-60dBm（FOD1204H）
- 显示范围：+10～-83dBm(FOD1204), +27～-67dBm（FOD1204H）
- 背景噪声：0.003nW
- 校准波长：850, 980, 1310, 1480, 1550nm
- 校准精度：±0.15dB（3.3dB）
- 线性度：+3～-60dBm：±0.05dB；+10～-70dBm：±0.25dB
- 光纤类型：从 9/125 到 62.5/125μA, NA<0.3
- 分辨率：0.01dB 和 0.001dB
- 显示屏：100×32 点阵 LCD
- 显示信息：4 位，极性，选择波长，电压低，校准模式，自动关机模式
- 电源：2 节 1.5V 碱性电池
- 连续工作时间：大于 100h
- 尺寸：147mm×74mm×28mm
- 重量：300g
- 供选适配器形式：FC、ST、SC、LC、MV 及 2.5mm 通用适配头

值得说明的是，用光源和光功率计进行测量时，一般需要 2 根光纤跳线和 2 个适配器，光纤跳线类型参数应与被测光纤一致。

## 7.4　测试和故障检修

竣工测试是光缆敷设结束后对光缆线路的光特性和电特性进行全面测量的一道关键工

序，它可以对工程设计的合理性做出评价，对施工质量做出鉴定，同时也为运营单位提供了线路的完整数据，它成为维护检修线路的重要参数。

测试项目分光特性和电特性测试两大部分。

### 7.4.1 光特性测试

#### 1．光链路的衰减测试

光链路的衰减测试可以使用 OTDR 来进行，也可以使用光源和光功率计完成。OTDR 衰减谱对应的纵轴范围即为整个光纤链路的总损耗。一般要进行两个方向上的测试，如果光纤的两端分别记为 A 和 B，单方向的损耗分别记为$\alpha_{A-B}$和$\alpha_{B-A}$，则平均损耗值为

$$\alpha = \frac{\alpha_{A-B} + \alpha_{B-A}}{2} \tag{7.4.1}$$

使用时要注意 OTDR 测量的动态范围，若不够，应该将光缆分段测量。使用光源与光功率计测量时，将光源输出的功率值减去光功率计的读数，即得到总损耗，使用时应正确选择光源的波长与光纤工作波长一致。

#### 2．光纤衰减谱的测试

由 OTDR 测得光纤衰减谱后，应观察全程曲线，看有无异常情况，并将接头损耗和连接器损耗记录下来。一般来说，熔接接头损耗不应大于 0.1dB，机械接头损耗应小于 0.3dB，连接损耗大约为 0.3dB。如果测试过程中发现异常情况，要进行复测和双向复测，以便确定故障的类型和位置。

### 7.4.2 电特性测试

#### 1．光缆护层对地绝缘测量

该项测量的目的是判断光缆外护层是否完好，从而保证光缆不会因外护层破损遭到水和潮气侵蚀影响光缆寿命，要求光缆护层对地绝缘电阻值大于 1000MΩ · km。光缆线路竣工验收中只测量单盘光缆的绝缘电阻，方法为：将兆欧表两接线端分别置于光缆金属护层和地之间，如果光缆有多个金属护层，应分别测试并记录。

#### 2．铜导线的电特性测量

光缆中若有用于业务传输的铜导线，则需对其电特性专门进行测量，具体内容有：铜导线直流电阻和环路电阻偏差，铜导线绝缘电阻及绝缘电气强度。

直流电阻的测量办法如下，用校准的直流电桥从光缆两端直接测量出各单芯铜线的直流电阻，用于远供的铜导线直径为 0.9mm，其单根导线直流电阻应小于 28.5Ω/km（20℃），当不方便从光缆两端连线测试时，可将两根铜导线在光缆的另一端短接，然后测量该两根铜导线的环路电阻，如图 7.4.1 所示，通过若干个环路电阻的测量，就可以求得单根铜导线的电阻。

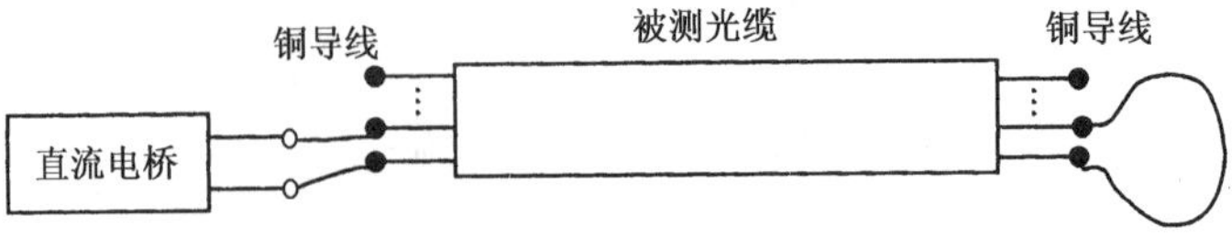


图 7.4.1 铜导线直流电阻的测试

环路电阻偏差是所有环路电阻中最大值与最小值之差除以环路电阻平均值。该值应小于1%。

铜导线绝缘电阻是指该导线与光缆中其他金属导体（包括其他铜导线，金属加强件，铠装层等）之间的电阻，该值应大于 10MΩ/km。测量时将兆欧表两接线分别接到铜导线与其他金属导体上，把测得的结果除以光缆长度，看是否满足标准。

铜导线的绝缘电气强度是指铜导线的绝缘层在击穿前的电压值。耐压测试的办法是利用耐压测试器在光缆导线之间加上规定的高压值（光缆型号不同，规定值不同），持续作用 2 分钟，若发生击穿现象，则该项指标不合格。

### 7.4.3 故障检修

此处指的故障是光缆故障，它产生的原因有：挖掘（直埋管边光缆），技术操作失误（光纤弯曲半径太小，光纤接续时被划伤），鼠害，车辆挂断（架空光缆），火灾（室内光缆），雷击等自然灾害。由于光缆的传输容量很大，如果是骨干网的话，一根光缆的中断会影响成千上万路电话通话和数据传输。如果是有线电视网，则会造成千万户无法正常收看电视图像。所以必须尽快诊断故障原因和位置，尽快排除故障。

检查光缆必备的设备和配件有：足够长度的替换光缆（500m），与故障光缆同一厂家同一型号；熔接机和相应的配件；OTDR，光源和光功率计；两个室外接头盒；光缆线路连接图；发电机，现场用灯（夜间修理时用），水泵（光缆沟积水时抽水用）；接续用工作台；挖沟设备等。

使用 OTDR 将光纤受损的精确位置找出。在这个过程中，应注意与原始的光缆线路连接图进行对比，因为故障出现在接头、连接器处的情况是非常多见的。

故障出现的位置不同修复方法也不同。

**1．故障出现在接头盒处**

此时故障的原因可能是：余纤在盘放收容时局部弯曲半径过小，产生较大的弯曲损耗；跳纤，使得光纤被压伤或压断；热缩保护管效果不好，造成断纤；剥除涂覆层时裸纤受伤，接头盒进水而断纤等。我们可以利用接头盒内余纤重新制作端面和熔接，并用热缩保护管予以增强保护后重新盘纤。

**2．架空光缆的故障**

将损坏的光缆切下，在地上确定替换光缆的长度；然后将接头盒安装在合适的位置，将替换的光缆连接到线路上去。接头盒可以安装在光缆吊线上或电线杆上，多余光缆折叠放置时必须满足光缆最小弯曲半径的要求。

如果故障点附近有预留光缆且预留缆的放出比较容易，就可以利用预留缆进行修复，所以在光缆线路工程设计时，在一些特殊地点、危险地段处经过适当距离后，需要做一定的光缆预留。

**3．直埋光缆的故障**

对于直埋光缆应小心地将损坏的光缆挖出。替换光缆沿损坏光缆放置，然后切断被损坏的光缆，使用标准的熔融连接程序连接上新的替换光缆，将接头盒和余缆放进入孔内。当故障点附近没有明显特征点而一时无法确定时，可在附近接头处开挖测量从而最后确定故障点。

**4．光缆外护层的损伤**

光缆外护层一般采用聚氯乙烯塑料制成。工程施工中违章作业、机械损伤、鼠类的咬噬等因素常造成它的损伤。外护层受到损伤后，使金属铠装层暴露在敷设环境中，容易使内部光纤受到潮气的侵蚀，影响光缆的使用年限。

塑料外护层破损点的查找可以通过监测光缆线路金属构件对地的绝缘情况来实现。修复的方法有热缩管包封法和黏结剂黏结法。热缩管分为圆管型和包覆型两种，前者适用于光缆可穿入热缩管的场合，后者适用于已运行而无法穿入热缩管的光缆。黏接剂适用于范围较小损伤的修复，常用的有环氧树脂黏结剂和795黏结剂等。

## 7.5 光缆工程实例

### 7.5.1 工程概况

本工程为某运河航道信息化外场建设的一个部分。外场建设分为视频图像采集系统、船舶交通量观测系统、光传输网、光缆工程四个部分。

光缆工程概况需说明：

（1）光缆线路沿线各地区间（站点间）的长度、地貌特点。根据地貌，选择管道布放、顶管布放（不允许明沟开挖施工地段）、杆路架空等不同敷设方式，或者租用高速公路管道和电信管道资源；

（2）光缆线路沿线信息接入点（站点）位置。

根据建设总体要求，对光缆中各个光纤进行使用分配（用于组网或者备用）。

### 7.5.2 设计规范

对于光缆施工涉及的常用规范有：

（1）《长途通信光缆线路工程设计规范》（YD5102-2005）

（2）《长途通信光缆塑料管道工程设计规范》（YD5025-2005）

（3）《长途通信光缆塑料管道工程验收规范》（YD5043-2005）

（4）《长途通信光缆线路工程验收规范》（YD5121-2005）

（5）《通信局（站）防雷与接地工程设计规范》（YD5098-2005）

（6）《通信管道和光（电）缆通道工程施工监理规范》（YD5072-2005）

（7）《本地通信线路工程设计规范》（YD5137-2005）

（8）《通信线路工程设计规范》（YD5007-2005）

（9）《通信线路工程施工及验收技术规范》（YD5103-2005）

（10）《通信工程建设环境保护技术规范》（YD5039-97）

### 7.5.3 技术要求

本光缆工程的技术要求主要体现在以下几个方面。

（1）光缆接头盒

对使用场所、温度范围、张力、光纤盘留、对地绝缘、耐压强度、光纤接续点保护等方面的技术要求做了说明。

例如，光纤盘留：盘留光纤长度大于 1.6m，盘留带松套管光纤长度大于 1.6m，盘留曲率半径大于 37.5m；对地绝缘：光缆接头盒浸水 24 小时后测试盒内所有金属构件与大地之间的绝缘电阻应大于 10MΩ。

（2）光缆敷设安装要求

该部分说明了光缆在局站内、光缆架空、管道、人（手）孔等施工的建设要求。

例如，架空光缆使用的架空杆采用锥形预应力砼，其杆高、埋入地下部分深度要求见表7.10。

表 7.10 光缆工程立杆埋入深度

| 杆高×直径 | 埋深 | | | |
|---|---|---|---|---|
| | 普通土 | 硬土 | 水田、湿地 | 石质 |
| 7m×15cm | 1.3 | 1.2 | 1.4 | 1 |
| 8m×15cm | 1.5 | 1.4 | 1.6 | 1.2 |
| 9m×15cm | 1.6 | 1.5 | 1.7 | 1.4 |
| 10m×15cm | 1.7 | 1.6 | 1.8 | 1.6 |

顶管施工部分，说明了施工程序、测量、支撑、顶管后背力与顶力计算。以施工程序为例，包含围挡、人工顶管坑上半部分土方和支撑、搭平台、支立四角架及起重设备、挖下半部分土方和支撑、安装顶管设备、顶管、砌井、拆撑还土、管道清理与打口、水泥浆填充。

（3）光缆测试指标

光缆测试指标主要规定了衰减的测试指标。对光纤测试窗口、测试接头之间长度、衰减值做了规定，并列出了各地区间距离、接头数、测试要求表格。

### 7.5.4 设计方案

设计方案设计了针对不同场合采用的架空光缆、管道光缆、租用高速公路管道、电信管道的位置和长度。设计方案详细制定了沿线各个管道的起点、终点、长度、光缆的敷设方式，并对接入点光缆的安排做了说明。例如，在每个图像采集铁塔下分配相同线序的四芯纤芯（两芯主用，两芯备用），两个方向共八芯，用一条12芯光缆引至铁塔上的设备箱内。

### 7.5.5 施工图设计

施工图设计内容包含各段光缆平面图、光缆跳线路由图、架空光缆接头、预留及引上安装图、飞线端杆叉梁底盘安装图、手孔定型图等。

### 7.5.6 材料表

该光缆工程的主要材料见表7.11。

表 7.11 主要材料

| 序号 | 名称 | 规格 | 单位 | 数量 |
|---|---|---|---|---|
| 1 | 光缆终端盒 | 12芯 | 个 | 37 |
| 2 | 光跳线G.652D（SC型） | SC/UPC，2mm，3m | 条 | 540 |
| 3 | 光纤配线单元 | 72芯 | 个 | 13 |
| 4 | 熔配一体化托盘 | 12芯 | 个 | 13 |
| 5 | 通信电源用阻燃软电缆 | （ZA-RVV）单芯16 | km | 1.37 |
| 6 | 通信用铠装室外光缆 | GYTA-36B1.3 | km | 259.5 |
| 7 | 通信用室外光缆 | GYTA-12B1.3 | km | 11.1 |
| 8 | 电缆挂钩 | 35m/m | 只 | 312000 |
| 9 | SC单芯适配器 | 进口陶瓷芯SC | 只 | 1000 |
| 10 | 波纹管 | 25mm | m | 4000 |
| 11 | 水泥电杆 | Φ150×7×C1×Y | 根 | 2300 |
| 12 | 人孔口圈 | | 套 | 769 |

## 7.6 测试资料

光缆工程竣工后，要提供竣工文件目录，包括工程说明等多项内容，见表7.12。

表7.12　竣工文件目录

| 序号 | 文件名称 | 页码 |
|---|---|---|
| 1 | 工程说明 | |
| 2 | 开工报告 | |
| 3 | 建筑安装工程量总表 | |
| 4 | 已安装的设备明细表 | |
| 5 | 工程变更单 | |
| 6 | 重大工程质量事故报告表 | |
| 7 | 停（复）工报告 | |
| 8 | 随工检查记录（现场质量签证） | |
| 9 | 完工报告 | |
| 10 | 交接书 | |
| 11 | 验收证书 | |
| 12 | 竣工图纸 | 另附 |
| 13 | 测试资料 | 另附 |

其中，工程说明包括光缆敷设的起端及终端，建设单位、设计单位、监理单位和施工单位名称，工程材料提供方；施工依据（施工协议、施工委托、设计编号和规范）；施工概况（施工路线中直埋和架空数目及路段的设定、路由全长、架空线路长度、直埋线路长度）；工程安全质量（工程实施过程中的管理体系标准）。

开工报告包括工程名称、建设地点、建设单位、施工单位、计划开工日期、计划完成日期、工程准备情况及存在的主要问题（施工图是否经过三方会审，施工单位是否现场复测完毕，材料分屯点的安排）。

建筑安装工程量总表包括的项目有：架空光（电）缆工程施工长度测量，安装引上钢管数量，安装光缆挂牌数量，安装拉线警示保护管数量，安装吊线保护装置长度，管道光（电）缆工程施工长度测量，人工敷设塑料子管长度，布放光（电）缆手孔抽水（积水）长度，敷设管道光缆长度，安装光缆标志牌，小口径塑料管试通，小口径塑料管道充气试验，光缆接续头数量，安装对地绝缘装置，光缆成端接头（假成端便于光缆测试），中继段光缆测试，进局光（电）缆防水封堵，光（电）缆上线洞楼层间防火封堵，增（扩）装子机框安装综合架、柜，布放单芯电力电缆，回填土方（夯填原土）、手推车倒运土方、砖砌手孔等内容。

测试资料是光缆工程实施过程中以及完工后，必须进行的规定测试，以保证和验证施工质量，评价项目是否达到设计的技术指标。通常的测试包括以下几部分内容。

### 1．光缆纤序分布图

该部分注明工程中所用光缆型号、截面结构、管束色谱，以及纤芯色谱。以光缆GYTZA-96B1.3型号为例，电缆内有8个塑料束管，颜色分别为蓝、橙、绿、棕、灰、白、红、黑，每个束管内有12根光纤，颜色分别为蓝、橙、绿、棕、灰、白、红、黑、黄、紫、粉红、天蓝。

### 2．中继段光缆配盘图

该部分标出两个地区站之间光缆敷设的方式和接头情况，包括地面长度、光缆长度、光纤长度、盘号和人（手）孔号。图7.6.1为某光缆工程中继端光缆部分配盘图，图7.6.2为配盘图图例。

### 3．光缆单盘检验测试记录

对所使用的每盘光缆都要进行测试并分别予以记录。表7.13为某光缆单盘检验测试的记录（部分）。

图 7.6.1 某光缆工程中继端光缆部分配盘图

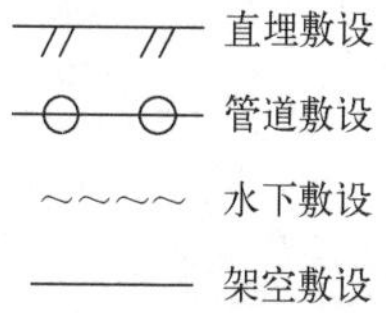

图 7.6.2 配盘图图例

**表 7.13 某光缆单盘检验测试记录（部分）**

| 光缆厂家 | | 永鼎 | 光缆型号 | | GYTS-96B1.3 | | 光缆长度 | 3001m |
|---|---|---|---|---|---|---|---|---|
| 光缆盘号 | | HTHK1701143 | 测试仪表 | | 安立 9083 | | 纤芯长度 | 3042m |
| 折射率 | | 折射率：1.4660（1310nm） 1.4670（1550nm） | | | | | | |
| 纤芯序号 | 1310nm | 1550nm | 纤芯序号 | 1310nm | 1550nm | 纤芯序号 | 1310nm | 1550nm |
| 1 | 0.327 | 0.186 | 23 | 0.322 | 0.189 | 45 | 0.325 | 0.187 |
| 2 | 0.322 | 0.185 | 24 | 0.322 | 0.186 | 46 | 0.339 | 0.187 |
| 3 | 0.331 | 0.189 | 25 | 0.334 | 0.190 | 47 | 0.328 | 0.194 |
| 结论 | | 合格 | | | | | | |

测试人员： 监理人员： 测试日期：

### 4．中继段接头损耗测试记录

对中继段接头损耗要进行测试并予以记录。表 7.14 为中继段接头损耗测试记录（部分）。

**表 7.14 中继段接头损耗测试记录（部分）**

中继段名称：甲局-乙局 测试仪表：MTS-6000 光时域反射仪 接头编号：01# 折射率：1.4670 正向纤长 km：1.916 反向纤长 km：88.609

| 光纤编号 | 管色 | 纤色 | 衰减值（dB） | | | 光纤编号 | 管色 | 纤色 | 衰减值（dB） | | |
|---|---|---|---|---|---|---|---|---|---|---|---|
| | | | A 向 | B 向 | 平均 | | | | A 向 | B 向 | 平均 |
| 49 | 5 灰 | 蓝 | 0.11 | −0.06 | 0.03 | 73 | 7 红 | 蓝 | 0.06 | 0.06 | 0.06 |
| 50 | | 橙 | −0.21 | 0.31 | 0.05 | 74 | | 橙 | 0.15 | −0.08 | 0.04 |
| 51 | | 绿 | 0.14 | 0.02 | 0.08 | 75 | | 绿 | 0.00 | 0.08 | 0.04 |
| 52 | | 棕 | 0.00 | 0.04 | 0.02 | 76 | | 棕 | 0.34 | −0.18 | 0.08 |
| 53 | | 灰 | 0.00 | 0.05 | 0.03 | 77 | | 灰 | 0.04 | 0.00 | 0.02 |
| 54 | | 白 | 0.00 | 0.08 | 0.04 | 78 | | 白 | −0.17 | 0.22 | 0.03 |
| 55 | | 红 | 0.00 | 0.09 | 0.05 | 79 | | 红 | −0.09 | 0.15 | 0.03 |
| 56 | | 黑 | 0.00 | 0.05 | 0.03 | 80 | | 黑 | 0.21 | −0.08 | 0.07 |
| 57 | | 黄 | 0.06 | 0.00 | 0.03 | 81 | | 黄 | −0.04 | 0.11 | 0.04 |
| 58 | | 紫 | 0.13 | −0.04 | 0.05 | 82 | | 紫 | −0.03 | 0.10 | 0.04 |
| 59 | | 粉红 | −0.05 | 0.11 | 0.03 | 83 | | 粉红 | 0.06 | 0.00 | 0.03 |
| 60 | | 天蓝 | 0.17 | −0.02 | 0.08 | 84 | | 天蓝 | 0.00 | 0.06 | 0.03 |

测试人员： 监理人员： 测试日期：

## 5. 中继段光纤线路衰减测试记录

对中继段光纤线路衰减进行测试并予以记录。表 7.15 为中继段光纤线路衰减测试记录（部分）。

**表 7.15　中继段光纤线路衰减测试记录（部分）**

中继段名称：甲局-乙局　中段长：90.525km　测试仪表：DT606　测试光源：PSM-1　波长：1550nm

| 纤号 | P 入 | P 出 | dB | dB/km | 纤号 | P 入 | P 出 | dB | dB/km | 纤号 | P 入 | P 出 | dB | dB/km |
|---|---|---|---|---|---|---|---|---|---|---|---|---|---|---|
| 1 | −4.9 | −24.81 | 19.91 | 0.22 | 33 | −4.9 | −24.18 | 19.28 | 0.21 | 65 | −4.9 | −23.90 | 19.00 | 0.21 |
| 2 | −4.9 | −23.52 | 18.62 | 0.21 | 34 | −4.9 | −23.71 | 18.81 | 0.21 | 66 | −4.9 | −23.63 | 18.73 | 0.21 |
| 3 | −4.9 | −23.79 | 18.89 | 0.21 | 35 | −4.9 | −24.09 | 19.19 | 0.21 | 67 | −4.9 | −23.30 | 18.40 | 0.20 |
| 4 | −4.9 | −23.76 | 18.86 | 0.21 | 36 | −4.9 | −23.84 | 18.94 | 0.21 | 68 | −4.9 | −24.25 | 19.35 | 0.21 |
| 5 | −4.9 | −23.40 | 18.50 | 0.20 | 37 | −4.9 | −23.25 | 18.35 | 0.20 | 69 | −4.9 | −23.63 | 18.73 | 0.21 |
| 6 | −4.9 | −23.49 | 18.59 | 0.21 | 38 | −4.9 | −22.83 | 17.93 | 0.20 | 70 | −4.9 | −23.68 | 18.78 | 0.21 |

测试人员：　　　　　监理人员：　　　　　测试日期：

## 6. 中继段光纤后向散射信号波形

对中继段光纤后向散射信号进行测试并记录其波形，见图 7.6.3。

甲局-乙局

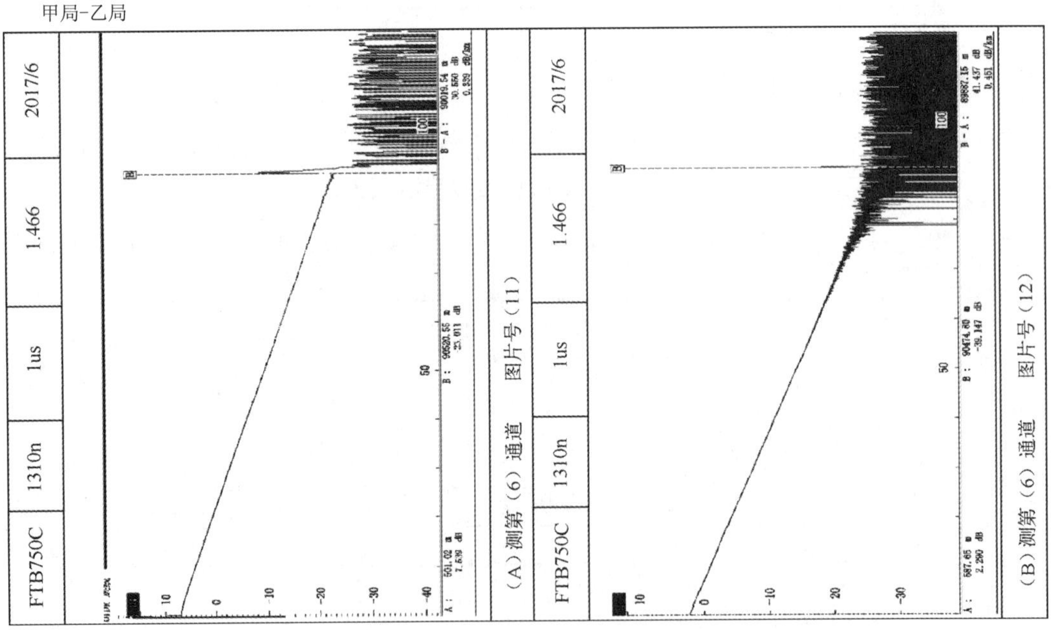


图 7.6.3　中继段光纤后向散射信号波形

## 7. 中继段光纤偏振模色散测试记录

对中继段光纤偏振模色散进行测试并记录，见表 7.16。

表 7.16　中继段光纤偏振模色散测试记录（部分）

中继段名称：甲局-乙局　　中继段长度：90.525km　　测试仪表：FTB-500

| 纤号 | PMD 系数 ($ps/km^{1/2}$) | 偏振模色散值 | 纤号 | PMD 系数 ($ps/km^{1/2}$) | 偏振模色散值 | 纤号 | PMD 系数 ($ps/km^{1/2}$) | 偏振模色散值 |
|---|---|---|---|---|---|---|---|---|
| 1 | 0.0080 | 0.076 | 25 | 0.0120 | 0.114 | 49 | 0.0116 | 0.0347 |
| 2 | 0.0079 | 0.075 | 26 | 0.0111 | 0.106 | 50 | 0.0115 | 0.0055 |
| 3 | 0.0260 | 0.247 | 27 | 0.0098 | 0.093 | 51 | 0.0070 | 0.0056 |
| 4 | 0.0122 | 0.117 | 28 | 0.0496 | 0.472 | 52 | 0.0146 | 0.0101 |
| 5 | 0.0410 | 0.390 | 29 | 0.0139 | 0.133 | 53 | 0.0204 | 0.0361 |
| 6 | 0.0137 | 0.131 | 30 | 0.0148 | 0.141 | 54 | 0.0177 | 0.0093 |

## 本 章 小 结

通过本章的学习，应了解光缆线路的施工过程，包括光缆的选型、光缆敷设形式、施工进行前所需做的准备工作、施工过程中及竣工测试所需的仪器类别和基本使用方法，特别是光时域反射仪的应用。不同类别光缆线路执行的标准不同，所以在施工实践中除了本章介绍的内容外，读者还应对相应的标准和规范有所了解。光缆型号、仪器仪表的型号都可以从网上获得进一步的了解。

### 习题

7.1　如何识别光缆型号 GYSTA53，GYSTC8Y？

7.2　光缆的技术参数有哪些项？

7.3　叙述硅芯管的特点。

7.4　叙述硅芯管管道敷设的方法。

7.5　光缆的敷设方式有哪些？

7.6　叙述架空光缆的预留长度。

7.7　查资料，说明光缆水底敷设的方法和埋深的规定。

7.8　OTDR 有哪些应用？

7.9　OTDR 衰减谱显示出一根光缆中发生断裂的距离位置在 3.5km 处，已知该光缆的余长是 5%，问从 OTDR 上测量的光缆护套到光纤断裂位置的距离是多少？

7.10　由 OTDR 测量的衰减谱可以知道哪些内容？

7.11　叙述光纤熔接步骤。

7.12　TYPE-37 光纤熔接机的主要技术性能有哪些？

7.13　如何利用光源、光功率计测试光纤或接续点的损耗？

7.14　光缆施工竣工的测试项目有哪些？

7.15　证明：单根铜导线的电阻可由下式计算

$$R_1=(R_{12}+R_{13}-R_{23})/2\,,\quad R_2=(R_{12}+R_{23}-R_{13})/2\,,\quad R_3=(R_{13}+R_{23}-R_{12})/2$$

其中 $R_{ij}$（$i,j=1,2,3$）为两根铜导线的环绕电阻。

7.16　铜导线电特性测量的项目有哪些？

7.17　光缆外护层的修复方法主要有哪几种？

7.18　接头盒发生的常见故障及原因是什么？

# 第 8 章　波分复用技术

**内容提要**：本章介绍增加光纤传输系统容量的一种技术——波分复用技术。将阐述波分复用的工作原理、基本组成，详细介绍系统所用关键器件的工作原理与技术参数，给出波分复用系统对器件的要求，对波分复用系统设计做讨论。

**知识要点**：波分复用的工作原理，密集波分、粗波分复用系统；波分复用系统中的关键器件；波分复用系统规范。

**教学建议**：6 学时，选修。

在前面的章节中，我们以单波长光波传输系统为学习和研究的主要对象。这种采用单波长光载波与传统的电时分复用（TDM）相结合的技术，虽然目前传输速率可以达到 40Gb/s 的水平，但是由于受到电子迁移速率的限制，进一步提高传输速率已经十分困难；而且单波长传输系统需要特定速率的中继器，当系统需要升级时，原来的中继器将无法工作。另一方面，当单波长应用到光网络时，还需构建新的光纤路由。所有这些都限制了单波长光纤传输系统的发展与应用。为避开这些限制，一种方法是采用光波分复用 WDM 技术，通过多个波长的复用增加单根光纤中传输的信道数来提高光纤的传输容量；另一种方法是采用光时分复用 OTDM（Optical Time Division Multiplexing）技术，通过光的时分复用技术提高单信道传输速率来达到增加通信容量的目的。目前采用 WDM 技术实现的最高速率已达 11Tb/s，而 OTDM 技术在实验室实现的单信道最高速率也已达到 640Gb/s。本章将以 WDM 技术为主要讲解内容，首先介绍 WDM 系统的工作原理和构成，然后介绍系统的几个关键器件，最后给出一些规范。

## 8.1　WDM 工作原理

### 8.1.1　WDM 概念

WDM 技术，就是以光波作为载波，在同一根光纤内同时传输多个不同波长的光载波信号的技术。每个波长的光波都可以单独携带语音、数据和图像信号，因此，WDM 技术可以让单根光纤的传输容量获得倍增。图 8.1.1 所示为点到点 WDM 系统工作原理框图。在发送端，$n$ 个光发射机分别工作在 $n$ 个不同波长上，这 $n$ 个波长间有适当的间隔分隔，分别记为$\lambda_1$，$\lambda_2$，…，$\lambda_n$。这 $n$ 个光波作为载波分别被信号调制而携带信息。一个波分复用器（也称合波器 Multiplexer）将这些不同波长的光载波信号进行合并，耦合入单模光纤。在接收部分由一个解复用器（也称为分波器 De-multiplexer）将不同波长的光载波信号分开，送入各自的接收机进行检测。

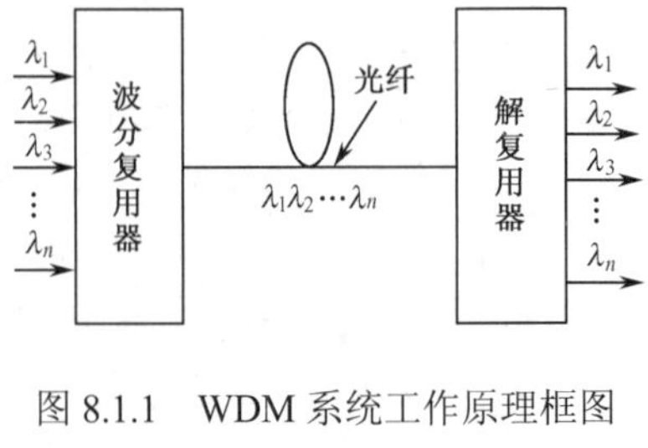


图 8.1.1　WDM 系统工作原理框图

为更好地了解 WDM 的潜在通信容量，可以回忆一下普通单模石英光纤中光传输损耗与波长的关系（参见图 1.1.3）。根据此图可知道，在长波长波段，光纤有两个低损耗传输窗口，即 1310nm 和 1550nm 窗口。这两个窗口的波长范围分别为 1270～1350nm 和 1480～1600nm，分别对应着 80nm 和 120nm 的谱宽范围。而目前光纤通信系统中所使用的高质量的 1550nm 的光源，其调制后的输出谱线宽度最大不超过 0.2nm，考虑到老化及温度引起的波长漂移，给出约 0.4～1.6nm 的谱宽裕量，应是合理的。即使这样，单个系统的谱宽也只占用了光纤传输带宽的几十分之一到几百分之一。为充分利用单模光纤的低损耗区的巨大带宽资源，在光纤低损耗窗口采用多个相互间有一定的波长间隔的激光器作为光源，经各光源调制的信号同时在光纤中传播，这就是 WDM 技术。可以说，WDM 技术使得光纤具有巨大带宽这一优点得以充分体现。以一种工作在 1550nm 的窄线宽 DFB 激光器为例，它可在 0.8nm 的谱带内发射信号，因此在 1525～1565nm 共 40nm 的范围内，WDM 系统可传送 50 个信道。若每个信道的传输速率为 10Gb/s，则系统总的传输速率即为 50×10Gb/s，比单信道传输的容量增加了 50 倍。

### 8.1.2 WDM、DWDM 与 CWDM

#### 1. WDM 与 DWDM

早期的 WDM 系统在 1310nm 和 1550nm 两个窗口上实现复用，波长间隔为 240nm。目前，由于还没有在 1310nm 窗口上的实用化的光放大器，而商用化的掺铒光纤放大器（EDFA）的增益窗口在 1550nm 附近，所以现在的 WDM 技术一般是指在 1550nm 窗口附近波长的复用技术。在普通的 WDM 技术中，所采用的波长间隔（指相邻的两个通道的工作波长之差）一般约为 4～10nm。随着 WDM 技术的发展，出现了一个新名词——DWDM。DWDM 意思为密集波分复用（Dense Wavelength Division Multiplexing）。它与 WDM 技术的主要区别在于 DWDM 中使用的波长间隔很小，常常小于 1.6nm，如 0.8nm。有些公司的产品达到 0.4nm 甚至于 0.2nm，DWDM 也主要指在 1550nm 窗口附近的复用技术。

由于光波的波长因传输介质不同而发生改变，而光波的频率却是固定不变的，所以，国际电信联盟（ITU）在制定有关 WDM 标准和建议时，采用频率间隔而不采用波长间隔。波长间隔与频率间隔之间的关系可以由式（1.5.1）近似得到。根据此关系式，在 1550nm 附近的频率间隔分别为 200GHz、100GHz、50GHz 和 25GHz 的系统，对应的波长间隔分别约为 1.6nm、0.8nm、0.4nm 和 0.2nm。

关于 DWDM 技术在 1550nm 窗口附近各信道的光波频率、波长及频率间隔（波长间隔）等， ITU 提出了相关的建议和标准，即 ITU-T G.692，见表 8.1。

**表 8.1 ITU-T G.692 DWDM 频率间隔**

| 标准频率/THz | 中心波长/nm | 标准频率/THz | 中心波长/nm | 标准频率/THz | 中心波长/nm |
|---|---|---|---|---|---|
| 196.6 | 1524.89 | 195.8 | 1531.12 | 195.0 | 1537.40 |
| 196.5 | 1525.66 | 195.7 | 1531.90 | 194.9 | 1538.19 |
| 196.4 | 1526.44 | 195.6 | 1532.68 | 194.8 | 1538.98 |
| 196.3 | 1527.22 | 195.5 | 1533.47 | 194.7 | 1539.77 |
| 196.2 | 1527.99 | 195.4 | 1534.25 | 194.6 | 1540.56 |
| 196.1 | 1528.77 | 195.3 | 1535.04 | 194.5 | 1541.35 |
| 196.0 | 1529.55 | 195.2 | 1535.82 | 194.4 | 1542.14 |
| 195.9 | 1530.33 | 195.1 | 1536.61 | 194.3 | 1542.92 |

（续）

| 标准频率/THz | 中心波长/nm | 标准频率/THz | 中心波长/nm | 标准频率/THz | 中心波长/nm |
|---|---|---|---|---|---|
| 194.2 | 1543.73 | 193.2 | 1551.72 | 192.2 | 1559.79 |
| 194.1 | 1544.53 | 193.1 | 1552.52 | 192.1 | 1560.61 |
| 194.0 | 1545.32 | 193.0 | 1553.33 | 192.0 | 1561.42 |
| 193.9 | 1546.12 | 192.9 | 1554.13 | 191.9 | 1562.23 |
| 193.8 | 1546.92 | 192.8 | 1554.94 | 191.8 | 1563.05 |
| 193.7 | 1547.72 | 192.7 | 1555.75 | 191.7 | 1563.86 |
| 193.6 | 1548.51 | 192.6 | 1556.55 | 191.6 | 1564.68 |
| 193.5 | 1549.32 | 192.5 | 1557.36 | 191.5 | 1565.50 |
| 193.4 | 1550.12 | 192.4 | 1558.17 | | |
| 193.3 | 1550.92 | 192.3 | 1558.98 | | |

DWDM 技术中各波长间的间隔很小，在光纤的低损耗窗口可以传输的信道数就更多，所以系统的传输容量就更高。但正是因为复用的波长间隔减小，DWDM 系统要求光源有精确的波长及很好的波长稳定性，这样，系统一方面需采用价格昂贵的激光器，另一方面需采用复杂的控制技术对其进行控制；同时系统对波分复用器和解复用器的性能也提出了更高的要求，如带宽更窄、稳定性更高等。因此，系统的造价就大大提高。由于高性能和高价格，DWDM 比较适用于长途干线传输系统。

**2．CWDM**

近年来，宽带城域网正成为电信和网络建设的热点。由于城域网传输距离短，业务接口复杂多样化，如果照搬应用于长途传输的 DWDM 技术，会带来成本上的大幅度提高。粗波分复用或称稀疏波分复用 CWDM 技术在系统成本、性能及可维护性等方面具有优势，正逐渐成为今后日益增长的城域网市场的主流技术。

CWDM 的信道波长间隔约 20nm。由于信道间隔较宽，由激光器的波长漂移而带来的信道串扰对系统的影响较小，所以，CWDM 可采用不带冷却器的半导体激光器作为光源。这种半导体激光器一般是由激光器芯片和密封在带有玻璃窗口的金属容器中的监控光电二极管构成的，因而也不必采用比较复杂的控制技术。这两方面的原因使发射机体积只有 DWDM 发射机的 1/5。CWDM 对复用器的要求也不高，只需用粗波分复用器和解复用器。由于器件成本和系统要求的降低，使得实现起来也更加容易。

ITU 针对 CWDM 的中心波长（频率）通过了 G.694.2 建议，如表 8.2 所示。从表中可见，激光器的中心波长从 1270nm 开始到 1610nm 结束，共有 18 个通道，覆盖了 O、E、S、C、L 共 5 个波段。

**表 8.2　ITU-T G.694.2 CWDM 频率间隔**

| 波　段 | 序　号 | 中心波长/nm |
|---|---|---|
| O | 1 | 1270 |
| | 2 | 1290 |
| | 3 | 1310 |
| | 4 | 1330 |
| | 5 | 1350 |
| E | 6 | 1370 |
| | 7 | 1390 |
| | 8 | 1410 |
| | 9 | 1430 |
| | 10 | 1450 |
| S | 11 | 1470 |
| | 12 | 1490 |
| | 13 | 1510 |
| C | 14 | 1530 |
| | 15 | 1550 |
| L | 16 | 1570 |
| | 17 | 1590 |
| | 18 | 1610 |

## 8.2 WDM 系统的基本组成

从上一节 WDM 的工作原理我们了解到，WDM 系统必须有工作在不同波长上的激光器，有能够将不同波长的光信号进行合并、选择和分路的波分复用器和解复用器，还要有将解复用后的光信号进行光电检测的光接收机，以便还原出原始信号。若要传输更长的距离，则还需要能够将各路光信号同时进行放大的放大器等。图 8.2.1 示出了一个包含有功率光放大器、在线光放大器和前置光放大器的点到点单向传输 WDM 系统。其中，Tx 表示发射机（Transmitter），Rx 表示接收机（Receiver）。OC-192 表示光层的传输速率，参见第 9 章的表 9.4。

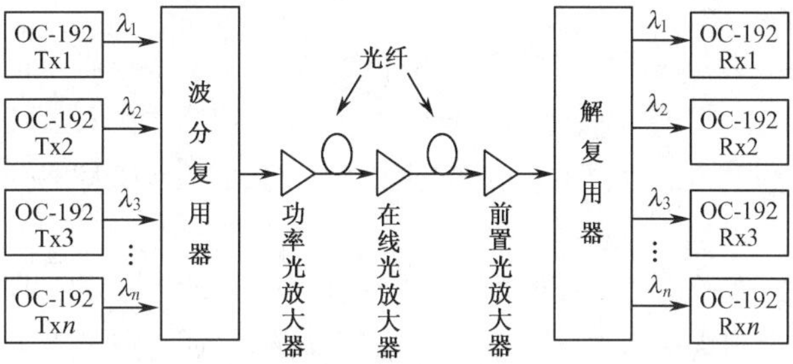


图 8.2.1 点到点单向传输 WDM 系统

除了上述的几个部分以外，WDM 系统还应有光监控部分和网络管理部分。

WDM 系统可以有双纤单向传输和单纤双向传输。双纤单向传输指的是一根光纤完成一个方向的传输，而另一根光纤则完成反方向的传输。由于两个方向的传输分别由两根光纤完成，因此，同一个波长可以在两个方向上同时被利用。单纤双向传输则是由同一根光纤完成两个方向上的信号传输，两个方向的信号必须分配不同的波长。同一波长不能被两个方向的信号同时利用。一般来说，目前采用的大多数为双纤单向传输。单纤双向传输在纤芯数量较少的情况下采用，并且在系统设计时要考虑光反射、多次通过干扰、串扰及两个方向传输的功率电平值等问题。

## 8.3 WDM 系统中的关键器件

### 8.3.1 WDM 系统中的光源

#### 1．WDM 系统对光源的要求

目前的光纤通信系统所采用的光源一般有半导体发光二极管（LED）和半导体激光器（LD）。通过学习第 1 章和第 3 章的内容我们已经知道，LED 与 LD 的特性有很大的不同。LED 所产生的光不是单波长的光，谱线很宽，约为 50～100nm；LED 的输出功率比激光器低很多；LED 的最高调制速率约为几百兆比特每秒（Mb/s）。因此，LED 不适合作为 WDM 系统的光源。LD 输出虽然不是理想的单波长的光，但其谱线宽度却可以达到很窄。虽然普通的 F-P 腔 LD 的谱宽约为 8nm，但具有布拉格光栅的高质量的 DFB 或 DBR LD 的谱宽可达 $1\times10^{-3}$nm，即使考虑因调制而产生的啁啾所导致的谱线展宽，其调制后的输出谱线宽度最大也不超过 0.2nm。

所以，只有LD满足WDM系统对于光源波长的要求。另一方面，LD的调制频率可达数吉比特每秒（Gb/s），特别适合于高速传输系统。与此同时，LD输出的光功率要比LED高很多，而且由于输出的光为相干光，大部分光能量很容易被耦合进光纤中，因而信号可以传输更远的距离。

具体说来，WDM 系统对激光器的要求除了像在普通的光纤通信系统中的一般要求外，还有其特殊的要求，即：

① 具有波长调谐特性和尽可能窄的线宽。如表8.1所示，WDM系统中各发射机工作的频率及相互间的频率间隔（或波长间隔）有严格的规定，激光器的工作波长必须按照ITU-T的相关规定，而线宽必须小于所规定的频率间隔。

② 尽可能高的边模抑制比。一般要求至少大于35dB或40dB。

③ 激光器必须单纵模工作。

④ 激光器的频率啁啾必须尽可能小。我们知道，半导体激光器的直接调制会引起频率啁啾，即发射波长随调制电流的变化而变化。在WDM系统中，该啁啾会引起串扰，必须被消除。由于啁啾，直接调制不适合于传输速率大于10Gb/s的WDM系统。可通过采用外调制器的办法来避免啁啾的影响。

⑤ 激光器的波长和输出功率必须稳定。但是，DFB LD的波长对温度和反射光很敏感。温度的变化和反射光会引起LD中心波长的漂移，对相邻通道的信号造成串扰。因此，波分复用系统特别是密集波分复用系统对光源波长的稳定性提出了很高的要求。通常，在封装好的LD中有温度传感和制冷装置，与外加控制电路相接可使LD工作在恒定温度上以实现对波长的控制。而反射光的控制可以通过在LD的前面放置隔离器及在尾纤输出端采用带有角度的连接器APC（Angle Polishing Connector）来实现。

⑥ 有尽可能小的相对强度噪声RIN。

⑦ 有尽可能低的功耗。

目前在大多数WDM系统中使用的光源为DFB LD。

**2．可作为WDM系统光源的激光器件**

WDM系统对激光器有如此严格的要求，那么，如何使LD发射的波长恰好满足ITU-T的规定呢？我们从半导体激光器的工作原理知道，LD发射的光波波长范围取决于半导体材料的带隙，而精确的波长则由LD的谐振腔决定。在设计制作器件时，通过调节DFB LD中布拉格光栅的周期来调节中心波长，使其工作在规定的波长上。同时由于材料的折射率随着电流和温度的变化而变化，导致等效腔长发生变化。通过改变电流和温度参数可实现工作波长的精细调节。但是，调节工作电流无疑会改变激光器的输出功率。实际WDM系统中常通过微调各个分立的LD的温度来实现波长的调谐。也可将这些分立的LD集成在一个芯片上，形成激光器阵列。但是，如何将这样的阵列所发出的光耦合到一根光纤中是一个必须解决的问题。采用阵列波导光栅AWG做复用器，与激光器阵列集成在一个芯片上，将有可能解决上述问题。关于激光器阵列及与AWG集成的研究正在进行之中。

图8.3.1所示为目前被普遍采用的蝶形封装的独立的WDM用DFB LD。表8.3给出了这种LD的参数。

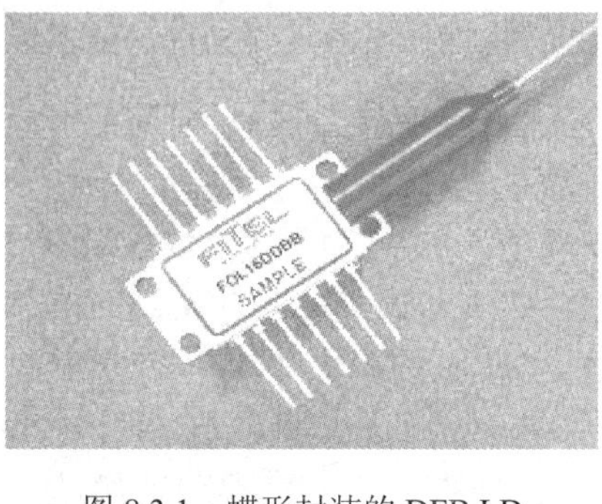

图8.3.1　蝶形封装的DFB LD

**表 8.3 一种 WDM 用的 DFB LD 的技术参数**

| 参 数 | 符号 | 最小值 | 典型值 | 最大值 | 单位 | 条 件 |
|---|---|---|---|---|---|---|
| 输出光功率 | $P_f$ | 20 | – | – | mW | CW（连续波工作） |
| LD 正向电流 | $I_f$ | – | – | 140 | mA | 1527.22～1563.86nm, $P_f$=20mW, CW, BOL |
|  |  | – | – | 150 | mA | 1564.27～1610.06nm, $P_f$=20mW, CW, BOL |
| LD 正向电压 | $V_f$ | – | – | 2 | V | $P_f$ = 20mW，连续波工作 |
| 阈值电流 | $I_{th}$ | – | 10 | 20 | mA | BOL |
| 斜率效率 | $\eta$ | 0.14 | 0.2 | 0.35 | W/A | $P_f$ = 20mW，连续波工作 |
| 输入阻抗 | $Z_{in}$ | – | 25 | – | Ω |  |
| 波长 | $\lambda$ | 1527.22 | – | 1610.06 | nm | $P_f$ = 10mW, CW |
| 谱宽（在-20dB 全宽） | $\Delta\lambda$ | – | 0.3 | 0.4 | nm | $<P_f>$=10mW, 2.5Gb/s 非归零码 |
| 边模抑制比 | SMSR | 35 | 45 | – | dB | $P_f$= 10mW，连续波工作 |
| 色散代价 | DP | – | – | 2 | dB | $< P_f>$=10mW, 2.5Gb/s 非归零码 1800ps/nm(100km)或 2880ps/nm(160km) |
| 截止频率（-1.5dB 光） | $f_c$ | 2 | – | – | GHz | $< P_f>$ = 10mW |
| 上升下降时间（10%～90%） | $t_r, t_f$ | – | – | 150 | ps | $< P_f>$ = 10mW, 2.5Gb/s 非归零码 |
| 光学隔离度 | $I_{so}$ | 25 | – | – | dB |  |
| 相对强度噪声 | RIN | – | – | -145 | dB/Hz | $P_f$= 10mW，连续波工作光学反射损耗小于 −25dB, $f$ = 2.5GHz |
| 监测电流 | $I_m$ | 0.1 | – | 2 | mA | $P_f$= 10mW，连续波工作 $V_{rPD}$=5V |
| 检测器暗电流 | $I_d$ | – | – | 100 | nA | $V_{rPD}$=5V |
| 温控电流 | $I_{tec}$ | – | – | 1.2 | A | $T_c$ = 70℃, $P_f$= 10mW, CW |
| 温控电压 | $V_{tec}$ | – | – | 2.4 | V | $T_c$ = 70℃, $P_f$= 10mW, CW |
| 热敏电阻常数 $B$ | $B$ | – | 3900 | – | K | $T_{set}$=25℃ |
| 热敏电阻 | $R$ | 9.5 | – | 10.5 | kΩ | $T$set=25℃ |

注：BOL：Beginning Of Life；$<P_f>$：平均功率

在 WDM 系统中理想的光源应能够按照需要调节到不同的波长上。温度的调节只能实现微调。当这种微调不能使 LD 工作在需要的波长上时，这个激光器就不能在 WDM 系统中应用。如果激光器可调谐，且调谐范围足够宽，可工作在 1550nm 窗口任意一个波长上，这样的可调谐激光器就成为理想的光源。实现宽的调谐范围有以下几种方法。

（1）采用分段式 DBR LD

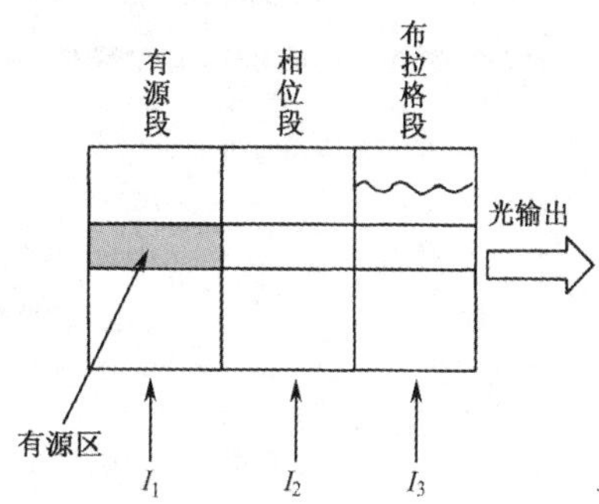


图 8.3.2 三段式 DBR LD 结构示意图

图 8.3.2 为一个三段式 DBR LD 的结构示意图。三段分别为有源段、相位段和布拉格段，各段之间彼此电隔离，并且通过各自独立的电极来提供电流，三段作为一个整体形成一个光学谐振腔。有源段为高掺杂区，为激光器提供增益。相位段为无源区，为光波提供相位移。只有那些在谐振腔内往返一次相位移等于 2π的整数倍的光波才能形成振荡。若改变相位段的电流 $I_2$，就改变了相位，也就等效于改变了谐振腔的光学长度，因而改变了谐振波长。布拉格段也为无源区，电流的改变引起该段材料的有效折射率发生改变，从而引起布拉格波长的改变。调谐范围可

用下式进行计算，即

$$\frac{\Delta\lambda}{\lambda}=\frac{\Delta n_{\text{eff}}}{n_{\text{eff}}} \tag{8.3.1}$$

式中，$\Delta\lambda$为波长调谐范围；$\Delta n_{\text{eff}}$ 为有效折射率的改变量；$\lambda$和 $n_{\text{eff}}$ 分别表示激光器的工作波长和有效折射率。实际中，折射率的最大改变量约为 1%，因此，波长最大可调谐范围在 10nm 量级。

进一步扩大调谐范围，可采用四段式 DBR LD，如图 8.3.3（a）所示。这种激光器叫作 GCSR（Grating Coupler Sampled Reflector）激光器。比起三段式 DBR LD，它多了一个耦合段。该耦合段中除了有一个平面波导结构（我们称之为下波导）外，在其上部还有一个周期为 15μm 的光栅（我们称之为上波导或光栅波导）。该耦合段用于对波长进行粗调，相位段仍然负责波长的精细调解，布拉格反射器段有一个取样光栅，对波长的调谐介于粗调和细调之间。各段的截面图也示于图中。从增益段出射的激光进入耦合段的下波导中，根据耦合波理论，在下波导中的光波将耦合进上面的光栅波导中，由于光栅的波长选择作用，只有满足布拉格条件的光波才能被选择进光栅。其余的光波则沿着下波导向前传播进入相位段和反射器段。在反射器段，下波导的右端面反射率做得很低，这些光将从端面出射而损耗掉。那么在耦合器段进入光栅中的光波则在相位段和反射器段的上波导中传播。如果传播的光波波长与取样光栅的反射波谱中（见图 8.3.3（b））的某个波长重叠，则该波长的光就能被反射回耦合段，再通过耦合段上下波导间的横向耦合返回有源区而被放大，最终形成激光振荡。因此，可以看出，这个激光器的谐振腔由增益段的有源区和耦合段、相位段及反射器段的上波导构成。通过连续调节耦合段的电流，可以使该段上波导中的光波长与反射器段取样光栅的反射波谱中的各个波长一一重叠，完成波长的粗调。粗调的波长间隔为取样光栅的反射谱间的间隔，在本例中为 7nm，总的调谐范围为 114nm。改变反射段的工作电流，可以改变取样光栅的反射光谱，再通过联合调节耦合器段的工作电流，则完成了对波长较为精细的调谐，调谐步长为 0.2nm。更精细的调谐，通过改变相位段的电流来实现。

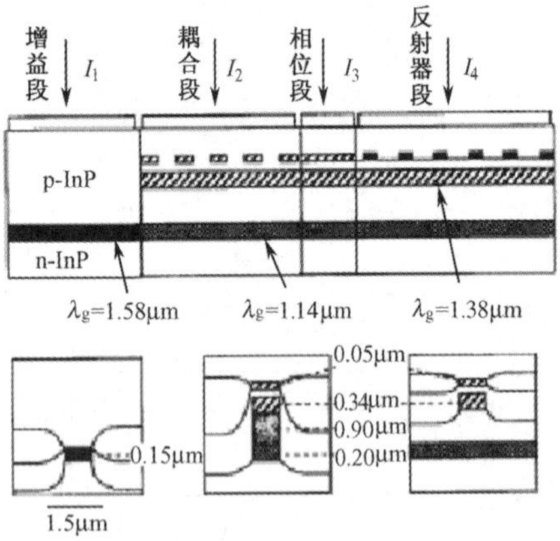


(a) 四段式DBR LD结构

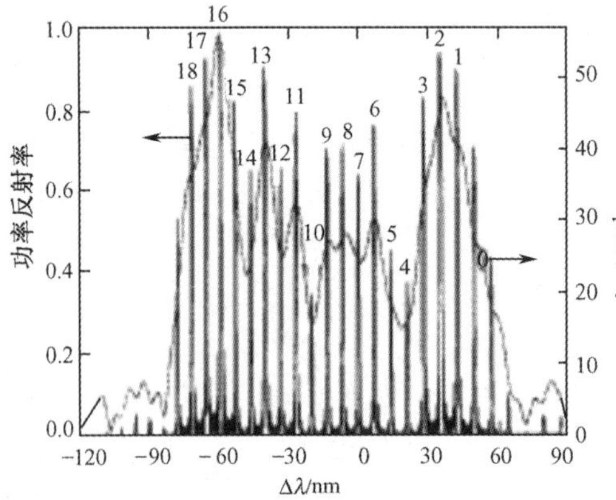


(b) 取样光栅的反射谱

图 8.3.3 四段式 DBR LD

另外，在激光器结构中添加两个取样光栅也可以达到增大调谐范围的目的。如图 8.3.4 所示为一个具有取样光栅的可调分布反馈激光器的示意图。两个取样光栅制成彼此相互作用的可调光栅。在可调光栅中，器件产生的折射率的变化会引起输出波长的更大变化。两个光栅产生出两套谱宽略微不同的波长，通过改变调谐电流，可调整这两套波长，使当有一对峰彼此重叠而相干加强时，其他峰之间发生干扰。用这种方法，谱宽调谐范围也可以增加到 100nm。

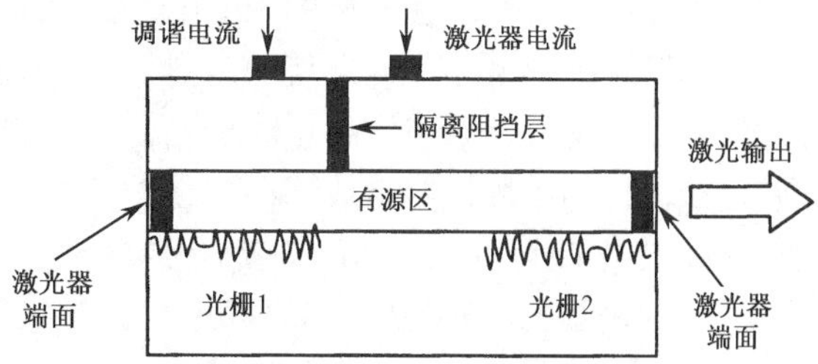


图 8.3.4　具有取样光栅的 DFB LD

（2）采用集成腔激光器

集成腔激光器是一种很有前景的可作为 WDM 系统光源的激光器，它既有很高的调谐速度又能同时发射几个波长。图 8.3.5 为这种激光器的结构示意图。激光器内有一组有源介质作为放大器，这些介质共有一个解理腔镜。所有的放大器都被连接到一个光复用器/滤波器上，滤波器只有一个输出端口，该端口与激光器的第二个解理腔镜相连。这样，每一个增益介质（放大器）与光复用器的相应通道及激光器的两个解理腔镜就构成了一个子激光器，发射自己的波长。于是，整个激光器就发射很多波长，并且靠调节每个子激光器的增益介质，就可改变所发射的波长。据报道，这样的激光器的调谐速度不大于 3ns。

值得指出的是，可调谐外腔激光器也是一种成熟的商用光源，在宽带测试方面是一个很重要的光源。这种激光器是采用一个衍射光栅作为谐振腔的一个反射器。而激光器的主体部分是一个 LD。LD 的一个端面构成了激光器的另一个腔镜，如图 8.3.6 所示。LD 面向光栅的端面上镀增透膜，该端面出射的激光经光栅衍射后返回激光器。由于光栅对光波具有选择作用，这种具有外腔的激光器可以单纵模工作，输出激光的频谱宽度可以窄到几千赫兹（kHz）。光栅的位置可以移动，以改变它与 LD 之间的距离即改变腔长，进行粗调。通过转动光栅，可以对波长进行微细调解。这种激光器获得了约 80nm 的波长可调谐范围。但是，这种激光器的一个很大的缺点就是调谐速度很慢，大约在毫秒（ms）量级。这远不能满足 WDM 系统的要求，这也是该种激光器不用作 WDM 光源而只作为测试用光源的原因。另外，光栅外腔激光器的噪声也较大，边模抑制比相对较低。

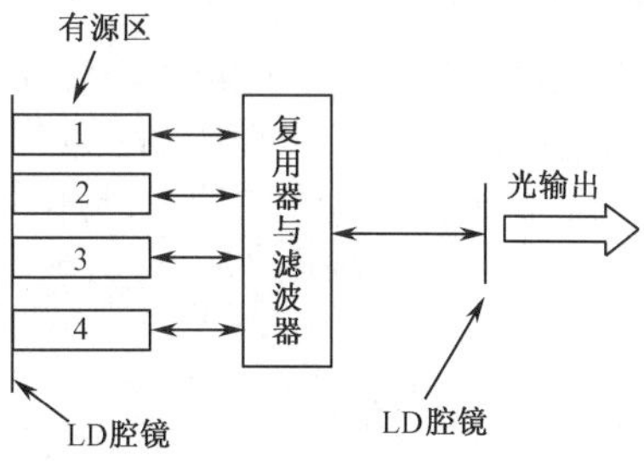


图 8.3.5　集成腔激光器结构图

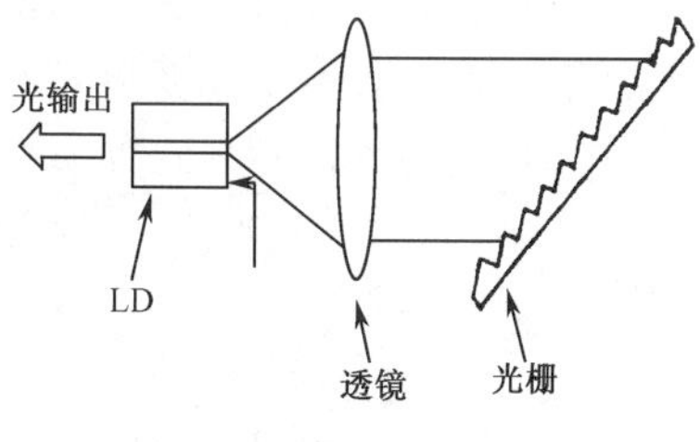


图 8.3.6　光栅外腔激光器结构图

## 8.3.2　WDM 系统中的接收机

WDM 系统中的接收机同单信道系统接收机一样，担负着对信号进行光电转换、滤波、放大的任务。其中最重要的步骤就是光电转换。WDM 系统的终端有解复用器，将各个信道分离出来，送至接收机的各个光电二极管进行光电转换。WDM 系统对接收机有以下几点要求：

① 接收机必须能工作在复用波长所覆盖的范围上。如果系统工作在 C 波段（1530～

1565nm），那么，接收机的光电二极管也必须能工作在此范围。要依据所工作的波段，合理选择光电二极管。从现在商用的 PIN 或 APD 的数据来看，这个要求能够满足。但是必须注意，PIN 和 APD 的波长响应函数在整个工作范围内并不平坦，即有些波长的响应大，有些波长的响应小。这样，虽然到达接收机的各信道的信号一样大，但是光电二极管的电输出信号却随波长不同而不同，会造成不同信道的信噪比不一样，最终影响系统的性能。必须尽可能地使接收机中的光电二极管 PIN 或 APD 的波长响应平坦化。

② 接收机的灵敏度必须尽可能地高。与普通的单波长系统不同的是 WDM 系统有多个波长存在，对接收机灵敏度有更高的要求。因为相邻的信道间有串扰，串扰的存在会降低该信道的信噪比。一个接收机在单波长系统中在给定的误码率下，其灵敏度也许可以达到要求，但却不能保证在 WDM 系统和网络中也能满足要求。要想达到相同的误码率，需要更高的信号功率，即存在功率代价问题。所以，接收机的灵敏度要求比单个光波系统要高。

③ 调谐时间。在网络应用时，如有多个接入链路与 WDM 相连，则常常需要接收机能够对某一波长携带的信号进行选择。要实现对某一波长信号的选择常通过在接收机前加一个可调滤波器或者用一个解复用器的办法。前者通过可调谐的滤波器对信号进行搜索，一旦波长被搜索到，该信号就进入接收机检测。更常用的办法就是用解复用器，（参见图 8.2.1）。解复用器将各个信道分离出来送入各自对应的光电二极管中进行光电转换。要想得到某一个信道的信号，就可以将电信号从一个二极管转到另一个二极管中。信号的选择靠电的形式完成，开关时间在几个 ns 量级，就能够满足网络需求。

WDM 系统对接收机的其他特性，诸如温度特性、偏振特性及功耗等，与在其他光纤系统中的要求一样。

### 8.3.3 WDM 系统中的光放大器

如本章前言所述，在长途干线传输中，单波长光纤通信系统的中继器只针对某一个波长，且只能工作在特定的速率下。当系统中有多个波长的信号传输时，中继器将无法工作，否则必须先解复用，再对每个波长进行中继处理。这样将导致中继器非常庞大、复杂。这是制约 WDM 技术发展的一个主要问题。要想发展波分复用技术，必须另辟途径寻找新的解决方案。

掺铒光纤放大器——EDFA 在光纤的低损耗传输窗口 1550nm 附近约 35nm 的带宽范围内具有很高的增益，可对多个光波信号同时进行在线光放大以补偿信号在光纤中所经历的衰减，不需进行光/电和电/光的转换，而且对信号的传输速率透明。因此，它解决了 WDM 系统中多信道信号放大的问题，取代了中继器。EDFA 技术的成熟并商用化使 WDM 技术迅速发展并成为现实。

我们知道，EDFA 具有带宽宽，增益高，噪声低，对偏振不敏感等优点。在光纤通信系统中可用作功率放大器，在线放大器和前置放大器。WDM 系统应用时必须注意以下两点：

（1）增益的平坦性

尽管我们说 EDFA 在 1550nm 附近有近 35nm 的带宽，但从它的增益谱特性可以看出，在整个带宽范围内，其增益是不平坦的。这就是说，当 EDFA 只用于放大一个波长的信号（如在单波长系统中应用）时，具有很好的放大特性。但是，当多个波长进入 EDFA 时，由于增益的不平坦，将导致有的信号得到的增益高，有的信号得到的增益低。那么，若输入端各信号的功率有微小差别，则在 EDFA 的输出端，各信号的功率就会有较大差别。当多个 EDFA 进行级联时，这种功率差别就会被放大，不仅使各信道在接收机上的信噪比不一样，而且可能导致到达接收机的信号功率超出接收机的动态范围而使接收机无法工作。图 8.3.7（a）示出了这样一种情形。

为克服这个缺点，通常采用几种办法来均衡这种不平坦。早期的一种办法叫作预均衡，即在光发射机端预先将各信道的功率设置成高低不同的值，那些将在放大器中得到高增益的信道的功率设置成低功率，反之则设置为高功率。这样，经过 EDFA 放大后，各信道的功率差会减小以保证各信道在接收机的信噪比接近一致，并保证各信道的功率都落在接收机的动态范围之内，如图 8.3.7（b）所示。

另外一种方法也是比较实用的方法，即在 EDFA 模块中加入一个精心设计的滤波器，使其通带特性正好能够补偿放大器的增益不平坦，从而达到平坦放大器增益的目的。这种放大器在某个工作条件下的增益谱曲线如图 8.3.8 所示。

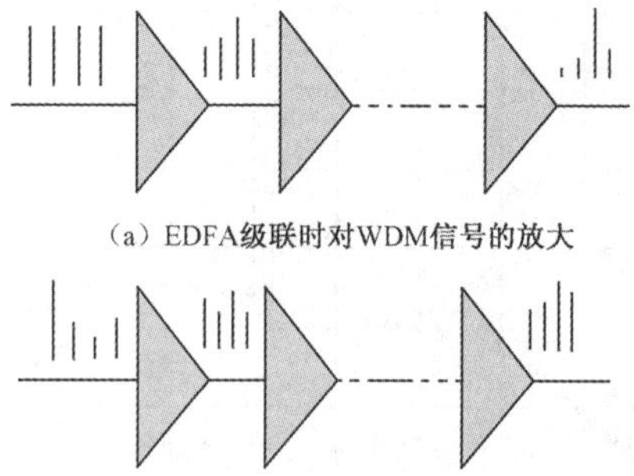

（a）EDFA级联时对WDM信号的放大

（b）EDFA放大WDM信号的预均衡

图 8.3.7　多个 EDFA 级联

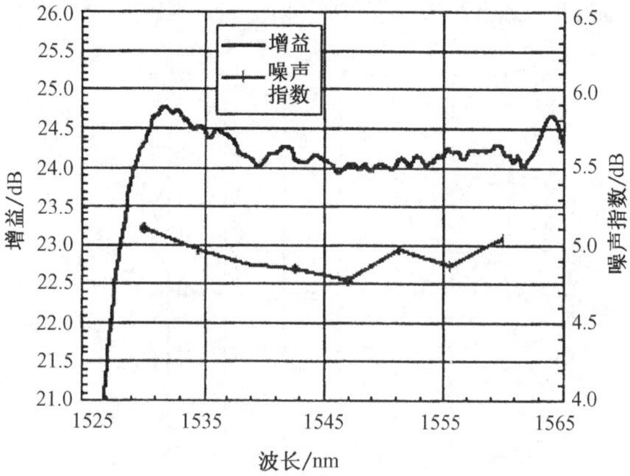


图 8.3.8　带有增益平坦技术的 EDFA 的增益谱和噪声指数谱（总输入功率为-5dBm，Fitel 公司提供）

为区别单信道应用的 EDFA（Single Channel EDFA），这种带有滤波器的 EDFA 通常叫作 WDM 用 EDFA。如图 8.3.9 所示为 JDS Uniphase 公司的一种带有增益平坦技术的 WDM 用 EDFA 模块的图片，表 8.4 为其相应的技术参数。

图 8.3.9　WDM 用 EDFA 模块（JDS Uniphase 公司提供）

**表 8.4　WDM 用 EDFA 的技术参数（JDS Uniphase）**

| 性能参数/型号 | OAC-16F2100Cx | OAC-16F2200Cx |
| --- | --- | --- |
| 信号波长 | 1530～1562nm | 1530～1562nm |
| 总输入信号功率 | -24～-5dBm | -14～5dBm |
| 总输出信号功率 | 0～16dBm | 0～16dBm |
| 信号增益 | 10～26dB | 10～26dB |
| 增益平坦度 | ±0.6dB（21.5～25.5dBm） | ±0.6dB（11.5～15.5dBm） |
| 噪声指数 | 5.5dB | 6dB |
| 尺寸/mm | 107×79×17 | 107×79×17 |
| 工作温度 | 0℃～70℃ | 0℃～70℃ |

经过这样的放大器放大后，各个信道的信号功率在某些工作条件下能够基本达到相等。

这种 WDM 用光放大器的核心部件之一是一个能够平坦放大器增益的滤波器。现阶段实用的滤波器主要有多层介质薄膜滤波器和光纤光栅滤波器。但这种滤波器的损耗特性通常是固定不变的。这样，当 EDFA 在系统中应用时其增益平坦度仍然只能在某些工作条件下得到保证，而在另外的条件下增益还是不平坦的。

例如，图 8.3.10 所示为两个工作条件下某个 WDM 用 EDFA 的增益特性曲线。此时，系统中只有一个信道工作，该信道为 ITU 规定的信道 37，工作波长为 1547.7nm，信道的输入功率为−30dBm。图 8.3.10（a）、（b）是信道增益分别为 24dB 和 16dB 时 EDFA 的输出。在图 8.3.10（a）中，增益带宽内的 ASE 谱平坦度约为 3.5dB，而在图 8.3.10（b）中却增大为 11dB。根据第 5 章的学习可知，ASE 谱实际上就是输入信号为零时的增益谱，它反映了放大器的增益谱形状，因此，我们可以推知在两种工作条件下，这种 EDFA 的增益谱的平坦度也有很大差别。而实际应用中，EDFA 的工作条件通常是根据需要改变的，在光网络中尤其如此。这就需要研制增益（损耗）可调的动态增益滤波器。这方面的技术主要有法拉第旋转体型增益可调滤波器、波导 Mach-Zenhder 增益可调滤波器，以及阵列波导型和声光型增益可调滤波器。

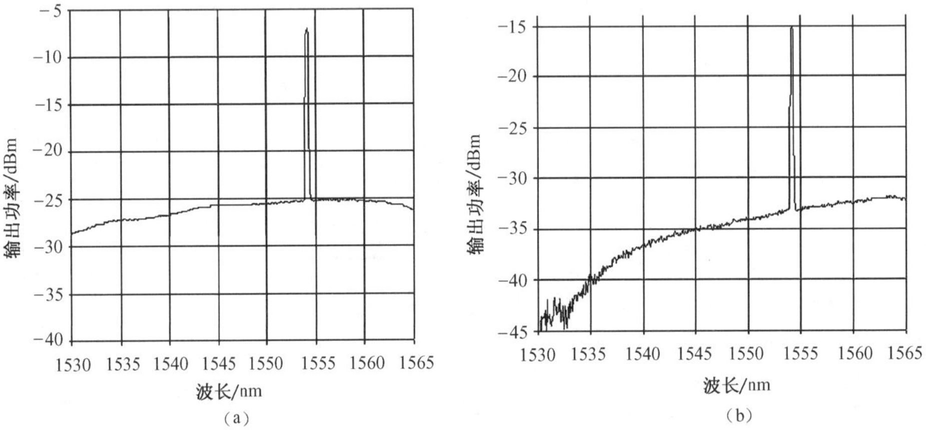


图 8.3.10　一种 WDM 用 EDFA 在两种工作条件下的增益特性曲线

（2）功率暂态与自动增益控制

在实际 WDM 系统中，当有些信道突然出现故障掉路或在网络节点进行上/下路时，EDFA 的输入功率就会突然增加/减小，导致 EDFA 的增益发生暂态变化，其他信道从 EDFA 得到的增益就会减小或增大，最终导致那些仍留在光纤链路上的信道到达各自接收机的功率发生暂态变化，这就叫作功率暂态。考虑一种特例，EDFA 工作在饱和区时的情况，这样更容易理解信道之间的影响。这时由于 EDFA 的饱和特性，工作于饱和区的 EDFA 输出光功率保持恒定，且在一定范围内不随输入功率的变化而变化。当部分波长信号消失后，其能量会转移到其他存在的波长信号上，使得相应信道的光功率增加，导致光纤的非线性影响加重，接收机过载；反之，相应信道的光功率下降，误码率劣化。图 8.3.11 示出了一个 WDM 系统中有信道上路时，被监测信道到达接收机的功

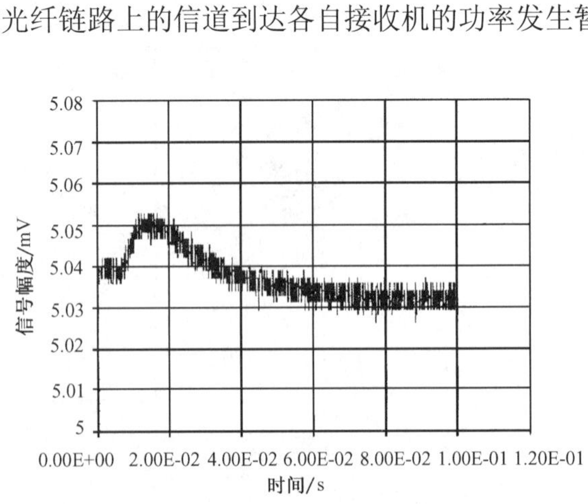


图 8.3.11　信道上路时对系统其他信道产生的影响

率的变化情况，从图中可以看出，被监测信道的光功率由于其他信道的上路而发生了变化。

为使每个信道在放大器中的输出功率保持不受其他信道上/下路的影响，放大器的增益必须受到控制。通常，EDFA 在 WDM 系统中工作时的模式有三种：自动增益控制模式、自动功率控制模式及自动电流控制模式。当工作在自动增益控制模式时，其增益是恒定的，若输入光功率的大小改变，则控制电路可根据要求的增益，调整泵浦电流使 EDFA 仍然工作在指定的增益点上。

（3）ASE 噪声

EDFA 级联应用时，上一级的 ASE 噪声作为信号与真正的信号一起输入下一级 EDFA 而被放大，这样，ASE 噪声就累积起来，引起系统信噪比的恶化。因此，在 WDM 系统中应用时，EDFA 的噪声指数必须尽可能地小。

### 8.3.4 WDM 系统中的波分复用器/解复用器

#### 1．波分复用器/解复用器的特性及其描述

在第 5 章中我们接触了耦合器和分束器，这些器件只在一个波长上实现光路的合成与分离。若器件能够在不同的波长上实现上述功能，就叫作波分复用器和解复用器。能将不同波长的各个光束进行合成的器件叫作波分复用器（WDM MUX）。能把多个波长组成的一束光分解出各个波长的器件叫作波分解复用器（WDM DEMUX）。如图 8.3.12 所示为波分复用器和解复用器的结构示意图，可以看出这两个器件都是一端为一个端口，另一端为多个端口的器件。

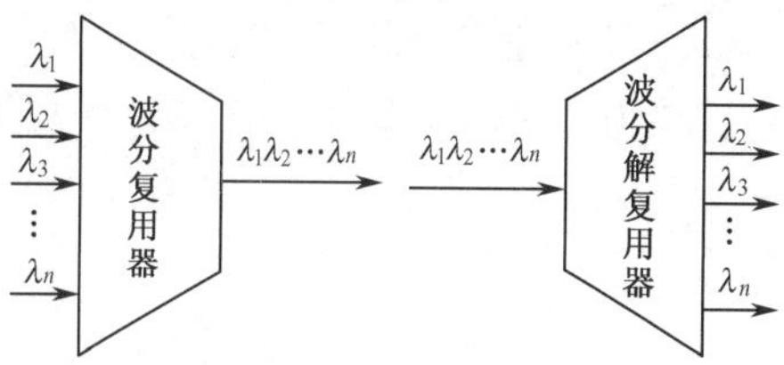


图 8.3.12　WDM MUX 和 WDM DEMUX 结构示意图

在 WDM 系统中，波分复用器和解复用器是非常重要的必不可少的器件之一。它们性能的好坏直接影响到系统的性能。波分复用器/解复用器依据波长的间隔可以分为三种：宽带波分复用器/解复用器、窄带波分复用器/解复用器和密集波分复用器/解复用器。宽带波分复用器/解复用器可以将诸如 1310nm 与 1550nm 或 850nm 与 1310nm 或 980nm 与 1550nm 等间隔很大的几个波长进行合波或分波；窄带波分复用器/解复用器一般指 1550nm 附近中心频率间隔大于 200GHz（1.6nm）的波分复用器/解复用器。而密集波分复用器/解复用器当然是指通道频率间隔等于或小于 200GHz 的器件。有些公司的产品可以做到频率间隔为 100GHz（0.8nm）、50GHz（0.4nm）甚至 25GHz（0.2nm）。

波分复用器/解复用器的主要光学性能参数如下。

（1）工作波段

工作波段指波分复用器/解复用器工作在什么波段，如 C 波段或 L 波段等。

（2）信道数

信道数指波分复用器/解复用器可以合成或分离的信道的数量。常见的信道数有 4、8、16、32、40 和 48 等。

（3）各信道的中心波长或频率

对于密集波分复用器/解复用器，中心频率按 ITU-T G. 692 的建议。最大中心频率偏移不应超过信道间隔的 20%。

（4）信道间隔

按ITU-T G. 692的建议，信道间隔小于200GHz（1.6nm）的有100GHz（0.8nm）、50GHz（0.4nm）和25GHz等。

（5）带宽

带宽也叫通带宽度，指生产厂商常给出通道传输最大值下降1dB、3dB和20dB（有时还有30dB）处的通带宽度。带宽值不仅取决于信道的间隔，还取决于通带本身的线型。如图8.3.13所示为一个通带示意图。

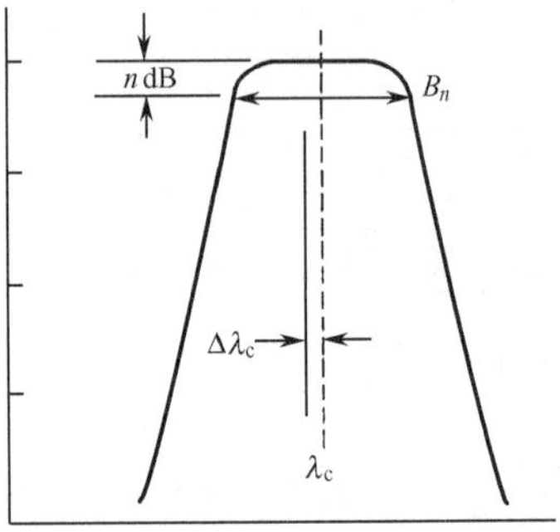


图8.3.13 波分复用器/解复用器的一个通道的通带示意图

ITU-T规定对于DWDM用的复用器/解复用器，在下降1dB处的通带宽度不应小于信道间隔的0.35倍，在下降3dB处宽度不应小于信道间隔的0.5倍，下降20dB处通带宽度不应大于通道间隔的1.5倍，下降30dB处的宽度不应大于信道间隔的2.2倍。

（6）插入损耗

插入损耗的定义与前面滤波器及耦合器的插入损耗基本相同。由于波分复用器/解复用器是对不同波长的信号进行合波与分波，每一个通道端口都必须指定其工作波长，如端口 $i$ 的工作波长为$\lambda_i$。因此，波分复用器/解复用器的插入损耗应与波长相联系。这是与第5章所讲的耦合器的插入损耗不同的地方。对于复用器而言，以dB表示的第 $i$ 个端口的插入损耗定义为波长为$\lambda_i$的信号耦合进输入端口 $i$ 的功率与该信号在输出端口的功率之比取对数，即

$$L_i = 10\lg \frac{P_{i,\text{in}}(\lambda_i)}{P_{\text{out}}(\lambda_i)} \quad (\text{dB}) \tag{8.3.2}$$

同理，对于解复用器输出端的第 $i$ 个输出端口，有

$$L_i = 10\lg \frac{P_{\text{in}}(\lambda_i)}{P_{i,\text{out}}(\lambda_i)} \quad (\text{dB}) \tag{8.3.3}$$

由于各通道的插入损耗不相同，所以取各通道插入损耗的最大值来表征。对于有 $N$ 个输入/输出端口的复用器/解复用器而言，规定每个通道的插入损耗必须小于$1.5\log_2 N$。理想情况下，$L_i$越小越好。

（7）波长隔离度

波长隔离度又叫远端串扰。对于复用器，某一端口 $i$ 对于波长为$\lambda_j$的信号的隔离度定义为从该端口输入波长为$\lambda_j$的信号功率与该信号在输出端口的功率之比。若以dB表示，则有

$$L_c = 10\lg \frac{P_{i,\text{in}}(\lambda_j)}{P_{\text{out}}(\lambda_j)} \tag{8.3.4}$$

该式说明，对于输入端口 $i$，任何其他波长的光$\lambda_j$（$j \neq i$）想从输入端口 $i$ 传至输出端时，会被堵塞，无法传出，所经历的损耗为$L_c$。理想情况下，$L_c$越大越好。

对于解复用器，输出端口 $i$ 的波长隔离度有相似的定义，即

$$L_c = 10\lg \frac{P_{\text{in}}(\lambda_j)}{P_{i,\text{out}}(\lambda_j)} \tag{8.3.5}$$

式（8.3.5）说明，任何波长的光$\lambda_j$（$j \neq i$）想从输入端口传至输出端口 $i$ 时，会被堵塞，

无法传出，所经历的损耗为波长隔离度 $L_c$。理想情况下，$L_c$越大越好。

对于解复用器，其隔离度通常大于 30dB，而复用器隔离度约为 18dB。

（8）各通道插入损耗的均匀性或一致性

这是指各通道插入损耗的最大值与最小值之差，该值应小于 1.5dB。

（9）偏振相关损耗（PDL）

与前面第 5 章的定义相同。

（10）方向性

方向性定义为信号在某输入通道/输出通道 $i$ 中的功率与从该通道中泄漏到另一个输入通道/输出通道 $j$ 的功率之比，以 dB 表示，有

$$D_{ij} = 10\lg\frac{P_{i,\text{in}}(\lambda_i)}{P_{j,\text{in}}(\lambda_i)} \tag{8.3.6}$$

以及

$$D_{ij} = 10\lg\frac{P_{i,\text{out}}(\lambda_i)}{P_{j,\text{out}}(\lambda_i)} \tag{8.3.7}$$

上两式分别对应于波分复用器和解复用器。方向性通常也称为近端损耗。$D_{ij}$ 通常应大于 50dB。

（11）反射

反射指的是输入某一个端口 $i$ 的功率与反射回该端口的功率之比。以 dB 表示时，有

$$R_i = -10\lg\frac{P_i(\lambda_i)}{P_{i,r}(\lambda_i)} \tag{8.3.8}$$

式中，$P_{i,r}(\lambda_i)$为反射回端口 $i$ 的光功率。通常应用情况，要求器件的反射小于−40dB。

**2．几种波分复用器/解复用器**

制作光波分复用器的技术很多，较为常用的方法有介质薄膜滤波器型、光栅型和熔融拉锥型等。这些方法各有特点，下面就前两种类型的波分复用器件进行介绍。熔融拉锥型在第 5 章中已有介绍，这里不再赘述。

（1）介质薄膜滤波器型波分复用器

我们已经学习了介质薄膜滤波器的工作原理。滤波器由折射率高低不同的多层介质膜交叠而成。适当设计每层膜的光学厚度及介质膜的折射率，可以做成只透射某个所希望的波长而反射其他波长的透射型滤波器。设计多个滤波器，使它们的透射中心波长为 ITU-T 规定的值，把这些滤波器以一定的方式连接起来，就构成了多通道波分复用器/解复用器。如图 8.3.14 所示为 4 通道的波分复用器和解复用器的工作原理图。图 8.3.15 则示出了一个 8 通道解复用器的结构简图。

这种类型的波分复用器/解复用器的优点是器件的设计与光纤的参数几乎无关；信道数灵活，且波长的间隔可以不规则；插入损耗低，极化相关损耗低；温度特性好等。这种技术的缺点是实现频率间隔在 100GHz 以下时比较困难，因而信道数受到限制；器件装配所需的时间较长，整个器件的损耗和成本与信道数成正比。

（2）马赫-曾德尔干涉仪（MZI）型复用器/解复用器

实际上我们在第 5 章中已经介绍过马赫-曾德尔干涉仪（MZI）型复用器/解复用器，在那里，我们是作为滤波器进行学习的。利用它的滤波特性，按照一定的结构可以构成一个马赫-

曾德尔干涉仪（MZI）型复用器/解复用器。图 8.3.16 是一个由三部分组成的 2×2 的 MZI 型波分复用器原理图。复用器的输入和输出端分别为两个 3dB 耦合器，耦合区的长度为 $d$；复用器的中心部分是一个长度相差为$\Delta L$ 的两根波导，称为相移部分。

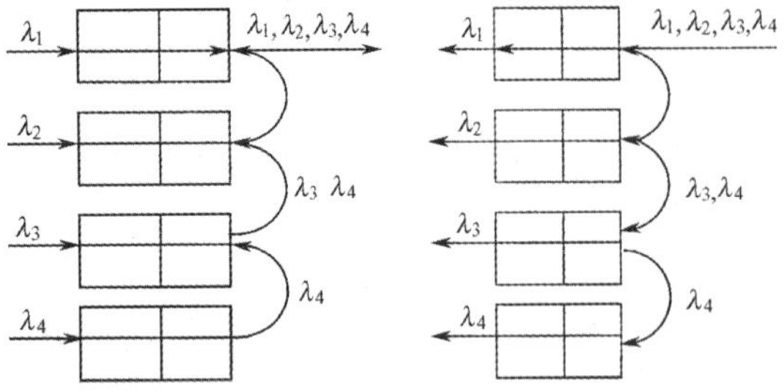


(a) WDM MUX　　(b) WDM DEMUX

图 8.3.14　4 通道波分复用器和解复用器工作原理图

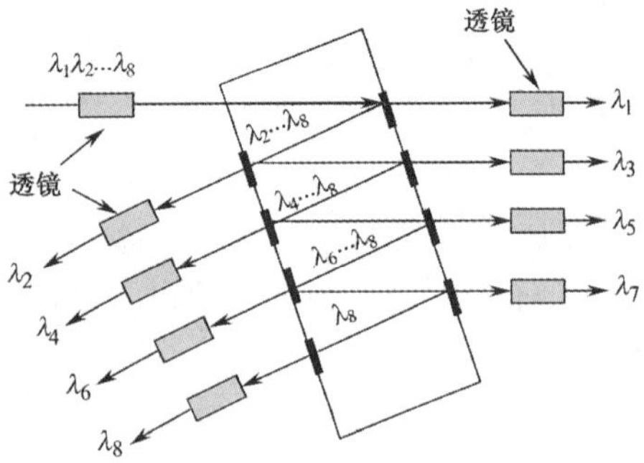


图 8.3.15　8 通道解复用器结构简图

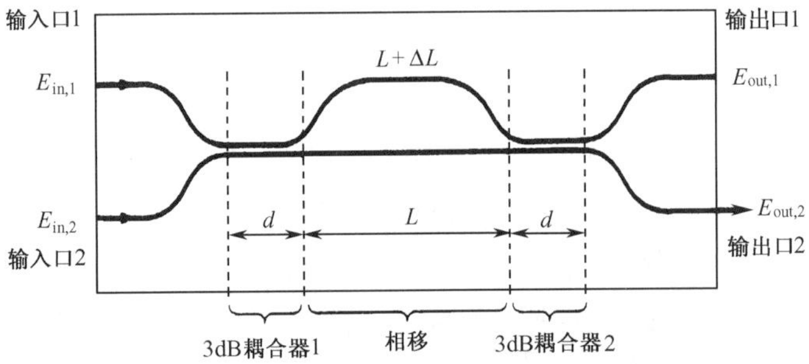


图 8.3.16　2×2 的 MZI 型波分复用器原理图

光从输入端到输出端口的传播可以用矩阵光学的方法描述，即

$$\begin{bmatrix} E_{\text{out},1} \\ E_{\text{out},2} \end{bmatrix} = \boldsymbol{M} \begin{bmatrix} E_{\text{in},1} \\ E_{\text{in},2} \end{bmatrix} \tag{8.3.9}$$

式中，$\boldsymbol{M}$ 是复用器的传输矩阵，它是两个耦合器与中间波导的传输矩阵的乘积

$$\boldsymbol{M} = \boldsymbol{M}_{\text{coupler2}} \boldsymbol{M}_{\Delta\varphi} \boldsymbol{M}_{\text{coupler1}} \tag{8.3.10}$$

3dB 耦合器的传输矩阵为 $\boldsymbol{M}_{\text{coupler}} = \dfrac{1}{\sqrt{2}}\begin{bmatrix} 1 & \text{j} \\ \text{j} & 1 \end{bmatrix}$，中间波导对于某一波长 $\lambda_i$ 的光引入的 $\Delta\varphi_i$ 的相位差是靠波导的长度差引入的，传输矩阵为 $\boldsymbol{M}_{\Delta\varphi_i} = \begin{bmatrix} \exp(\text{j}k_i\Delta L/2) & 0 \\ 0 & \exp(-\text{j}k_i\Delta L/2) \end{bmatrix}$。对于复用器而言，需要不同的波长从输入端的不同通道输入。现假设波长为 $\lambda_1$ 和 $\lambda_2$ 的光波分别从输入端的两个输入端口 1 和 2 输入，根据式（8.3.9）和式（8.3.10）可以得到在输出端的两个端口的光场为

$$\begin{aligned} E_{\text{out},1} &= \text{j}[E_{\text{in},1}(\lambda_1)\sin(k_1\Delta L/2) + E_{\text{in},2}(\lambda_2)\cos(k_2\Delta L/2)] \\ E_{\text{out},2} &= \text{j}[E_{\text{in},1}(\lambda_1)\cos(k_1\Delta L/2) - E_{\text{in},2}(\lambda_2)\sin(k_2\Delta L/2)] \end{aligned} \tag{8.3.11}$$

从这两端口输出的光功率为

$$\begin{aligned} P_{\text{out},1} &= E_{\text{out},1}E_{\text{out},1}^{*} = \sin^2(k_1\Delta L/2)P_{\text{in},1} + \cos^2(k_2\Delta L/2)P_{\text{in},2} \\ P_{\text{out},2} &= E_{\text{out},2}E_{\text{out},2}^{*} = \cos^2(k_1\Delta L/2)P_{\text{in},1} + \sin^2(k_2\Delta L/2)P_{\text{in},2} \end{aligned} \tag{8.3.12}$$

我们希望两个光波只从输出端口中的一个输出，比如从端口 2 输出，则需满足条件 $k_1\Delta L/2=\pi$ 和 $k_2\Delta L/2=\pi/2$，此条件可变换为下列形式，即

$$\Delta L=\left[2n_{\text{eff}}\left(\frac{1}{\lambda_1}-\frac{1}{\lambda_2}\right)\right]^{-1} \tag{8.3.13}$$

或用信道间的频率间隔 $\Delta\nu$ 表示为

$$\Delta L=\frac{c}{2n_{\text{eff}}\Delta\nu} \tag{8.3.14}$$

式（8.3.14）说明，当波导间的长度差满足上述关系时，光波$\lambda_1$ 和光波$\lambda_2$ 将都从输出端口 2 出射，因此完成了光波的合路。同理，当光波逆向传播，即波长为$\lambda_1$ 和$\lambda_2$ 的光波从输出端口 2 入射，在满足关系式（8.3.14）时，两个光波将分别从输入端口 1 和 2 出射，这个器件就成为了一个解复用器。

多个这样的器件可以组成一个 $N\times N\ (N=2n)$波分复用器/解复用器。如图 8.3.17 所示是一个由三个 2×2 MZI 组成的 4×4 的波分复用器结构示意图。

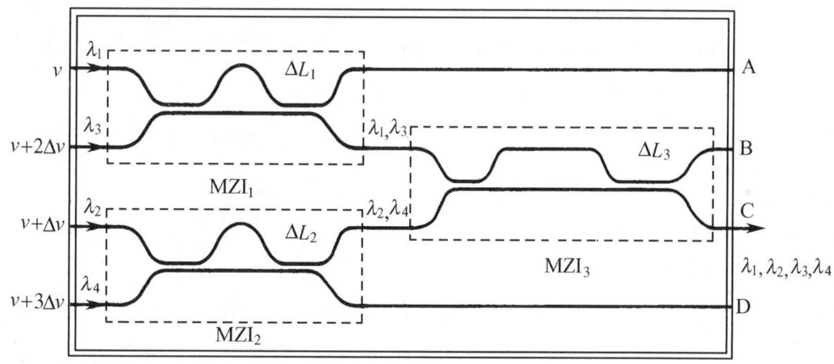


图 8.3.17　4×4 MZI 的波分复用器结构示意图

设信道频率间隔为 $\Delta\nu$，从输入端口的各个通道输入的信号频率依次是 $\nu$、$\nu+2\Delta\nu$、$\nu+\Delta\nu$ 和 $\nu+3\Delta\nu$，由于这样的安排，使 $\text{MZI}_1$ 与 $\text{MZI}_2$ 的中心部分两根波导间的长度差 $\Delta L_1$ 和 $\Delta L_2$ 与频率间隔 $\Delta\nu$ 间的关系为

$$\Delta L_1=\Delta L_2=\frac{c}{2n_{\text{eff}}(2\Delta\nu)} \tag{8.3.15}$$

注意到波导长度差缩小为原来的一半，这样有利于缩小复用器的体积。对于 $\text{MZI}_3$，输入端两个通道的波长分别为$\lambda_1$，$\lambda_3$ 和$\lambda_2$，$\lambda_4$。其中心部分的两根波导间的长度差与信道间隔的关系满足式（8.3.14）。在最终的输出端口 C，四个波长的信号一起出射并进入主传输光纤。

（3）光栅型波分复用器/解复用器

光栅是个色散元件，对波长具有选择作用，这是我们早已熟知的知识。当多波长入射光照射到一个体光栅上时，光栅将不同波长的光以不同的角度反射或透射，经透镜汇聚到不同

的光纤上输出，就实现了分离波长的功能，成为一个解复用器。相反的过程是，当不同波长的光分别以精心设计的不同的角度入射到光栅上时，光栅将它们汇聚到某个方向上并耦合进光纤，实现波长复用的功能。这是体光栅做成波分复用器/解复用器的原理。

随着光纤光栅技术的成熟，光栅型波分复用器/解复用器中的体光栅常用光纤光栅来代替。光纤光栅利用光纤的折射率对紫外光敏感这一特性，在光纤的侧面用紫外光写入技术，沿着光纤长度方向上形成折射率周期变化的布拉格光栅，因此，光纤光栅叫作 Fiber Bragg Grating，简称 FBG。参见本书第 2 章中的图 2.3.5。

不同的制作条件或不同的光纤类型，可以产生不同的折射率分布。一般来说，折射率沿光纤长度方向的分布可用式（2.3.27）表示。这里重写如下，即

$$n(z)=n_{\text{core}}+\Delta n_{\text{g}}(z)\left\{1+\cos\left[\frac{2\pi}{\Lambda}z+\varphi(z)\right]\right\} \tag{8.3.16}$$

式中，$n_{\text{core}}$为纤芯的折射率；$\Delta n_{\text{g}}(z)$为折射率的光致变化；$\Lambda$为布拉格光栅的周期；$\varphi(z)$为光栅啁啾。

由于在光纤中形成的是布拉格光栅，当光波沿着光纤传输，其波长满足布拉格条件即

$$\lambda=\lambda_{\text{Bragg}}=2\Lambda n_{\text{eff}} \tag{8.3.17}$$

时，这个光波不能向前传输，而是最大程度地被反射。这里，$n_{\text{eff}}$为纤芯的有效折射率。上述条件也称为布拉格条件，$\lambda_{\text{Bragg}}$叫作布拉格波长。若入射波为多波长光波，则满足布拉格条件的光波被反射，不满足该条件的光波可通过光栅，沿着光纤继续向前传播。这就是 FBG 滤波的基本原理。详细分析光纤光栅的光谱特性可利用耦合模理论来进行。

利用 FBG 的滤波特性，便可制作波分复用器/解复用器。设有 $n$ 个波长复用在一根光纤上，若要将各个波长解复用，可以在光纤上串接 $n$ 个光纤光栅，每个光栅上只有一个波长被反射。将此反射的光用波导引出来，这样的器件就实现了解复用的功能，如图 8.3.18 所示。

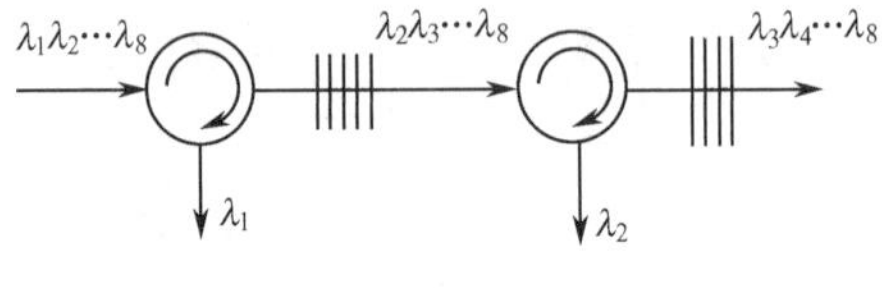


图 8.3.18　FBG 构成的解复用器工作原理

光纤光栅做成的波分复用器有以下优点：

① 通过精心设计光栅结构，可精密控制中心反射波长。

② 反射带宽可做得很小，因而特别适于 DWDM 系统。

③ 反射率很高，可达到接近 100%。

④ 与普通的传输光纤连接十分方便。

⑤ 对偏振不敏感。

这类波分复用器也存在不足，即有高的回波反射，因此，应用时必须使用光隔离器。

（4）阵列波导光栅 AWG 型波分复用器

AWG 的概念是由荷兰的研究者 M.K.Smith 于 1988 年首次提出，在一块半导体材料衬底上，按照一定的规则制作出多个波导以组成波导阵列。图 8.3.19 所示为一个 $N\times N$ AWG 结构示意图。

它由输入、输出波导、光栅阵列波导及端面均为凹聚焦面的两个平板波导组成。输入、输出波导与平板波导相接的各个端口等间距地（间距为$\Delta x$）沿着直径为 $R$ 的罗兰圆周排列，且对称地分布在凹聚焦平板波导的入口处；弯曲的阵列波导的端口则以等间距 $d$ 分布在直径

为 2R 的光栅圆周上，且光栅阵列波导的中心波导位于光栅圆与罗兰圆的切点上，相邻的波导的长度差为$\Delta L$，如图 8.3.20 所示。

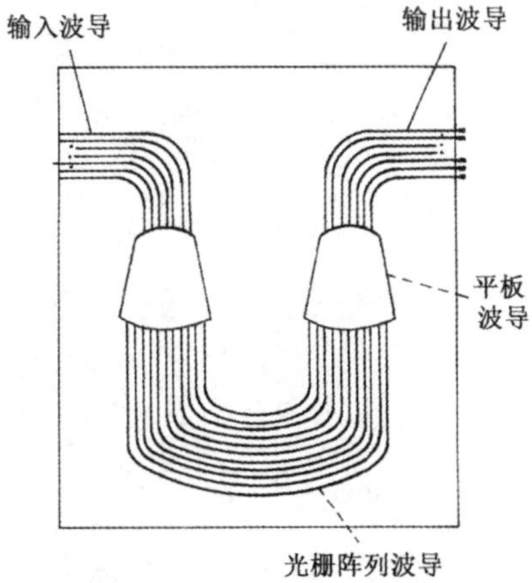


图 8.3.19　$N\times N$ AWG 结构示意图

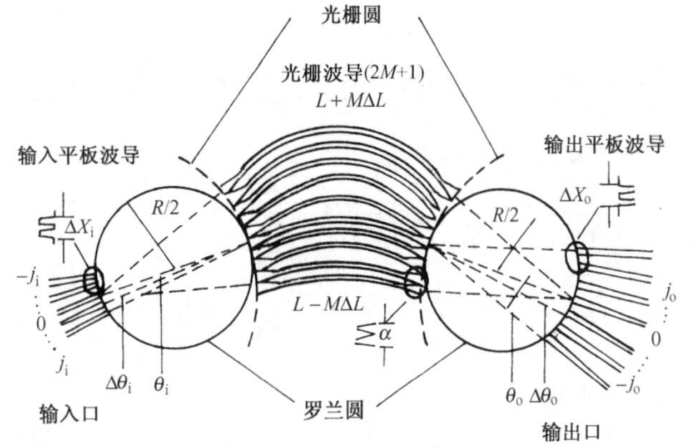


图 8.3.20　AWG 解复用器的原理

下面介绍 AWG 解复用器的工作原理。含有多个波长的入射光进入 AWG 的输入波导的中心波导，由于输入波导的输出端口处在平板波导的凹聚焦端面上，光从此端口出射时将发生衍射，此衍射光束将投射到光栅阵列波导的输入端口而进入光栅阵列波导。由于光栅阵列波导的任意两个相邻的波导的长度相差$\Delta L$，设光栅阵列波导的折射率为 $n_c$，因此，在相邻的两个波导中传播的波长为$\lambda_i$的两束光波的光程差为 $n_c\Delta L$，相应的相位差为 $n_c\Delta L/\lambda_i$。由于此相位差的存在，由光栅阵列波导的所有出射端口射出的波长为$\lambda_i$ 的光波，在出射平板波导中传播时等相位面将发生弯曲，使光线聚焦在输出平板波导焦线的某一点上，即直径为 $R$ 的罗兰圆上。通过合理设计输出波导接收信道端口的位置，可使该波长的光波耦合进一个波导信道中。光栅阵列波导对不同波长的光波引入的位相差不同，故不同波长的光波聚焦在平板波导焦线的不同点上，进入输出波导的不同通道，实现了解复用。

根据光路的可逆性，将 AWG 反向使用，则成为波分复用器。阵列波导引入相位差，其作用如同光栅一样，故将这种器件称为阵列波导光栅。

现在来具体看一下 AWG 中光线满足的方程。从输入波导的中心波导出射的光束为高斯光束，该光束传播到光栅阵列波导处的等相位面是以该中心波导出射端为圆心，以 $R$ 为半径的球面（也就是直径为 2$R$ 的光栅圆）。换句话说就是，光栅阵列波导的各个入射端口分布在该高斯光束的等相位面上。因此，从光栅阵列波导传出的光到达输出波导的接收端口时，相邻波导中传输的光的光程差为 $n_s d\sin\theta + n_c\Delta L$，$n_s$ 为平板波导的折射率。若此光程差满足某一波长的整数倍，则在接收端口能够相干加强，有

$$n_s d\sin\theta + n_c\Delta L = m\lambda \tag{8.3.18}$$

式中，整数 $m$ 是光栅的衍射阶数；$\theta$是光束的衍射角，当$\theta = 0$ 时，有

$$\Delta L = m\frac{\lambda}{n_c} \tag{8.3.19}$$

满足上述关系的波长$\lambda$ 称为中心波长，记为$\lambda_c$。

当光波频率不同时，聚焦点会沿着直径为 2$R$ 的光栅圆移动，即衍射角$\theta$会发生变化，在

$\theta=0°$ 的近似条件下，$\theta$ 随频率的变化量定义为角色散，有

$$\frac{\mathrm{d}\theta}{\mathrm{d}\nu}=-\frac{m\lambda^2 n_{\mathrm{g}}}{n_{\mathrm{s}} c n_{\mathrm{c}} d} \tag{8.3.20}$$

式中，$n_g$ 定义为阵列波导的群折射率，有

$$n_{\mathrm{g}}=n_{\mathrm{c}}-\lambda\frac{\mathrm{d}n_{\mathrm{c}}}{\mathrm{d}\lambda} \tag{8.3.21}$$

用角色散表示的信道间隔为

$$\Delta\nu=\frac{\Delta x}{R}\left(\frac{\mathrm{d}\theta}{\mathrm{d}\nu}\right)^{-1} \tag{8.3.22}$$

图 8.3.21 是 JDS Uniphase 公司 AWG 波分复用器的图片。表 8.5 是 16 通道和 40 通道的 WDM MUX 的技术参数。通带的线型为高斯型。图 8.3.22 所示为 40 个通道的 WDM MUX 的传输谱。

图 8.3.21　16 通道波分复用器

**表 8.5　16 通道和 40 通道 WDM MUX 的技术参数（JDS Uniphase）**

| 参　量 | 16 通道解复用器（高斯型 AWG） | 40 通道解复用器（高斯型 AWG） |
|---|---|---|
| 通道数 | 16 | 40 |
| 通道间隔 | 100GHz | 100GHz |
| 参考通带 | ±0.1nm | ±0.1nm |
| 工作波长 | ITU 规定 C或 L 波段 | ITU 规定 C或 L 波段 |
| 插入损耗（包括连接器） | 典型值 2.7dB<br>最大值 3.2dB | 典型值 3.3dB<br>最大值 3.5dB |
| 1dB 通道带宽 | 典型值 0.22nm<br>最小值 0.2nm | 典型值 0.22nm<br>最小值 0.2nm |
| 3dB 通道带宽 | 典型值 0.42nm<br>最小值 0.4nm | 典型值 0.42nm<br>最小值 0.4nm |
| 损耗的一致性（包括连接器） | 典型值 0.4dB<br>最大值 0.7dB | 典型值 0.8dB<br>最大值 1.2dB |
| 相邻通道串扰 | 典型值 30dB<br>最小值 28dB | 典型值 30dB<br>最小值 28dB |
| 非相邻通道串扰 | 典型值 37dB<br>最小值 34dB | 典型值 37dB<br>最小值 34dB |
| PDL | 典型值 0.2dB<br>最小值 0.5dB | 典型值 0.3dB<br>最小值 0.5dB |
| 回波损耗 | 40dB | 40dB |
| 工作温度 | -5℃～65℃ | -5℃～65℃ |
| 尺寸 | 128.0mm×74.0mm×10.2mm | 128.0mm×74.0mm×10.2mm |

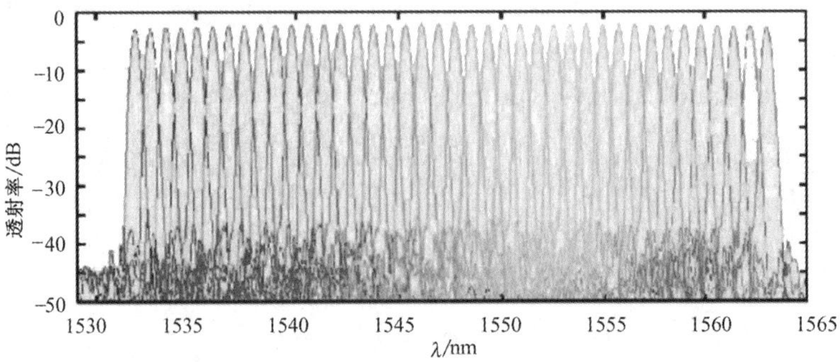


图 8.3.22　40 个通道 WDM MUX 的传输谱

AWG 具有很多优点，如低损耗、低串扰、高重复性、高可靠性、尺寸小。一个 $N\times N$ AWG 可作为波分复用器/解复用器、光插/分复用器、光路由器、光滤波器、色散补偿器，等等。对于 AWG 的研究，已从 $SiO_2$ 基扩展到 InP 基的器件上来，可以与半导体激光器、调制器、接收器阵列等半导体器件集成，将在光通信领域有着更广阔的应用前景。

**3．波长交错复用技术**

我们知道，波分复用器/解复用器是实现波分复用的一个关键器件，它的性能的好坏影响着系统的性能。因此，波分复用器/解复用器的设计是一个重要环节。随着传输信道数目的增加及信道间隔的减小，波分复用器/解复用器的结构变得越来越复杂，使得设计工作也变得越来越复杂，加工成本越来越高。为使器件的制作简单化，降低成本，一些公司提出了波长交错复用器的概念。例如，有两个频道间隔均为 200GHz 的波分复用器/解复用器，它们各个传输信道的中心频率分别为 ITU-T G.692 中规定的 DWDM 的奇数信道（如 ch21，ch23…）和偶数信道（ch22，ch24…），通过一个叫作 Interleaver 的器件，将这两个波分复用器/解复用器组合起来使用，就可以组成一个频率间隔为 100GHz 的波分复用器/解复用器，而传输的信道数也就增加了一倍。这里，Interleaver 也叫作波长交错复用器。图 8.3.23 所示为波分复用器与一个波长交错复用器器件的关系示意图。由于所使用的两个波分复用器/解复用器都是信道间隔较宽的普通复用器，所以大大减低了器件设计的压力，也降低了系统的成本。

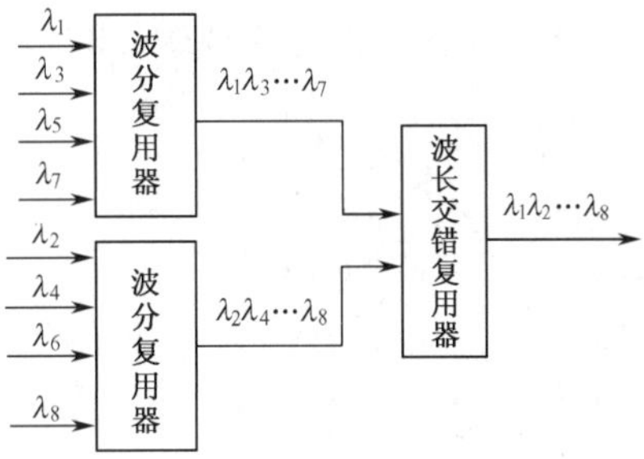

图 8.3.23　波分复用器与一个波长交错复用器器件的关系示意图

很多具有滤波功能的器件可以组成波长交错复用器器件，如在前面讲到的图 8.3.17，其中的 $MZI_3$ 就是一个具有将奇信道与偶信道复合的功能器件。另外，利用偏振光干涉、迈克尔逊 G-T 干涉、光纤光栅和阵列波导光栅都能实现奇、偶信道的复用。

## 8.3.5　WDM 系统中的光纤

光纤的损耗和色散是在设计光纤通信系统中必须考虑的两个大问题。对于单波长传输系统，可根据系统的容量、传输距离的远近及系统的造价等问题来确定工作的波长窗口，选择合适的光纤。对于高速传输系统，为减小信号之间的串扰，可采用在工作波长上损耗小，色散低的光纤或选用有较大色散系数的光纤，在最后采取色散补偿技术来消除色散的作用。但是，对于 WDM 系统，光纤的选择必须十分小心。由于光纤中传输着多个波长光信号，光纤在 1550nm 附近的色散斜率变得非常重要。否则，不同波长的光信号将经历有较大差异的色散，最终导致某些信道经历较大色散，影响信噪比。

另一个在设计 WDM 系统时需要特别注意的问题是光纤中的非线性效应。由于 WDM 系统用 EDFA 对多个光信号进行放大，可使光纤中的光功率达到很高的数值，从而引起光纤的非线性效应。这些非线性效应主要包括受激散射（受激布里渊散射 SBR，受激拉曼散射 SRS）及非线性折射率调制（包括自相位调制 SPM，交叉相位调制 XPM，四波混频 FWM 和非线性极化模色散等）。DWDM 系统光源的高度相干性和较窄的通道间隔等又加强了这些效应。这些效应的存在会导致信道间产生串扰。

**1．WDM 系统中的色散补偿**

对于 WDM 系统，可采用色散平坦型且有效面积较大的 G.655 光纤作为传输光纤，以克服“不同波长的光信号将经历有较大差异的色散”这个缺点。另一方面，仍然可以采取前面第 2 章所讲的色散补偿方案来补偿色散对系统的影响。然而，不是所有的信道的色散都能够被完全补偿的，因为色散系数 $D$ 是与光波长有关的。如图 8.3.24 所示是一个 WDM 系统采取色散补偿措施后不同光信道沿着传输距离的色散图。从图中可以看出，中心信道的平均群速色散可以降为零，而其他信道的色散则没有被完全补偿。

在这种情况下，可以在解复用后再分别对各个信道进行色散补偿。

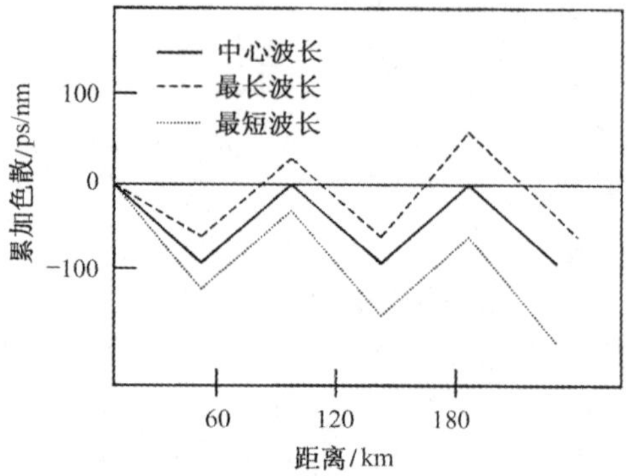

图 8.3.24　WDM 系统色散补偿后光信道的色散图

**2．非线性效应对 WDM 的影响**

（1）SRS 的影响

通过第 2 章的学习我们知道，SRS 效应将把光波能量从短波长的信道转移至长波长的信道。对于 WDM 系统，只要信道间的间隔在拉曼增益谱所覆盖的范围内，这些信道间隔就会因为 SRS 效应而发生能量的转移。光纤中传输的信道越多，从短波长信道耦合至其他长波长信道的能量就越多，这个信道损失的能量就越大。因此，波长最短的信道成为受 SRS 效应影响最大的信道，最终导致该信道的误码率增加，整个系统的性能恶化。下面具体来看一下 SRS 的影响。一个有 $N$ 个信道的 WDM 系统，信道间隔为$\Delta\nu_s$，对应的信道波长间隔为$\Delta\lambda_s$。因此，整个系统带宽为$(N-1)\Delta\nu_s$。我们把波长最短的信道记为 0 信道，该信道转移到第 $j$ 信道的功率与 0 信道的功率之比记为 $P_{out}(j)$。假设系统带宽小于拉曼增益带宽，除了从 0 信道向其他信道耦合功率外，其他各信道间没有功率耦合。根据图 2.3.7 中曲线，我们把拉曼增益系数与频率间隔的关系近似为线性，则 $P_{out}(j)$为

$$P_{out}(j)=g_R\frac{i\Delta\nu_s PL_{eff}}{\Delta\nu_c 2A_{eff}} \tag{8.3.23}$$

式中，$g_R$ 为拉曼峰值增益系数；$\Delta\nu_c$ 为拉曼增益带宽；其他参数的定义同第 2 章。从 0 信道转移到其他信道的总功率与 0 信道的功率之比 $P_{out}$ 为

$$P_{out}=\sum_{j=1}^{N-1}P_{out}(j)=\frac{g_R\Delta\nu_s PL_{eff}}{2\Delta\nu_c A_{eff}}\frac{N(N-1)}{2} \tag{8.3.24}$$

所以，该信道的功率代价为$-10\lg(1-P_{out})$。若要求信道的功率代价不能超过 0.5dB，则 $P_{out}<0.1$，由式（8.3.24）可得 $N(N-1)P\Delta\lambda_s L_{eff}<41600\text{mW}\cdot\text{nm}\cdot\text{km}$。这里，我们采用的参数为$\Delta\lambda_c=125\text{nm}$，$g_R=6\times10^{-14}\text{m/W}$，$A_{eff}=50\mu\text{m}^2$。

若信道的波长间隔为 0.8nm，信道数为 32，取 $L_{eff}=20\text{km}$，则每个信道的功率 $P$ 应小于 2.6mW。由于 SRS 效应，WDM 系统的每个信道功率受到限制。信道功率与传输链路长度的关系曲线如图 8.3.25 所示。

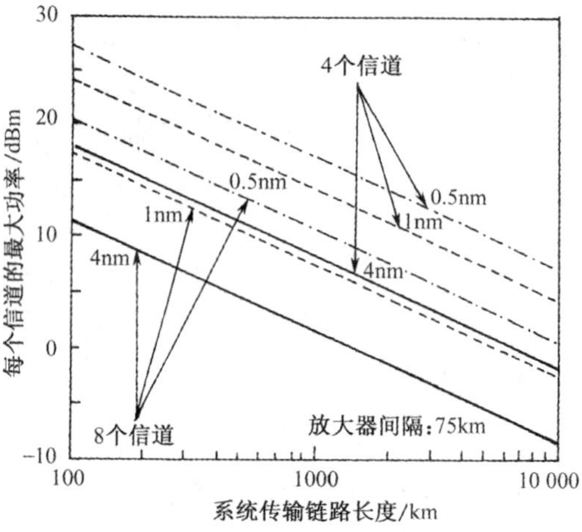

图 8.3.25　信道功率与传输链路长度的关系曲线

要减小 SRS 的影响，一方面可以通过尽

可能地减小信道间隔来实现，另一方面就是将每个信道的功率限制在阈值以下。对于有放大器的系统，光纤的非线性有效长度与放大器间距成反比。缩短放大器的间隔，可以增加有效长度，从而使各个信道的功率降低。

（2）SBS 的影响

SBS 的增益谱很窄，在 1550nm 附近约为 20MHz，这说明 SBS 效应使得功率的转换发生在频率非常靠近的两个信号之间。在 WDM 系统中，信道间隔通常为几百或几十吉赫兹（GHz），所以 SBS 效应被约束在同一个波长信道内，每个信道内的 SBS 效应独立累加，与单信道传输系统的情况一样。当 SBS 波的功率与信号功率可以比拟时，就会产生系统损伤。

要减小 SBS 效应，必须使每个信道的功率远低于 SBS 阈值；或者通过增加信号带宽的办法，来提高 SBS 的阈值。当信号带宽增加为$\Delta\nu_s$，SBS 的阈值可以近似用下式表示

$$P_{th} \approx \frac{21bA_{eff}}{g_B L_{eff}}\left(1+\frac{\Delta\nu_s}{\Delta\nu_B}\right) \tag{8.3.25}$$

式中，$\Delta\nu_s$、$\Delta\nu_B$分别为信号带宽和布里渊增益谱带宽；$b$ 是修正因子，介于 1 和 2 之间，由泵浦波与斯托克斯波的相对偏振方向决定。与式（2.3.45）相比可知，信号谱宽增加后，SBS 效应的阈值提高了。

（3）SPM 和 XPM 的影响

SPM 和 XPM 产生于光纤的折射率对光强的依赖关系。SPM 导致光波相位发生变化，产生频率啁啾。在没有色散时，该频率啁啾引起脉冲频谱的展宽。当有色散存在时，SPM 与 GVD 相互作用，可以使光脉冲展宽或压缩。具体原理将在第 10 章中讲述。当不同波长的光脉冲在光纤内传输时，它们的相位不仅受 SPM 的影响，还要受 XPM 的影响。考虑一个信道数为 $m$ 的 WDM 系统，假设所有信道的损耗和非线性参量都相同，由 SPM 和 XPM 联合引起的非线性相移为

$$\phi_j = \gamma L_{eff}(P_j + 2\sum_{m\neq j} P_m) \tag{8.3.26}$$

式中，各信道的光波场为$\sqrt{P_j}\exp(i\phi_j)$；其余参数含义同第 2 章。设各信道的输入功率相同，为 $P_{ch}$，在最坏的情况即各信道同时出现比特“1”时，XPM 导致的相移最大，即

$$\phi_{max} = \gamma L_{eff}(2M-1)P_{ch} \tag{8.3.27}$$

可以看出，非线性相移随信道数线性增加。该相移在考虑 GVD 的系统中，被转化为功率的起伏，从而影响到接收端的信噪比。为减小 SPM 和 XPM 导致的脉冲展宽，仍要求$\phi_{max}$ <1，这样，各信道的功率由以下条件进行限制，即

$$P_{ch} < \alpha/[\gamma(2M-1)] \tag{8.3.28}$$

这里，采用了条件 $L \geqslant \alpha$ 时，$L_{eff} \approx 1/\alpha$。

（4）FWM 的影响

由第 2 章可知，当光纤中传播有三个波长$\omega_i$、$\omega_j$、$\omega_k$时，FWM 效应就会在光纤中产生新的频率分量$\omega_n=\omega_i+\omega_j-\omega_k$或$\omega_n' + \omega_n'' = 2\omega_i$，将能量转移到这些新的频率分量中去，降低了信道功率。对于一个信道数为 $N$ 的 WDM 系统，产生的新的频率分量数与信道数的立方成正比。因此，在光纤内将产生大量的新频率信号。当系统的信道间隔为等间隔时，这些新的频率分量与已有的信道频率相同，并与该信道内的信号产生相干，致使到达接收机上的信号产

生大的起伏。当系统的信道间隔为非等间隔时，这些新的频率分量落在信道之间，成为系统噪声，影响系统性能。实验已经证明，可以通过设计非等信道间隔的系统来降低 FWM 的影响。此时，FWM 造成的信道功率代价可以通过改变输入功率和光纤色散来控制。另一种方案是采用色散管理技术，将正常和反常 GVD 光纤组合起来使用，使整个光纤上的 FWM 效率降低。

## 8.4 波分复用系统规范

前面我们已经介绍了 ITU-TG.692 建议，鉴于全球已有许多 WDM 点到点系统，我国也建设了一些 WDM 传输系统，除了 ITU-T G.692 建议，国内一些专家还提出一些自己的建议，以使我国自行研发的产品具有统一性。

### 8.4.1 光波长的分配

（1）系统工作波长区

ITU-T G.692 建议，WDM 系统的工作波长目前是在 C 波段，即波长范围为 1528.77～1560.61nm，对应的频率为 198.1～192.1THz（见表 8.1）。

（2）绝对频率参考

绝对频率参考是指 WDM 系统标称中心频率的绝对参考点。ITU-T G.692 建议，WDM 系统的绝对参考频率为 193.1THz，与之相对应的波长为 1552.52nm。

（3）通道间隔

ITU-T G.692 建议，通道间隔是 100GHz 的整数倍，如 200GHz，100GHz，400GHz 等。为了能够传输更多的信道，很多厂商还开发了通路间隔为 50GHz，25GHz 的产品。

（4）标称中心频率

每个通路对应的中心频率称为标称中心频率。IUT-T G.692 建议，通路的频率应基于绝对参考频率，最小通路间隔为 100GHz 的频率系列（见表 8.1）。

（5）中心频率偏移

中心频率偏移指实际系统中工作频率与标称中心频率的差值，规定 8 通路 WDM 系统，采用 200GHz 的通路间隔，其最大中心频率偏移为±20GHz；16 通路，采用 100GHz 的系统，最大频率偏移为±20GHz。

### 8.4.2 光接口规范

（1）光接口分类

我国专家对于我国的加有光放大器的长途 WDM 系统规定了 3 种光接口：8×22dB，5×30dB，3×33dB。其中前面的 8、5、3 分别代表传输的区段数目，22dB、30dB、33dB 代表每个区段允许的损耗。一个 8×22dB 系统，在发射端使用一个功率放大器，中间加入多个在线放大器，接收机前加前置放大器，每一区段的距离约为 80km，因此，总的传输距离为 640km（8×80km）；一个 3×33dB 系统可以传输 360km（3×120km）；一个 5×30dB 系统则可以传输 500km（5×100km）。

（2）光接口参数

ITU-T 对光接口的参数还没有形成规定。为增加系统的可操作性，我国研究人员对于上述三种光接口的参数中的一个参数即 WDM 系统接收端光信噪比（OSNR）制定了一个规范。光信噪比 OSNR 定义为在接收端平均接收光功率与光带宽内接收的光噪声功率之比。对于 8×22dB 系统，OSNR 为 22dB；对于 5×30dB 系统，OSNR 为 21dB；对于 3×33dB 系统，OSNR 为 20dB。

（3）光监控信道 OSC（Optical Supervisory Channel）

对于使用线路放大器的 WDM 系统，需要一个额外的通道对 EDFA 进行监视和管理，此通道叫作光监控信道。这个通道的波长依据应用情况可以在放大器的带宽之内或之外，但必须能在每个线路放大器处进行上、下路。一般建议波长选择在放大器的带宽之外。选择在带外的建议波长为 1510nm。另外，1310nm 和 1480nm 也可以作为一个选择。另一个可能的选择是 1625nm，现正在研究之中。OSC 光接口的其他建议参数：监控速率为 2Mb/s；信号码型 CMI；信号发送功率为 0～7dBm；最小接收灵敏度为-48dBm。

（4）安全要求

对有光放大器的系统，通常情况下，光放大器都工作在大功率下，其入纤功率有的已接近光纤安全功率极限，因此，ITU-T 规定，系统中单路或多路入纤功率最大不能超过 17dBm。

## 8.5 设备实例

OptiX™Metro 6100 是一款大容量、多业务的 DWDM/CWDM 一体化设备，它应用于城域网或者本地网，可以接入和传输从 34Mb/s 到 10Gb/s 之间的语音、宽带数据和存储区域网业务。DWDM 配置支持 40 个有保护的波长通道，CWDM 配置最大支持 16 个有保护的波长通道。可以根据网络的容量、业务需求和建网成本，灵活选择 DWDM 或者 CWDM 方式组网。

该设备的主要特点如下。

### 1．多速率、多协议业务的接入和汇聚

Metro 6100 可以提供多种具有速率自适应特性的波长转换单元和子速率复用单元，这样可以适应城域业务具有多样性和流量不确定性的特点。多样接入包括：

（1）多种规格的波长转换单元，例如 155M/622M/2.5G 自适应板，34Mb/s～2.7Gb/s 任意速率板，2.5G/10G 带 FEC 单板；

（2）宽度数据的接入，例如 2 路 GE（Gigabit Ethernet，千兆以太网接口 1.25Gb/s）汇聚为 1 路 2.5G，10GbE/10G POS 接入，2.5G POS 接入，4 路 GbE 汇聚为 1 路 5G，8 路 GE 汇聚为 1 个 10G 等；

（3）存储区域网和视频接入，例如 8 路 ESCON（Enterprise Systems Connection，管理系统连接）汇聚为 1 路 2.5G 等。

### 2．动态配置网络，使用可重构光分插复用器

不再以点到点复用/解复用方式传送带宽。每个 GE 业务作为一个子波长，可在任意站点独立执行穿通、上下、环回等操作，而不影响其他通道业务，实现了 GE 业务端到端的动态管理和配置。

光分插复用器 OADM（Optical Add/Dorp Multiplexer）是波分复用（WDM）光网络的关键器件之一，其功能是从传输光路中有选择地上下本地接收和发送某些波长信道，同时不影响其他波长信道的传输。也就是说，OADM 在光域内实现了传统的 SDH（电同步数字层次结构）分插复用器在时域内完成的功能，而且具有透明性，可以处理任何格式和速率的信号。使用可重构光分插复用器，可以使系统具有远程软件自动配置，升级不中断业务，快速端到端开通波长级业务等优势。

### 3．支持多种技术，覆盖多种跨段

提供 2.5G/10G 激光的全波带调谐能力，既可实现动态波长特性，又可节省备件数量和种类。提供光层检测功能，能及时判断光纤链路各点的变化，并相应调整光功率和衰耗，使网络始终处于较好的工作状态。

### 4．高效运行、维护和管理系统

提供在线光性能检测口，在光复用单元、光放大单元、光解复用单元和光分插复用单元等处设有光性能检测口；内置光谱分析单元，提供实时在线光谱监测，可远程监测光中心波长、光功率、光信噪比、中心频率偏移、系统通道数量和光谱平坦度等性能参数。

该设备的主要技术参数如表 8.6 所示。

**表 8.6　OptiX™Metro 6100 技术参数**

| 系统参数 | Metro6100 |
|---|---|
| 传送容量 | 40 通道 DWDM 系统 |
| | 16 通道 CWDM 系统 |
| 波长间隔 | DWDM:100GHz（G.694.1） |
| | CWDM:20nm（G.694.2 and G.695） |
| 系统结构 | DWDM:双纤双向 |
| | CWDM:双纤双向、单纤双向 |
| 业务接入类型 | STM-1/STM-4/STM-16/STM-64 |
| | STM-4c/STM-16c/STM-64c（POS/ATM） |
| | 34Mb/s～2.67Gb/s FE/GE/10GE<br>ESCON/FICON/Fiber Channel<br>PDH/FDDI/D1 Video |
| 单站 OADM 分插能力 | DWDM:1～40 Channels |
| | CWDM:1～16 Channels |
| 保护机制 | 光通道保护（UPSR） |
| | 光子网连接保护（OSNCP） |
| | 光线路保护（OMSP） |
| | 光通道共享保护（Och-SPRING） |
| | 波长交叉连接保护（WXCP） |
| 监控信道 | 光监控信道（OSC）和电监控信道（ESC）两种方式可选速率 2Mb/s、8Mb/s 可选 |
| 安装环境 | 独立子架供电，支持 19 英寸机柜、ETSI 300mm/600mm 深机柜、19 英寸/23 英寸开放式机柜安装，或桌面直接放置 |
| 传输媒质 | G.652，G.655 |
| 供电方式、功耗 | 电压：−48V ± 20% DC，650W |
| 工作环境 | 0～45℃ |

## 本 章 小 结

WDM 技术是当今光纤通信领域的一个非常重要的技术，得到了广泛的应用。本章从 WDM 系统的基本组成出发，讲解了系统对所涉及的器件的要求，给出了设计系统的基本原则和系统规范，力求做到既有基本理论又结合工程应用。

## 习题

8.1　简述波分复用系统的工作原理及系统组成。

8.2　WDM 系统对光源的要求是什么？有哪些器件可以作为 WDM 系统的光源器件？

8.3　EDFA 用在 WDM 系统中，存在的突出问题是什么？应采取哪些措施克服这些问题？

8.4　波分复用器/解复用器的主要性能参数有哪些？根据 ITU-T G.692 的建议，这些参数的取值及范围是什么？

8.5　假设一个 2×2 的 MZI 型复用器/解复用器由石英制成，石英波导在 1550nm 处的有效折射率 $n_{\mathrm{eff}}$ 为 1.5，计算当信道间隔为 100GHz 时，复用器/解复用器中的相移部分的波导的长度差。若信道间隔为 200GHz 时，长度差又为多少？

8.6　一个阵列波导光栅，$\Delta x = d = 5\mu\mathrm{m}$，中心阵列波导的折射率 $n_c = 1.45$，阵列波导到输入/输出波导的距离 $R = 10\mathrm{mm}$，设计中心波长 $\lambda_c = 1550\mathrm{nm}$，求解阵列波导间的长度差 $\Delta L$。若平板波导的折射率 $n_s = 1.45$，群折射率 $n_g = 1.47$，试求解该复用器/解复用器能够分辨的信道间隔。

8.7　简述光纤中的非线性效应对 WDM 系统的影响。如何消除这些影响?

8.8　某一个 WDM 系统，单信道的光源线宽为 40MHz，采用色散位移光纤，其损耗 $\alpha$ 为 0.22dB/km，光波的有效纤芯截面 $A_{\mathrm{eff}}$ 为 $55\times10^{-12}\ \mathrm{m}^2$，$b = 2$。在 1550nm 附近，SBS 的增益带宽 $\Delta\nu_B = 20\mathrm{MHz}$，$g_B = 5\times10^{-11}$ m/W。计算 SBS 效应的阈值功率，并与不考虑信号线宽时的阈值功率进行比较。

8.9　有一个信道数为 32 的 WDM 系统，$\gamma = 1\times10^{-3}/\mathrm{m\cdot W}$，$\alpha$ 为 0.22dB/km，为减小 SPM 和 XPM 导致的脉冲展宽，试求每个通道的最大功率，并与第 2 章单信道的情况相比较。

# 第9章 光纤网络

**内容提要**：光纤已经构成了我国骨干网和城域网的物理基础，光纤的应用大量出现在局域网、有线电视、楼宇综合布线等场合。而光纤接入网将成为突破电信网发展瓶颈的最佳方案。本章介绍光纤网络的基本知识及基于光纤系统的三大网络，对光同步数字传送网、光交换技术、光传送网的相关知识与技术着重进行了讲解。最后讨论了光纤接入网的结构和应用。

**知识要点**：光纤网络的拓扑结构；基于光纤系统的三大网络的基本结构；SONET/SDH；光交换技术；光传送网；光接入网。

**教学建议**：学时 6，选修

前面集中讨论了点到点的光纤通信系统，它是分处于两个地点的终端设备之间的光纤通信。如果把分散在各个地点的终端设备都用通信通道互连起来，实现各个终端之间以及终端与信息中心之间的信息传递与交换，就形成了网络。若各点间的互连通道为光纤通道，并在各个连接点处有相应的设备和网络管理软件，就构成了光纤网络。由于光纤网络具有其他介质网络所无可比拟的优越性，能够承载数据量越来越大的宽带业务，随着光纤网络技术的飞速发展，例如，EDFA 的商用化和密集波分复用技术的实用化等，光纤网络已经成为多种业务（包括 Internet）和广域网业务所必不可少的和必须依赖的理想网络。

## 9.1 光纤网络概述

### 9.1.1 网络历史回顾

目前对我们产生巨大影响的因特网是人类科技与文明发展史上的一个里程碑。它的起源可以追溯到 1946 年。那一年世界上第一台计算机 ENIAC 在美国研制成功。ENIAC 主机的运算速度为 5000 次/秒，这在当时已是相当高的速度。由于采用的是分时系统，主机允许多个终端用户公用。因此，20 世纪 50 年代出现了计算机网络的雏形——远程终端计算机系统。这个系统的用户终端只含显示器和键盘，不含 CPU、内存和硬盘，主机通过 Modem（调制解调器）和 PSTN（公用交换电话网络）向地理上分布的远程终端用户提供共享资源服务。这虽然还不能算是真正的计算机网络系统，但却是计算机与通信系统结合的最初尝试。它称为第一代计算机网络，也叫远程终端联机阶段。20 世纪 60 年代中期，出现了若干个计算机主机通过通信线路互连的系统，开创了计算机与计算机通信的时代。1969 年 12 月，Internet 的前身——美国的 ARPANET 网投入运行。它借助通信系统使网内各计算机系统间能够共享资源。最初投入使用的是一个有 4 个节点的实验性网络。这个计算机互连的网络是一个分组交换网络。分组交换技术的采用使计算机网络的概念、结构和网络设计方面都发生了根本性的变化，为后来的计算机网络发展打下了基础。该网络的出现标志着真正的计算机网络的兴起，因此，被人们称为第二代计算机网络。20 世纪 70 年代中期，人们认识到仅使用一个单独的网络无法满足所有的通信需求。于是 ARPA 开始研究很多网络互连的技术。1974 年

TCP/IP 协议出台，该协议定义了一种在计算机网络间传送报文的方法。后来，美国国防部向全世界公开该协议并向用户无条件免费提供使用。然而，在 20 世纪 80 年代的美国存在着很多不同的网络，每个网络都有着自己的通信协议。为了使这些网络连接起来，实现网络间的通信及资源共享，一位叫温顿 • 瑟夫的美国人提出建议：每个网络内部各自使用自己的通信协议，在与其他网络通信时采用 TCP/IP 协议。80 年代中期，美国国家科学基金会（NSF）利用 APPANET 发展出来的 TCP/IP 协议，建立了 NSFNET 广域网，并在美国五所著名的大学投资建立了五个超级计算中心。NSF 鼓励并资助很多大学和研究机构把自己的局域网并入 NSFNET 中。到了 1990 年，NSFNET 的子网已经增加到 3000 多个。NSFNET 的正式运营以及与其他网络之间连接的实现，使其真正成为 Internet 的基础。由此也确立了 TCP/IP 协议在互联网中不可动摇的地位。除了通信协议外，各种网络的体系结构也不相同。为了使不同体系结构的网络能够相互交换信息，国际标准化组织（ISO）于 1984 年制定了世界范围内的网际互连标准，称为“开放系统互连参考模型”——OSI/RM（Open Systems Interconnection/Reference Model），简称 OSI，使计算机网络体系结构实现了标准化。此时的网络被称为第三代计算机网络。这一代网络由于使用了较 PSTN 速率高得多的同轴电缆、光纤等高速传输介质，使 PC 网上访问共享资源的速率和效率大大提高，网络得到了飞速发展。从 20 世纪 90 年代直到今天，随着计算机网络在全球的拓展，处于欧洲、亚洲、非洲和大洋洲的各个国家的计算机网络纷纷接入 NSFNET 主干网或子网，形成了世界上覆盖面最广、规模最大、信息资源最丰富的计算机网络——Internet。目前，Internet 已经发展成为人类最重要的、最大的知识宝库，真正实现了资源共享、数据通信和分布处理。这就是第四代计算机网络。

现在让我们再回到光网络的发展历史中去。1880 年，曾经发明了电话的贝尔又发明了光电话。他利用太阳光来传送话音。阳光被聚焦到一个反射镜上，当有声波传到反射镜表面时，反射镜就会振动，导致反射光变化，这就相当于发射机通过反射光将声波信号发射出去；在接收端，一个硒片被用来接收阳光，并将声波重现出来。贝尔的光电话应该说是现代自由空间光通信的雏形。显然，贝尔的光电话系统工作依赖于天气条件，并且传输距离很短。

1951 年，荷兰科学家 Abraham Cornelis Sebastian Van Heel 证明玻璃纤维的外涂敷层有助于将光保持在纤维内部。后来的光纤结构就是在此基础上发展起来的。但是，当时光纤的损耗非常大，为 1dB/m，光纤的应用基本上局限于医学领域。

现代意义上的光通信一直要等到 20 世纪 60 年代有了强度很高、谱线很窄的光源和传输损耗很小的光纤以后才发展起来。光纤技术在网络通信上应用的第一个例子是英格兰的一个警察部门。1975 年，英格兰的某一地区的警察部门的通信系统因雷电袭击而遭受到严重破坏。为了避免再受雷电打击和电力浪涌的影响，一位警官建议当地标准电话和电缆公司把该部门的通信系统用光纤连接起来。该光纤通信系统的成功工作，给了世人一个巨大的鼓舞。从此，世界各地不断地投资改进光纤技术。光纤通信开始了大发展的时代，而网络的发展也开始进入光电网络时代。

光纤通信技术比电通信技术有巨大的优越性，即带宽更宽、容量更大、传输距离更长、抗电磁干扰、尺寸小、重量轻等。这致使电信部门首先采用这种新技术更新已有的电缆传输系统，并建立了许多新的光纤线路。例如，在 1980 年以前，美国和英国的电话公司已经在大西洋底敷设了 7 条连接欧美大陆的同轴电缆，用于两个大陆间的电话通信。到了 1988 年，他们敷设的第 8 条连接欧美大陆的大西洋海底通信线路不再是同轴电缆而是光缆，这条光缆能够同时传送 40000 路电话。很快，这样一条线路的通信容量也不能满足需要了，第 2 条、第

3 条光缆又相继被沉入大西洋洋底，担当起欧美大陆通信线路的重任。同样，在太平洋及其他大陆或国家，也发生着类似的事情。光纤已经在电话通信网中占据了重要的地位。光纤技术的优点不仅被电信公司所利用，而且也被有线电视（CATV）公司及计算机网络的运营商们所利用，进行图像和数据信息的传递。

早期的光纤通信系统主要应用于三次群以下的脉码调制语音通信系统和图像的模拟传输；随后的光纤通信系统则用于四次群以上的 PCM 语音通信和图像的数字传输、长途干线传输及 CATV 系统。现代光纤通信系统，对现有的点到点的传统的光纤通信系统提速，采用了 WDM 技术实现高速、大容量的光网络、电节点的通信网络，也叫电光网络。而未来的光通信技术将朝着全光网络发展，即在传输、放大、中继、光存储、上下话路、分组交换、复用和解复用过程中完全是在光频范围内进行处理的网络。目前，实际的网络中已有部分功能实现了全光处理。

从历史回顾可以看出，在光纤网络形成之前，不仅是在我国而且是在世界范围内已经形成了以同轴电缆、双绞线等为主要传输介质的电话传输网、计算机网和有线电视（CATV）网，而且形成了“三网独立”的局面。这些网络通信业务的交换和传输基本上靠各自独立的网络来完成。若想在各网络间实现互通，必须采用特殊的专用接口才能实现。20 世纪 80 年代之后，光纤通信技术的发展和应用，使各种网络的信息传送和处理能力大幅提高，可传递的信息容量成倍增长，系统的性能也得以改善。电信部门为满足广大用户日益增长的对信息的需求，扩展了多项业务，在通信网上传输图像及计算机数据，使计算机通信可以通过调制解调器在电话网上进行。总之，随着各种新技术的应用，各种网络相互间开始融合，很多网络具备了传递多种业务的能力。“三网融合”成为网络发展的必然趋势。“三网融合”是指电信网、有线电视网和计算机网的相互渗透、相互兼容，并逐步整合为统一的信息通信网络。在我国，2010 年 1 月，“三网融合”作为一项国家战略正式启动，并从 2013 年起全面实现“三网融合”的发展。

### 9.1.2 光纤网络基本知识

#### 1. 光纤网络的拓扑结构

（1）网络结构中的一些基本概念

节点：网络中，一条或多条通信线路的终点或不同终端设备的连接点叫作节点。

交换：将信息从发出地通过一系列中间节点传送至目的地的终端设备的过程叫作交换。

路由：完成交换过程所选择的一条适合的信息传输的路径，叫路由。有时，也将该词用作动词，称把某信息路由到某地。

拓扑：信息传输通道连接各地的终端设备，构成了实际的网络。网络的拓扑就是网络的逻辑方式，由线路连接各节点构成。

协议：网络所使用的信息交换规则。

（2）光纤网络的基本拓扑结构

光纤网络的基本拓扑结构有星形、环形、线形总线型。图 9.1.1 示出了它们的结构。节点在图中用符号“•”表示。每个节点除了负责将送入本地的信息分离出来，将不是本地所要的信息继续向其他节点传送之外，还需要将送出本地的信息上传至网络通道中。这三种基本结构可以构成更为复杂庞大的网络的拓扑。每一种结构都有其各自的优缺点。

下面先来分析这些基本拓扑结构的一些性能。

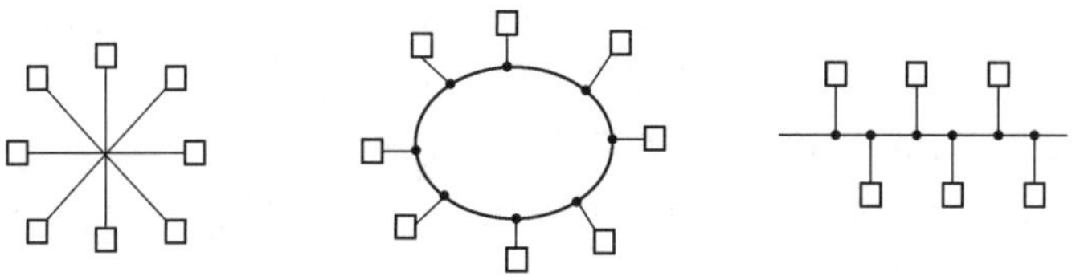


图 9.1.1　光纤网络的拓扑结构

a．星形结构

星形结构是最传统的，也是网络设计者最喜欢用的一种连接方式。大家每天使用的电话与本地交换局间的连接就属于这种结构。在计算机网络中，处于中心节点的网络设备称为集线器（Hub）。这种结构中每个端用户只跟中心节点相连，端用户之间的通信必须经过中心节点。由于网络被分成几条网段，便于集中控制，也便于今后网络的扩展。由于这一特点，网络的可靠性得到了增强。因为当一个网段上的端用户设备发生故障时不会影响其他端用户间的通信。分层的网络模块增强了安全性，也易于管理和维护。但这种结构的一个缺点是，中心系统一旦损坏，整个系统便趋于瘫痪。因此，要求中心系统必须具有极高的可靠性。通常的做法是，中心系统采用双机热备份，以提高系统的可靠性。

星形网络在进行扩展时，只要中心设备有足够的能力负担额外的节点，就可以通过加入带有分支的节点和与节点相连的分支连接线实现，如加入一个光分路器或者星形耦合器。这种结构还允许在网络运行的时候加入节点。

下面用简单的功率预算法来估计一下光纤星形网络的性能。在一个星形网络中的中心节点处，光发射机将光功率为 $P_s$(dBm)的信号耦合到一个星形耦合器中，星形耦合器有 $N$ 个输出端口，分别与光纤相连，光纤将信号传至远端的设备。设每根光纤的长度一致，均为 $L$(km)，损耗为 $\alpha$ (dB/km)；远端设备上的接收机灵敏度为 $P_r$ (dBm)，则根据第 6 章学过的功率预算法可知：

$$P_s - P_r = (2L)\alpha + L_c + L_{coupler} + M \tag{9.1.1}$$

式中，$L_c$ 为活动连接器总损耗，单位为 dB；$M$ 为系统功率裕量，单位为 dB；$L_{coupler}$ 是星形耦合器的总损耗，包括附加损耗和分配损耗。有

$$L_{coupler} = L_{excess} + L_{split} = 10\lg\left(\frac{P_{in}}{\sum_{i=1}^{N} P_{out,i}}\right) + 10\lg N \tag{9.1.2}$$

式中，$P_{in}$ 为耦合器的输入功率，$P_{out,i}$ 为第 $i$ 个端口的输出功率（参见式（5.2.5））。

考虑到网络中一般为双路光纤，故光纤的总损耗为 $2L\alpha$（dB）。根据式（9.1.1）可以计算出在星形网络中远端设备离中心节点的距离。同样，当系统的其他参数确定时，根据上述两个公式，可以算出网络的支路数 $N$，也就可以估计中心节点带负载的能力。

b．环形结构

环形网中使用一个连续的环将每台设备连接在一起。信息沿某一个方向顺序地经过每一个节点进行传输。每个节点都是一个中继器，所有节点在同样的协议下都以同样的速度运行。

它能够保证一台设备上发送的信号可以被环上其他所有的设备都看到。但在简单的环形网中，环上任何部件的损坏都将导致系统出现故障，这样将阻碍整个系统进行正常工作。为克服这种网络拓扑结构的缺点，可采用双光纤环，其中一个环是激活的，在各节点间传送数据。另一个环为备用环，当一个节点或某段光纤发生故障时，备用环可以接着完成一个环绕传送过程。SDH 系统则有更为完善的所谓自愈环（Self-healing Ring）。自愈环在环上某一点发生故障时，系统能够自动地探测到故障点，保护系统的状态，并绕开故障点启动系统继续工作。在 SDH 网中，自愈环可以在 60ms 内完成上述动作。

c．线形总线型结构

在线形总线型网络中，所有的节点都连接在一条公共的线路上。对于光纤总线型网络，实现起来比同轴电缆网络要难。同轴电缆系统很容易将抽头安装到总线上而不影响网络的运行能力。而光纤技术中则需要一个有源或无源的耦合器接入光数据总线，将光功率的一部分抽取出来。若要实现双向通信，则还要有一个耦合器接入总线将本地信号上传至总线。因此，在线形总线型网络中，一个节点需要两个耦合器。可采用两个 2×2 方向耦合器构成一个总线耦合器，如图 9.1.2 所示。

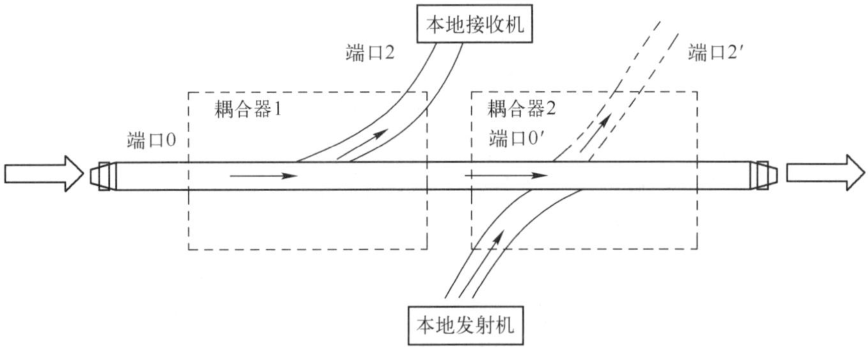


图 9.1.2　总线耦合器结构示意图

设来自光纤总线的光功率为 $P_0$(dBm)，光功率经过一个接头进入总线耦合器，接头损耗为$\alpha_c$(dB)。经过第一个方向耦合器时，一部分功率耦合至本地接收机中，另一部分功率则留在总线耦合器的主线上继续传向下一个耦合器的一个输入端，这部分光功率的大小为$P_2$(dBm)。若耦合器 1 的端口 0 到端口 2 的插入损耗为 $L_{c0,2}$(dB)，则有 $P_2 = P_0 - \alpha_c - L_{c0,2}$(dBm)。第二个耦合器的另一个输入端口将来自本地发射机的信号上传至耦合器中，此信号与来自第一个耦合器的光一并通过耦合器 2 的输出端口经过一个接头后进入光纤总线。若只考虑来自总站的信号功率大小，忽略本地节点上传的功率，则经过第二个耦合器后到达光纤总线的光功率为 $P_0 - \alpha_c - L_{c0,2} - L_{c0',2'} - \alpha_c$(dBm)。其中，$L_{c0',2'}$ 是耦合器 2 的端口 0′ 到端口 2′ 的插入损耗。经过此节点，光信号又沿着总线光纤传输 $L$ 距离后，到达下一个节点。此时的光功率 $P_r$(dBm)可表示为

$$P_r = P_0 - \alpha_f L - 2\alpha_c - L_{c0,2} - L_{c0',2'} \tag{9.1.3}$$

式中，$\alpha_f$ 为光纤损耗系数，单位为 dB/km，由此公式可以计算两个相邻节点间的距离。

**2．光纤网络的物理构件**

光纤网络以点到点光纤通信系统为基础，因此，构成光纤网络的最基本物理构件仍为光

发射机、光纤和光接收机。但由于网络的复杂性，还需要很多其他的有源或无源光器件，如在第 5 章中讲到的光放大器、光耦合器，第 8 章讲到的波分复用器/解复用器。在 WDM 光网络中，还需要能够进行上/下路的分插复用器，光交叉连接器及波长转换器等。这些新型的光器件，将在后面的章节中详细讲解。

**3．网络分层体系结构——OSI 参考模型**

一个网络是由多个具有不同功能的器件和设备共同作用而形成的一个复杂的实体，这些器件或设备还可能来自不同的供应商，网络的结构也千差万别，但网络所具备的功能并非千差万别。为了能够清楚、简明地了解网络，我们可以把网络所具有的功能分成不同的层，每一层执行一定的功能，并为它的上一层提供服务。换言之，每一层都希望它的下一层为其提供服务。

开放系统互联参考模型——OSI 模型概括了一个网络所应具有的基本功能，是一个为大家普遍接受的描述网络功能的模型。

OSI 参考模型共分七层，每一层都定义了一个数据在网络上的应用程序之间传送时执行的功能。当然，这并不是说某一个特殊的信息在某个网络中传输时每一个功能都是必要的，而且每一个功能也不是只跟某一个物理硬件相联系。OSI 参考模型如图 9.1.3 所示。

图 9.1.3　OSI 参考模型

第一层为物理层。这一层处理实际使用的传输介质、传输速率和调制技术及输入/输出接口等。它定义了传输数据信号及传输介质的特性，如光纤的物理特性，单模还是多模等。

第二层为数据链路层（DLL，Data Link Layer）。这一层管理对网络的访问和通过网络的数据包的传递。在发送数据时，它从第三层接收数据并加入一些包含服务信息的字头和包含错误控制信息的字尾。这些加入的信息叫作协议数据单元（PDU，Protocol Date Unit）。当接收数据时，DLL 又对从第一层接收的数据进行错误检查，去掉错误信息，并进行流量控制，将剩余正确信息传给第三层。

第三层为网络层。这一层负责不同的网络和子网之间的数据的移动。在发送时，该层从第四层（传输层）接收数据并加入路径信息和错误检查的信息，将信息包传给第二层。IP 路由选择使用的 IP 就是这一层的功能。

第四层为传输层。该层负责数据的传输，保证数据以合适的次序完整地到达目的地。如我们通常所说的传输控制协议（TCP，Transmission Control Protocol）就在这一层运行。当发送数据时，接收来自第五层的信息，将数据分成一个个信息包。而工作在接收模式时，又将信息包重新集合成数据。

第五层为会话层。该层负责建立和终止两台计算机之间的连接，当两台计算机有信息交换（会话）时，该层应负责安排。当我们注册上网时，就是这一层负责连接并记录时间的。

第六层为表示层。该层负责数据的格式和码型。这一层从第五层接收到数据后将数据流转换成 ASCII 码或 EBCDIC 码，或将数据转换成图像、声音或数据。

第七层为应用层。该层负责如何使用网络，将用户的请求转换成网络的某个特殊功能。应用层从用户那里接收数据并传输，当数据传输后再将数据返还给用户。

从上面的描述我们看到，OSI 参考模型并不针对或描述具体的网络和器件，而只是对网络所应具有的一般性的问题或功能进行描述。该模型允许不同的制造商的产品之间相互通信。

这使得该模型自1980年以来一直为人们所采用。而从该模型的结构来看，它涵盖了许多功能和服务，某些特殊的网络不必具备所有的七层功能。

## 9.2 基于光纤系统的三大网络

### 9.2.1 光纤计算机网

现代的计算机网络在远程终端计算机系统的基础上，通过公用电话网把计算机互连起来，并建立分层通信体系和相应的网络通信协议，使计算机之间的通信可靠。

完整的计算机网络由网络服务器、网络工作站、网络适配器（或称网卡）及连接线组成。实际中，并不是简单地把这些硬件物理地连接起来就可以实现计算机间的通信了。系统的运转必须安装专门用来支持网络运行的软件，包括系统软件和应用软件，这样，一个能够满足工作或生活需求的计算机网络就建成了。

用于计算机网络设备之间的通信连接线有铜双绞线、细同轴电缆、粗同轴电缆、光缆及微波、红外线和激光、卫星线路等无线传输媒体。以光纤光缆为传输介质的光网络特别适于作为计算机网络，这是因为要进行传输的数据信号在发射端只需进行一次电/光转换，在接收端进行一次光/电转换就可以了。而在电话网中使用光网络时，在进行电/光转换之前必须先将模拟的话音信号转换为数字信号，在接收端首先进行光/电转换，然后再进行数/模转换才能得到模拟的话音信号。目前，构建互联网主要干线的高速通道使用的就是光纤。

光纤计算机网按规模可以分为光纤局域网（LAN，Local Area Network）、光纤城域网（MAN，Metropolitan Area Network）和光纤广域网（WAN，Wide Area Network）。

局域网是连接一个较小区域内（如一座办公大楼，一个工厂，一所学校）用户的网络。例如，一所大学的计算中心房间里，计算机在这一局域网中，与房间中所有其他的计算机相连，也与整栋建筑内的办公室的计算机相连。局域网中各个计算机间的连接一般用电缆，也有少数网络用光缆连接。在 LAN 中使用光纤的最大动力是光纤的巨大带宽，而不是比用铜缆能传输更远的距离。

城域网是为一个城市内的用户或为一个大城市内某一个城区的用户提供信息互连功能的网络。为保证网络运行的可靠性，MAN 通常采用双光纤环结构。

广域网连接的是不同城市甚至不同的国家的计算机用户。城域网和广域网可以通过公共电话交换网（PSTN）相连。

本节将重点介绍光纤局域网的类型。

依据网络的拓扑结构、传输帧及协议，光纤 LAN 分为光纤分布式数据接口（FDDI，Fiber Distributed Data Interface）、吉比特以太网（GBE，Gigabit Ethernet）、光纤通道（FC，Fiber Channel）等类型。

#### 1. 光纤分布式数据接口（FDDI）

光纤分布式数据接口是于20世纪80年代中期发展起来的一项局域网技术，它提供的高速数据通信能力要高于当时的以太网（10Mbps）和令牌网（4 或 16Mbps）的能力。由光纤构成的 FDDI，其基本结构为逆向双环。一个环为主环，另一个环为备用环。一个顺时针传送信息，另一个为逆时针。当主环上的设备失效或光缆发生故障时，通过从主环向备用环的切换可继续维持 FDDI 的正常工作。这种故障容错能力是其他网络所没有的。

FDDI 是一种物理层和数据链路层标准，它规定了光纤媒介、光发射机和光接收器、信号传送协议和允许使用的网络拓扑结构等规范，采用的是 IEEE802.5 令牌传递媒体接入控制（MAC，Medium Access Control）协议和 IEEE802.2 逻辑链路控制（LLC，Logical Lin Control）协议。FDDI 的访问方法虽然采用"令牌"传递，但它与标准的令牌环又有所不同，主要在于 FDDI 使用定时的令牌访问方法。FDDI 令牌沿网络环路从一个节点向另一个节点移动，如果某节点不需要传输数据，FDDI 将获取令牌并将其发送到下一个节点中。如果处理令牌的节点需要传输，那么在指定的称为"目标令牌循环时间"（Target Token Rotation Time，TTRT）的时间内，它可以按照用户的需求来发送尽可能多的帧。因为 FDDI 采用的是定时的令牌方法，所以在给定时间中，来自多个节点的多个帧可能都在网络上，可为用户提供高容量的通信。

FDDI 的主要特征是：工作速率为 100Mb/s；采用光纤双环拓扑，环路长度为 100km；1000 个物理连接（双站为 500 个）；最大站间距离为 2km；采用带宽大于 500MHz·km 的 1300nm 多模光纤。

FDDI 的标准中有四种应用环境，它们分别是数据中心环境（站点数小于 50 个、相邻站点之间光纤长度小于 400m）；办公室或建筑物环境（单连接站点，且采用星形拓扑）；校园环境（站点分布于多个建筑物中，点与点链路长达 2km）；多校园环境（各场地距离大于 60km）。

**2．IP**

（1）TCP/IP 层结构

TCP/IP 由四个层次组成：网络接口层、网络层、传输层、应用层。这四层结构与 OSI 分层结构的对应关系如表 9.1 所示。

**表 9.1　TCP/IP 层结构与 OSI 模型分层结构的对应关系**

| TCP/IP 结构对应 OSI | |
|---|---|
| TCP/IP | OSI |
| 应用层 | 应用层<br>表示层<br>会话层 |
| 主机到主机层（TCP）（又称传输层） | 传输层 |
| 网络层（IP）（又称互连层） | 网络层 |
| 网络接口层（又称链路层） | 数据链路层 |
| | 物理层 |

a．网络接口层

该层中的物理层用来定义物理介质的各种特性。数据链路层负责接收 IP 数据包并通过网络发送，或者从网络上接收物理帧，抽出 IP数据包，交给 IP 层，常见的接口层协议有：Ethernet 802.3、Token Ring 802.5、X.25、Frame relay、HDLC、PPP ATM 等。

b．网络层

它负责相邻计算机之间的通信。其功能包括三方面：①处理来自传输层的分组发送请求，收到请求后，将分组装入 IP 数据报，填充报头，选择去往信宿机的路径，然后将数据报发往适当的网络接口；②处理输入数据报：首先检查其合法性，然后进行寻径——假如该数据报已到达信宿机，则去掉报头，将剩下部分交给适当的传输协议；假如该数据报尚未到达信宿，则转发该数据报。③处理路径、流控、拥塞等问题。

网络层包括 IP 协议、ICMP（Internet Control Message Protocol）控制报文协议、ARP（Address Resolution Protocol）地址转换协议、RARP（Reverse ARP）反向地址转换协议。IP 是网络层的核心，通过路由选择将下一条 IP 封装后交给接口层。由于网络层包含了 IP 协议模块，而 IP 模块完成大部分功能，所以它是所有基于 TCP/IP 协议网络的核心。ICMP 以及其他支持 IP 的协议帮助 IP 完成特定的任务，如传输差错控制信息以及主机/路由器之间的控制电文等。网络层掌管着网络中主机间的信息传输。

c．传输层

提供应用程序间的通信。其功能包括：格式化信息流、提供可靠传输。为实现后者，传输层 TCP 协议规定接收端必须发回确认，并且假如分组丢失，必须重新发送，从而提供可靠的数据传输。

传输层协议主要有：传输控制协议 TCP 和用户数据报协议 UDP （User Datagram protocol）。传输层控制着那些将要进入网络层的数据。两个协议就是它管理这些数据的两种方式：TCP 是一个基于连接的协议；UDP 则是面向无连接服务的管理方式的协议。

d．应用层

向用户提供一组常用的应用程序，比如电子邮件、文件传输访问、远程登录等。远程登录使用 TELNET 协议提供在网络其他主机上注册的接口。

应用层协议主要包括如下几个：FTP、TELNET、DNS、SMTP、NFS、HTTP。

（2）数据帧

其结构为：

帧头 + IP 数据包 + 帧尾（帧头包括源和目标主机 MAC 地址及类型，帧尾是校验字。）

IP 数据包：IP 头部 + TCP 数据信息（IP 头包括源和目标主机 IP 地址、类型、生存期等。）

TCP 数据信息：TCP 头部 + 实际数据 （TCP 头包括源和目标主机端口号、顺序号、确认号、校验字等。）

### 3．吉比特光纤以太网（GBE）

以太网（Ethernet）是一种最流行的使用 IP 协议的局域网。以太网的帧格式与因特网协议一致，特别适合于传输 IP 数据。以太网与因特网均采用相同的传输控制协议（TCP）和简单网管协议（SNMP，Simple Network Management Protocol），既可以用于低速同轴链路传输，也可以用于高速光纤线路传输。以太网技术包括标准的以太网（10Mb/s）、快速以太网（100Mb/s）、吉比特（1Gb/s）和 10G（10Gb/s）以太网等。

（1）吉比特光纤以太网（GBE）

吉比特以太网（GBE），顾名思义，其传输速率在 Gb/s 数量级，主要用于计算机与外围设备的高速信息传输场合。例如，对于 1024×1024 像素的图片，若每个像素使用 24bit 的彩色编码和每秒 30 帧画面，则要求的数据速率为 750Mb/s。

吉比特以太网是一种新型高速局域网，它可以提供 1Gb/s 的通信带宽，采用和传统 10M、100M 以太网同样的 CSMA/CD 协议、帧格式和帧长，因此可以实现在原有低速以太网基础上平滑、连续性的网络升级。传输介质以光纤为主，最大传输距离已达到 70km，可用于 MAN 的建设。

吉比特以太网技术有两个标准：IEEE802.3z 制定了光纤和短程铜线连接方案的标准；IEEE802.3ab 制定了五类双绞线上较长距离连接方案的标准。

图 9.2.1 示出了吉比特以太网协议的体系结构。

介质访问控制子层（MAC，Media Access Control）集中了数据链路层中与接入各种传输介质有关的问题，MAC 还负责在物理层基础上进行无差错的通信，主要功能有：

① 将上层交下来的数据封装成帧进行发送；接收时则相反，将帧拆卸。

② 实现和维护 MAC 协议。

③ 比特差错检测。

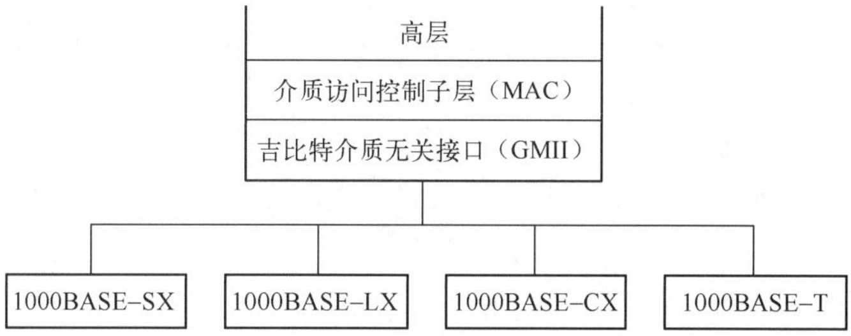


图 9.2.1　吉比特以太网协议体系结构

④ 寻址。

吉比特介质无关接口（GMII，Gigabit Media Independent Interface）是 MAC 子层与物理层之间的接口，使物理层可以使用不同的传输介质。吉比特物理层协议的功能主要包括数据的编码与解码、比特流的传输与故障指示、建立链路所需要的机械特性、电气特性、功能特性和堆积特性等，具体内容如下：

① 1000BASE-SX。采用 62.5μm 和 50μm 的多模光纤，传输距离分别是 300m 和 550m，波长为 850nm，编码方式为 8B/10B。1000BASE-SX 适用于建筑物内部构建宽带主干网，例如智能大厦主干网、企业内部主干网。

② 1000BASE-LX。采用 50μm 和 62.5μm 的多模光纤或者单模光纤，传输距离分别是 550m 和 3km，波长分别是 850nm 和 1300nm，编码方式为 8B/10B。1000BASE-CX（采用 150Ω的平衡屏蔽双绞线，传输速率为 1.25Gb/s，传输距离为 25m，编码方式为 8B/10B）。1000BASE-LX 适合作为校园主干网。采用吉比特光收发器，1000BASE-LX 也适于作为城域主干网。

③ 1000BASE-T。采用四对 5 类非屏蔽双绞线，最大传输距离为 100m 和 550m，编码方式为 4D-PAM5。它主要应用于建筑物内主干网，可利用已敷设的非屏蔽双绞线。

图 9.2.2 给出了吉比特以太网的典型配置。

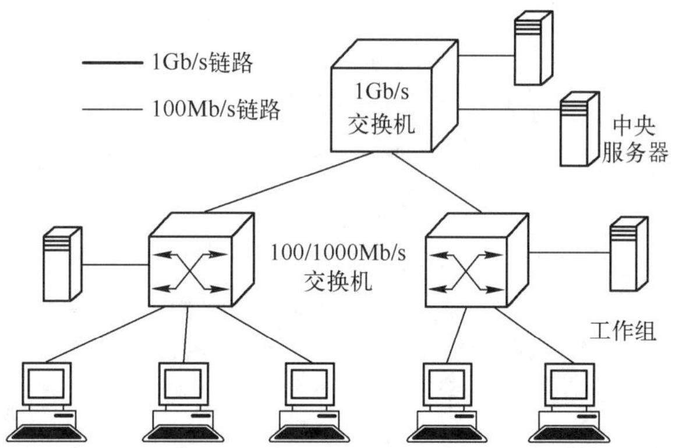


图 9.2.2　吉比特以太网配置

（2）10Gb/s 以太网

随着信息社会的快速发展，人们对带宽的需求越来越大，促使网络不断向前发展。以太网技术的发展尤为令人瞩目。吉比特以太网开始向 10Gb/s 网络升级。10Gb/s 以太网规范包含在标准 IEEE 802.3ae 中，它扩展了 IEEE 802.3 协议和 MAC 规范，使其支持 10Gb/s 的传输速率。除此之外，通过 WAN 界面子层（WIS，WAN Interface Sublayer），10Gb/s 以太网也能被调整为较低的传输速率，如 9.584640Gb/s（OC-192），这就允许 10Gb/s 以太网设备与同步光纤网络 SONET STS-192c 或 SDH STM-64 传输格式相兼容。

吉比特以太网支持全双工和半双工两种工作方式，而 10GB/s 以太网仅仅定义为全双工工作模式。

IEEE 802.3ae 对 10Gb/s 以太网的传输距离、使用光纤类型、工作波长、串/并比特流规格等物理层协议进行了详细的规定。其中的一些技术规范如下：

① 10GBASE-SR 和 10GBASE-SW。主要采用短波（850nm）多模光纤，光纤距离为 2～300m。10GBASE-SR 主要支持“暗光纤”（dark fiber）（暗光纤是指没有光传播并且不与任何设备连接的光纤）。10GBASE-SW 主要用于连接 SONET/SDH 设备，它应用于远程数据通信。

② 10GBASE-LR 和 10GBASE-LW。主要支持长波（1310nm）单模光纤，光纤距离为 2m～10km。10GBASE-LW 主要用来连接 SONET/SDH 设备；10GBASE-LR 则用来支持“暗光纤”（dark fiber）。

③ 10GBASE-ER 和 10GBASE-EW。主要支持超长波（1550nm）单模光纤，光纤距离为 2m～40km。10GBASE-EW 主要用来连接 SONET/SDH 设备；10GBASE-ER 则用来支持“暗光纤”（dark fiber）。

④ 10GBASE-LX4。主要采用波分复用技术，在单对光缆上以四个光波长发送信号。系统运行在 1310nm 的多模或单模暗光纤方式下。该系统的设计目标是针对 2～300m 的多模光纤模式或 2m～10km 的单模光纤模式的。

10Gb/s 以太网的其他详细技术规范可参见 IEEE 802.3ae。

（3）40-100Gb/s 以太网

10Gb/s 以太网完成标准化并获得广泛应用之后，以太网开始向更高速率——40/100 GBE 发展。从现有的 10Gb/s 技术升级至 40-100Gb/s 遇到了许多技术挑战，比如传输系统色度色散（CD，Chromatic Dispersion）容限减小、偏振模色散（PMD，Polarization Mode Dispersion）容限小、光信噪比（OSNR，Optical Signal Noise Ratio）容限减小、非线性效应增强等。这就需要采用新的传输技术、新的调制格式、新的色散管理技术，以及新的器件等。比如 40Gb/s 传输的关键技术包括调制码型技术、接收机端技术、前向纠错编码技术、色散补偿技术和动态功率控制及增益均衡技术。采用相干检测偏振复用（QPSK）技术，具有光滤波效应好、与 50GHz 通道间隔兼容、传输距离大于 1000km、在电域偏振解复用（相比光域解复用成本低）、接收机光学结构简化（无需延时线干涉仪或平衡检测）、色散和 PMD 容限大等优点。另外，针对网络层面，网络从 10GBE 平滑升级为 40/100GBE 还要制定相关标准、接口的技术规范等。早在 2006 年 IEEE 就成立了高速研究组（HSSG）针对 40/100GBE 研究相关问题，如定义大于 10Gb/s 的 MAC 速率和相关 PHY 能力问题、传统的 10 倍速率升级以及成本模型等。2007 年 HSSG 同意支持 40Gb/s 和 100Gb/s 的两种 MAC 层数据速率，为光传送网（OTN，Optical Transmission Network）提供合适的支持。2007 年 12 月相关工作转入到 IEEE P802.3ba 40Gb/s and 100Gb/s Ethernet Task Force。P802.3ba Task Force 通过几年的努力，针对 40/100 Gb/s 以太网最终达成以下应用目标：

① 仅支持全双工操作；

② 保持 802.3 的以太网帧格式使用 802.3MAC；

③ 保持当前 802.3 标准中的最小和最大帧大小；

④ 支持在 MAC/PLS 服务接口的 BER 大于等于 $10^{-12}$；

⑤ 提供对 OTN 的适当支持；

⑥ 支持 40Gb/s 的 MAC 速率；

⑦ 对于 40Gb/s 提供下面物理层规范：单模光纤至少 10km 和 40km、OM3 多模光纤至少 100m、同轴电缆至少 10m、背板至少 1m。

对于未来支持以上应用而制定的接口类型规定如下：

① 40GB 以太网：编码速率为 41.25Gb/s ± 100ppm

1m 背板接口为 4 x 10GBASE-KR；

10m 铜缆为 4 x 10G（based on 10GBASE-KR）；

100m 多模为 4 x 10G（每个方向 4 光纤）；

10km 单模为 4 x 10G（1.3μm CWDM）；

② 100GB 以太网：编码速率为 103.125 Gb/s ± 100 ppm

10m 铜缆为 10 x 10G（based on 10GBASE-KR）；

100m 多模为 10 x 10G（每个方向 10 光纤）；

10km 单模为 4 x 25G（1.3μm DWDM，800GHz 间隔）；

40km 单模为 4 x 25G（1.3μm DWDM，800GHz 间隔）。

详细的规范解释这里不做介绍。

40/100GB 以太网何时全面实现，不仅取决于相关技术的发展和标准的制定与推进，还取决于相关产业链的成熟程度。

**4．光纤通道（FC）**

这里光纤通道是一个专用名词，它主要由端系统（节点）和交换元素（网络交换机）构成，用来处理数据通道和网络的连接。图 9.2.3 为光纤通道网络示意图。

光纤通道的层结构如图 9.2.4 所示，它的 5 个层次 FC-0 到 FC-4 对应于物理层和数据链路层。

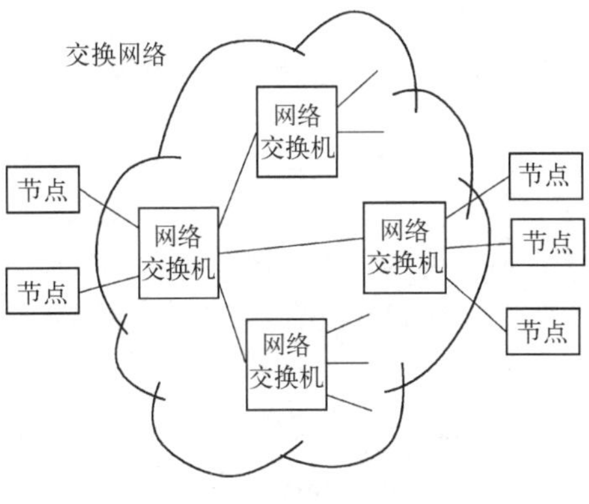


图 9.2.3　光纤通道网络示意图

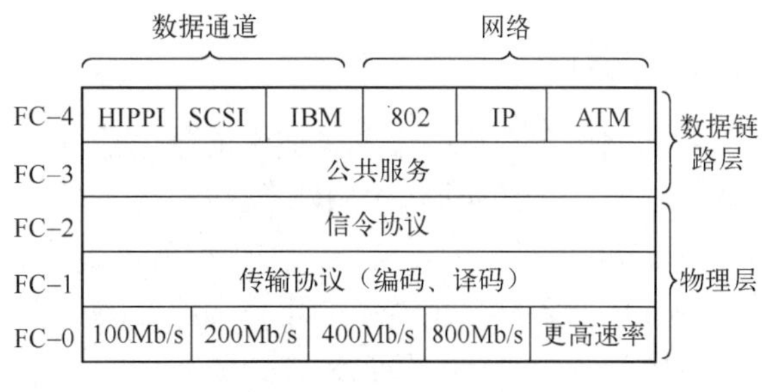


图 9.2.4　光纤通道的层结构

其中 FC-0 层规定允许采用的数据速率和物理介质，更高速率为 1.6Gb/s 和 3.2Gb/s。物理介质可以是单模光纤（传输距离 10km）、多模光纤（传输距离 174m～10km）、视频电缆（25～100m）、小同轴电缆（10～35m）和屏蔽双绞线（50～100m）；FC-1 层负责字节的同步与编码（8B/10B 方案）；FC-2 层处理在节点端口之间用帧方式进行数据传输；FC-3 层为上一层提供服务；FC-4 层则支持多种数据通道和网络协议，包括高性能并行接口（HIPPI）、小型计算机系统接口（SCSI）等。

光纤通道可以在现有的网络上通过增加新的交换机或者增加交换机端口来适应新的传输介质和数据速率，以保证原有投资不被浪费。

### 9.2.2 光纤电话网

电话通信网也称公用电话网，是进行交互型话音通信和开放电话业务的电信网。电话网采用了数字技术和光纤通信技术后，信息容量和传输速度大幅度提高，传输距离也大大延长。性能的改进使电话网开放许多其他的非电话业务成为可能，如在电话网上传输数字信号、传输图像及传真等，因而它成为目前电信业务量最大，服务面积最广的专业网，是电信网的基本形式和基础。

电话网主要由四部分组成：发送和接收电话信号的用户终端设备、进行电路交换的交换设备、连接用户终端和交换设备的线路和交换设备之间的链路。如图 9.2.5 所示为电话通信网的基本结构。

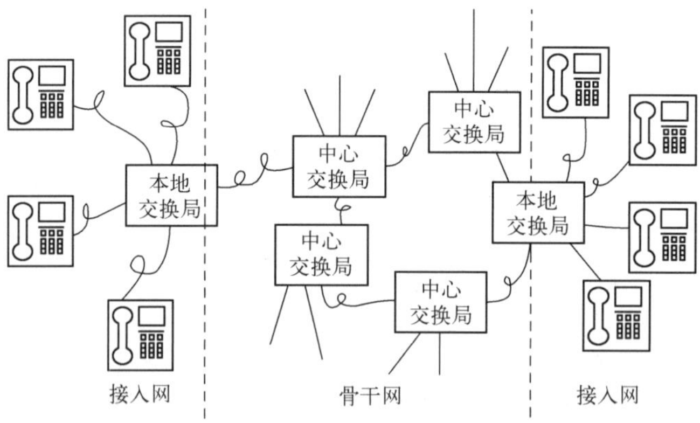


图 9.2.5　电话通信网基本结构

从网络的观点来看，电话网由接入网（Access Network）和骨干网（Backbone Network）组成。

#### 1．接入网

接入网由用户终端设备（通常就是电话机）及终端设备与本地交换设备连接线路（也叫接入线）组成。从交换局到用户终端在绝大多数情况下距离不超过 4km，在城市多数情况可能只有 1km，“最后的 1 公里”的称谓就是由此而来的。

早期的接入网是由传统的用户环路发展而来的。用户环路通常由铜双绞线连接用户终端与交换局设备，为模拟传输系统。随着人们对信息需求的急剧增加，要求接入网不仅能够支持电话业务，还要能够支持宽带业务，如点播电视、交互式图像业务、远程教育等。这样，传统的铜双绞线模拟系统已不能适应宽带业务要求，迫切需要采用新的技术来满足宽带业务需求。但是，接入网的结构特点是每一对接入线只涉及一个用户，接入网用户数非常多，相应的接入线的线对数非常庞大。从整个通信网建设的角度来看，接入网改用先进的光纤技术需要比骨干网更多的投资，而铜双绞线接入网费用比光纤网低得多。虽然一些国家的接入网已经有了不同程度的光纤化，但大多数国家和地区在一定的时期仍保持了以铜双绞线为主的接入网的运作。与此同时，多数骨干网已采用了先进的数字光纤技术，系统容量大，传输速率高。这样就造成了骨干网带宽宽、容量大而接入网带宽窄、速率低的矛盾。接入网成为网络数字化的瓶颈。

采用某些调制和编码技术可以一定程度上提高双绞线上传送信号的带宽，如各种数字用户线路 xDSL（Digital Subscriber Line），x 可以是 A（非对称）、H（高速率）、V（甚高速率）、U（通用）等。ADSL 采用频分复用的方法，下行速率达到 9Mb/s，使得电话线传输视频信号成为可能。

随着各种新业务需求的迅速增长，以及网络技术的发展，新的接入网技术不断涌现，出现了基于铜缆的接入技术、基于无线的接入技术以及基于光纤的接入技术并存的局面。基于光纤的接入技术会在后面的章节详细讲述。

**2．骨干网**

骨干网则由本地交换局的交换设备、中心交换局设备及它们之间的连接线路构成。

电信网中，话音信号首先经过脉冲编码调制（PCM），一路 PCM 信号的比特率为 64kb/s，然后通过数字复接技术，将多个低速数字流合并成一个高速数字流。例如，对 30 路电话进行复用后，传输速率为(30+2)×64kb/s=2.048Mb/s（每帧包括 30 个信号，2 个成帧和信令）。国际的两类数字传输速率和数字复用等级见表 9.2。欧洲和我国采用的是 E 系统，北美和日本采用的是 T 系统。需要说明的是，复用的下一步还需要一些比特，以用于打包、传输和同步，所以群之间的速率并不满足整数倍的关系。经过复用后的信号送到骨干网上时，传输数据的速率高达 Tb/s 量级。所以，以光纤为传输介质，加上 WDM、SONET 等光纤网络技术，将成为骨干网的必然选择。关于这部分内容稍后介绍。

**表 9.2　两类数字传输速率和数字复用等级**

| 群号 | E 系统 | | T 系统 | |
|---|---|---|---|---|
| | 速率 | 路数 | 速率 | 路数 |
| 一次群 | 2.048Mb/s | 30 | 1.544Mb/s | 24 |
| 二次群 | 8.448Mb/s | 30×4=120 | 6.312Mb/s | 24×4=96 |
| 三次群 | 34.368Mb/s | 120×4=480 | 32.064Mb/s | 96×5=480 |
| 四次群 | 139.264Mb/s | 480×4=1920 | 97.728Mb/s | 480×3=1440 |
| 五次群 | 564.992Mb/s | 1920×4=7680 | 397.200Mb/s | 1440×4=5760 |

除了以传递电话信息为主的业务网外，一个完整的电话网还需要有若干个用以保障业务网正常运行、增强网络功能、提高网络服务质量的支撑网络。支撑网络中传递的是相应的监测和控制信号。支撑网包括同步网、公共信道信令网、监控网和网络管理网等。

### 9.2.3　光纤有线电视网

**1．有线电视网结构 HFC 及其频谱分配**

这里的有线电视网是指光纤和同轴电缆组合而成的网络，电视台将电视信号由光发射机送进光纤。为补偿线路损耗，常采用光放大器（如 EDFA）对模拟电视信号进行放大。光分束器将信号分为多路后送入不同的光节点。在光节点处，对信号进行光电转换进入同轴电缆送给用户，如图 9.2.6 所示，这种结构也称为混合光纤/电缆（HFC，Hybrid Fiber

Coaxial）方式。

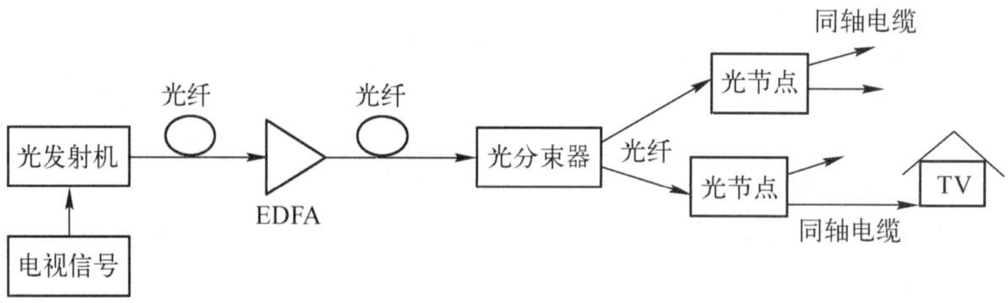


图 9.2.6　HFC CATV 网络结构图

HFC 网络中，采用副载波频分复用方式（SCM），将多路电视信号合成后以电副载波形式调制光载波，然后将光载波送入光纤传输，最后通过同轴电缆到达用户。除了传输模拟电视信号外，HFC 网络还可以传输数字电视信号、数据信号等。HFC 网络的带宽受限于同轴电缆，我国的带宽分配已经有了统一的标准，见表 9.3。其中，5～65MHz 为上行交互式综合业务频带，进行状态监控、计算机连网、传输数据信号等；65～87MHz 为上下行频段的隔离带；87～108MHz 为 FM 调频立体声广播频段；108～550MHz 为模拟电视频段；550～650MHz 为数字压缩电视频段，主要用于视频点播等业务；650～862MHz 为交互式综合业务的下行传送频段，可进行数据传输、计算机连网、IP 电话及个人通信等多种业务。

**表 9.3　有线电视 HFC 系统配置**

| 信号方向 | 上行 | 下行 | 下行 | 下行 | 下行 | 下行 |
|---|---|---|---|---|---|---|
| 传输内容 | 交互式综合业务 | 保护带 | 调频 | 模拟电视 | 数字电视 | 交互式综合业务 |
| 频率配置（MHz） | 5～65 | 65～87 | 87～108 | 108～550 | 550～650 | 650～862 |

对于用户而言，要享受多种 HFC 服务，必须配备网络接口单元（NIU，Network Interface Unit），它可将同轴电缆传输过来的信号分解成电话、电视和数据等信号形式，收视数字电视还需另配机顶盒。

**2．电缆调制解调器（Cable Modem）**

HFC 网络传输的数据信号，需要通过电缆调制解调器（Cable Modem）的连接才能传送到用户终端上。Cable Modem 是 HFC 网络开发数据通信业务专用的用户接入设备，其传输速率比普通电话的 Modem 高出 100～1000 倍。它与普通 Modem 的相同之处是数据信号在模拟信道上交互传输的方法。不同之处除了数据速率以外，还在于普通 Modem 的传输介质在用户与访问服务器之间是独立的，即用户独享介质，而 Cable Modem 的传输介质是 HFC 网将数据调制在某个传输带宽与有线电视信号共享介质。它由调制解调器、调谐器、加/解密模块、桥接器、网络接口卡、简单网络管理协议（SNMP）和以太网集线器组成，其中 SNMP 主要完成参数配置、带宽分配以及网络运行维护、诊断、监视、控制等网络管理功能，是广泛使用的标准网络管理协议。从用户计算机数字接口送出的数字信号经过编码、加密、调制后变成可在同轴电缆中传输的射频（RF）信号，进入同轴电缆；而从同轴电缆来的 RF 下行信号经过调谐、解调、解密、解码后送入计算机。

Cable Modem 有三种类型：一是适用于个人用户的 CMP（Cable Modem Personal），它用于个人计算机，具有即插即用、全面的媒体访问控制层桥接、传送和接收数据等功能。二是适用于小型企业和多计算机家庭的CMW（Cable Modem Workgroup），最多可支持4个用户。三是可用于大型企业网、学校系统、政府机关的CMB（Cable Modem Business），可连接成千上万个用户，并可根据不同的访问和操作安全性要求实现保护功能。

**3．双向传输的方案**

HFC是一个双向网络。为实现双向传输功能，光纤线路部分可采用波分复用方式。因为同轴电缆部分通常是树形拓扑，上行信号会聚在光节点时，将形成噪声的漏斗效应，一个光节点对应的用户数增加的越多，漏斗噪声越强。采用限制一个光节点的用户数（如500～2000户）、选用优质器件、安装滤波器等方法可以有效地抑制侵入噪声。同时，对上行信号选用合适的多址接入和调制方式可以达到抑制窄带干扰的效果。

在我国，已建成了超过13 000km的国家级有线电视干线光缆网络，在许多地方已建成光缆和同轴电缆混合网，连通全国20多个省、市、自治区。现在，我国的年增用户达1000万户，新建网大部分为HFC。国家有关部门要求新建HFC网每个光节点用户在2000户以下，以利于数据传输和宽带接入。

## 9.3 光纤网络传输体制

### 9.3.1 SDH/SONET

**1．概述**

在20世纪80年代中期，由于数字交换在电信网中的大规模应用，光纤已经成为数字交换机之间传输信号的主要介质，许多厂家都提供光纤传输设备，以便将数字交换机输出的低速率的数字信号复接成高速率的数字信号，然后再变成光信号，最后通过光纤进行传输。但是由于没有世界标准，各个厂家的专用接口无法互连。为了规范不同厂家各种类型的光纤产品，国际标准化组织对大容量的数字传输制定了相应的标准，即标准的信号格式。北美的标准被称作同步光网络（SONET，Synchronous Optical Network），在其他国家和地区的标准则称为同步数字系列（SDH，Synchronous Digital Hierarchy）。

SONET是北美在电信网络结构中传输和复用的一个标准。SONET确立了51.84Mb/s为新系统的基本传输速率，称为OC-1。SDH由国际电信联盟（ITU）制定。SDH的第一级传输速率为155.52Mb/s。SDH在北美以外的其他国家和地区常常采用。随着国际标准化工作的不断进行，SONET与SDH越来越趋于一致，因此统称为同步数字传输网或SDH/SONET网，有时就简称为SDH。SDH涉及网络、系统和设备、光/电接口、传输网管理与性能、定时、信息模型等各个层次与方面。

SDH/SONET是由一些SDH网络单元组成的、在光纤上进行同步信息传输、复用和交叉连接的网络。它有世界统一的网络节点接口，从而简化了信号的互连及信号的传输、复用及交叉的过程。它有一套标准化的信息结构等级，称为同步传送模块，如STM-1等，并具有块状帧结构，允许安排丰富的比特开销进行网络运行维护和管理。它的基本网络单元有同步光缆线路系统、同步复用器（SM）、分插复用器（ADM）和同步数字交叉连接设备（SDXC）等，其功能各异，但都有统一的标准光接口，允许不同厂家的设备在光路上互通。同时，它大量采用软件进行网络配置和控制，使得新功能和新特性的增加比较方便。

**2．SDH/SONET 的基本概念**

（1）SDH/SONET 的传输速率和传输格式

SDH/SONET 的传输速率和传输格式是由网络节点接口（NNI，Network Node Interface）规定的。

传输网的两种基本设备是传输设备和网络节点。传输设备可以是光缆线路系统，也可以是微波接力系统。网络节点则有多种，如 64kb/s 电路节点、宽带节点等。简单节点只有复用功能，复杂节点具有信道终端、交叉连接、复用和交换功能。网络节点接口则是网络节点之间的接口，从具体实现上看其实是传输设备和网络节点之间的接口。图 9.3.1 示出了 NNI 的参考配置。

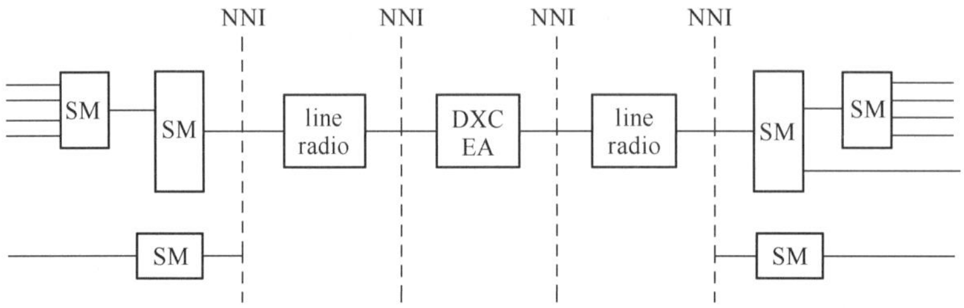

line：线路系统　DXD：数字交叉连接设备　TR：支路信号
radio：无线系统　EA：外部接入设备　SM：同步复用器

图 9.3.1　NNI 的参考配置

在 SDH/SONET 中，NNI 成为实现网络节点之间互连的规范化的标准接口，它对节点之间传输的信息流进行了规范，包括两个方面：首先是对每秒钟节点之间的比特总数进行了规范，即速率体系；其次对该比特流的组织进行了规范，即帧格式。

a．传输速率

表 9.4 列出了 SDH/SONET 体系的传输速率。SDH/SONET 体系由一些基本的标准组件术语和传输速率组成。每一层有一个光层（OC，Optical Carrier）和一个电层的同步传输信号（STS，Synchronous Transmission Signal）。相应传输速率下的 SDH 体系称为同步传送模块（STM，Synchronous Transmission Module）层。

**表 9.4　SDH/SONET 体系传输速率**

| SDH | 电层 | 链路传输速率/Mb/s | 光层 |
|---|---|---|---|
| STM-0 | STS-1 | 51.84 | OC-1 |
| STM-1 | STS-3 | 155.52 | OC-3 |
| STM-3 | STS-9 | 466.56 | OC-9 |
| STM-4 | STS-12 | 622.08 | OC-12 |
| STM-6 | STS-18 | 933.12 | OC-18 |
| STM-8 | STS-24 | 1244.16 | OC-24 |
| STM-13 | STS-36 | 1866.24 | OC-36 |
| STM-16 | STS-48 | 2488.32 | OC-48 |
| STM-32 | STS-96 | 4976.64 | OC-96 |
| STM-64 | STS-192 | 9953.28 | OC-192 |
| STM-256 | STS-768 | 39813.12 | OC-768 |

b．传输格式——帧结构

① SONET 帧结构。图 9.3.2 给出了 SONET 的基本帧结构，它是一个 9 行、90 列字节构成的二维结构。每个字节长为 8 比特。其中，“段”连接相邻的设备；“线”是指比段长一些的连接两个 SONET 器件的链路；“通道”是一个端到端的连接。由于基本的 SONET 帧的周期为 125μs，因此，SONET 的基本的传输速率为 9×90 字节×8 比特/字节÷(125×$10^{-6}$ 秒) =51.84Mb/s。此传输速率对应于电的同步传输信号为 STS-1。所有的 SONET 信号都是此传输速率的整数倍。STS-1 每次从上到下逐行地传送，每行由左到

右传送。

传输速率为 $N$ 倍于基本传输速率的 SONET 信号的帧结构如图 9.3.3 所示。

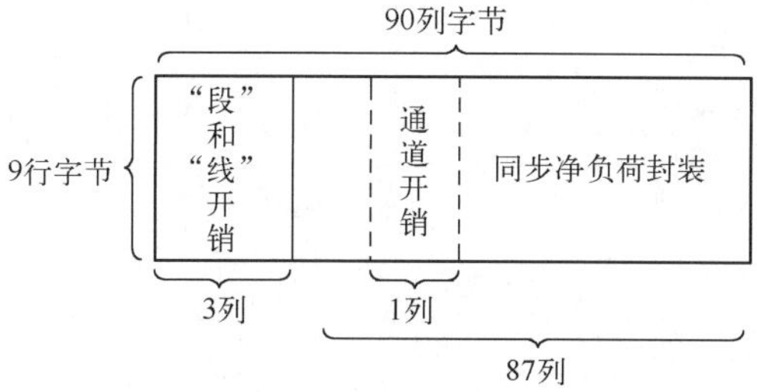


图 9.3.2　SONET 的基本帧结构

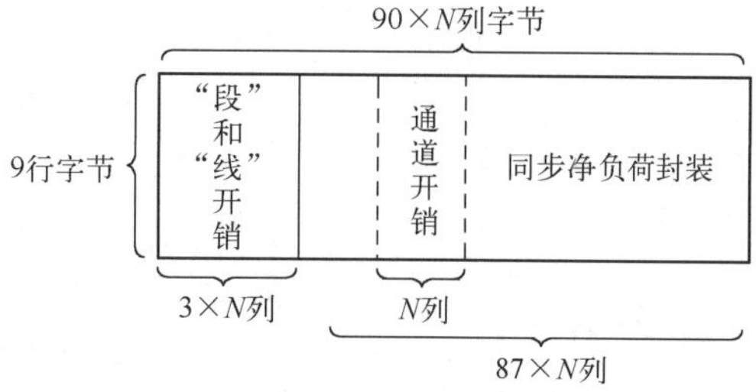


图 9.3.3　SONET 中 STS-N 的帧结构

② SDH 帧结构。SDH 帧结构与相对应的 SONET 帧结构不同，如图 9.3.4 所示为 STM-1 的帧结构。整个帧结构可以分为三个区域：段开销域、管理指针域和净负荷域。段开销域用来放置维护管理字节，是为了保证信息正常灵活传送所必须附加的字节。在帧结构左边的 9 列×9 行字节中，有 8 行（除去第 4 行）共 72 个字节都用于段开销。管理指针域是一种指示符，用来表示净负荷的第一个字节在 STM-1 帧内的准确位置，以便接收端正确判定、分解。帧结构左边 9 列中被除去的第 4 行即为管理指针域，其中的第 9 个字节保留给指针用。指针的采用可以保证在 PDH 环境中完成复用、同步和帧定位。净负荷域用于存放各种信息业务容量。帧结构中字节的传送方式是从左到右，从上到下。STM-1 的帧结构共有 9 行，270 列字节，每个字节为 8 比特，每秒传输 8000 帧。因此，对应的传输速率为

$$(9\times270\times8\text{bit/帧})\times(8000\ \text{帧/s})=155.52\text{Mb/s}$$

STM-$N$ 的帧结构如图 9.3.5 所示。

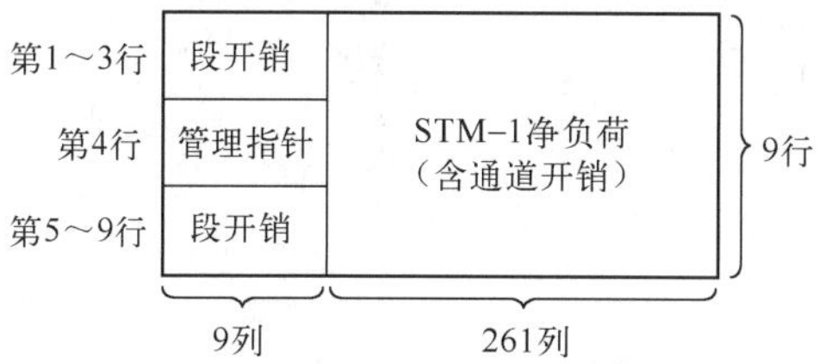


图 9.3.4　STM-1 帧结构

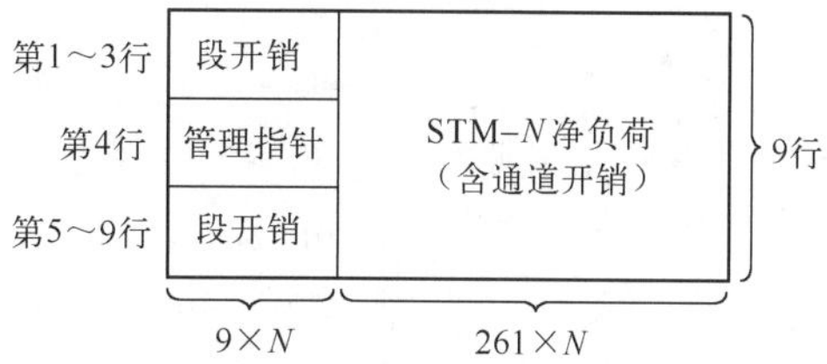


图 9.3.5　STM-$N$ 帧结构

（2）SDH 的复用映射结构

为了得到标准的 STM-$N$ 传送模块，需将各种待传递的支路信号装入 STM 帧结构中的净负荷域内。这需要经过映射、定位校准和复用三个步骤。如图 9.3.6 所示为适合于我国 SDH 的基本复用映射结构。

首先各种不同速率等级的数字信号进入相应的容器 C。这些所谓的容器实际上就是一些信息结构，完成适配功能。由标准容器出来的数字信号流加上通道开销比特后，构成 SDH 中的虚容器 VC-$N$。在 VC 包封内，允许装载不同速率的准同步信号，而整个包封与网络同步。由 VC 出来的数字流进入管理单元（AU）或支路单元（TU），一个或多个在高阶 VC 净荷中占有固定位置的 TU 组成了管理单元组 TUG。最后，在 $N$ 个 AUG 的基础上加上段开销（SOH）比特，就构成了最后的 STM-$N$ 的帧结构。

对于 STM 低等级到高等级的复用，可先将低比特率信号复用成 STM-0 信号，对应 SONET

体系下的 OC-1，然后 3 个 STM-0 信号复用成 STM-1 信号，或者低比特率信号直接复用成 STM-1。4 个 STM-1 信号复用成 STM-4，4 个 STM-4 复用成 STM-16，……，以此复用下去。

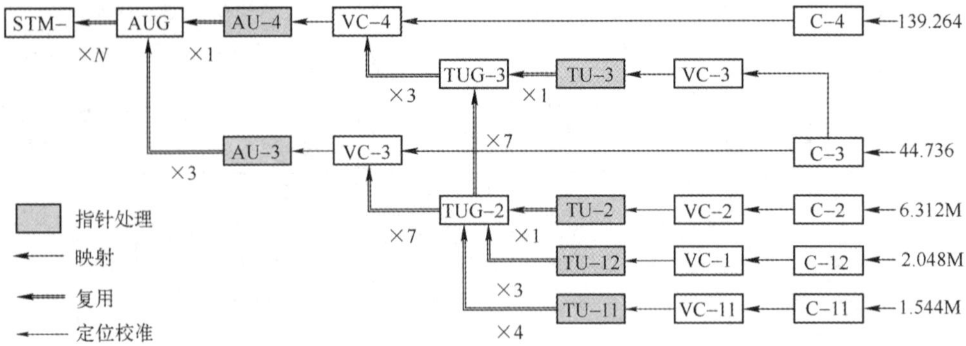


图 9.3.6　适用于我国 SDH 的基本复用映射结构

（3）SDH/SONET 体系的光接口

SDH/SONET 体系允许不同厂家的产品互相连接，这是通过一系列规范对光源特性、光纤类别及接收机灵敏度等光接口参数进行规定而实现的。ITU-T 的标准 G.957 和 G.691 对这些光接口规范进行了规定。表 9.5 给出了不同传输速率下 SDH/SONET 网络中光源的输出功率范围和接收机的灵敏度。SDH/SONET 体系规范给出的接收机的灵敏度为最坏情况下的值，定义为误码率达到 $1\times10^{-10}$ 时所需的平均最低可接受的光功率。

**表 9.5　SDH/SONET 网络中光源的输出功率范围和接收机的灵敏度**

| 距离 | SONET 速率 | SDH 速率 | 光源输出范围/dBm | 接收机灵敏度/dBm |
|---|---|---|---|---|
| ≤15km | OC-3 | STM-1 | -15～-8 | -23 |
| | OC-12 | STM-4 | -15～-8 | -23 |
| | OC-48 | STM-16 | -10～-3 | -18 |
| ≤40km | OC-3 | STM-1 | -15～-8 | -28 |
| | OC-12 | STM-4 | -15～-8 | -28 |
| | OC-48 | STM-16 | -5～0 | -18 |
| ≤80km | OC-3 | STM-1 | -5～0 | -34 |
| | OC-12 | STM-4 | -3～+2 | -28 |
| | OC-48 | STM-16 | -2～+3 | -27 |

SDH/SONET 体系规范中还对光纤的种类、性能和传输距离等进行了详细规定。例如，规定 G.652 光纤可用于 1.55μm 波段的 STM-16（2.5Gb/s）的干线传输。若传输 STM-64（10Gb/s）的信号，传输距离超过 400km 时，则要求使用 G.653 光纤。这种光纤还支持 STM-256 的应用。详细的规定可查阅相关标准。需要说明的一点是，光接口的线路码型为加扰 NRZ 码。扰码的目的是为了控制信息序列中的长连“0”或长连“1”所引起的定时信息丢失。采用 7 级扰码器可以保证所产生的伪随机序列码充分接近真正的随机系列码，削弱各个再生器产生的抖动对系统的影响。

### 3．SDH/SONET 结构

（1）分层

SDH 传送网分为三层，即电路层、通道层和传输媒质层。其中，电路层面向公共交换业务，向用户直接提供通信业务，诸如电路交换业务、分组交换业务和租用电路业务。按照提供业务的不同，可区分不同的电路层网络。通道层支持一个或多个电路层网络，并且提供传递服务。通道的建立由交叉设备负责，可以提供较长的保持时间。传输媒质层与传输媒质（光缆，微波）有关，它支持一个或多个通道层网络，为通道层网络节点（如 DXC）提供合适的通道容量。

（2）自愈网

SDH/SONET 系统可以是点对点的系统，也可以是环路系统。在点对点的系统中，它由线路终端复用器、光缆和中继器组成。中继器通常是光-电-光中继器。现代技术的发展，已经有了使用 EDFA 的全光中继器。在环状网络中，经过合理配置，当设备或链路发生故障时，利用环的结构，不需要人为干预，网络就能自身在极短的时间内自动恢复，从而实现不中断业务保护。所以，SDH/SONET 网也称为自愈网。双纤单向通道切换环和四纤双向线路切换环是 SDH/SONET 网络中最普遍采用的结构，如图 9.3.7 所示。图中的节点设备可以是分插复用器（ADM），也可以是数字交叉连接设备（DXC）。

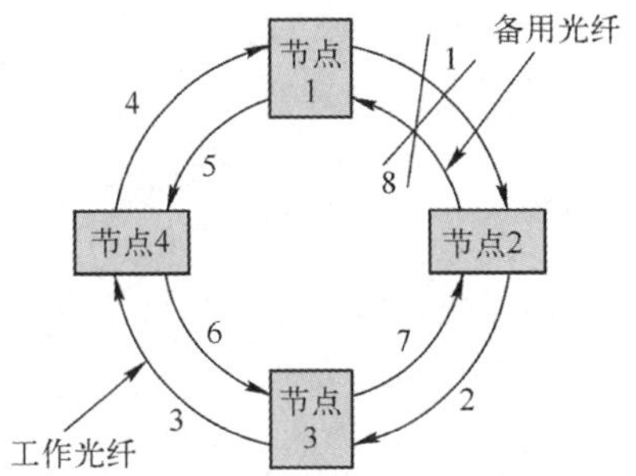


（a）双纤单向通道切换环

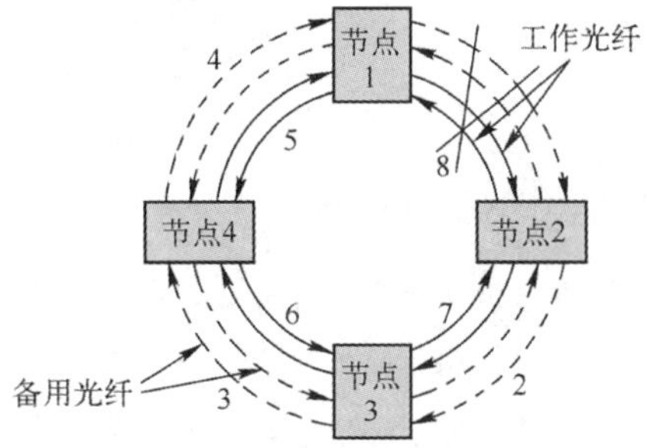


（b）四纤双向线路切换环

图 9.3.7　两种自愈环结构

图 9.3.7（a）是一种双纤单向通道切换环网结构（UPSR，Unidirectional Path-Switched Ring）。该结构中有两个光纤环，一个环为工作环，另一个为备用环或叫保护环。为实现保护，从发送节点 1 出来的光信号同时输入工作和备用光纤，这样的保护常称为 1+1 保护。在工作环上，信号的传递为顺时针方向；在备用环上，信号沿逆时针传递。接收节点按照两路信号的优劣决定选哪一路作为分路信号，正常情况下，以工作光纤送来的信号为主信号。我们以节点 1 和节点 3 之间的通信为例说明环的保护倒换情况。正常工作时，节点 1 发出的信息分别通过工作环上的链路 1、2 和备用环上的链路 5、6 到达节点 3；反之，节点 3 发出的信号通过工作光纤上的路径 3、4 和备用光纤上的路径 7、8 送达节点 1。节点 3 上的接收机通过一个开关选择来自工作光纤上的信号，当然，它也在不断地比较从两个方向传来的信号。当来自工作光纤环的信号劣化或信号丢失（如工作环上节点 1 和节点 2 之间某一点断路）时，节点 3 上的接收机开关就切换，选择从备用光纤上链路 5、6 传来的信号，这样，节点 1 和节点 3 之间的业务就不会中断。故障排除后，开关返回原来的位置。

另外一种常用环的结构如图 9.3.7（b）所示，称作四纤双向线路切换环（BLSR，Bidirectional Line-Switched Ring）。这里有两个工作环，两个备用（保护）光纤环。正常工作时，信息流在两个工作环中沿着相反的方向流动，一个沿着顺时针方向，一个为逆时针方向。这种结构是两个节点之间信息传递最快的方式，比上述双纤单向路径切换环要快得多。例如，从节点 2 到节点 1 传递信号，在双纤、单向路径切换环中，信息要沿着工作环上链路 2、3、4 顺序经过节点 3 和节点 4 才能到达节点 1。而在四纤双向线路切换环中，由于有两个工作环，从节点 2 的信息直接经过内工作环链路就能到达节点 1。

图 9.3.8 示出了一个国家级的混合 SONET 网络的结构。OC-192 链路使用四纤 BLSR 构成国家主干网，OC-48 为城市链路，它又可以连接本地低速率的 OC-12 和 OC-3 链路，而每

个链路又有独立的故障恢复机制。

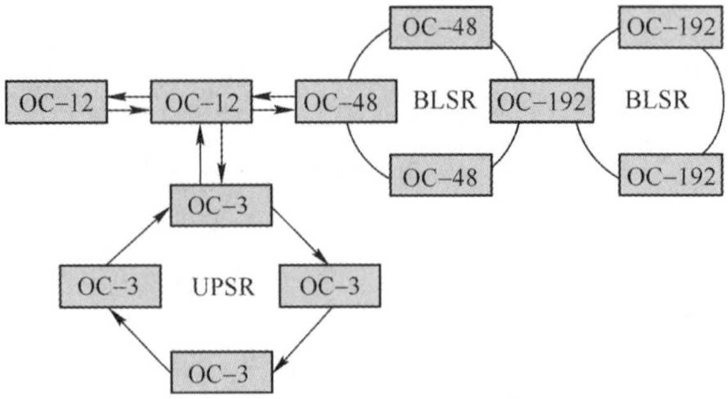


图 9.3.8 SONET 网络结构

**4. SDH/SONET 设备**

SDH 设备可分为三类：接入设备、交换设备和传送设备。由于接入网对低成本有较高的要求，而运行环境比较恶劣，所以要求适用于接入网的 SDH 设备必须体积小、成本低且功耗小。传统的 SDH 设备不适合宽带综合业务网使用，因为 SDH 传输的是恒定比特率业务，上、下行的速率和带宽相同，而在接入网的应用中，上、下行的速率通常是不对称的。因此，需要将 SDH 进一步扩展至低宽带用户。目前 ITU-T 已经开发了新的建议 G.708，规定了两种接口：传送 TUG-2 的接口和传送 TU-12 的接口。采用 TUG-2 接口时信号速率分别是 7.488、14.4 和 8.224Mb/s。采用 TU-12 接口时，信号速率分别是 2.88、5.18、9.792、19.008 和 37.44Mb/s。

交换设备有电路交换和分组交换设备，以及异步传送模式设备（Asynchronous Transfer Mode，ATM）。传送设备有四种：终端复用器（TM）、分插复用器（ADM）、数字交叉连接设备（DXC）和再生器（REG）。下面对前面三种传送设备进行简要介绍。

（1）TM

TM 是将 PDH 支路信号或者将低速率的 SDH 信号复用进高速率的 SDH 设备，主要应用在 PDH 和 SDH 的边界，将各类低速信号进入高速线路的传输场合上。根据使用支路接口种类及速率等级的不同进行分类，如Ⅱ.1 型复用设备可提供若干个 STM-*N* 信号组合为一个 STM-*M*（$M>N$）信号的能力。

（2）ADM

ADM 是 SDH/SONET 中的重要设备，也是应用最广泛的设备。它实现了低速率信号灵活插入到高速率信号之中或者从高速率信号中分出低速率信号的功能。ADM 利用内部的时隙分配，可以将支路信息指定到 STM-*N*/OC-*N* 中的任何位置。图 9.3.9 示出了其功能。图中，作为 OC-48 信道的一部分，一个 OC-12 和两个 OC-3 进入 ADM1，OC-12 直通过去，两个 OC-3 却被分接下来；然后，另外两个 OC-12 和一个 OC-3 连同直通的 OC-12 一起复接成一个 OC-48，送到 ADM2 中。

（3）DXC

DXC 是一种具有一个、多个准同步数字体系（G.703）或同步数字体系（G.707）的信号端口，可对任何速率信号端口（和/或其子速率信号端口）与其他速率信号端口（和/或其子速率信号端口）间进行可控连接和再连接的设备。

DXC 的核心是交叉连接功能，交叉连接速率与接入速率之间的转换由复用和解复用功能来完成。首先每个输入信号被解复用成 $m$ 个并行交叉连接信号，然后，内部的交叉连接网采用时隙交换技术，按照预先存放的交叉连接图或动态计算的交叉连接图对这些交叉连接通道进行重新排列，最后再利用复用功能将这些重新安排后的信号复用成高速信号输出。整个交叉连接过程由连至 DXC 的本地操作系统或连至电信网管的支持设备进行控制和维护。

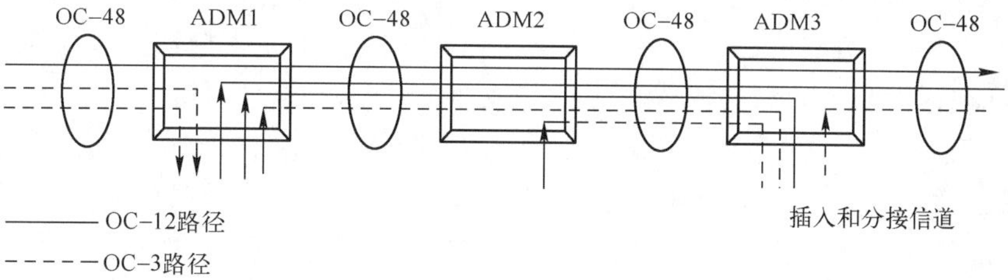


图 9.3.9　ADM 功能

## 9.3.2　ATM

由前面的内容我们知道，SDH 系统帧结构的时间为固定的 125μs，要求所有的数据按照标准的传输速率传送，因此，SDH 系统传输的是恒定的比特率业务，上、下行的速率和带宽相同。而在接入网的很多应用中，上、下行的速率通常是不对称的。例如多媒体的双向应用，用户对下行速率和带宽的要求远大于对上行速率和带宽的要求，若采用传统的 SDH 系统，则用户上行的一帧码元中需要用很多空闲信元填充，这对上行的带宽是一种浪费，但同时却又不能对下行的带宽进行动态分配。所以，人们提出了异步传输模式——ATM 技术。ATM 可支持可变速率业务的传送，支持时延较小的业务，能够提供全业务接入。

**1. ATM 概念**

从技术上看，ATM 从快速分组交换技术演变而来并融合了同步传送模式的优点。它实际上是一种高速分组传输模式，将话音、数据和图像等数字信息分解成长度固定的数据块，并在数据块前加入信头（信头即是表示信息发往地址、丢弃优先级等控制信息的字节）构成 ATM 信元。当发送信息时，只要获得空闲信元，就可把已形成的 ATM 信元插入码流发送出去。由于插入信息的位置并不固定，所以这种传输方式叫作异步传输模式。

ATM 信元是一个固定长度的数据块，由 53 个字节组成，每个字节为 8 比特，如图 9.3.10 所示。从图中看出，信元结构分为两个部分：信头和净荷。净荷占 48 个字节，信头占 5 个字节，信头包含了执行路由选择的通道识别符、流量控制符、净荷类型符以及信元丢失优先级别指示符等对应的比特信息。信头的任务是用来识别一个异步时分复用信息上属于相同虚信道的信元。

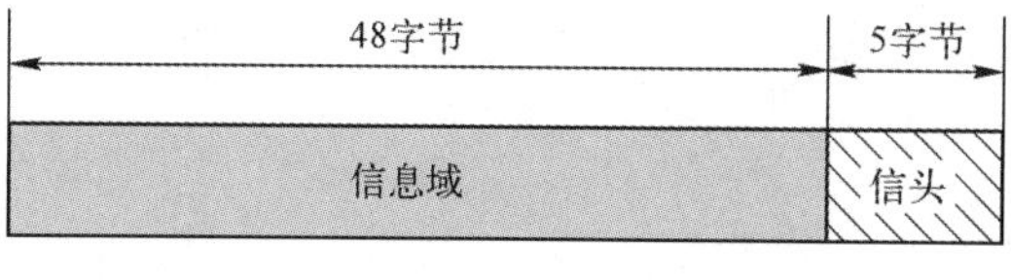


图 9.3.10　ATM 信元结构

与 STM 不同，ATM 靠信头来识别通路，而 STM 靠帧内的时隙位置来识别通路。

由于 ATM 信元是一个 53 个字节长的数据块，如果用一种规则周期性地将 ATM 信元进行分配，则可获得一个固定的带宽通道。所以 ATM 适用于恒定比特率业务和可变比特率业务的传输和交换。

**2．ATM 的复用和交换**

（1）虚信道（VC）与虚通道（VP）概念

在同步时分复用方式中，一条用户线路可以分割成若干个子信道，例如在一条窄带综合业务数字网（ISDN）中的用户线路可以分割成两个 64kb/s 的信道和一个 16kb/s 的子信道。在 ATM 中，同样可以采用子信道的概念。由于 ATM 是一种面向连接的技术，意即通信信道建立阶段必须处理实时信息交换。 在通信信道建立阶段，通过网络建立一条端到端的通信信道，并通过网络中节点到节点连接的连锁逻辑关联来实现这样的信道。由于信道与专用的物理线路无关，并且它与其他连接共享其物理信道，即这些信道并不是永久不变的，所以这些信道被称为虚信道（Virtual Channel，VC），而传输这些信道的路径（通道）叫作虚通道（Virtual Path，VP）。

下面举例来说明这些概念。在宽带 ISDN 中，一个用户要传送话音和活动图像等恒定速率的实时性信号，ATM 首先把信息装成一个个 ATM 信元，这些携带相同类型信息的信元应该每间隔一定的时间出现一次。比如，一路 64kb/s 的数字话音信号装入速率为 155.52Mb/s 的 ATM 信元，每隔 6ms 出现一次，则在两次话音信元出现的时间间隔 6ms 之内，可以插入数据和图像的信元，插入信元的数量取决于数据信号和图像信号占据的带宽。这些话音信道、图像信道就是虚信道（VC）。用来同时传送这些 VC 的路径就是虚通道（VP）。在 ATM 信元中，信头中表示 VP 和 VC 信息的字节——虚通（信）道标识符，VPI 和 VCI，是最重要的。当 ATM 层分配一个 VCI 值时，就产生一条 VC 链路。一旦 VC 链路建立起来，它的后面将跟随属于同一 VC 连接的所有信元，从而确保在属于 VC 连接的传输中以这样的方式排序。VPI 与 VCI 两部分合起来构成了信元的路由信息，也就是表示着信息信元从哪里来、要到哪里去。ATM 交换机依据各个信元的 VPI 和 VCI 的值，决定把信息送到哪一条线路上。

（2）复用与交换

在 ATM 中，一个物理传输通道可以包含若干个 VP，一个 VP 可以容纳上千个 VC。由于 ATM 有虚信道 VC 和虚通道 VP，因此，复用与交换也有虚信道 VC 和虚通道 VP 的复用与交换。如图 9.3.11 所示为 VC 和 VP 的复用原理图。

从图中看出，VC 复用时 VPIx 的 VCIa 与 VPIz 的 VCIc 复合到同一个 VPIr(D)中。而 VP 复用时，中间节点的 ATM 网元（NE）只对 VPI 进行处理。VP 的终端 VPT 确定 VP 的边界，VPT 对 VPI 和 VCI 同时进行处理。

图 9.3.12 所示为 VC 和虚通道 VP 交换的示意图。由图可见，VP 交换即虚通道 VP 单独进行交换，它将一条 VP 上所有 VC 链路全部转送到另一条 VP 上去，而这些 VC 链路的 VCI 值都不改变。VC 交换则要虚通道 VP 和虚信道 VC 同时进行交换，即 VPI 和 VCI 的值都要改变为新值。

**3．ATM 接口**

ITU-T 推荐了以下两种线路接口：

（1）基于 SDH 的接口

在基于 SDH 的接口的物理层中，SDH 帧的净荷承载 ATM 信元。为此，所有不同种类的业务，包括固定速率和可变速率的业务都被转换成 ATM 信元，然后置于 SDH 的净荷中。当采用基于 SDH STM-1（155.52Mb/s）的接口时，ATM 信元在 SDH 帧结构中的排布示意图如图 9.3.13 所示。其中，用户信息信元、信令信元（传送信令的 ATM 信元）和运行维护（Operation and Maintenance，OAM）信元都位于帧的净荷域，传输速率为 149.76Mb/s。若 ATM 信元装不满 SDH 帧的净荷域，则可用空闲信元填充。

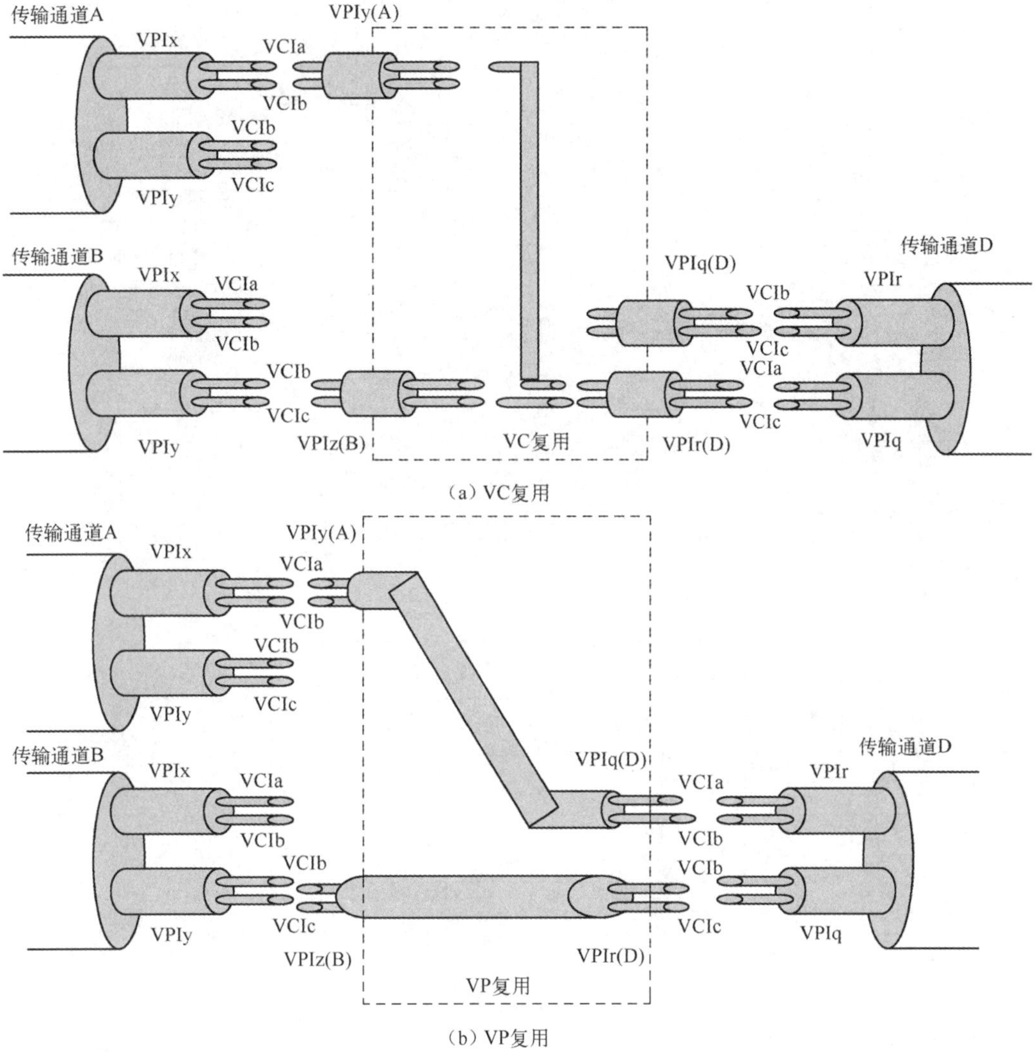


图 9.3.11　VC 和 VP 的复用原理图

还有一种 SDH/ATM 的混合帧结构，这种混合帧将 STM-*N* 净荷的一部分留给实用 SDH 的同步业务，而另一部分留给使用 ATM 信元的非同步业务。在被解复用时，一旦 STM-*N* 信号被解复用，则 SDH 的分插复用器或数字交叉复用器就可对 STM 帧进行处理，而承载 ATM 信元的 STM 帧就可由 ATM 交换机或交叉连接设备处理。

（2）基于信元的接口

在基于信元的 ATM 物理层中，信元可连续传送而无须采用帧变换。信元流包括用户信息信元、信令信元和 OAM 信元。基于信元的接口没有固定的帧结构。目前这种基于信元的接口用得很少。

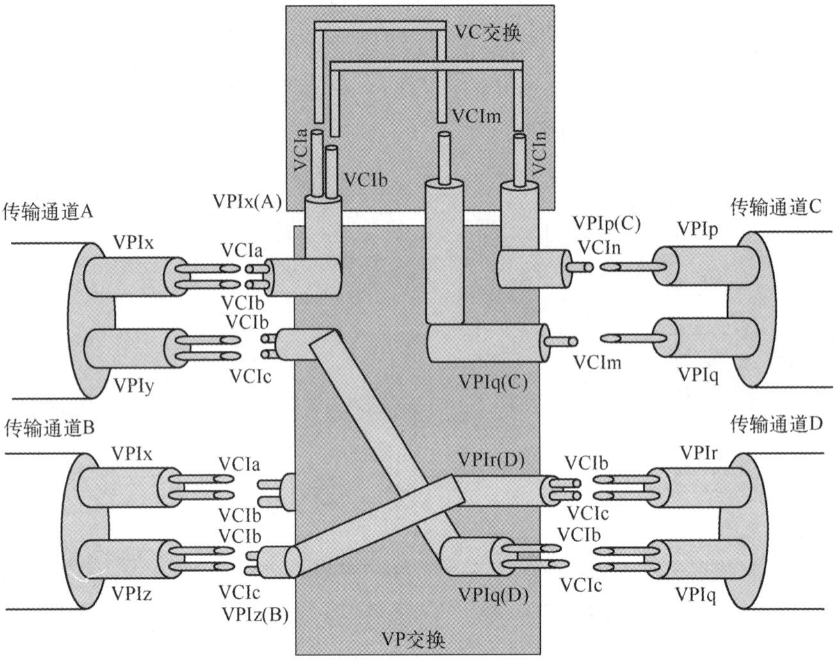


图 9.3.12　VC 和虚通道 VP 交换示意图

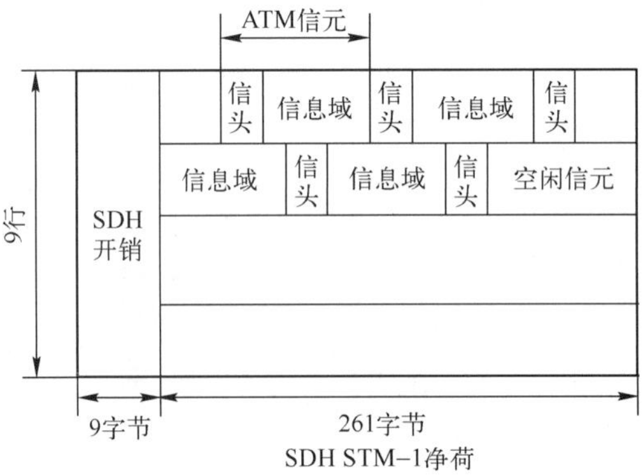


图 9.3.13　ATM 信元在 STM-1 中的映射

# 9.4　光交换技术

## 9.4.1　光交换概述

我们已经知道，交换是将信息从发出地通过一系列中间节点传送至目的地终端设备的过程。在传统的网络中，交换技术属于电交换。尽管后来网络已经采用光纤来传输信号，然而在节点处，光信号必须通过光-电转换变成电信号，以便交换机对电信号接续并送达输出端口；在输出端口再进行一次电光转换才能发送到光纤中继续向前传送。近年来，随着密集波分复用（DWDM）系统在实际中的应用，一根光纤上能够承载上百个波长信道，传输带宽已达到了 Tb/s 量级。相反，在交换部分，以电子数字程控技术为主的交换方式，由于电子的特性制约了它在交换部分的处理能力和交换速度，使交换速度仅仅只有几个 Gb/s，完全不能满足宽带、高速传输的要求。所以，对光交换/光路由技术的期望越来越高。国内外研究机构开始研究和开发光交换，试图在光子层面上完成信息的交换工作，消除电子瓶颈的影响。目前已经开发出一些较成熟的光交换技术。

**1．光交换分类**

光交换是指对光纤传输的信号在光域直接进行交换而不经过任何的光-电或电-光转换。

光交换可按交换的种类、光信号的复用方式、交换的控制方式等不同的分类方法进行分类。

按交换的种类，可分成光通道交换和光信息交换。光通道交换又分为光波长交换和光波段交换。光信息交换分为光分组交换和 ATM 光信元交换。

按光信号的复用方式，可分成空分光交换、时分光交换、波分/频分光交换、码分光交换和自由空间光交换。时分光交换基于时隙互换的原理，又分为同步传输模式（STM）光交换和异步传输模式（ATM）光交换。它们均要求有光存储器。波分光交换基于波长或波段的互换原理实现光交换，通过改变输入光信号的波长，把某个波长的光信号变换成另一个波长的光信号输出。空分光交换是一种导波交换，波导结构限制和导引着光信号实现交换。若同时采用两种以上的复用方式，则可称为混合光交换。

按交换的控制方式，可分为电控光交换和光控光交换。

**2．光交换器件**

我们知道，在电交换系统中，实现交换的最简单的方法是使用电开关。电开关在控制信号的作用下，实现通断，将入线和出线接通或断开，以形成不同的通路，使相应的信号进入相应的路线到达目的端。与此类似，光开关是完成光交换的最基本的功能器件之一。在第 5 章中我们已经学习了一些光开关的知识，这些光开关主要是在空间实现光路的切换，因此，适合于空分光交换，这里不再重述。而针对光的波分交换，则需要波长转换器或可调谐滤波器；对于时分交换，则需要光存储器。

波长转换器（WC，Wavelength Convertor）是使信号从一个波长转换到另一个波长的器件。根据转换机理可分为光-电-光转换型波长变换器、基于相干原理和基于光逻辑门的全光型波长转换器。图 9.4.1 所示为光-电-光转换型波长转换器原理示意图。

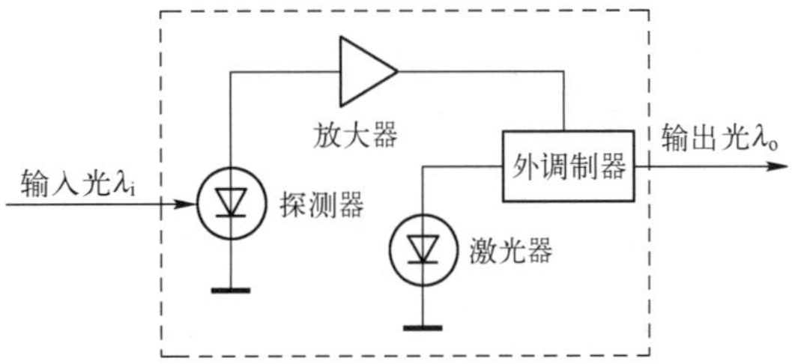

图 9.4.1　波长转换器原理示意图

光-电-光转换型的波长转换器先将光信号转换成电信号，经定时再生后，产生再生的电信号和时钟信号，再用该电信号对标准波长的激光器重新进行调制，从而实现波长变换。由于光电变换技术已很成熟，且它对信号具有再生能力，具有输入动态范围较大，无须光滤波器件且对输入偏振不敏感等优点，是目前非常成熟的一种波长变换器。但是它对信号格式和调制速率不透明，系统升级受限，应用范围受限。

全光型波长转换器有多种结构和机制，目前研究较为成熟的是以半导体光放大器（SOA）为基础的波长转换器，包括交叉增益饱和调制型（Cross Gain Modulation SOA）、交叉相位调制型（Cross Phase Modulation SOA）以及四波混频型波长转换器（Four Wavelength Mixing SOA）等。还有基于光纤中的非线性效应的波长变换器。图 9.4.2 所示为基于 SOA 的交叉增益调制波长变换器的工作原理图。

一束波长为$\lambda_c$的高强度连续光波从左端面耦合进入 SOA。SOA 由于电泵浦的作用最初处于粒子数反转状态，$\lambda_c$引起受激辐射，使得 SOA 对$\lambda_c$光波进行放大。然而，由于$\lambda_c$光波的功率较高，使 SOA 处于增益饱和状态。此时，有一携带业务流的光波信号$\lambda_s$也耦合进入 SOA。由于此时 SOA 已处于饱和状态，而半导体光放大器的增益是均匀加宽线形，增益的饱和表现为增益谱均匀下降。信号$\lambda_s$的到来，引起波长$\lambda_c$处的增益下降。$\lambda_s$为比特“0”时，$\lambda_c$的增益下降不多；$\lambda_s$为比特“1”时，$\lambda_c$的增益下降较多。也就是说，当$\lambda_s$为比特“0”时，$\lambda_c$的光功率电平处于较高状态；$\lambda_s$为比特“1”时，$\lambda_c$的光功率电平处于低电平状态。由于增益饱和，波长$\lambda_s$处的光信号转换成波长为$\lambda_c$处的反相的光信号。若在 SOA 的输出端放置一个滤波器，滤除波长为$\lambda_s$的光，则滤波器的输出就只有$\lambda_c$的光信号，实现了波长的转换。只是$\lambda_c$的信号与原来的光信号反相，需要再进行处理。

光波长变换器的性能应满足以下要求：大的转换码率（应大于 10Gb/s）；低的输入功率；宽的输入/输出波长范围；高的消光比；小的啁啾；对输入偏振不敏感；低成本等。

光存储器即为光缓存器，不是通常大家理解的光存储盘。它分为基于光纤延迟线的存储器和基于双稳态激光二极管的存储器。基于光纤延迟线的光存储器是基于光信号在光纤中传输产生一个延时的特性从而实现光的存储。基于双稳态激光器的缓存器则利用了双稳态激光二极管对输入光信号的响应和保持特性从而实现光信号的存储。光纤延迟线存储器比双稳态存储器稳定，在时分、频分和 ATM 交换中被广泛使用。但是由于光纤的长度固定，导致灵活性变差。图 9.4.3 所示为利用光纤延迟线实现时分交换的示意图。

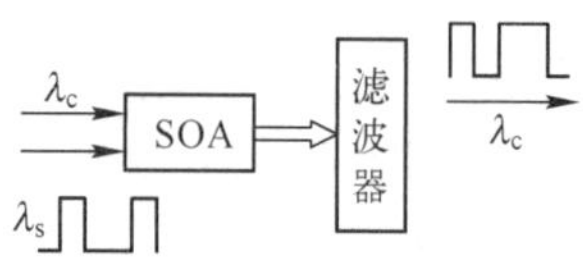

图 9.4.2　基于 SOA 的交叉增益调制波长变换器的工作原理图

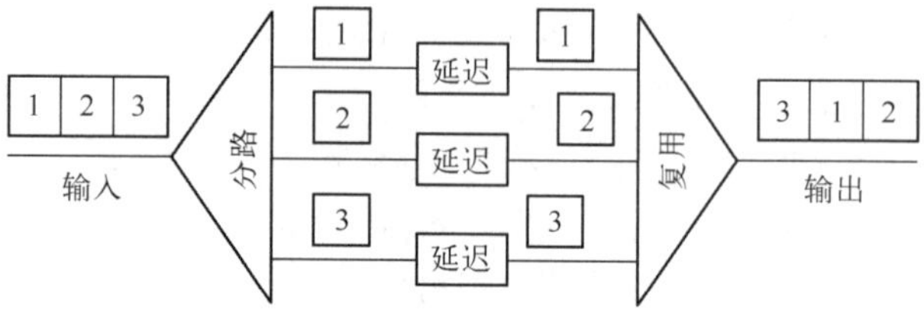

图 9.4.3　利用光纤延迟线实现时分交换示意图

## 9.4.2　光分组交换（OPS）

光分组交换（OPS，Optical Packet Switching）是从电分组交换的思路而来的，是分组交换向光域的渗透和延伸，即净荷的传输和交换在光域进行，而信头的处理以及控制目前大多数仍是在电域。光分组交换的粒度即最小交换单元是以高速传输的光分组为单位的。

### 1．光分组交换原理

图 9.4.4 所示为光分组交换原理框图。由图可见，OPS 可分为四个部分：光输入接口、光交换矩阵、光输出接口和控制模块。

控制模块由同步信号控制、交换控制、信头再生等部分组成。

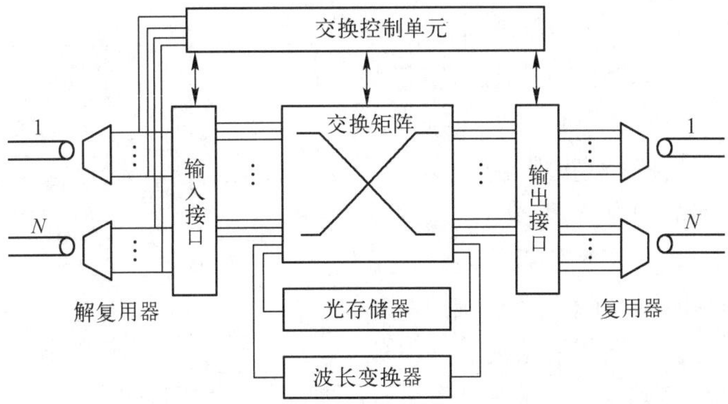


图 9.4.4　光分组交换原理框图

当各路光信号进入光分组交换机时，交换系统的光输入接口对光信号进行预放大并完成光分组的读取和同步功能。光通道的一小部分功率通过光分路器送入控制单元，用于完成光分组头的识别、恢复和净荷定位功能。交换矩阵和控制模块共同工作，完成信头提取、数据包的路由选择或上、下路，解决冲突等。交换机的光输出接口的功能是完成数据缓存、净荷定位、信头插入、输出同步、信号放大等，即完成光分组的重写与再生。

OPS 节点的核心是交换矩阵，它由很多光交换单元组成，在很大程度上决定了节点的交换速度、吞吐量、可扩展性和可靠性等。因此，交换单元性能的优劣决定了交换矩阵的性能进而决定了交换节点的性能。目前已实现商用化的交换单元有阵列波导光栅（AWG）、微电子机械（MEMS）光开关、SOA 光开关等。

光分组交换的关键技术有光分组的产生、同步、缓存、再生，以及光分组头重写及分组之间的光功率的均衡等。其中最关键的技术就是实现高速全光缓存。而目前技术上的限制，很难在光域实现缓存、复用、同步和交换等功能。因此，光分组交换网络仍没有被广泛应用。光缓存器和光逻辑器件技术的突破将极大地推动 OPS 的应用。

**2．光分组的帧格式**

每个光分组由一个光分组头（信头）和一个光分组净荷组成，光分组头中包含宿地址、优先级、生存时间与寿命等信息。净荷可能包含分组编号、信源地址、用户数据等。净荷只由信源和信宿的节点来处理。光分组之间还要留一些空闲时间，也叫作保护时隙，以便满足抖动容限和同步技术需求。光分组的帧格式如图 9.4.5 所示。

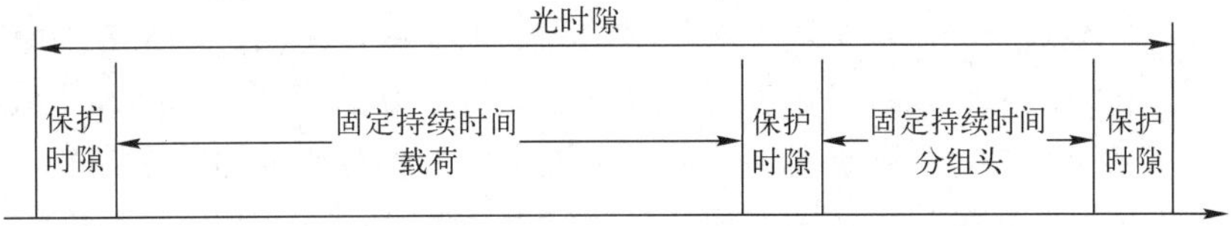


图 9.4.5　光分组的帧格式

**3．光分组交换网的分层结构**

早期的（也是目前大部分的）分组交换光网络仍然是在电域实施交换的，因此在光分组交换网的分层结构参考模型中，依据目前的情况，共分为四层。其中，底层为物理层，与光纤链路物理性能直接相关。第二层与第三层从性能上可列为光分组层，分别为光传输层和多粒度交换电层，如图 9.4.6（a）所示。第四层为业务层，由 IP 或 ATM 或者 SDH 构成。随着光分组交换技术中各种关键光器件，如光缓存器技术与性能的进步与提高，可实现光分组功能，为光传输层提供端到端的光分组通道。因此，这时的第二、第三层又变为光分组层与光传输层，如图 9.4.6（b）所示。随着光集成技术的进步，光分组层最终会与光传输层的功能集成起来，最终的光分组交换结构的理想模型变为三层结构，如图 9.4.6（c）所示。

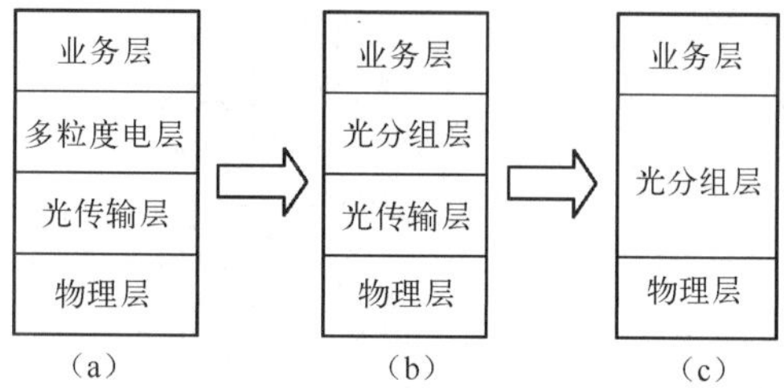


图 9.4.6　光分组交换网的分层结构

## 9.4.3　自动交换光网络

传统的 SDH 网络主要用于话音业务，为了实现快速保护性能，网络拓扑结构以线形和环形为主。大量的环层叠导致网络结构复杂化，许多环间电路业务无法获得保护，随着环内和跨环业务量的不断增大，逐渐使跨环节点成为业务调度的瓶颈。

近几年来，IP 业务发展非常迅猛。众所周知，IP 业务具有突发特性，对网络带宽的动态分配性能要求很高。随着竞争的加剧，运营商渴望网络能够快速提供业务，并具有更强的生存性，从而提升服务品牌效应，增强企业竞争力。在这种背景下，一种能够自动完成网络连接的新型网络——自动交换光网络（ASON，Automatic Switched Optical Network）应运而生。

### 1．自动交换光网络的体系结构

ASON 网络结构的核心特点就是支持电子交换设备动态地向光网络申请带宽资源，可以根据网络中业务分布模式动态变化的需求，通过信令系统或者管理平面自主地去建立或者拆除光通道，而不需要人工干预。采用自动交换光网络技术之后，原来复杂的多层网络结构可以变得简单和扁平化，光网络层可以直接承载业务，避免了传统网络中业务升级时受到的多重限制。ASON 的优势集中表现在其组网应用的动态、灵活、高效和智能方面。支持多粒度、多层次的智能，提供多样化、个性化的服务，是 ASON 的核心特征。

按照 ITU-T G.8080（G.ason）建议，ASON 网络结构主要包括 3 个独立的平面：传送平面（TP）、控制平面（CP）和管理平面（MP），如图 9.4.7 所示。

（1）传送平面

传送平面由一系列的传送实体组成，它是业务传送的通道，可提供端到端用户信息的单向或者双向传输。ASON 传送网络基于网状网结构，也支持环网保护。光节点使用具有智能的光交叉连接（Optical Cross Connector，OXC）和光分插复用（Optical Add or Drop Multiplexer，OADM）等光交换设备。另外，传送平面具备分层结构，支持多粒度光交换技术。多粒度交换技术是 ASON 实现流量工程的重要物理支撑技术，同时也适应带宽的灵活分配和多种业务接入的需要。

（2）控制平面

控制平面（Control Plane）是 ASON 的核心。控制平面主要包括资源发现、状态信息分发、路径选择和路径管理 4 个基本模块，能够提供快速和更加灵活的链接建立功能。由 ITU-T、因特网工程任务组（IETF，Internet Engineering Tack Force）、光互联网论坛（OIF，Optical Internetworking Forum）分别侧重负责相应的功能。ITU-T 着重研究 ASON 的体系结构；IETF

着重制定 ASON 的协议标准；OIF 重点放在 UNINNI 上。控制平面实现对传送平面的灵活控制，因此，ASON 主要是关于控制平面的解决方案，它基于通用多协议标记交换（GMPLS）族，包括用于分布式链接的建立、维护和拆除等的信令协议，为链接的建立提供选路服务的路由协议，用于链路管理（包括控制信道和传送链路的验证与维护）的链路资源管理协议等。控制平面提供网络节点接口（I-NNI 和 E-NNI）及用户网络接口（UNI）。

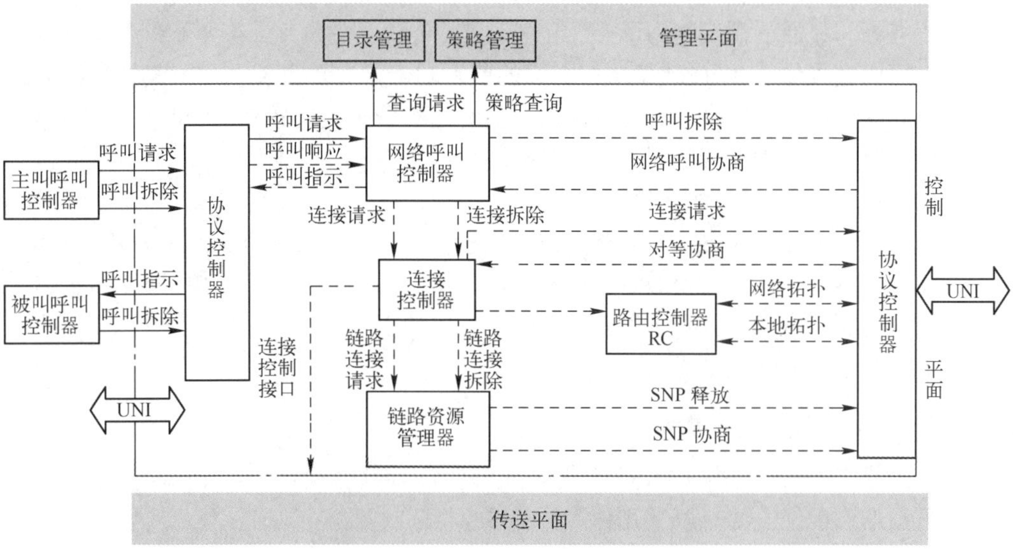


图 9.4.7　ITU-T 定义的控制平面组件

（3）管理平面

管理平面的重要特征就是管理功能的分布化和智能化。传统的光传送网管理体系被基于传送平面、控制平面和信令网络的新型多层面管理结构所替代，构成了一个综合化的光网络管理方案，具有集中管理与分布智能相结合、面向运营者（管理平面）的维护管理需求与面向用户（控制平面）的动态服务需求相结合的特点。ASON 的管理平面与控制平面技术互为补充，可以实现对网络资源的动态配置、性能监测、故障管理及路由规划等功能。管理平面的标准化工作主要由 ITU-T 负责，IETF 也提出一些信令协议草案。管理平面通过 NNI-T 接口对传送平面进行管理，同时通过 NNI-A 接口对控制平面进行管理。

三大平面之间通过 3 个接口实现信息的交互。控制平面和传送平面之间通过链接控制接口（CCI）相连，交互的信息主要为从控制节点到传送平面网元的交换控制命令和从网元到控制节点的资源状态信息。管理平面通过网络管理接口（包括 NMI-A 和 NMI-T）分别与控制平面及传送平面相连，实现管理平面对控制平面和传送平面的管理，接口中的信息主要是网络管理信息。控制平面上还有用户网络接口（UNI）、内部网络接口（I-NNI）和外部网络接口（E-NNI）。UNI 是客户网络和光层设备之间的信令接口。客户设备通过这个接口动态地请求获取、撤销、修改具有一定特性的光带宽连接资源，其多样性要求光层的接口必须满足多样性，能够支持多种网元类型；还要满足自动交换网元的要求，即要支持业务发现、邻居发现等自动发现功能，以及呼叫控制、链接控制和链接选择功能。I-NNI 是在一个自治域内部或者在有信任关系的多个自治域中的控制实体间的双向信令接口。E-NNI 是在不同自治域中控制实体之间的双向信令接口。为了链接的自动建立，NNI 需要支持资源发现、链接控制、链接选择和链接路由寻径等功能。

### 2．自动交换光网络的组网方案

ASON 的组网可采取以下方案。

（1）ASON + DWDM

这一组网方案的最大优点是，利用了 DWDM 系统的大容量长途传输能力，以及 ASON 节点的带宽容量和灵活的调度能力，从而组建一个功能强大的网络。在骨干和汇聚层网络中，ASON 节点可以完成传统 SDH 设备所能完成的所有功能，并提供更大的单节点带宽容量、更灵活和更快捷的电路调度能力，同时网络的建设和运营费用也比较低。ASON 节点所能提供的单节点交叉容量可以大大缓解网络中的节点瓶颈问题。

（2）ASON 与 SDH 混合组网方案

由于 ASON 可以基于 G.803 规范的 SDH 传送网实现，也可以基于 G.872 规范的光传送网实现，因此 ASON 可与现有的 SDH 传送网络混合组网。ASON 与现有电信网络的融合是一个渐进的过程，在组网时，客户可以先在现有的 SDH 网络中形成一个个 ASON 小网络，然后再逐步形成整个的 ASON 大网络。

### 3．自动交换光网络的关键技术

智能光网络中的若干关键技术支撑决定了智能光网络性能的优劣，在智能光网络中它们起着极为重要的作用，主要有以下几种。

（1）节点技术

光节点的作用是以波长路由为基础的，提供端到端的光通道连接和分插复用，对光通道进行优化配置和动态业务疏导，实现支撑骨干业务网的流量工程，实现网络的保护与恢复。在节点采用光交换将使透明光网络成为可能，并可以实时地依据业务的需求和控制信令的分配动态地进行光开关交换矩阵的倒换，实现按需动态配置波长，从而在透明光网络中建立端到端的光通道。而以动态可重新配置的、多粒度的光交换设备为主构建的智能化透明光网络极大地简化了网络和节点的体系结构，降低了网络的运营成本和管理的复杂性，使得各种不同网络的互连互操作变得简单可行，易于实现动态有效的端到端的带宽分配和光通道建立的智能性。因此，在未来的 ASON 中作为光交换主角的将是 OXC、OADM 和波长路由器等节点设备。

波长路由器由波长选择器件和 OXC 控制模块两部分组成。其中，波长选择器件是负责光通路倒换的光开关矩阵/OXC 交换机构，OXC 控制模块负责对 OXC 倒换进行管理，OXC 中各光波长通道之间通过 GMPLS 协议和波长选路协议进行控制，实现选路交换快速形成，提供动态链接。在光互联网技术中综合了先进的 MPLS 业务量工程控制层技术，可以大大简化网络管理的复杂性，因此特别适合于由 OADM 和 OXC 组成的光互联网络系统。

（2）光通路路由状态监测技术

光传送网（Optical Transmission Network，OTN）（参见 9.5 节）中光通路路由状态监测是指对进入节点的光通路的路由状态进行监测。要求完成的功能有：确定该光通路是否连通；按照要求正确地配置光通路的路由；如果没有连通，故障点在何处；如果没有正确配置，问题出在什么地方。

智能光网络光通路路由状态监测对 OTN 具有重要意义。首先，它完成光通路的连通性检查，在发生光通路阻断的情况下负担故障定位的功能；其次，监测光通路实际的路由状态配置是否与管理者的要求一致；最后，在发生路由配置错误的情况下，担负起故障定位的职责。

（3）网络的生存性

高效灵活的保护与恢复手段是新一代 ASON 必须具备的重要特征。数据业务的快速增长，对光纤骨干网络的保护恢复能力和 QoS 能力也提出了更高的要求。光纤骨干网络交换的粒度一般比较大，网络的瞬时失效将引起业务量的严重损失，因此在未来的智能化光骨干网中不能不考虑光网络的保护恢复策略，以增强网络的自愈生存能力。网络拓扑和多波长连网技术的应用为保护恢复机制的设计提供了灵活性。如何将这些机制引入 MPLS 控制协议中，以提高网络运行的可靠性；以及在一个各自有各自的保护恢复策略的多层网络中，如何解决网络各层生存性机制间的协调，将是十分重要的问题。此外，随着光网络的发展，ASON 从垂直层面的角度来看将日趋扁平化，多种业务将直接加在光层上。由于光纤复用波长数的增加和单波长速率的提高，使得光纤链路故障的影响面将十分巨大，也使得光传输网的恢复远比 SDH 等其他层的保护恢复要困难。而在一般情况下，保护恢复越靠近物理媒质层，受影响层面的备用容量以及涉及的传送实体数越少，保护恢复的效率就越高。由于光层恢复具有恢复可靠性高、恢复速度快、恢复成本低、占用网络带宽资源少等优势，所以光层恢复性的研究对 ASON 生存能力的提升至关重要。

### 4. 自动交换光网络的优点

引入智能特性，可以为光网络带来以下好处：

① 实现灵活的 Mesh（网状）组网，提高带宽利用率，增强网络的生存性；

② 网络拓扑自动发现；

③ 简化网络管理；

④ 提供增值业务，包括按需带宽、带宽出租、带宽批发、带宽贸易、光虚拟专用网、业务 SLA 等，使传统的传输网向业务网演进；

⑤ 缩短业务建立时间，实现带宽动态申请和释放；

⑥ 最终实现不同网络之间的互连和互通。

### 5. 自动交换光网络存在的问题及发展现状

ASON 面临的主要挑战是如何把粗颗粒的 WDM 技术和光交换的优势结合起来，形成一个大吞吐量的光网络平台来有效地支持分组业务。对于 ASON 的发展来说，目前还存在着许多亟待解决的问题。

① ASON 的标准，如 ASON 的网络管理、网络的互连和互操作、光性能的监视和测试、波长路由协议、光分组格式等标准和协议大部分虽已由 ITU-T、IETF 等标准化组织提出，但是目前还不是很完善。

② 目前的 OXC 不能兼顾处理比波长粒度更小的带宽单元，也不能满足巨大容量需求，而且，其技术稳定性和成本也不是十分明晰。

③ 自动交换光网络中的关键技术——DWDM 技术还不是十分完善，它所涉及的光转发技术、合/分波技术、光放大技术、光监控技术以及网管技术都还在不断发展中。而且，随着单波长速率和复用波长数量的不断增加，一些物理效应对信号质量的损伤不可避免，同时对光子器件也提出了更高的要求，从而阻碍 ASON 实用化的进程。

④ 如何实现不同质量的 QoS、信令的可扩展性以及网间互连问题等还有待改进。

⑤ 网络功能的增强以增加复杂性和成本为代价，很难取得较好的性价比。

⑥ ASON 是兼容现有网络、充分利用已敷设的光纤资源，还是开拓全新的建网思想，业内对此观点也不十分统一。

ASON 被提出之初，通常认为应该采用分布式方式来实现。但随着时间的推移，特别是在考虑目前网络的现状和演进策略时，先采用集中智能实现 ASON 功能，待分布式智能技术（例如 GMPLS 信令）和设备成熟与标准化后再逐步采用分布式智能控制策略被逐渐提出，并开始为越来越多的设备生产商和运营商所接纳。目前，LUCENT、阿尔卡特、CIENA 等公司都能提供类似自动交换光网络解决方案。

随着 GMPLS 技术的成熟，可以预见 ASON 和 GMPLS 这两种方式将会在很大程度上并存和融合。在最终的 ASON 中，带宽配置的工作可能会由信令网来实现，当然现存网络的带宽配置仍可以通过网管系统来实现。如果全网实现了 GMPLS，网管系统将演变成网络资源的管理监控系统，提供诸如网络性能、故障处理和资源监控等功能，最终成为网络监控与资源管理系统，并在未来自动交换光网络中发挥必不可少的重要作用。

尽管实现 ASON 的完全自动交换和智能化还需要很长的一段发展时间，但实现光网络的完全自动交换和智能化将是下一代光网络的方向。

## 9.5 光传送网

20 世纪 90 年代中后期，WDM 技术趋于成熟并开始广泛地用于点到点的传输系统以及光网络。网络容量的飞速增长，使在网络节点处的电子瓶颈问题更加突出。于是，人们希望能够发展全光网络。全光网络指的是光信号在穿过网络的过程中，信号的传输、再生、交叉连接、分插复用、交换/选路等过程全部在光域内进行，信号不需要进行任何的光/电转换，因此，信号不受中间节点处的检测器、调制器等光电器件响应速度的限制，对比特率和调制方式透明，从而可以大大提高网络的传输容量和交换节点的吞吐量。

图 9.5.1 是一个全光网络的示意图。其中，ADM（Add or Drop Multiplexer）为分插复用器。由图看出，多个 OXC 构成了骨干网，多个 OADM 构成了城域网或本地网，而 PON（Passive Optical Network）和 ADM 构成了接入网。

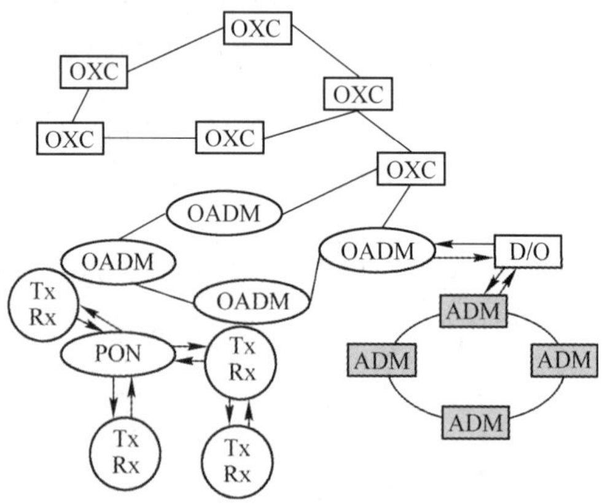

图 9.5.1　全光网络示意图

值得注意的是，全光网的概念并非完全没有电子处理或光/电转换。在网络的边缘，仍然有电子处理。事实上，由于光器件技术的局限，在光域内很难完成所谓的 3R（Retiming，Reshaping，Reamplifying——再定时、再整形、再放大）中继功能。目前的光网络中还需要用光/电转换来消除光信号在传输过程中的损伤、进行网络维护和管理。因此，目前所说的全光网络是由多个全光透明的子网和子网边界处高性能的 O/E/O 转换设备组成的网络，也就是我们所说的光传送网（OTN，Optical Transmission Network）。OTN 可以看成是传送网向全光网演化过程中的一个过渡应用。

OTN 的概念于 1998 年由 ITU-T 正式提出，OTN 可为客户层信号提供光域处理。

### 9.5.1 光传送网的分层结构

对光传送网（OTN）可以按功能进行分层，图 9.5.2 是它的分层结构。它最主要的特点是引入了光层的概念——在 SDH 传送网层结构中的电复用层与物理层之间加上了光层。光层又分为光信道层（Optical Channel，OCH）、光复用段层（Optical Multiplexing Section，OMS）和光传输段层（Optical Transmission Section，OTS）。

OCH 为传送各种格式的客户层信号提供光通路连网功能，并加入有关光通道配置的开销，如波长标记、端口连接性、载荷的速率、格式线路码等，此层包含 OXC 和 OADM 的功能。根据 G.709 建议，OCH 又可以进一步分为光信道的净荷单元、数据单元和传输单元。

光复用段层为多波长信号提供连网功能，并加入各种段层的开销以保证相邻两个波长复用设备之间多波长信号的完整性。光波分复用器和交叉连接器的功能属于该层。

光传输段层为光信号提供不同的光传输媒质，如不同的光纤类别。光传输段开销用来保证传输段适配信息的完整性，同时实现光放大器或中继器的检测和控制功能。

底层即为物理媒质层。

OTN 主要的客户类型包括 IP、以太网、SDH/SONET 和 ATM。

可以看出，OTN 对传送层功能的技术关注得更多。而 WDM 技术也是面向传送层的技术，因此，特别适合应用于 OTN。OTN 吸收了 SDH 和 WDM 的优点，具备完善的保护和管理能力，将成为大颗粒宽带业务传送的主流技术。

| 电路层 |
|---|
| 电通道层 |
| 电复用段层 |
| 光信道层（OCH） |
| 光复用段层（OMS） |
| 光传输段层（OTS） |
| 物理层 |

图 9.5.2 OTN 的分层结构

OTN 的标准体系经过十几年的发展，已经比较完备，其中包括 OTN 设备功能特性标准（G.798）、设备管理（G.874）、结构和映射（G.709）、OTN 管理信息模型（G.875）以及 OTN 物理层特性（G. 664、G.959.1）。这些标准对 OTN 的光传送单元（Optical Transmission Unit，OTU）帧结构开销、OTU 的类型与速率等都进行了详细的规定。限于篇幅，这里不再详述。

### 9.5.2 光传送网（OTN）的网络节点

#### 1. 光交叉连接器（OXC）

从图 9.5.1 看出，OXC 是光传送网络的主要节点设备。其作用是将成百上千条输入线路与成百上千条输出线路在光域内互连起来。有时光交叉连接又叫光交换。但这不准确，因为我们知道，交换是将信息从发出地通过一系列中间节点传送至目的地终端设备的过程。要完成交换过程，必须验证到达的业务流内的一些字头信息或标志信息，以便选择路由将信息能够准确地送达目的地。而光交叉连接只是简单的端口与端口重新排列的过程，即将光波长发送到预定的输出端口，并不像交换机那样完成信息的交换或路由选择。光交叉连接器不等于光交换机。

既然光交叉连接器不能实现交换的功能，那么，为什么要进行交叉连接呢？将光信号进行交叉连接又有什么好处呢？进行交叉连接的一个最根本的理由就是要将光波长切换到指定的光纤中去，从而动态地调整各个光纤中的流量分布，提高光纤的利用率。通过对光信号进行交叉连接，可以灵活、有效地管理光传送网，还可实现可靠的网络保护/恢复以及自动配线和监测。

OXC 设备由光交叉连接矩阵、输入/输出端口和管理控制单元组成，如图 9.5.3 所示。每一个单元都具有主用和备用的冗余结构。

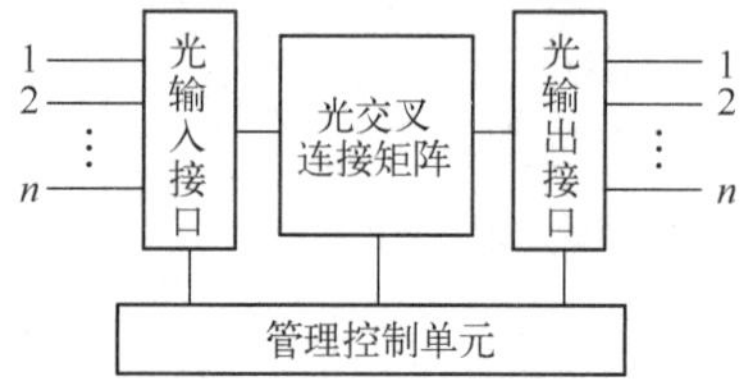

图 9.5.3 OXC 设备组成

光交叉连接矩阵由各种光开关交叉连接组成矩阵。光输入/输出端口直接与光纤链路相连。当光信号从输入端口进入交叉连接矩阵后，管理控制单元通过一些软硬件控制光开关，使光信号切换到相应的路径上，到达光输出端口，进入另外的光纤链路。管理控制单元除了控制光开关的连接外，还对光开关矩阵以及输入/输出端口的状态进行监测，如监测输入/输出信号的劣化和丢失情况，以便进行主备保护倒换等。

OXC 设备的核心是光交叉连接器。有多种技术可以实现 OXC 结构。图 9.5.4 所示是一个基于 WDM 技术和空分复用技术而实现的 OXC 结构。

在输入端口，有 $M$ 个 $1\times N$ 解复用器，通过解复用后，共有 $M\times N$ 个单波长信号（尽管波长数只有 $N$ 个）。这些信号进入空分光开关进行交叉连接，然后，进入 $M\times N$ 个波长变换器对波长进行变换，最后通过 $M$ 个 $N\times1$ 波分复用器把信号复用到 $M$ 根光纤中。在这种结构中，通常选择 AWG 作为空分光开关，输入/输出端口都是 $M\times N$ 个。这样的开关矩阵可实现实时的任意选路交换。因此，此类 OXC 也叫作波长选路或波长路由交叉连接（WRXC）。还有基于级联可调谐光纤光栅的 OXC、基于固态器件的 OXC 和基于微光机电系统（Optical Micro-electrical Machnical System，OMEMS）的 OXC。图 9.5.5 是用 MEMS 光开关矩阵实现的 OXC 模块的示意图。

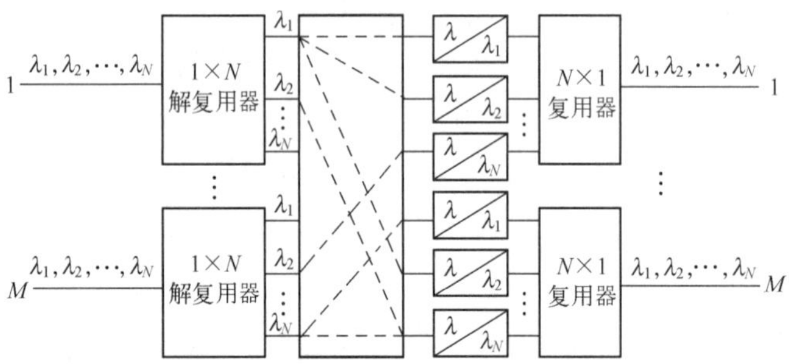

图 9.5.4 基于 WDM 技术和空分复用技术的 OXC 结构

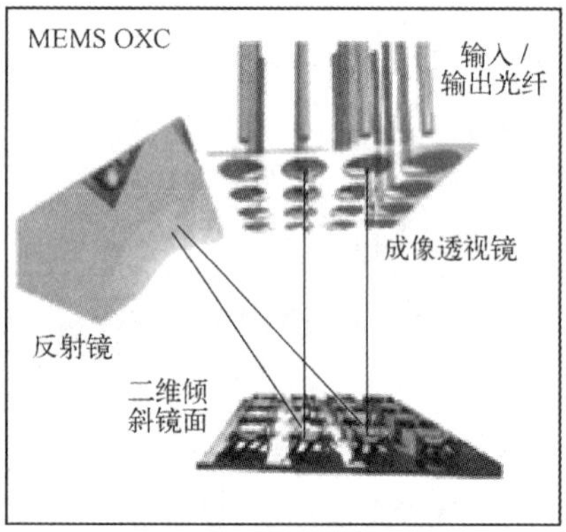

图 9.5.5 OXC 模块示意图

**2．光分插复用器（OADM）**

网络上有很多节点，这些节点与本地用户相连，因此，系统必须具有在这些节点上将传往本地的光波信号下载（drop），同时还能将本地用户发往其他节点的信号上载（add）进入主干光纤的能力。实现此项功能的器件叫作光插分复用器（OADM）。图 9.5.6 示出了 OADM 的功能。从图中看出，OADM 就是要从复用的信道中选出所需的波长，送至本地接收机。那些未被选中的光波信道要能顺利通过此节点，同时 OADM 在该节点上还要将加载在该波长上的其他的本地信息

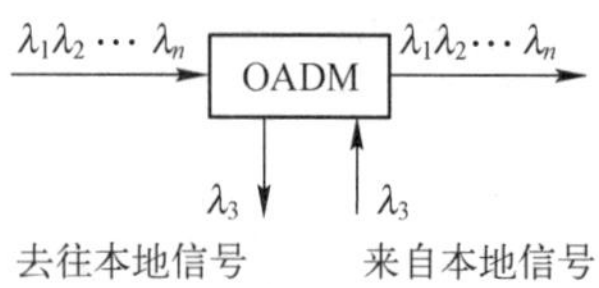

图 9.5.6 OADM 的功能

送至复用通道中。不难想象，一个 OADM 应该就是一个波分复用器/解复用器加上滤波器或光开关等器件组成的功能性器件。

依据所加的滤波器或光开关是固定波长还是可调谐波长，可将 OADM 分成非重构型和重构型两大类。非重构型 OADM 是一个 WDM MUX/DEMUX 加上固定波长的光滤波器，在节点处只能下载一个或一组固定的波长，因而适合于波长信道固定不变的简单的 WDM 光网络。重构型 OADM 则由可控光开关和可调谐滤波器与 WDM MUX/DEMUX 共同组成。在节点处，上/下路的波长和通道数可以按系统要求改变，因而是一个动态的器件。下面具体介绍几种 OADM。

（1）光纤光栅型 OADM

图 9.5.7 示出了一个由 FBG 和融熔拉锥型波分复用器及隔离器构成的简单的 OADM 工作原理示意图。复用的 $n$ 个通道的信号进入 OADM 的输入端，传至 FBG。FBG 反射的中心波长被设计为$\lambda_2$，因此，信道中波长为$\lambda_2$的信号被反射，从端口 3 输出至本地接收机，其他波长的光波则几乎无损耗地通过 FBG；一个融熔拉锥型波分复用器将来自本地发射机的$\lambda_2$上的其他信号耦合进主传输通道，并从端口 2 输出。隔离器的作用是防止被 FBG 反射的$\lambda_2$信号沿着光纤反向传播，对发射机中的激光器造成影响。这种 OADM 的插入损耗一般小于 3.5dB，相邻信道间的串扰小于−22dB。但因为加入了隔离器、波分复用器等器件，会引入附加损耗。

FBG 还可以和其他类型的器件组成 OADM，如 FBG 和 MZI 光纤滤波器组成的 OADM、FBG 与光环行器组成的 OADM 及与偏振分光器组成的 OADM 等。所有这些都可以归类为基于 FBG 的 OADM。由于篇幅所限，这里不再一一介绍。

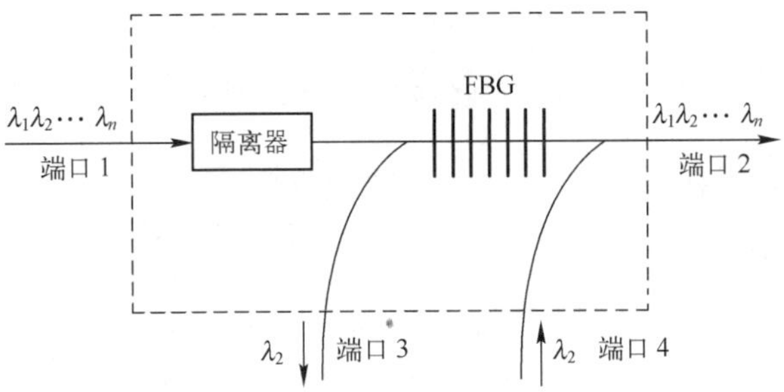


图 9.5.7　OADM 工作原理示意图

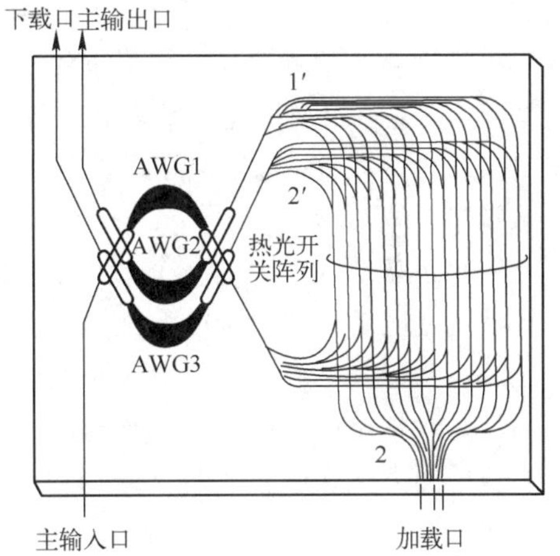


图 9.5.8　单片集成 OADM 原理图

（2）阵列波导光栅型 OADM

上一章我们已经学习了 AWG 型波分复用器/解复用器的工作原理，利用 AWG 和光开关阵列，同样可以实现 OADM 的功能。图 9.5.8 所示为由三个 AWG 和一个热光开关阵列构成的单片集成的 OADM 原理图。主输入口将来自主干线光纤的复用信号引导至 AWG1 输入端口的中心波导中，AWG1 将复用信号解复用，并输出至开关阵列的各个输入端口。如果此时要下载某个波长，则将开关阵列中相应的开关打开，使其处于“开”状态，其他开关仍处于“关”状态，则要下载的那路光波通过端口 2′进入 AWG3，最后从下载口输出；那些处于“关”状态的开关中传播的光波信号，从开关阵列的各个 1′端口输出，进入 AWG2，由 AWG2 复用到主输出端口。如果想从本地加载信号，则将信号调制到指定波长的光波上，从开关阵列中相应开关的 2 号端口输入，将此开关的状态调至“关”状态，则这个信号就和其他信号一起通过 AWG2 而被复用到主干线中。

上面介绍了两种主要的 OADM。实际中，各种波分复用器与各种滤波器、光环形器及光开关的组合形成了多种多样的 OADM，如多层介质薄膜干涉型 OADM、基于声光可调谐滤波器的 OADM、基于磁调谐 FBG 的 OADM 等。尽管器件的结构可能千差万别，但是 WDM 网络对 OADM 的要求都是一致的。WDM 光网络对 OADM 的性能要求与系统对 WDM 波分复用器/解复用器的要求基本一致，同时由于有上/下路的问题，OADM 在工作时还必须保证各信道的功率基本一致。

### 9.5.3 可重构的 OADM——ROADM

从上节的介绍可看出，OADM 器件的结构多基于光开关、光纤光栅或 AWG。这种 OADM 结构较简单，成本较低。但是缺乏灵活性。比如，它是在固定波长上设计，造成网络初期波长规划方案复杂；波长上下升级困难，使工程升级复杂，运营维护成本高；功率调整和通道均衡为手工配置，增加了人为错误的可能；开通业务或升级扩容周期长，可靠性低。

2005 年之后，随着 MEMS 技术、硅基液晶技术和平面光路技术的发展，基于波长选择开关（Wavelength Selection Switching，WSS）的可重构的光分插复用器——ROADM 迅速发展起来，成为光传送网进行光层调度的核心设备，大大提高了网络的性能，也为网络的运营带来了更多的便利。相比早期的 OADM，ROADM 可实现波长切换到多个方向的多维度波长调度；通过网管系统，可远程重新配置波长，降低运维成本；支持通道功率调整，实现各个通道光功率均衡；支持快速业务开通，满足波长租赁业务；可自由升级扩容， 实现任意波长到任意端口。

ROADM 在 OTN 的一个节点上完成光通道的上下路和通道之间的波长级别的交叉调度，可以将任意数量的任意波长交叉调度到任意的上下路端口和任意的输出方向，是一种可以灵活进行波长调度、动态重构、具有分插复用和交叉连接功能的设备。图 9.5.9 所示为一个基于 WSS 的 ROADM 的结构示意图。

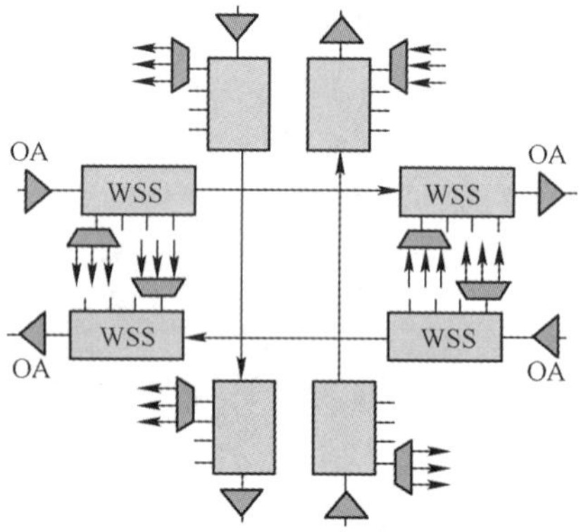

图 9.5.9 ROADM 结构示意图

## 9.6 光纤接入网

通过前面的讨论，我们已经知道，接入网承担着用户信息接入的任务。随着社会信息化的不断发展，新的业务不断涌现，如会议电视、高清晰度电视及各种检索业务等，对各种业务的质量、可靠性、效率都提出了新的要求。在这种形势下，传统的电接入网已经很难满足要求。与此同时，光纤通信技术正在飞速发展，新的光网络器件、设备不断出现，价格不断走低，网络设计和施工技术都达到了实用化的水平。光纤接入网技术已经切实可行，成为实现宽带综合业务数字网（B-ISDN）的必要环节。

### 9.6.1 光纤接入网的形式和业务类型

光纤接入网也称为光纤用户网，泛指本地交换机或远端交换机与用户之间采用光纤作为传输介质的网络。光纤接入网的形式由光纤引入的情况而定，一般视光线路终端设置的位置而定。表 9.6 是常用的一些接入方式。

图 9.6.1 示出了 FTTC 的基本连接示意图，图中端局是电话业务的交换局和广播业务中信号的出发点，其中的 OLT 称为光线路终端（Optical Line Terminal）。从端局接出的光纤经过各种线路设备（如光分支器、入孔等）后，到达路边的光网络单元（ONU，Optical Network Unit），在 ONU 中经过光电转换后，再由铜线分别将电话、数据等窄带信号或宽带图像信号接至用户。

表 9.6 光纤接入网的接入方式

| 符 号 | 名 称 | 英 文 |
|---|---|---|
| FTTH | 光纤到家 | Fiber to the home |
| FTTB | 光纤到大楼 | Fiber to the building |
| FTTC | 光纤到路边 | Fiber to the curb |
| FTTO | 光纤到办公室 | Fiber to the office |
| FTTZ | 光纤到小区 | Fiber to the zone |
| FTTF | 光纤到楼层 | Fiber to the face |

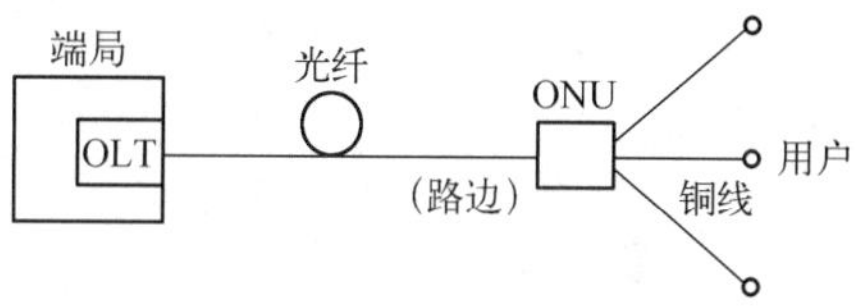

图 9.6.1 FTTC 的基本连接示意图

如果是光纤到户（FTTH）的结构，ONU 被安装在用户住宅内，由一个用户专用。从端局到用户家中的 ONU 间都是光纤连接，这种结构方式，对任何一种传输方式都没有限制。由于用户与端局的平均距离都很短，所以对这段光纤的传输性能要求不如干线光缆高，可采用成本较低的元器件。

光纤接入网的拓扑结构有以下几种：

（1）总线形。该信道可使用一根双向传输的光纤或两根单向传输的光纤，各个终端用耦合器互连到信道上，并采用时分复用、频分复用等方法使各节点共享信道。

（2）单星形。将具有控制和交换功能的星形耦合器作为中心节点（设在端局内）。它的特点是用户之间彼此独立，保密性好，业务适应性强。但是成本较大，由于需要有专用的光源和检测器，使得每户的初装费较高。

（3）双星形或多星形。它是单星形基础上的改进结构，适合于更大的范围。由端局引出的两根或多根光缆，分别设置远端分配节点，节点数越多，网络规模越大。

（4）树形。这种网络结构中较多采用了光分路耦合器，光分路耦合器是无源器件，所以对带宽、波长和传输方法没有限制。

（5）环形。这种结构中的所有节点都共用一条公共链路，自成一个封闭回路。每个节点可以单向或双向传输。它的优点是提高了线路设计的灵活性和可靠性。

以上介绍了光纤接入网的典型结构。实际使用中应根据客观情况选用某种拓扑结构，或者选用多种拓扑结构的组合。

光纤接入网传送的业务有四大类：闭路分配业务（如闭路音响、图像分配）；交互式或邮箱式业务（如电话、可视电话、话音邮政、可视图文）；检索式业务（如音响、图像检索、数据检索）；广播分配业务（如广播式音响、图像分配）。业务的类型不同，所需的带宽也不同。

### 9.6.2 无源光网络（PON）

光纤接入网除了包括端局（也称中心局（CO，Central Office））和光网络单元（ONU）外，通常还有远端节点（RN，Remote Node）和光接口单元（NIU，Network Interface Unit）。它们之间的关系如图 9.6.2 所示。在有源网络中，RN 起着中继和分配的作用，在无源网络中仅进行信号的分配。NIU 为用户设备，在 FTTH 结构中，ONU 位于用户家中，兼有 NIU 的功能，所以不需要单独的 NIU 设备了。

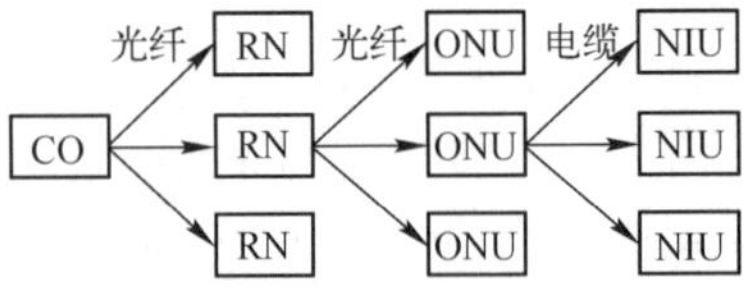


图 9.6.2 光纤接入网体系

光纤接入网的结构越简单，网络的操作、维护就越容易，显然，无源结构比有源结构具有更高的可靠性，因为无源网络不需要进行交换和控制。我们将使用无源器件作为远端节点的网络称为无源光网络（PON，Passive Optical Network）。

无源光网络的应用有多种形式。图 9.6.3 示出了典型 PON 的参考配置。图中的几个功能部件是：光线路终端（OLT，Optical Line Terminal），它与骨干网节点（业务节点）相连；光分配网（ODN，Optical Distribution Network）；分配到用户的光网络单元（ONU）；适配功能（Adapter Function）模块。V 是接入网与业务节点的参考点；T 是用户侧的参考点；Q3 为网管接口。

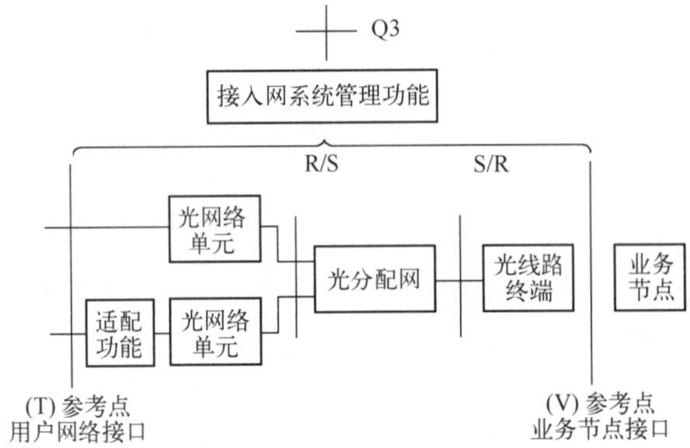


图 9.6.3 典型 PON 的参考配置

OLT 一方面承载从骨干网传送来的信息，将信息传送给光分配网 ODN；另一方面又可以通过 ODN 将来自用户的信息向上传至骨干网，因此，OLT 在光分配网一侧向 ODN 提供光接口，在与骨干网相连的网络一侧提供至少一个网络接口。OLT 可连接一个或多个光分配网。OLT 功能模块又由核心模块、业务模块和通用模块三部分组成。其中核心模块提供网络与光分配网可用带宽之间的数字交叉连接功能，同时还提供在光分配网上传送或接收业务时的传输复用功能，以及与光分配网进行连接的物理光接口功能（包括光/电和电/光的转换）；业务模块提供业务端口功能，支持多个不同的业务，承载 ISDN 的主要速率，提供多个 2Mb/s 端口；通用模块则提供供电、维护和管理功能。

ODN 是光传输媒质，提供 ONU 到 OLT 的光纤连接，并将光能分配给各个光网络单元。

光分配网由无源光器件如光纤、光纤连接器和光分路器构成。

在 ODN 中，光传输方向有上行方向和下行方向之分。信号从 OLT 到 ODN 方向的传输为下行，反之为上行。上下行方向的信号传输可以采用同一根光纤（单线双工），也可以采用不同的光纤（双线双工）。

光分配网应能够支持现在可以预见的业务，即当增加新的业务时，无需对分配网本身做出广泛的修改，所以对光分配网所用的光无源器件有如下很严格的要求。

① 光波长的透明性。要求光器件支持 1310～1550nm 范围内的任何波长上的信号传输。

② 互换性。输入与输出端口的互换不致造成光器件损耗的严重变化。

③ 光纤的可兼容性。所有的光器件应与 G.652 单模光纤兼容。

由于光分配网包括了 OLT 与 ONU 之间的光纤和光无源器件，其损耗即为参考点 S/R 与 R/S 之间的一切光路损耗，包括光纤线路损耗、光接头损耗、光连接器损耗及各种光无源器件损耗。ITU 在 G.982 中对光分配网的损耗计算给出了建议，并对采用不同复用技术的接入系统的分配网规定了损耗的上、下限。表 9.7 给出了 ITU 规定的 PON 接入网三类光路损耗。

其中，A 类表示时分复用接入系统损耗；B 类表示时间压缩复用接入系统损耗；C 类表示空分复用和波分复用接入系统的损耗。

**表 9.7　PON 接入网三类光路损耗**

| 损耗 | A 类 | B 类 | C 类 |
|---|---|---|---|
| 最小损耗（dB） | 5 | 10 | 15 |
| 最大损耗（dB） | 20 | 25 | 30 |

ONU 的作用是终结来自光分配网的光纤，处理光信号并为用户提供业务接口。光网络单元由核心模块、业务模块和通用模块组成。核心模块提供客户业务复用功能、传输功能及光分配网接口功能；业务模块提供用户端口功能，将来自光分配网的业务适配到 64kb/s 和 $n$×64kb/s 的速率；通用模块提供光网络单元的供电、操作、维护和管理。

PON 的复杂性在于信号处理技术。在下行方向上，交换机发出的信号是广播式的，发给所有的用户。在上行方向上，各 ONU 必须采用某种多址接入协议，如时分多路访问 TDMA（Time Division Multiple Access）协议，才能完成共享传输通道信息访问。

无源光网络依据所采用的技术还分为 APON、EPON 和 WDM-PON 等。

APON 指的是使用 ATM 技术的无源光网络。由于 ATM 技术具有很多优点，而 PON 又是最经济的宽带接入方式，因此，APON 技术被认为是很有发展前景的接入网技术。到目前为止，ITU 对 APON 已制定出相应的标准 ITU-G.983。然而，由于 ATM 技术本身过于复杂，设备价格过高，使得基于 ATM 技术的接入设备在应用和推广时遇到了相当大的阻力。而且，在对 IP 业务的支持方面，ATM 技术有明显的缺点，这也阻碍了目前 APON 的应用。

EPON（Ethernet PON）则指的是以太网技术与光纤技术结合的接入网。它在物理层采用了 PON 技术，在链路层使用以太网协议。利用 PON 的拓扑结构实现了以太网的接入。与以太网兼容是 EPON 最大的优势之一。而且目前以太网已实现 Gb/s 级的速率，使得 EPON 的速率大大超过 APON。 以太网本身具有很强的价格优势，廉价的器件和安装维护使 EPON 具有 APON 所无法比拟的优势。目前在国内 EPON 已处于大规模商用的阶段。

GPON（Gigabit PON）吉比特无源光网络具有带宽宽、效率高、覆盖范围广、用户接口丰富的优点，被大多数运营商视为实现接入网业务宽带化、综合化的理想技术。2011 年 GPON 已成为多个运营商的采集目标，大规模部署已为期不远。

WDM-PON 指的是采用 WDM 技术的点对点的 PON。近几年 WDM PON 越来越受到行业的关注。ITU-T 正在对 WDM PON 的波长分配方案进行讨论。

相信不远的将来，带宽更宽、价格更便宜的接入网将会出现在我们的身边。

## 本章小结

光纤网络种类繁多，本章介绍了光纤网络的发展史和网络的种类、拓扑结构，对光纤网络的设计给出了初步的功率预算方法；在此基础上，对基于光纤系统的计算机网、电话网以及有线电视网进行了介绍；之后，对光同步数字传送网、光交换技术、光传送网以及光纤接入网的相关知识与技术着重进行了讲解。

### 习题

9.1 光纤网络有哪几种基本拓扑结构？它们各自的特点是什么？

9.2 简要分析四纤双向线路切换环 BLSR 在遇到线路障碍，如节点 1 和节点 2 之间工作光纤断开（参见图 9.3.7）时，环路进行信息保护、切换的情况。

9.3 某个星形网有 $N$ 个节点，每个节点处发送机的耦合入纤功率为 0dBm。光纤的损耗为 0.3dB/km，假设每个站离中心的距离为 2km，接收机的灵敏度为−38dBm，每个连接头损耗为 1dB，耦合器的附加损耗为 3dB，链路裕度为 3dB。试求：（1）该网络所能承受的最大站数。（2）若接收机灵敏度为−32dBm，该网络能够承受多少站？

9.4 OSI 参考模型共分几层？它们各自的功能是什么？

9.5 TCP/IP 协议的层结构是怎样的？

9.6 试计算 SONET/SDH 体系中 OC-3，OC-12，OC-48，OC-192，STM-1，STM-4，STM-64 以及 STM-256 对应的信号传输速率。

9.7 光传送网（OTN）的结构分为几层？各层的功能是什么？

# 第 10 章　光通信新技术

**内容提要**：本章介绍光纤通信的有关系统和网络的最新技术，阐述了这些新技术的原理和特点，分析其关键技术，并简要说明其发展趋势，使读者对光纤通信新技术及其发展方向有一定的了解。主要介绍一些已经实用化或者具有重要发展前景的新技术，重在概念、原理、关键技术的介绍，对工程分析、计算内容较少涉及。

**知识要点**：相干光通信；光孤子通信；光时分复用；光码分复用；自动交换光网络；自由空间光通信。

**教学建议**：学时 4，选修。

## 10.1　相干光通信

目前实用化的光纤通信系统都是采用光强度调制/直接检测（IM-DD）方式，即光信号到基带信号的直接转换。其原理简单，成本低，但不能充分发挥光纤通信的优越性，存在频带利用率低、接收机灵敏度差、中继距离短等缺点。为了充分利用光纤通信的带宽，要将无线电数字通信中外差检测的相干通信方式应用于光纤通信。在光纤通信系统中采用外差或零差检测方式可以显著提高接收灵敏度和选择性，这就是相干光通信。

### 10.1.1　相干检测原理

相干光通信系统的方框图如图 10.1.1 所示。在发送端，采用直接调制或外调制方式将信号以调幅、调相或调频的方式调制到光载波上，送入光纤中传输。在接收端，首先与一本振光信号（通过耦合器）进行相干混合，然后由检测器进行检测。其中，偏振控制器用于调节信号光与本振光间的偏振态匹配。

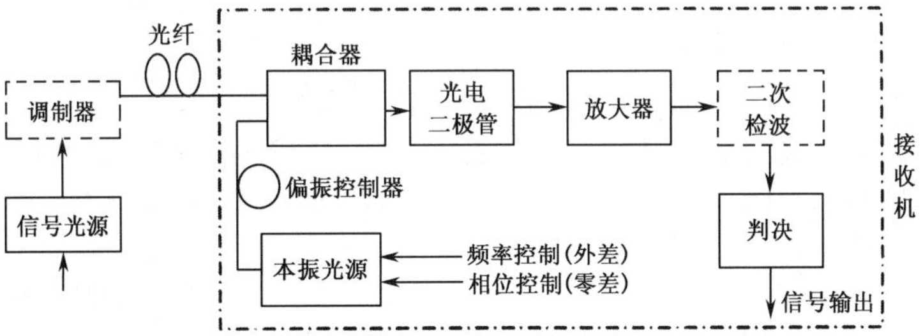


图 10.1.1　相干光通信系统的方框图

图 10.1.2 所示为相干检测原理方框图。光接收机接收的信号光和本地振荡器产生的本振光经混频后，由光检测器检测，经处理后，以基带信号的形式输出。

设接收机接收的信号光以及本振光的光场分别为

$$E_S(t) = E_S \cos(\omega_S t + \phi_S) \tag{10.1.1}$$

$$E_L(t) = E_L \cos(\omega_L t + \phi_L) \tag{10.1.2}$$

式中，$E_S$，$\omega_S$，$\phi_S$分别为信号光的幅度、频率和相位；$E_L$，$\omega_L$，$\phi_L$分别为本振光的幅度、频率和相位。

当信号光与本振光的偏振方向相同时，入射总光强 $P \propto [E_S(t)+E_L(t)]^2$，因此有

$$P = k[E_S^2 + E_L^2 + 2E_S E_L \cos(\omega_{IF} t - \phi_S + \phi_L)] \quad (10.1.3)$$

式中，$\omega_{IF}$为中频信号的频率。本振光的中心角频率$\omega_L$应满足

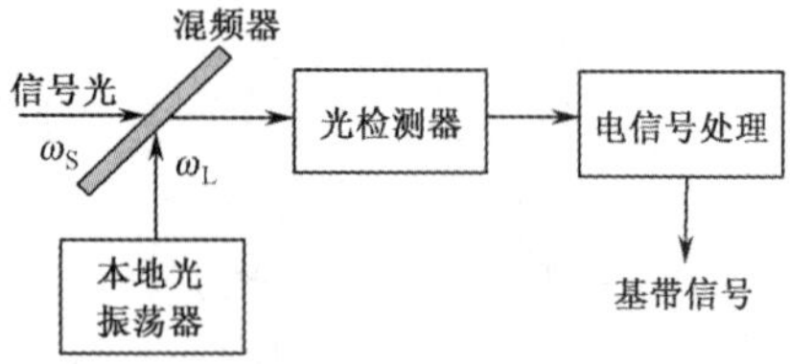


图 10.1.2　相干检测原理方框图

$$\omega_L = \omega_S \pm \omega_{IF} \quad (10.1.4)$$

光检测器输出的光电流$i(t)$正比于入射光功率$P$，近似为

$$i(t) = R[E_S^2 + E_L^2 + 2E_S E_L \cos(\omega_{IF} t - \phi_S + \phi_L)] \quad (10.1.5)$$

式中，$R$ 为光检测器的相应度。根据本振光信号频率与接收到的信号光频率是否相等，相干光通信可分为零差检测相干光通信和外差检测相干光通信。

零差检测中，$\omega_{IF}=0$，即$\omega_S=\omega_L$。滤去直流分量，并设信号光、本振光的光强分别为$P_S$和$P_L$，则信号电流为

$$i(t) = 2R\sqrt{P_S P_L}\cos(\phi_S - \phi_L) \quad (10.1.6)$$

由式（10.1.6）可见，信号光电流正比于$\sqrt{P_L}$，可通过增大本振光功率的方式增加接收灵敏度。

采用零差检测要求$\omega_S=\omega_L$，所以需要频率稳定性高、线宽窄的光源；另外，这种方式取决于信号光与本振光之间的干涉，因此要通过在接收机内进行偏振控制来保持它们之间的偏振方向。

当中频信号$\omega_{IF}>0$时，称为外差检测。此时

$$i(t) = 2R\sqrt{P_S P_L}\cos(\omega_{IF} t - \phi_S - \phi_L) \quad (10.1.7)$$

在外差检测方式中也可以通过增大本振光功率的方式增加接收灵敏度。外差检测相干光通信不要求本振光与信号光之间的相位锁定，并允许本振光和信号光之间存在频差。

### 10.1.2　调制与解调

相干光通信中采用的调制方法有 3 种：幅移键控 ASK（Amplitude Shift Key）、频移键控 FSK（Frequency Shift Key）和相移键控 PSK（Phase Shift Key）（见图 10.1.3）。

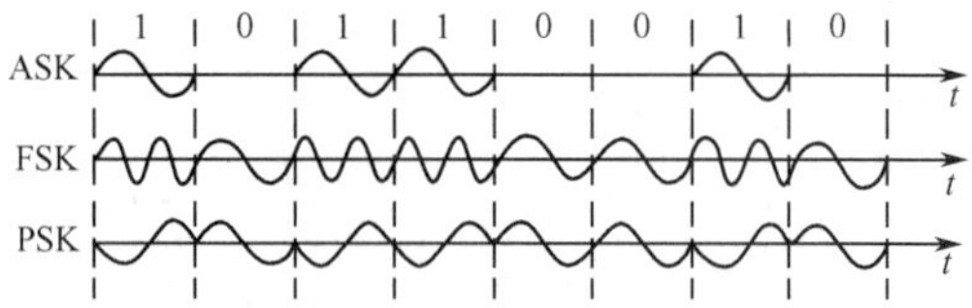


图 10.1.3　数字调制的三种基本形式

**1．幅移键控（ASK）**

光载波的频率和相位为常数，用数字信号去调制光载波的幅度，称为幅移键控 ASK。

ASK 相干通信系统必须采用外调制器来实现，这样只有输出光信号的幅度随基带信号而变化，而相位保持不变。如果采用直接光强调制，幅度变化将引起相位变化。

**2．频移键控（FSK）**

光载波的相位和幅度为常数，用数字信号去调制光载波的频率，称为频移键控 FSK。对应二进制调制信号，传输“0”码和传输“1”码时，分别用不同的频率表示。

**3．相移键控（PSK）**

光载波的幅度和频率为常数，用数字信号去调制光载波的相位，称为相移键控 PSK。传输“0”码和传输“1”码时，分别用两个不同相位（通常相差π）表示。利用量子阱半导体相位外调制器或 $LiNbO_3$ 相位调制器实现 PSK 调制的调制器只要选择适当的脉冲电压，就可以使相位改变π。但是在接收端光波相位必须非常稳定，因此对发射和本振激光器的谱宽要求非常高。

把中频信号 $\omega_{IF}$ 解调成基带信号有两种方法：同步解调与异步解调。将中频信号再次与原载波信号相乘并通过低通滤波器滤去高频信号分量，则可恢复出原来的基带信号，此方法称为同步调制。异步解调即包络检波法。

零差检测中，光信号经光电检波器后被直接转换成基带信号，不用二次解调。

外差检测经光电检波器获得的是中频信号，中频信号还需二次解调才能被转换成基带信号。根据中频信号的解调方式不同，外差检测又分为同步解调和包络解调。外差同步解调检测器上输出的中频信号通过一个中频滤波器后分成两路，其中一路用于中频载频恢复，恢复出的中频载波与另一路中频信号进行混频，再由低通滤波器输出基带信号。外差包络解调是在包络检测器后接一个低通滤波器而直接检测出基带信号。

## 10.1.3 接收灵敏度

为分析相干光通信系统光接收机的性能，首先推导零差 PSK 的信噪比。

零差检测的信噪比为

$$\mathrm{SNR}=\frac{4R^2\langle P_S\rangle P_L}{2qRP_LB+\dfrac{4kT}{R_L}B} \tag{10.1.8}$$

式中，$R$ 为光检测器的响应度；$\langle P_S\rangle$ 为平均接收信号功率；$\dfrac{4kT}{R_L}B$ 为热噪声功率；$B$ 为光接收机的等效噪声带宽；$q$ 为电子电荷。通过控制本振光的功率 $P_L$，可使分母中的第一项占主导地位，从而得到散粒噪声极限下的 SNR，即

$$\mathrm{SNR}=\frac{2R\langle P_S\rangle}{qB} \tag{10.1.9}$$

在比特率为 $1/T$ 时，$\langle P_S\rangle=N_Rh\nu/T$，$N_R$ 为每比特内的光子数；$R=\eta q/h\nu$，$\eta$ 为光检测器量子效率，$h\nu$ 为光子能量；等效噪声带宽 $B=1/2T$。则由式（10.1.9）可得

$$\mathrm{SNR}=4\eta N_R \tag{10.1.10}$$

如果以系统的品质因数 $Q$ 来表示，则最小接收光功率，即灵敏度为

$$\langle P_S\rangle_{\min}=\frac{\langle P_S\rangle}{2}=\frac{h\nu BQ^2}{4\eta} \tag{10.1.11}$$

用类似的方法可以得到各种调制方式的灵敏度。

## 10.1.4 相干光通信的关键技术

**1．外光调制技术**

外光调制是根据某些电光或声光晶体的光波传输特性随电压或声压等外界因素的变化

而变化的物理现象而提出的。因此，外光调制器主要有三种类型：电光调制器、声光调制器和磁光调制器。

**2．偏振控制**

相干检测要求信号光束与本振光束的偏振态相匹配。因此，在相干光通信中应采取光波偏振稳定措施。主要有两种方法：①采用保偏光纤，使光波在传输过程中保持光波的偏振方向不变。②在接收端采用偏振分集技术。信号光与本振光混合后首先分成两路作为平衡接收，对每一路信号又采用偏振分束镜分成正交偏振的两路信号分别检测，然后进行平方求和，最后对两路平衡接收信号进行判决，选择较好的一路作为输出信号。此时的输出信号已与接收信号的偏振态无关，从而消除了信号在传输过程中偏振态的随机变化。

**3．频率稳定技术**

只有保证光载波振荡器和光本振振荡器的高频率稳定性，才能保证相干光通信系统的正常工作。激光器的频率稳定技术主要有：①将激光器的频率稳定在某种原子或分子的谐振频率上；②利用光生伏特效应、锁相环技术方法实现稳频；③利用半导体激光器工作温度的自动控制、注入电流的自动控制等方法实现稳频。

**4．频谱压缩技术**

在相干光通信中，光源的频谱宽度越窄，越能克服半导体激光器量子调幅和调频噪声对接收机灵敏度的影响，因相位漂移而产生的相位噪声也越小。为了满足相干光通信对光源谱宽的要求，通常采取的频谱压缩技术有：①注入锁模法，即利用一个以单模工作的频率稳定、谱线很窄的主激光器的光功率，注入需要宽度压缩的从激光器中，从而使从激光器保持和主激光器一致的谱线宽度、单模性及频率稳定度；②外腔反馈法，将激光器的输出通过一个外部反射镜和光栅等色散元件反射回腔内，并用外腔的选模特性获得动态单模运用及依靠外腔的高 $Q$ 值压缩谱线宽度。

除了以上关键技术外，对于本振光和信号光之间产生的相位漂移，在接收端还可采用相位分集接收技术以消除相位噪声；为了减小本振光的相对强度噪声对系统的影响，可以采用双路平衡接收技术，零差检测中为保证本振光与信号光同步而采用的光锁相环技术，以及用于本振频率稳定的自动频率控制等。

### 10.1.5 相干光通信的优点及其应用

相干光通信充分利用了相干通信方式具有的混频增益、出色的信道选择性及可调性等特点。与直接检测系统相比，具有以下独特的优点。

**1．接收灵敏度高**

相干检测能通过提高本振光功率来有效地抑制噪声，改善接收机的灵敏度。从而也增加了光信号的传输距离。

**2．频率选择性好**

外差接收时中频落在微波波段，采用非常窄的带通滤波器，可实现信道间隔小于 1～10GHz 的密集频分复用，从而实现超高容量的信息传输。

**3．可使用电子学的均衡技术来补偿光纤中光脉冲的色散效应**

如使得外差检测相干光通信中的中频滤波器的传输函数正好与光纤的传输函数相反，则可以降低光纤色散对系统的影响。

**4．可抑制级联光放大器中产生的噪声累积**

这样就可以采用多级光放大器级联来延长中继距离。

**5．具有多种调制方式**

在直接检测系统中，只能使用强度调制方式对光波进行调制。而在相干光通信中，除了可以对光波进行幅度调制外，还可以进行频率调制或相位调制。

由于相干光通信可以大大提高接收机的灵敏度，在EDFA出现之前，可用相干光通信大大延长线路的中继距离，显著提高传输容量。但在相干光通信中需要有频率和相位十分稳定的激光光源，这给相干光通信的实现带来了相当大的难度。

# 10.2 光孤子通信

损耗与色散是制约光纤通信系统传输距离以及容量的主要因素。利用光孤子（soliton）传输信息的新一代光纤通信系统，可以真正做到全光通信，无须光、电转换，就可在超长距离、超大容量传输中大显身手，是光通信技术上的一场革命。

光孤子是一种具有特殊性质的短脉冲，它经光纤长距离传输后能保持其初始形状，即其幅度和宽度都保持不变。光纤具有色散和非线性的特性，它们单独起作用时，会使光纤中传输的光信号产生脉冲展宽，损害系统的传输性能。然而，通过合理选择相关参数，可以使非线性的影响抵消色散的影响。利用两种效应的相互制约作用，就可以使光脉冲经过长距离传输而不发生畸变，这就是光孤子通信。

## 10.2.1 光孤子通信的基本原理

如2.3.5节所述，在强光作用下，光纤的折射率由式（2.3.30）表示，即光强感应的介质折射率变化为

$$\Delta n(t)=n(t)-n_0(t)=n_2\left|E(t)\right|^2 \tag{10.2.1}$$

由此引起的光相位变化为

$$\Delta\varphi(t)=\frac{\omega}{c}\Delta n(t)L=\frac{2\pi L}{\lambda}\Delta n(t) \tag{10.2.2}$$

由此，SPM引起的频移为

$$\Delta\omega(t)=-\frac{\partial\Delta\varphi(t)}{\partial t}=-\frac{2\pi L}{\lambda}\frac{\partial}{\partial t}[\Delta n(t)] \tag{10.2.3}$$

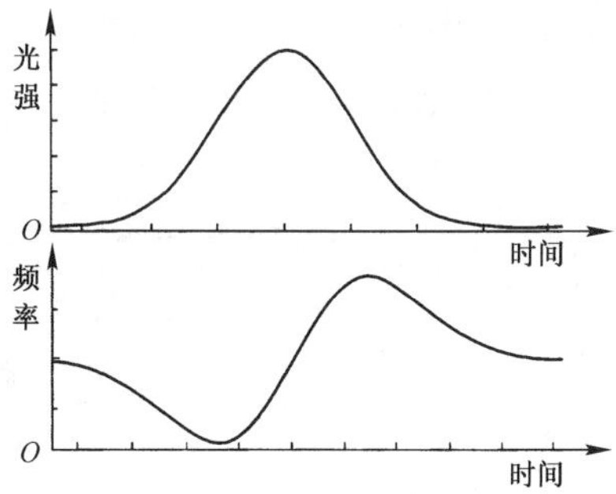

图 10.2.1 脉冲的光强频率调制

如图10.2.1所示，在脉冲前沿，$\frac{\partial}{\partial t}[\Delta n(t)]>0$，频率下移；脉冲顶部，$\frac{\partial}{\partial t}[\Delta n(t)]=0$，频移为零；脉冲后沿，$\frac{\partial}{\partial t}[\Delta n(t)]<0$，频率上移。即这种相位调制的结果，表现为频率的变化，引起脉冲前沿谱红移，后沿谱蓝移，因而前沿速度减慢，后沿速度加快。

光脉冲在光纤中以群速度传播，群速度随频率而变，光脉冲中不同频率的分量将以不同速度传播，导致脉冲展宽，称为群速度色散。在反常色散区，光脉冲的高频分量较低频分量的传输速度快。此时，群速度的色散效应恰与 SPM 的影响相反。当合理选择相关参数，使两种效应的影响恰好彼此抵消时，脉冲就保持其初始形状传输，因而形成基本光孤子，也称一阶孤子。

可以证明，孤子的振幅不是任意的，而是唯一地由非线性系数、色散值以及脉冲宽度所确定，并且脉冲具有双曲正割分布。一阶孤子的阈值功率可表示为

$$P_1 = 0.766\frac{\lambda^3 |D| A_{\text{eff}}}{\pi^2 c n_2 \tau^2} \tag{10.2.4}$$

式中，$n_2 = 3.2\times10^{-20}$(m/W) 为石英光纤的非线性系数；$A_{\text{eff}}$ 为纤芯有效面积；$D$ 为光纤色散系数；$c$ 为光速；$\tau$ 为脉宽。对于 $N>1$ 的高阶孤子，其阈值功率为 $N^2P_1$。通常，注入的孤子功率为(1.4～2.0)$P_1$。当唯一确定的基本孤子注入无损耗光纤后，将沿光纤无失真地无限传输下去。但实际上，光纤的损耗导致孤子幅度随着传输距离的增加而降低，同时由于孤子幅度的变化导致脉冲展宽，但孤子幅度与脉宽之积为常数。这样，通过每隔一段距离补充脉冲损失的能量，可以使脉宽自动恢复到初始状态。如此一来，就可以增加传输级数，极大地延长传输距离。

### 10.2.2 光孤子通信系统

由于基本孤子脉冲在传输中，色散效应恰与非线性效应相抵消，形状保持不变，使人们想到用基本孤子为信息载体，将有可能克服原来线性脉冲遇到的困难。

1980 年贝尔实验室的莫勒诺尔（L.F. Mollenauer）等人实验成功后，海斯格瓦（A.Hasegwa）等人开始着手研究基本孤子用于通信技术的可能性，并于 1981 年首次明确地提出了光纤孤子通信的设想。20 世纪 90 年代贝尔实验室的奥尔森（N.A.Olssen）小组利用多重孤子两路传输 9000km，甚至 1992 年在传输速率为 10Gb/s 的条件下成功地进行了 12000km 的光孤子传输试验。这表明光纤孤子通信不仅可以跨洋，甚至可以在全球任意两地间进行。

#### 1. 光孤子通信系统的组成及关键技术

如图 10.2.2 所示，长距离光孤子通信系统由光孤子源、传输光纤、孤子能量补偿放大器与孤子脉冲检测接收单元组成。

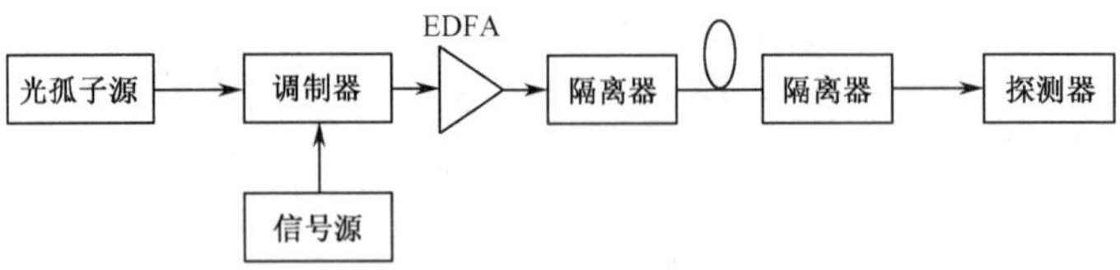


图 10.2.2　长距离光孤子通信系统方框图

根据理论分析，只有当输出的光脉冲为严格的双曲正割脉冲，且振幅满足一定条件时，光孤子才能在光纤中稳定地传输。但光孤子通信系统中所用的孤子源一般并非严格意义上的孤子激光器，只是一种类似孤子的超短光脉冲源，它产生满足基本光孤子能量、频谱等要求的超短脉冲，这种超短光脉冲在光纤中传输时自动压缩、整形而形成光孤子。较常用的光孤子源有增益开关分布反馈半导体激光器（GS-DFB-LD）、锁模外腔半导体激光器（ML-EC-LD），以及锁

模掺铒光纤环形孤子激光器（ML-ER-FRL）。GS-DFB-LD 依靠大电流的注入形成窄脉冲，结构简单，且重复频率可调，但产生的光脉冲啁啾大，所以在入纤前要进行消啁啾处理，它是目前光孤子传输系统中重要的光源；ML-EC-LD 产生的脉冲波形较好且频率啁啾成分较低，但结构复杂，稳定性差，集成 ML-EC-LD 是一种较好的孤子源产生方案；ML-ER-FRL 是一种新颖的超短光脉冲源，它能直接产生孤子，无啁啾，可自启动并易于与光纤连接，结构较简单，也是目前使用较多的光源。

光纤的损耗不可避免地消耗光孤子能量，当能量不满足光孤子形成的条件时，脉冲丧失光孤子特性而展宽，但只要通过掺铒光纤放大器给光孤子补充能量，光孤子即自动整形。利用光孤子的这一特性可进行全光中继。主要有四种光放大器可实现光孤子放大，它们是半导体光放大器（SOA）、掺铒光纤放大器（EDFA）、分布式掺铒光纤放大器（D-EDFA）和拉曼光纤放大器。SOA 尺寸小、频带宽、增益高，易和其他光电子器件混合集成，但输出功率较低，并且其增益与光的偏振有关。EDFA 具有大输出功率、增益高、频带宽、噪声低、对偏振不敏感、结构简单等特点，特别适用于高速长距离通信应用。D-EDFA 掺杂 $Er^{3+}$，是浓度低、增益系数低、截止波长长、数值孔径大、负色散区宽的三角形折射率分布的掺铒光纤，并采用 1480nm 双向泵浦技术，可达到较长的中继距离。利用受激拉曼散射效应的光放大器是一种典型的分布式光放大器，其优点是光纤自身成为放大介质，然而石英光纤中的受激拉曼散射增益系数相当小，这意味着需要高功率的激光器作为光纤中产生受激拉曼散射的泵浦源。集总放大方法是通过 EDFA 实现的，其稳定性已得到理论和试验的证明，成为当前光孤子通信的主要放大方法。光放大被认为是全光孤子通信的核心问题。但是放大器的自发辐射噪声，是一种不可避免的热噪声，它与光孤子相互作用后，造成光孤子中心频率的随机抖动，进而引起光孤子到达接收端的抖动，即戈登-豪斯效应。这一效应是限制光孤子传输系统的容量、放大器间隔等系统指标的重要因素。因此通常在放大器后加一个带通滤波器来抑制戈登-豪斯效应。

传输光纤、光孤子脉冲检测接收单元的作用与在普通光纤系统中的作用类似。

### 2．光孤子系统的实用化进程

在全世界范围，全光通信系统已在横跨大西洋的 TAT-10 系统和横跨太平洋的 TPC-15 系统上首先应用。美国贝尔实验室 Mollenauer 研究小组的实验系统是世界上最早的光孤子实验系统，首次检测出脉宽为 10ps 的光孤子经 10km 传输无明显变化，从而首次从实验上证实了光孤子传输的可能性。日本电报电话公司在 1992 年推出传输速率为 10Gb/s、能传输 12000km 的直通光孤子通信实验系统。我国在 1999 年也成功地进行了 8×2.5Gb/s、10000km 的光纤传输，主要技术有：采用色散补偿光纤对光脉冲进行压缩；采用 2.5～20Gb/s 的光信号复用；从 20Gb/s 的复用系统中提取 2.5Gb/s 电时钟；采用非线性光学环路实现 2.5～20Gb/s 的解复用；采用啁啾光栅对 20Gb/s 信号在标准单模光纤中传输 10000km 后造成的色散进行补偿。

### 3．光孤子通信系统的发展前景

光孤子通信是未来高速率光纤通信系统的一种非常有前景的通信方式，它具有超大容量和超长距离传输的潜力，并且光孤子脉冲的特殊性质使中继过程简化为一个绝热放大过程，大大降低了中继设备的数量以及成本。

近几年来，人们对光孤子研究的领域不断拓展，取得了重大进展，例如光孤子的波分复用应用和准孤子理论。当然，实际的光孤子通信仍然存在许多技术的难题，比如：延长放大间距，减少放大器数量，降低成本仍是光孤子通信亟待解决的一系列问题。但目前已取得的突破性进展使我们相信，光孤子通信在超长距离、高速、大容量的全光通信中，尤其在海底光通信系统中，有着光明的发展前景。

## 10.3 光时分复用

通信网应该具有足够大的容量，有能力适应各种通信业务量，保证通信畅通。现行的电通信网利用电的时分多路 TDM 技术，按照标准的同步数字群系列 SDH，最高的数字速度限于最高一级数字群的速度，即 40Gb/s。由于受到电的 TDM 技术中电子瓶颈的限制，该速率尚未能突破。

目前有两种途径可以提高传输速率：波分复用 WDM 和光时分复用 OTDM。前者在第 8 章中已做了专门介绍，这里主要讨论 OTDM 技术。

### 10.3.1 光时分复用原理

OTDM 与电时分复用 ETDM 相似，只是将复用技术移到光频上，就是将多个高速电调制信号分别转换为等速率光信号，然后在光层上利用超窄光脉冲进行时域复用，将其调制为更高速率的光信号。这种方法使用高速光电器件代替了电子器件，克服了电子瓶颈效应。图 10.3.1 是 OTDM 系统方框图。光时分复用技术中，一条物理信道按时间分成若干个时间片，轮流地分配给多个信号使用，每一时间片由复用的一个信号占用，即构成帧结构。这样，利用每个信号在时间上的交叉，就可以在一条物理信道上传输多个数字信号。同时时分复用必须采取同步技术来使远距离的接收端能够识别和恢复这种帧结构。

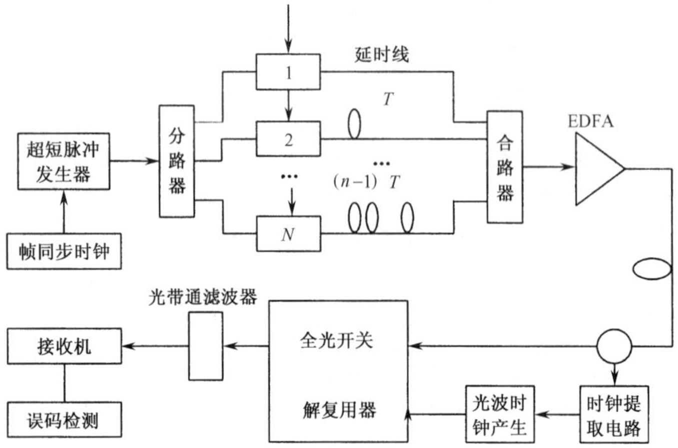


图 10.3.1 OTDM 系统方框图

时分复用可分为比特交错 OTDM 和分组交错 OTDM，这两种复用方式都需要利用帧脉冲信号区分不同的复用数据或分组。

#### 1. 比特交错 OTDM

如图 10.3.2（a）所示，比特交错在传输过程中按顺序将比特流按 1→$n$ 循环编号，编号为 $i$ 的比特在第 $i$ 路时隙中传输，主要用于电路交换业务。

在接收端，OTDM 输入复接信号经 3dB 耦合器分成两个数据流，通过选取时隙提取所需比特信息。为了提取帧同步脉冲，可通过门限功率判决得到（因为帧脉冲有比其他数据脉冲更高的发送功率）。因此，从 OTDM 复接信号中得到第 $i$ 个支路信号的解复用过程如图 10.3.2（b）所示，将 OTDM 复接信号首先经耦合器分成两个数据流，将其中一个数据流延迟 $i$ 个时隙后送入门限判决器，得到已被延迟 $i$ 个时隙的帧脉冲，此帧脉冲位置正好与要求提取的第 $i$ 个支路信号脉冲相一致，因此将帧脉冲数据流与复接脉冲数据流进行逻辑与操作，与门输出便得到要求提取的第 $i$ 个支路数据流。

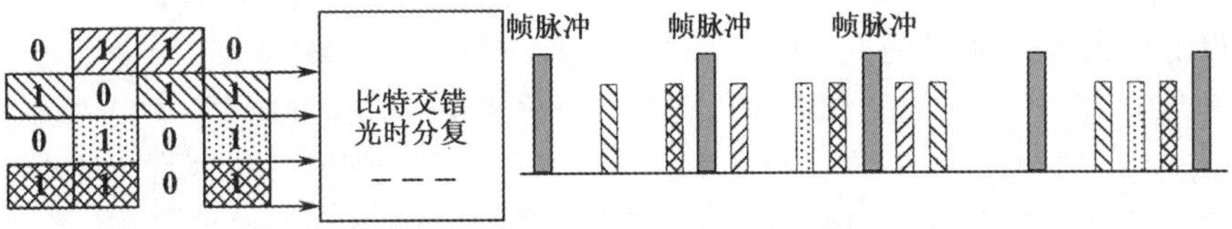

（a）比特交错复用

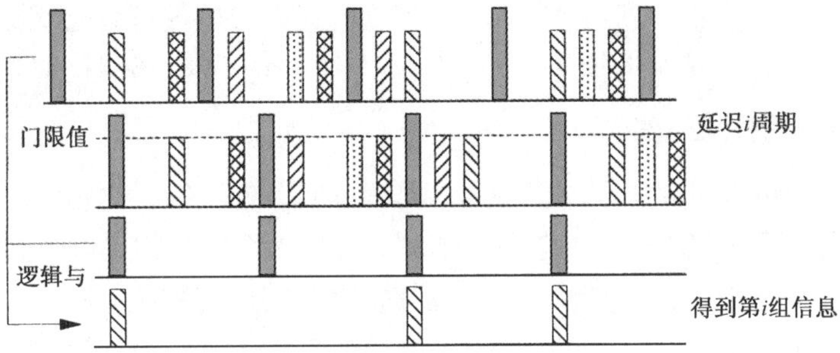

（b）比特交错解复用

图 10.3.2　比特交错复用/解复用原理

## 2．分组交错 OTDM

分组交错 OTDM 与比特交错 OTDM 相似，但是帧中每个时隙对应一个待复用支路的分组信息（若干个比特区），帧脉冲作为不同分组的界限，主要用于分组交换业务，如图 10.3.3 所示。由锁模激光器产生的窄脉冲周期序列分别被支路数据流外调制，若支路一个比特持续时间是 $T$，则相邻支路脉冲之间距离也是 $T$。为了减少脉冲之间的间隔以便实现分组交错复接，在每个支路外调制器输出端串入一个多级压缩器，对脉冲进行压缩，最后加帧同步脉冲后完成分组交错复接。

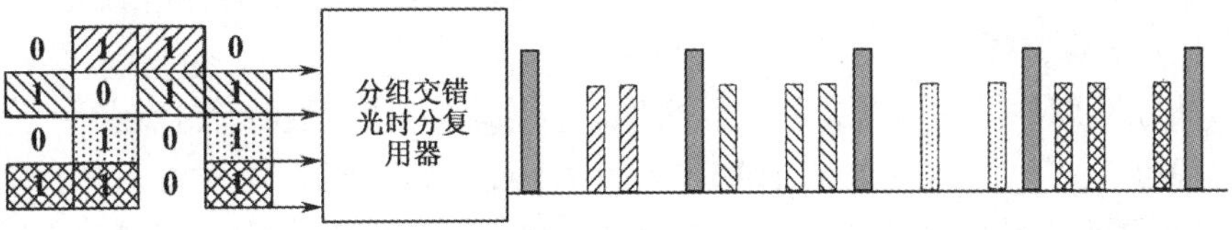


图 10.3.3　分组交错复用原理

解复用操作等效于分组去压缩过程。原则上，通过一组性能与复接器相反的去压缩级，便可完成解复用工作。然而，这种方法要求放大器开关时间必须在脉冲宽度 ps 量级上，因而难以实现。一种实用的方法是采用与门堆，即首先将输入的高速串行的复接数据流变换为低速并行数据流，然后再利用电子学方法进行处理。

### 10.3.2 光时分复用的关键技术

OTDM 传输系统的关键技术包括超短光脉冲发生技术、全光时分复用/去复用技术和超高速定时提取技术等。

#### 1．超短光脉冲源

光时分复用要求光源产生高重复率（5～20GHz）、占空比相当小的超窄光脉冲，脉宽越窄可以复用的路数越多，且谱宽也就越宽。能满足这些要求的光源主要有锁模环形光纤激光器（ML-FRL）、增益开关激光器（DFB）和光纤光栅器。其中 ML-FRL 的特点是产生的脉冲几乎没有啁啾，在 40GHz 的高频条件不需要进行啁啾补偿或脉冲压缩，就能产生 10ps 以下的超短变换极限光脉冲，输出波长较灵活，稳定性好，是一种很有前途的光时分复用光源。增益开关激光器可以产生脉宽 5～7ps、脉冲重复频率在 10GHz 左右可任意调整的光脉冲，并且很容易与其他信号同步。利用调整线性调制光纤光栅的色散值对电吸收调制器输出的光脉冲形状进行修正，也可以产生脉宽为 5.8ps、占空比为 6.3%的 10GHz 的光脉冲。

#### 2．全光时分复用/解复用技术

目前已研制出 4 种形式的器件作为解复用器：光克尔开关矩阵光解复用器、交叉相位调制频移光解复用器、四波混频开关光解复用器和非线性光纤环路镜式（NOLM）光解复用器。无论采用何种器件，都要求其工作性能可靠稳定，控制其光信号功率低，与偏振无关。

#### 3．超高速定时提取技术

在传输速率为 100Gb/s 以上的光传输系统中，接收端采用重新定时的时钟，产生控制光脉冲，时隙特别短，因此，希望控制光的时间抖动尽可能小，就必须尽量降低重新定时的时钟相位噪声。在目前的 OTDM 试验中，主要采用了两种方案，一是采用高速微波混频器作为相位探测器构成的锁相环路（PLL），另一种是使用法布里-珀罗干涉光路构成的光振荡回路（FPT）完成时钟恢复功能。

### 10.3.3 光时分复用的特点

#### 1．优点

OTDM 有以下几个主要优点。

① OTDM 技术可解决 WDM 系统中受激拉曼散射和四波混频效应等限制；

② 提高光谱带宽效率；

③ 可以与 WDM 技术相结合，由于 WDM 对长距离、大量波长数的限制，因此不太适于波长数较多的情况。这时可由 WDM 构成子网，采用 OTDM 高速信道将 WDM 互连。在子网中使用 WDM，可以增加网络的灵活性和可靠性，而 OTDM 则是实现高速干线传输的有利途径。

#### 2．存在问题

OTDM 的主要缺点是：通常需要高速的开关器件。另外，在高速下，网络的控制、稳定性和电处理性能受限。而且，除非是光孤子传输，否则短脉冲的传输受光纤色散和非线性效应的影响很明显。不过，将来的系统可能采用某些形式的 TDM 和另一种复用方式共同使用的方案。

## 10.4 光码分多址

码分多址 CDMA（Code Division Multiple Access）技术作为一种多址方案已经成功地应用于卫星通信和蜂窝电话领域，并且显示出许多优于其他技术的特点。近年来，光码分多址 OCDMA 已经成为一项备受瞩目的热点技术。

### 10.4.1 光码分多址的基本原理

OCDMA 技术在原理上与电码分多址技术相似。电码分多址主要通过分配码字获得多接入能力，码分多址最常见形式是扩频多址访问 SSMA（Spread Spectrum Multiple Access），其中每个用户分配一个特定的码序列，调制到载有数据的载波上，以比数据带宽宽得多的频带传输信号。扩频多址访问技术包括直接序列（Direct Sequence）、频率跳变（Frequency Hopping）、啁啾系统（Chirp System）、发射时间跳变（Time Hopping）。尽管跳频、啁啾和跳时曾有应用到 OCDMA 的报道，大部分 OCDMA 研究还是集中在直接序列类型上。

OCDMA 采用光特征码来编码和解码，不同的信息可共享一个时域、频域、空间域，它根据域值从通道的所有信号中选取所需的信号，光解码器的输出与输入信号和滤波器相匹配。通常，为了保持较好的信噪比，特征码必须相互正交。

**1．相干的 CDMA 和非相干的 CDMA**

在把用户信号转换为高速地址序列的过程中，光信号之间相互作用必须具有相干性条件，这一点与电码分多址不同。根据信号处理是否以相干为基础，CDMA 通常分为相干和非相干两类。前者采用相位移的双极性光序列；后者采用强度调制的码序，使用单极性码——又称为准正交编码。相干处理是电码分多址通常采用的方法，其最主要的优点在于它具有较高的信噪比。这主要是由于码间具有较好的正交性，可以产生较高的处理增益。而在 OCDMA 中比较常用的是非相干信号处理方法。在 OCDMA 中，相干与非相干方式的编码区别体现了编解码过程中信号变换的本质，限制了系统所采用的地址码的类型，并最终决定系统的性能，因此相干与非相干的差别是最根本的；而 OCDMA 系统由于相干光发展不够成熟，对于光波中的许多特性，如相位、偏振等都难以利用，所以非相干系统成为研究的重点。非相干系统利用光信号的有无来表示二进制数的“1”和“0”，终端采用平方律检测光信号，信号是功率叠加而不是振幅叠加。非相干系统的地址码之间是伪正交的，比如光正交码（OOC）和素数码。自相关有一峰值、互相关不为零。因为互相关不为零，解码器解码时，其他用户就会对信号产生干扰，当突发用户集中时，误码率较高。现在一般采用在解码器端减小干扰。

**2．扩频类型和非扩频类型**

在 OCDMA 的研究中，编/解码方式有两种基本类型：扩频类型和非扩频类型。扩频是把信息的频谱扩展到宽带中进行传输的技术，可分为扩时编码和扩频编码，非扩频类型主要是以光学特征为码字的系统中的编码。扩频编码解码是在用户的数据信号光上，通过偏振调制器等形式上的编码器，把信号光的某一参量（如偏振方向或波长等）按地址序列调整，使这一参量变为高速扩频信号。扩时编码是在用户数据信号光出现“1”的时候，发出一个短光脉冲，经编码器的作用，得到一个短光脉冲序列来代表用户的数据，其核心是地址序列由短光脉冲形成。一种典型的非扩频类型的编/解码是利用光的相干性作为调制的参数，例如相干光相关编码采用的方法。在相干光相关编码系统中，用户信号光经编码器调制，变成两个失去相干性的信号。在解码端，在匹配解码器的解调下，用于发端相同的地址码进行光正交解码。

### 10.4.2 光码分多址的关键技术

OCDMA 采用单极性码，它不能实现真正意义上的正交，其中某些自相关性和互相关性差的地址码不能使用，因此其码字容量远小于双极性码，这大大限制了可供用户接入的信道数目。而优化地址码的自相关性和互相关性，能够显著降低不同信道之间的干扰，降低色散、自相位调制等非线性效应对误码性能带来的影响，降低系统对所使用光器件的要求。目前比较常用的地址码有光正交码（OOC）、素数码（PC）、扩展素数码（EPC）、二次同余码（QC）、扩展的二次同余码（EQC）和混合码（HC）等。

编码/解码器有很多种，其中研究较多的有光纤延迟线编码/解码器、跳频光码分多址编码/解码器。

#### 1．光纤延迟线编/解码器

最初使用的编码器大都基于光纤延迟线原理。光纤延迟线编码系统是由并行的几束光纤和 2 个 1×$N$ 星形耦合器构成的，同一码字中，编码器之间的差别在于光纤延迟线的长度不同。编码器的作用是将一个输入的短脉冲进行不同的延时，在输出端将得到由这些不同延时的短脉冲合成的脉冲序列，如图 10.4.1 所示。经与阈值比较后，接收器将判决为“0”或“1”码。

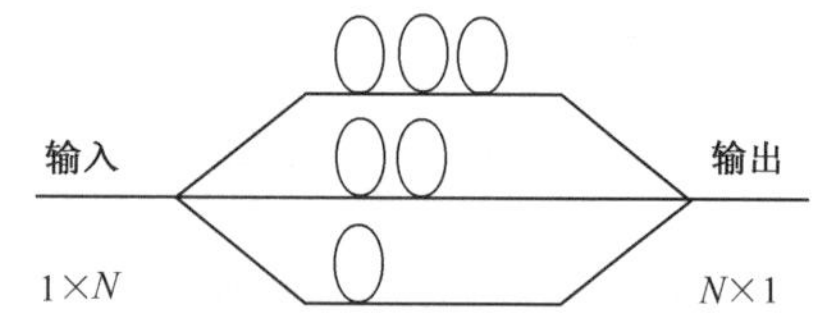

图 10.4.1　光纤延迟线编码系统

光纤延迟线编码器的缺点是：体积庞大；存在严重的功率损失和分配问题；还存在码长选择问题、码间串扰问题及光拍频噪声等问题。另外，光纤延迟线由于制造工艺、温度、应力等因素的影响，会有延时误差，造成解码器的误判；同时，较长码字造成光纤延迟线的数目相应增加，导致系统成本增加，且不利于集成。因此这种方法在目前并不实用。当前，研究的热点是跳频光码分多址编/解码器。

#### 2．跳频光码分多址编/解码器

在光纤延迟线编/解码器中使用在时域上对信息比特进行编码的一维光正交码。为了支持较多的用户同时接入，必须增加地址码的码长，这样光纤延迟线的数目、长度也会相应地增加，编/解码器的结构会更复杂。为了克服这个缺点，可以采用跳频光码分多址系统，它采用二维的光正交码，即每个地址码序列同时在时域和波长上扩展。与一维正交码字相比，在码长相同的情况下，此类编解码技术可用的码字数明显增多，能够接入的用户数目大大提高。在跳频光码分多址系统中使用的二维光正交码通常称作多波长光正交码。目前已可在一根光栅上进行连续的幅度和相位调制，形成超结构光纤光栅，用它替代离散 FBG 数组进行编/译码。该技术可在实验室实现 77km、10Gb/s 的传输速率（包括双极性码和单极性码），系统性能良好。

### 10.4.3 光码分多址的特点

OCDMA 相对 WDM 和 OTDM 有以下不可比拟的优点。

① OCDMA 通过不同的码字来区分不同用户信息，不需要 WDM 所要求的波长控制和波长转换，这样地址分配灵活，用户可以随机接入，因此引起了人们极大兴趣。

② 保密性好，安全性高。由于每个信道采用不同的地址编码方式，在信息的发送端和接收端都必须依照该地址码来编码和解码，这使得系统的安全性大大提高。

③ OCDMA 可以利用任何现有的光纤与 WDM 技术结合使用，如在高速通道中使用 WDM 技术，而将 OCDMA 技术用于上下通路。宽带性 OCDMA 只在发射节点和接收节点对用户数据进行编译码，与网络结构无关。可构成真正“透明”的全光高速通信网络。

④ 可异步接入性。OCDMA 不同信道之间可相互独立地发送与接收信号，不需要网际规模的时钟同步，也没有接入时延，能支持突发性业务，可以实现“讲完即走”（tell-and-go），适合突发流量、大流量和高速率环境。

⑤ 可根据不同的业务需求，提供不同 QoS 的服务。由于地址码的自相关性和互相关性不同，在同一编码方式下，不同地址码能够提供不同的 QoS 服务，这样，可以根据业务的 QoS 需求来选择地址码，提高资源的利用率，同时可以降低系统的成本。

另外，OCDMA 可传送任何数字信号，包括 SONET、ATM 及 DS-1 和 DS-3 信号。它是一项协议独立的技术，可与现有的任何新老设备兼容。

目前，限制 OCDMA 技术实现的关键问题包括：可获取的光编码数、光纤色散的影响和 OCDMA 的传输损失、不同波长的干扰码所产生的干扰测量噪声。

## 10.5 自由空间光通信

### 10.5.1 概述

自由空间光通信 FSO（Free Space Optics Communication）又称无线光通信（Wireless Optical Communication）。它是以自由空间（包括大气、深空、海水）为媒介、以激光为载波的通信技术。自由空间光通信的传输带宽与光纤通信的传输带宽相同，是光纤通信的补充，目前它在大气中的最高传输速率达 2.5Gb/s，最远传输距离 4km。

大气对于激光有一定的吸收和散射作用，对不同波长的光呈现的吸收作用也不同，存在着大气窗口。考虑到激光器的工作波长以及大气传输窗口主要是在 850nm 和 1550nm 附近，所以比较常用的光源波长是 780nm、800nm 和 850nm。海水的透光窗口在 470～580 nm 处。

FSO 的主要特点如下。

（1）链路架设快速、灵活。FSO 设备可以直接架设在楼顶、山顶等高处，完成空对空、地对空等多种光纤通信无法完成的通信任务，在几个小时内就可以建立通信链路，大大缩短了施工周期。并且组网灵活，移动性强，在需要临时建立通信链路或者是无法敷设光纤链路、且要进行大容量信息传输的场合，得到了广泛的应用。

（2）频谱资源丰富，无须申请频率使用权。由于 FSO 设备大多采用红外光传输，频谱资源丰富，且不属于频率管制范围，所以不需要申请频率执照，这是微波通信和其他无线通信所无可比拟的。

（3）系统尺寸小。天线的尺寸与工作波长有关，波长越短，天线尺寸越小。因为激光的波长远小于微波，所以，天线尺寸较小，整个系统的尺寸也就显得较小，这有利于 FSO 在各种航天器上的应用。

（4）经济性能好。省略了传统光纤线路设计、勘察、施工等费用，成本只是地下敷设光缆的五分之一。与其他通信手段（如卫星、短波）比较，该技术的每兆比特传输费用较低。

## 10.5.2　系统组成及工作原理

如图 10.5.1 所示，FSO 系统由发射、接收、控制和网络接口四部分组成。一台 FSO 设备包括发射和接收两部分，因此信号的传输是双向的。通过网络接口，可将 FSO 设备与用户端连接起来。

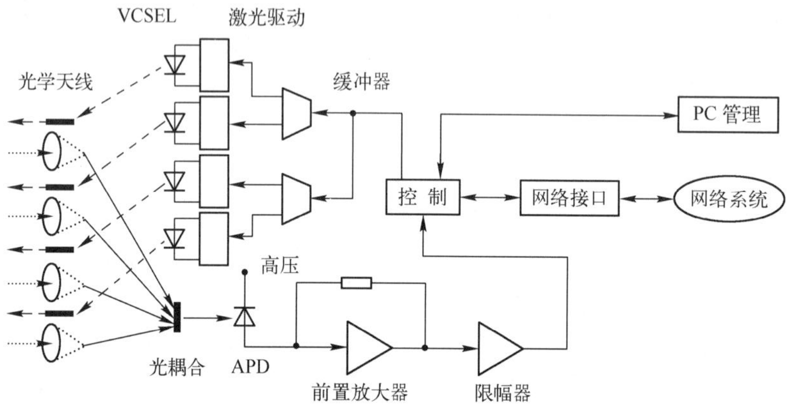


图 10.5.1　FSO 系统组成

发射部分将用户端传来的信号经过处理后，送到驱动器；激光二极管产生的激光，经过光学天线后聚集为一束发散角很小的光束，对准另一端的 FSO 设备发射出去。光源采用了 VCSEL 激光器，为了保证信号传输的有效性，采取四路同时发送信号。

接收部分收到从另一端的 FSO 设备传来的四路光信号，将四路光信号耦合成一路光信号，再通过光电转换器转换成电信号，通过网络接口与用户端连接起来。四光束发射对于激光对准和自动跟踪有明显的作用，四光束接收可以使接收功率提高四倍，提高了传输速率和工作距离。

控制部分处理从发射和接收部分来的信号，判断是否发射信号失效、接收无光告警以及接收信号的强度，同时控制网络接口部分的选通信号，从而实现数据环回功能。它还提供与外部计算机通信的接口，这样，FSO 设备的管理软件可以直接控制数据流传输并进行实时诊断。

网络接口部分由光收发模块和四选一差分复用器组成。其中的接收单元具有再生和整形的功能，而差分复用器可用做区分 FSO 设备处于不同状态（光纤测试、系统测试、本地环回或远端环回）时的选通信号。

激光空间通信的距离方程是

$$P_{\mathrm{S}} = P_{\mathrm{T}} G_{\mathrm{T}} G_{\mathrm{R}} T_{\mathrm{T}} T_{\mathrm{R}} T_{\mathrm{A}} \left(\frac{\lambda}{4\pi R}\right)^2 \tag{10.5.1}$$

式中，$P_{\mathrm{S}}$ 为接收机探测器接收的入射光功率；$P_{\mathrm{T}}$ 为发射机功率；$G_{\mathrm{T}}$ 和 $G_{\mathrm{R}}$ 分别表示发射和接收天线增益；$T_{\mathrm{T}}$ 和 $T_{\mathrm{R}}$ 分别是发射机和接收机效率；$T_{\mathrm{A}}$ 为大气传输损耗；$(\lambda/4\pi R)^2$ 表示自由空

间损耗。由式（10.5.1）可见，天线增益对激光空间通信的功率预算起着非常重要的作用。

设激光器的出射光为圆对称且电场满足高斯分布。天线初级反射口径面的电场分布为

$$E_0(r_0)=\left(\frac{2}{\pi w^2}\right)^{\frac{1}{2}}\exp\left(-\frac{r_0^{\ 2}}{w^2}\right)\exp\left(\frac{\mathrm{j}kr_0^{\ 2}}{2R}\right) \tag{10.5.2}$$

式中，$w$ 为激光束腰半径，$R$ 为波阵面曲率半径，$r_0$ 为径向距离。由式（10.5.2），利用菲涅耳近似场区的辐射定律以及天线增益定义，可以计算出天线的增益，进而得到指向误差对激光空间通信具有十分严重的影响，从而得出保持精确对准是空间光通信的一项十分关键的技术的结论。

### 10.5.3　系统关键技术

无线激光通信系统采用极窄的光束作为信息传输的载体，束散角约为 10～100 μrad，比微波通信辐射低三到四个数量级。又由于安装平台的震动或者抖动会使通信双方偏离对准位置，另外还有如大气湍流的影响，因此，光束的捕获、跟踪和瞄准（APT，Acquisition，Pointing and Tracking）技术成为无线激光通信系统的关键技术，它直接决定了通信系统的性能。它的任务是建立光链路，并在光链路建立后保持光束方向的相对稳定。APT 在接收端探测发射端发出的信标光，捕获跟踪后返回一信标光，完成点对点的锁定，然后双方用通信光束开始传输数据，实现通信，并且在通信过程中始终保持信标光向对方的精确对准。

图 10.5.2 为某双向收发的 APT 系统结构框图。当发射信号与接收信号采用不同波长的激光时，可以通过分色镜来区分，达到收发合一的目的。

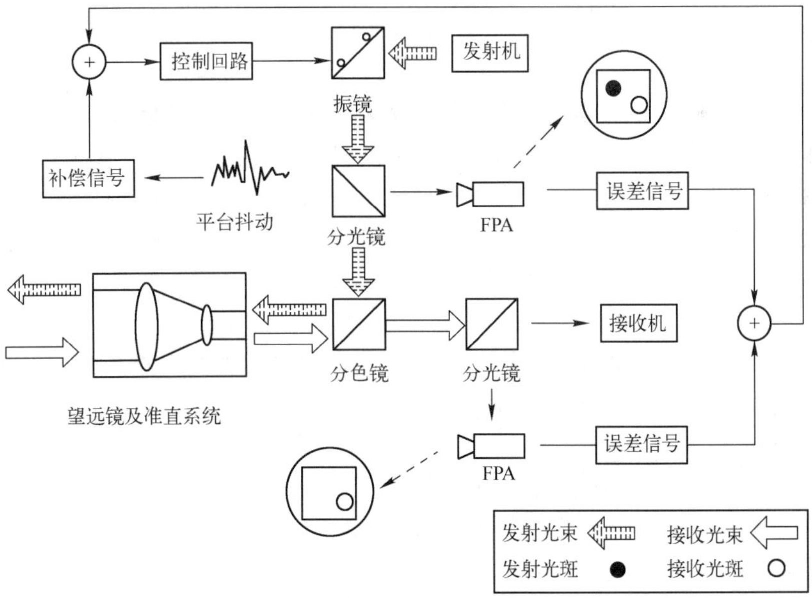


图 10.5.2　APT 系统结构框图

图中的捕获是指由望远镜及准直系统收集到的光学信号，经分色镜与分光镜到达焦平面阵列探测器（FPA，Focal Plane Arrays）上，接收信号在 FPA 上汇聚为光斑，捕获系统可通过直接检测其强度进行捕获判断；对准过程指在发射激光信号时，在望远镜前端通过分光镜采集部分信号到 FPA 上，通过计算发射光斑与接收光斑位置的差异得出误差信号，将其传送

到控制回路以控制发射振镜的角度，达到控制光束对准的目的；跟踪是指采取补偿措施以抑制系统平台抖动的影响，得到补偿信号与对准过程的误差信号，以及控制回路的控制信号，以其动态调整发射振镜的角度，进而形成一闭环回路，实现信号的跟踪。

APT 控制系统的主要技术指标有：系统搜索范围、光束对准精度、搜索对准时间、系统频率响应（带宽）、信标光束散角、信号光束散角、天线安装初始误差。APT 控制系统通常包括粗瞄准机构、精瞄准机构、传感器等几部分。

### 10.5.4 设备实例

OptiX™ Space Link400 是 FSO 设备，支持 2M～155M /622M /GE/2.5G 速率接入，适用于宽带互连、企业网互连、临时通信、容灾链路备份、基站互连等场所。设备采用四光束系统，可以防止高层建筑在大风中晃动而引起的设备位移，同时避免飞鸟对光束的阻挡，显著提高信噪比。其主要技术指标见表 10.1。

**表 10.1 OptiX Spacelink400 技术指标**

| 业 务 类 型 | 最大接入能力 |
|---|---|
| 供电方式 | 电源要求：90V～240V AC 或-48V±20% DC |
| 工作环境 | -25℃～+60℃（镜头具有恒温装置） |
| 设备类型 | 四光束 |
| 设备速率种类 | 155M/622M/GE/2.5G |
| 传输距离 | 0～4000m |
| 传送波长 | 850nm |
| 光纤接口（用户侧接口） | 单模 SC 连接器，协议透明，波长 1270～1350nm |
| 光纤接口接收灵敏度 | -8～-25dBm |
| 光纤接口发射光功率 | -8～-15dBm |
| 安全标准 | IEC/EN 60825-1/A2 1M class |
| 功耗 | 最大 20W |

## 本 章 小 结

本章简单介绍了几种已经实用化或者具有重要应用前景的光纤通信新技术，如：相干光通信、光孤子通信、光时分复用、光码分复用、自动交换光网络等。这些新技术的应用从各方面提高了光纤通信系统的性能，使光纤通信系统向高速率、大容量、长距离方向发展，尤其是自动交换光网络大大提高了通信网络的灵活性和可靠性。本章重在掌握有关概念和原理。

### 习题

10.1 光波长为 1550nm 的 PSK 零差检测中，$\eta=1$，$B=1\text{GHz}$。求 $Q=6$ 时的接收灵敏度。

10.2 试推导 ASK 外差检测的接收灵敏度。

10.3 相干光系统的优点有哪些？

10.4 光孤子通信系统中通常采用色散移位光纤，其在 1550nm 处 $D_{\text{DSF}}=2\text{ps/(nm}\cdot\text{km)}$，$A_{\text{eff}}=50\mu\text{m}^2$，$\tau=40\text{ps}$，石英光纤的非线性系数 $n_2=3.2\times10^{-20}(\text{m/W})$。试估算注入该系统的光孤子功率。

10.5 光孤子通信系统中常采用色散移位光纤而非普通单模光纤，试分析其原因。

10.6 说明光孤子通信的原理。

10.7 光时分复用主要采取什么方式，其区别何在？

10.8 说明码分复用区别于其他复用方式的特点。

10.9 光码分复用技术的优点是什么？

# 第 11 章　光纤传感技术

**内容提要**：本章介绍光纤传感的基本概念和特点、光纤传感系统的基本组成、分类、工作原理等内容。主要介绍了全分布式光纤传感技术中的偏振光时域反射技术、布里渊光时域反射技术和相干光时域反射技术。

**知识要点**：光纤传感系统的基本组成；光纤传感系统的特点；功能性和非功能性光纤传感器；全分布式光纤传感技术。

**教学建议**：学时 2，选修。

## 11.1　光纤传感技术概述

从 20 世纪 70 年代，低损耗光纤问世以来，光纤通信技术蓬勃发展，与此同时，光纤传感技术也在迅速发展，目前处于研究和应用并存的阶段。光纤传感技术是以光为载波、以光纤为信号传输介质、感知和传输外界被测信号的新型传感技术。

与传统的机械或者电子等传统型传感器相比，光纤传感器在传感方式、传感原理及信号的检测与处理等方面都有很大的差异。

光纤传感器与传统传感器相比，具有如下优点：

（1）抗电磁干扰、电绝缘性好、耐腐蚀。作为传感介质的光纤或光纤器件，其主要材料为二氧化硅，是本质安全的，不受电磁干扰，也不影响外界的电磁场，可在条件比较恶劣的环境中（如强电、石油、化工、冶金等高辐射、高腐蚀、易燃易爆的场合）进行非接触式、非破坏性以及远距离的有效传感。

（2）灵敏度高。有效设计的光纤传感器（如利用光纤干涉技术）可以使光纤传感器实现非常高的灵敏度。

（3）体积小、质量轻、可塑性强。光纤作为传感器的主要部分，其体积小、质量轻，而且可以在一定程度下弯曲，因此可以随被测物体形状改变走向，能最大限度地适应被测环境。

（4）可测参量多、对象广。通过不同的调制和解调技术，光纤传感器可以实现多种参量的测量。除了应力、温度、电流、电压等传统传感领域，还可应用在测量速度、加速度、转速、转角、振动、弯曲、折射率、湿度、PH 值、溶液浓度等新型传感领域。

（5）带宽大、损耗小。光纤的工作频带宽，并且光波在光纤中的传输损耗小，适合长距离传感，便于复用和构成网络，利用现有的光纤通信技术可以组成遥测传感网络。

因此，光纤传感技术一经问世就受到了非常大的重视，经过多年的研究，光纤传感技术已在能源、电力、航空航天、建筑、通信、交通、安防、军事等很多领域的故障诊断及事故预警中发挥了重要的作用。

## 11.2　光纤传感器的基本构成

光纤传感器（Optical Fiber Transducer/Sensor）的基本构成有光源、光纤、调制器（传感元件）、光电探测器和信号处理等部件，如图 11.2.1 所示，光源发出来的光通过光纤送入传感元件，被测量与输入的光相互作用后，导致光的某些特性（如强度、波长、频率、相位、偏振态等）发生变化，再经过光纤送入光探测器，经过处理之后获得被测量的值。

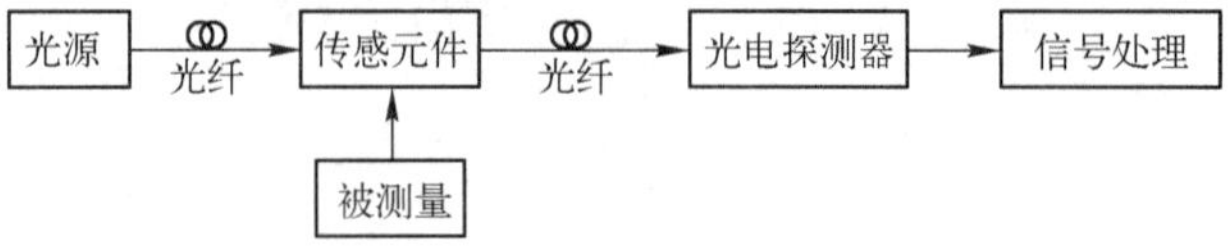


图 11.2.1 光纤传感器的基本组成

光纤传感器中各部件的功能如下。

（1）光源

光纤传感器常用的光源有半导体激光器和光纤激光器等。一般要求体积小，与光纤的耦合效率高、光源波长与光纤相匹配、减小传输损耗、在室温下可以连续工作，以及寿命长、工作稳定等。其主要技术参数包括激光器线宽、中心波长、最大输出功率、暗电流等。

（2）光纤

在不同的光纤传感系统中，用到的光纤种类很多。一般在传光型光纤传感系统中，由于光纤只起传输光波的作用，可以采用通用的单模或者多模光纤；在相位调制型光纤传感系统中，为了保证测试光信号与参考光信号间的高相干度，可以采用保偏光纤；在偏振调制型光纤传感系统中，要求光纤的线双折射尽量低，可以考虑采用低双折射的液芯光纤。

（3）传感元件

传感元件是感知外界信息的器件，可以看作是调制器。如果用光纤自身作为传感元件，这种光纤传感器称为功能型光纤传感器，其中光纤不仅起传光的作用，还是敏感元件；传感元件也可以是其他类型的可以感知被测量并将被测量转为光信号的敏感元件，这种光纤传感器被称为非功能型或传光型光纤传感器。

（4）光电探测器与信号处理部分

光电探测器是把传送到接收端的探测光信号转换成电信号，将电信号解调出来，并由后续的信号处理部分处理，得到被测量的大小。由于目前的光电探测器只能响应光的强度，不能直接响应光的频率、波长、相位和偏振态等其他参量，因此，如果要测量这些光参量，需要通过某种转换技术将这些参量转换成光强度信号，才能用光电探测器接收，实现检测。常用的光电探测器有 PIN 管、APD 管等。主要的技术参数包括灵敏度、量子效率、暗电流、噪声特性等。

光纤传感器包括了对被测量的感知和传输两种功能。感知，是指被测量按照其变化规律使光纤中传输的光波的某些特征参量（强度、波长、频率、相位或偏振态等）发生变化，测量这些参量的变化即可“感知”被测量的变化。这种“感知”可以看作是被测量对光纤中传播的光波进行调制。传输，是指光纤将受到被测量调制的光波传输到光电探测器进行检测，并进行数据处理，将被测量解调出来。

## 11.3 光纤传感器的分类方法

光纤传感器的种类繁多，在使用中，往往同一种被测量可以采用不同类型的光纤传感器来测量，而同一光纤传感器往往又能测量多种物理量。常用的光纤传感器的分类方法如下。

（1）根据光纤在传感器中的作用，光纤传感器一般可分为两大类：一类是功能型传感器（Functional Fiber Transducer/Sensor，又叫传感型光纤传感器，缩写为 FF）；另一类是非功能型传感器（Non Functional Fiber Transducer/Sensor，又叫传光型光纤传感器，缩写为 NFF）。功能型光纤传感器利用光纤本身作为传感元件，光纤不仅起到传光作用，而且在被测量的作用下，光纤中传输的光波的光强、相位、偏振态等参数会得到调制，调制后的信号携带了被测信息。由于光信号的传输介质和传感元件均为光纤，因此功能型光纤传感器也称为全光纤型光纤传感器。

非功能型光纤传感器中的光纤仅作为光的传输介质，待测量的调制功能是由其他光电转换元件实现的。

（2）根据光受被测对象的调制方式不同，可以分为强度调制型、偏振调制型、频率调制型、相位调制型等。

（3）根据测量对象的不同，如温度、压力、应变、电流等，可以分为光纤温度传感器、光纤压力传感器、光纤应变传感器、光纤电流传感器等。

（4）按照测量范围分类，可以分为点式光纤传感器和全分布式光纤传感器两大类。

点式光纤传感器也称为分立式光纤传感器（图 11.3.1（a））。又可分为单点式和多点式光纤传感。单点式光纤传感技术通过单个传感单元来进行传感，可以用来感知和测量预先确定的某一点附近很小范围内的参量变化。通常使用的点式传感单元有光纤布拉格光栅（FBG）、各种干涉仪等。

多点式光纤传感技术通过布置多个传感单元，组成传感单元阵列，利用时分复用和波分复用等技术共用一个或多个信息传输通道构成分布式系统。这种系统一般称之为准分布式光纤传感器。这种传感技术可以同时测量多个位置处的参量，但它也只能测量预先设置传感器所在位置小范围的参量变化，其中的光纤一般仅用于传光，不参与传感。并且当传感单元较多时，对施工和信号解调的要求也比较高。

全分布式光纤传感系统（图 11.3.1（b））中，光纤既作为传光介质，又是传感元件。该系统以光纤为传感元件，利用光波在光纤中传输的特性，检测出沿光纤长度方向每一点的被测量值。这是光纤特有的一种新型传感器，它可给出大空间范围温度或应力等参量的分布值。分布式光纤传感器需要解决两个问题：一是传感元件要能给出被测量的值；二是准确给出被测量所对应的空间位置。对于前者，可利用光纤中传输损耗、模式耦合、相位差、非线性效应等给出连续分布的测量结果；对于后者，可利用光时域反射技术（OTDR）、扫描干涉技术等给出被测量所对应的空间位置。

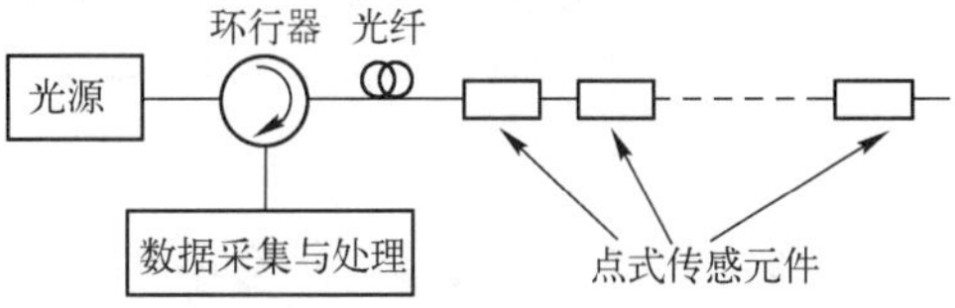

（a）点式（分离式）

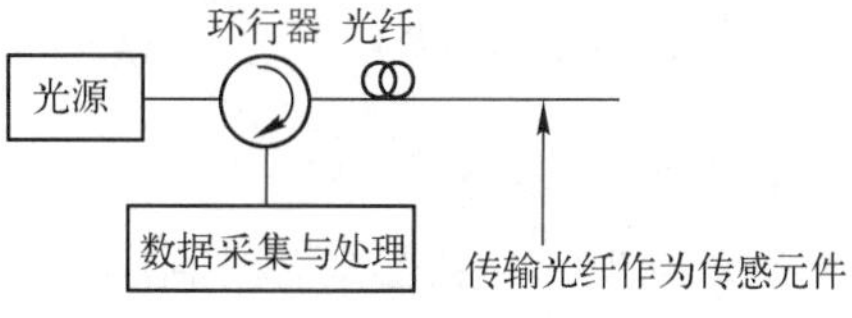

（b）全分布式

图 11.3.1　点式与全分布式光纤传感器

# 11.4　光纤传感器工作原理

## 11.4.1　点式传感器

（1）强度调制型光纤传感器

强度调制型光纤传感器是一种利用被测对象的变化引起敏感元件的折射率、吸收或反射等参数的变化，而导致光强度变化来实现敏感测量的传感器。有利用光纤的微弯损耗；各物质的吸收特性；振动膜或液晶的反射光强度的变化；物质因各种粒子射线或化学、机械的激励而发光的现象；以及物质的荧光辐射或光路的遮断等来构成压力、振动、温度、位移、气体等各种强度调制型光纤传感器。

GXY-II-B 型光纤液位传感器外型见图 11.4.1，表 11.1 为其主要性能参数。

产品特点：GXY-II-B 型光纤液位传感器，基于受抑全内反射原理。采用红外光作为检测光源，以光纤为信号传输载体，光纤敏感头为检测单元，传感器通过作为信号传输介质的光纤与光电转换装置连接。开关量输出，亦可直接选配具有常开、常闭触点继电器，驱动负载工作，制成直控液位开关，使用灵活方便。

材质：光电转换外壳为不锈钢或按客户要求，光纤探头为石英、不锈钢、树脂封装；工作压力可达 15MPa。

主要特点：灵敏度高、电绝缘，本质安全、防爆、耐高温、耐高压、耐强腐蚀、化学性质稳定，对被测介质影响小、便于与计算机连接，有利于与现有光通信技术组成遥测网和光纤传感网络。可适合各类洁净低黏度液体液位的测控；特别适合在易燃、易爆、高温、高压等场合中应用；可广泛用于化工、石油化工、化纤、化肥、食品、医药、运输及军工等行业生产、储存及运输过程中多种液体储罐、储槽及各种反应釜的水、油、化学试剂及酸、碱和腐蚀液等液体关键点分立液位的高精度检测、控制及监控。

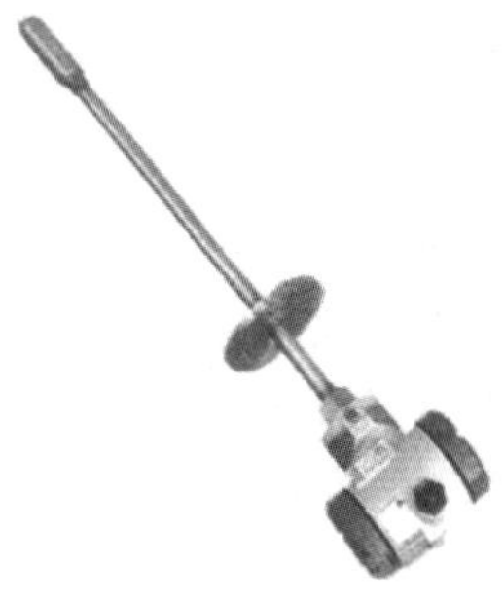

图 11.4.1　GXY-II-B 型光纤液位传感器外型

**表 11.1　GXY-II-B 型光纤液位传感器主要性能参数**

| 工作压力 | 真空 ～ 15Mpa |
|---|---|
| 工作温度 | 传感头：-25℃～ +285℃；仪表：-25℃～ +85℃ |
| 供电电压 | 12VDC |
| 电流 | 40mA |
| 输出 | 开关量输出：高电平 12VDC，低电平 0VDC |
| 重复精度 | ±0.1mm |
| 电缆长度 | 1.2m |
| 防爆等级 | Exia II BT4 |

（2）偏振调制光纤传感器

偏振调制光纤传感器是一种利用光偏振态变化来传递被测对象信息的传感器。有利用光在磁场中媒质内传播的法拉第效应做成的电流、磁场传感器，利用光在电场中的压电晶体内传播的压电效应做成的电场、电压传感器，利用物质的光弹效应构成的压力、振动或声传感器，以及利用光纤的双折射性构成的温度、压力、振动等传感器。这类传感器可以避免光源强度变化的影响，因此灵敏度高。

（3）频率调制光纤传感器

频率调制光纤传感器有：利用运动物体反射光和散射光的多普勒效应的光纤速度、流速、振动、压力、加速度传感器；利用物质受强光照射时的拉曼散射构成的测量气体浓度或监测大气污染的气体传感器；以及利用光致发光的温度传感器等。

（4）相位调制光纤传感器

相位调制传感器基本原理是利用被测对象对敏感元件的作用，使敏感元件的折射率或传播常数发生变化，导致光的相位变化，再利用干涉测量技术把相位变化转换为光强度变化，从而检测出待测量。通常有利用光弹效应的声、压力或振动传感器；利用磁致伸缩效应的电流、磁场传感器；利用电致伸缩的电场、电压传感器；以及利用光纤 Sagnac 效应的旋转角速度传感器（光纤陀螺）等。这类传感器的灵敏度很高。

### 11.4.2 准分布式光纤光栅传感器

光纤布拉格光栅（FBG）传感器是利用光敏光纤在紫外光照射下产生的光致折射率变化效应，使纤芯的折射率沿轴向呈现出周期性分布而得到的一种波长调制型光纤传感器。

FBG 技术于 1978 年问世，它是利用掺有锗等离子的光纤纤芯材料的光敏性，通过紫外光照射光纤，在纤芯内形成折射率周期变化的空间相位光栅。当一定谱宽的光进入光栅时，由于光纤光栅只反射入射光中满足布拉格衍射的光，其余光将被透射。

光纤光栅反射波的中心波长 $\lambda_B$ 与光栅周期 $\Lambda$ 和纤芯有效折射率 $n_{eff}$ 之间满足布拉格条件：

$$\lambda_B = 2\Lambda n_{eff} \tag{11.4.1}$$

当光纤受外界应变和温度影响时，通过弹光效应和热光效应影响有效折射率 $n_{eff}$，通过光纤长度变化和热膨胀影响光栅周期 $\Lambda$，因此光纤光栅（FBG）对光纤轴向应变和温度变化非常敏感，光纤光栅波长漂移与应变和温度的关系如下：

$$\Delta\lambda_B/\lambda_B = (1-p_e)\varepsilon + (\alpha+\xi)\Delta T \tag{11.4.2}$$

式中，$p_e$ 为有效弹光常数；$\alpha$ 为光纤的热膨胀系数；$\xi$ 为光纤光栅的热光系数；$\Delta T$ 为温度的变化量；$\varepsilon$ 为光纤光栅所受的应变量。所以，光纤光栅 Bragg 波长的变化与应变或环境温度的变化呈线性变化关系。当温度发生变化时，可以通过附在光路上的温度传感器将温度变化 $\Delta T$ 剔除，这样就可以通过检测波长变化量 $\Delta\lambda_B$ 来推出被测结构的绝对应变。

**【例 11.4.1】** 在 FBG 传感系统中，已知掺锗石英光纤热膨胀系数 $\alpha = 0.55\times10^{-6}℃^{-1}$，热光系数 $\xi = 8.3\times10^{-6}℃^{-1}$，光谱分析仪波长分辨率为 1pm，假定 Bragg 光栅所受因变量 $\varepsilon = 0$。当所用 Bragg 光栅中心波长为 1.3μm 时，求该系统的温度测量精度。

**解**：由式（11.4.2），忽略应力影响，有

$$\frac{\Delta\lambda_B}{\lambda_B} = (\alpha+\xi)\Delta T$$

则

$$\Delta T = \frac{\Delta\lambda_B}{\lambda_B(\alpha+\xi)} = \frac{1\text{pm}}{1.3\mu\text{m}(0.55\times10^{-6}℃^{-1} + 8.3\times10^{-6}℃^{-1})} = 0.087℃$$

当前 FBG 传感系统所能达到的温度测量精度约为 0.1℃，应力测量精度约为 1με。

如图 11.4.2 所示，准分布式光纤光栅传感系统是在一根光纤中串接多个反射波长不同的 FBG 传感器，宽带光源进入光纤传输，每个 FBG 反射回一个不同波长的窄带光波（见图 11.4.3），通过测量波长的变化，利用式（11.4.2）来得到相应点的温度变化量或应变值。

该系统通过单一通道

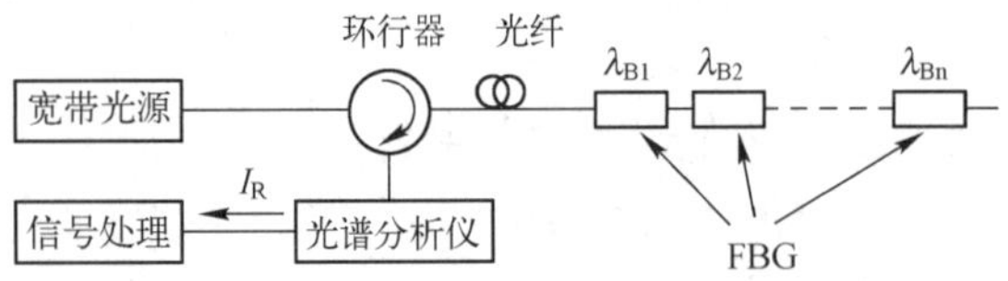


图 11.4.2 准分布式光纤光栅传感器系统组成

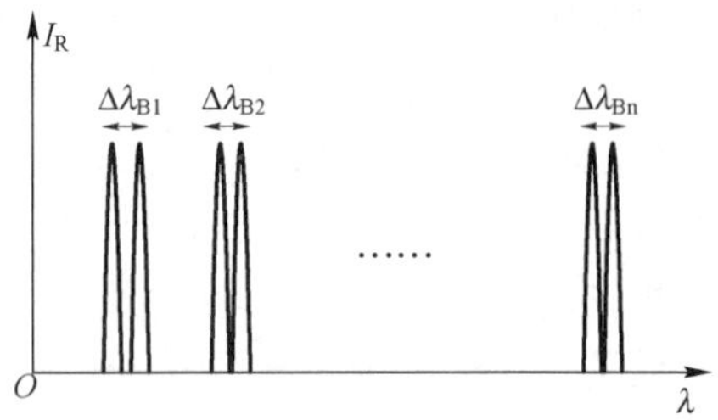


图 11.4.3 准分布式光纤光栅传感器反射光谱

实现对多个测试信号的采集，这种技术的最大优点在于减少了测试数据采集设备所需的通道数量，降低了测试成本，并能够实现对待测物理量的准分布测量。

### 11.4.3 全分布式光纤传感系统

全分布式光纤传感系统使用光纤作为敏感元件，并可同时测量沿光纤路径上的时间和空间连续分布的信息，完全克服了点式传感器难以对被测场景进行全方位连续监测的缺陷，且具有损耗低、信号数据可多路传输等传统传感器所不具备的优越性能，因而在能源、电力、航空航天、建筑、通信、交通、安防、军事等诸多领域的故障诊断及事故预警中具有十分诱人的应用前景。

全分布式光纤传感技术是以光纤为传感介质，利用光波在光纤中传输的特性，检测出沿光纤长度方向每一点的被测物理量值。这是光纤特有的一种新型传感器，可以提供同时获取被测物理参量的空间分布状况和随时间变化状态的手段。

全分布式光纤传感系统主要需要解决两个问题：一是传感元件对物理量的感知原理；二是要准确给出被测物理量所对应的空间位置。对于前者，可利用光纤中光的传输损耗、模式耦合、非线性效应等给出连续分布的测量结果；对于后者，可利用光时域反射技术（OTDR）、光频域反射技术（OFDR）、扫描干涉技术等给出被测量所对应的空间位置。

**1．偏振光时域反射（POTDR）技术**

由于光纤中光波的偏振态对温度、振动、应变、弯曲、扭转等变化非常敏感，所以可以通过测量光波偏振态的变化来感知光纤沿线此类事件的变化情况。在理想情况下，单模光纤中存在两个相互垂直的基模，在理想光纤中，由于波导结构的圆柱对称性，这两种模式是无法区分的，并具有相同的传播常数。然而在光纤实际生产、铺设、使用过程中，由于挤压、扭绞、残余应力、温度变化、几何椭圆度等原因，使得相互正交的两个矢量场在光纤中有不同的传播常数，它们在光纤中传播时会相互耦合，使总的偏振态沿光纤长度方向不断变化。双折射的程度通常用单模光纤中两个相互正交的偏振基模 $HE_{11x}$ 和 $HE_{11y}$ 沿光纤轴向传输时的传播常数之差来描述：

$$B=\left|\overline{n_x}-\overline{n_y}\right|=\left|\beta_x-\beta_y\right|/k_0 \tag{11.4.3}$$

双折射效应导致两个偏振分量之间功率的周期性交换，该周期定义为拍长：

$$L_B=\lambda/B=2\pi/\left|\beta_x-\beta_y\right| \tag{11.4.4}$$

POTDR 的基本结构如图 11.4.4 所示，其中脉冲激光器用来产生探测光脉冲，起偏器用来保证注入光纤的探测脉冲为完全偏振光，偏振分束器可以将偏振光波中偏振态相互垂直的两个分量分别分解到探测端口，探测器用来将光信号转换为电信号，信号采集与处理单元用来处理信号并得到最后结果。

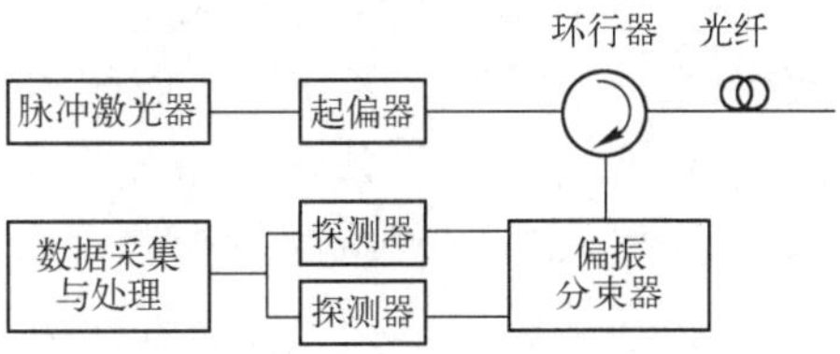


图 11.4.4　POTDR 的基本结构

通常 POTDR 系统在对光纤外部扰动事件进行测量时，多采取短时间内反复测量并进行对比的方式来对外界影响进行检验。图 11.4.5 所示为 POTDR 对总长 3000m 左右的光纤进行测量的结果。其中，图（a）是未受外界扰动时测得的曲线，图（b）是在 1900m 处对光纤施加外力后测得的曲线。单一的测量曲线并不能反映出外界是否存在扰动。图（c）是将前面测量数据相减之后的结果，可以看到，在扰动点之前，光纤沿线光波的偏振态基本相同，相减之后结果近似为零；扰动点之后，由于光波受扰动后偏振态产生了变化，光纤沿线光波的偏振态与扰动前完全不同。通过分析该曲线即可实现传感。

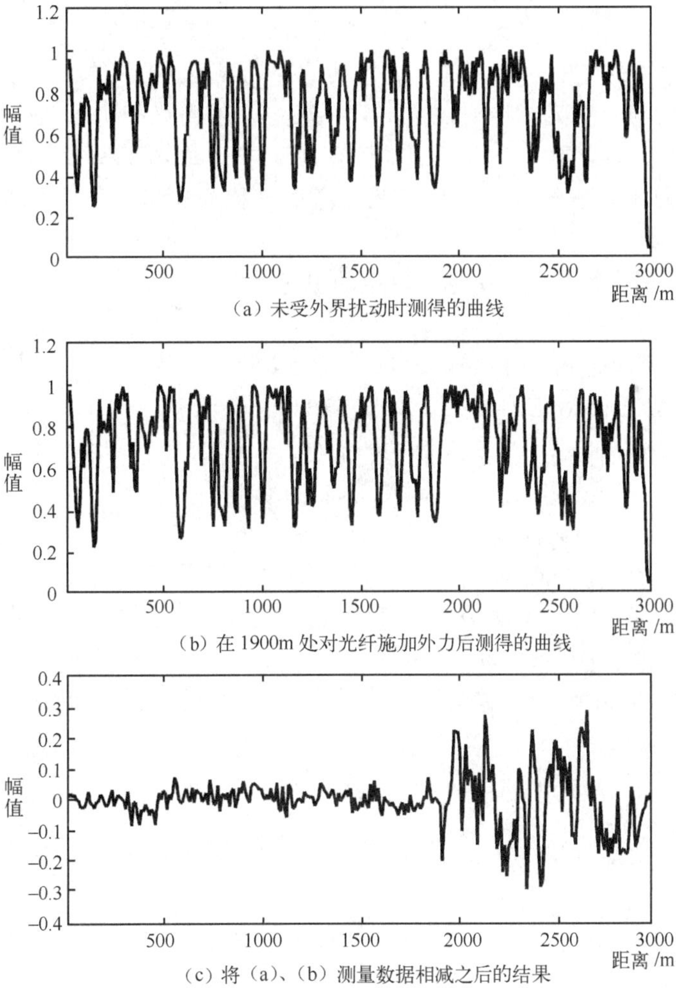


图 11.4.5　POTDR 测量曲线

然而，尽管 POTDR 于 20 世纪 80 年代初由 Rogers 提出，至今已有 30 多年的时间，但到目前为止，仍没有商用化的 POTDR 产品出现。POTDR 的商品化，还有许多问题需要解决。例如，由于影响光纤中光波偏振态的因素很多，包括温度、应力、振动、电磁场、弯曲等，特别是偏振态对外界环境的变化非常敏感，导致光纤内部的偏振态不断变化，因此如何区分这些影响因素，以及环境对 POTDR 的影响，是这一技术面临的一个重要问题；另外，由于光纤中光波的偏振态在受到第一个扰动点的影响后，在扰动点后所有位置测得的偏振态都会变化，该扰动点之后的扰动将无法测得，因此，如何准确判断多个扰动事件也是 POTDR 面临的问题之一。

**2．布里渊光时域反射（BOTDR）技术**

光纤中注入单波长信号时，入射光子与纤芯中微观粒子相互作用，会产生后向散射光，散射谱线包括瑞利谱、布里渊谱和拉曼谱。瑞利散射光的频率与入射光频率相同，与光纤的损耗和吸收特性有关，受温度影响不明显。布里渊散射是由光子与光纤中因自发热运动而产生的声子产生非弹性碰撞引起的，该散射频移分量由声波引起的移动光栅所产生，该光栅以声速在光纤中传播，并且声速与光纤温度和应力有关，所以布里渊散射光频移的大小取决于声波速度。

在光纤中，设入射光的角频率为 $\omega$，移动的声场光栅通过布拉格衍射反射入射光，当声场光栅运动方向与入射光相同时，由于多普勒效应，散射光相对于入射光频率发生下移，此时散射光称为布里渊斯托克斯光，角频率为 $\omega_S$；当声场光栅运动方向与入射光相反时，产生的散射光相对于入射光频率上移，此时散射光称为布里渊反斯托克斯光，角频率为 $\omega_{AS}$（见图 11.4.6）。

假设光纤的入射光场和光纤中分子热运动引起的周期性声波场分别为

$$E(z,t)=E_0\exp[\mathrm{i}(\vec{k}\cdot\vec{r})-\omega t] \qquad (11.4.5)$$

$$\Delta p=\Delta p_0\exp[\mathrm{i}(\vec{q}\cdot\vec{r})-\Omega t] \qquad (11.4.6)$$

其中，$E_0$ 为入射光场的振幅；$\vec{k}$ 为入射光的波矢；$\vec{r}$ 为位移；$\omega$ 为入射光波的角频率；$\Delta p_0$ 为声波场幅度；$\vec{q}$ 为声波的波矢；$\Omega$ 为声波的角频率。

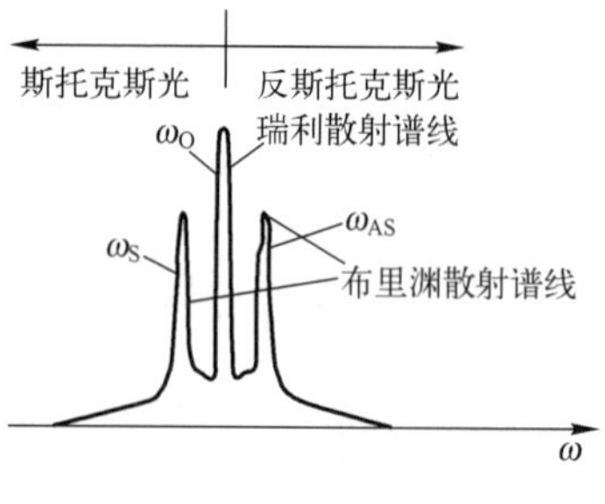

图 11.4.6　光纤中的瑞利和布里渊谱

光纤中的散射光场遵循波动方程：

$$\nabla^2\vec{E}-\frac{n^2}{c^2}\frac{\partial^2\vec{E}}{\partial t^2}=\frac{4\pi}{c^2}\frac{\partial^2\vec{P}}{\partial t^2} \qquad (11.4.7)$$

式中，$n$ 为光纤介质的折射率；$c$ 为真空中的光速；$\vec{P}$ 为介质中极化强度起伏所引起的附加极化，可以表示为

$$\vec{P}=\frac{\Delta\varepsilon}{4\pi}\vec{E} \qquad (11.4.8)$$

式中，$\varepsilon$ 为光纤介质的介电常数，其变化由介质的密度起伏而产生，介质密度的变化又由声波的扰动而产生：

$$\Delta\varepsilon=\frac{\partial\varepsilon}{\partial\rho}\Delta\vec{\rho} \qquad (11.4.9)$$

$$\Delta\rho=\frac{\partial\rho}{\partial p}\Delta\vec{p} \qquad (11.4.10)$$

将式（11.4.9）和（11.4.10）代入式（11.4.8），得

$$\vec{P}=\frac{1}{4\pi}\left(\frac{\partial\varepsilon}{\partial\rho}\right)\left(\frac{\partial\rho}{\partial p}\right)\Delta\vec{p}\cdot\vec{E} \tag{11.4.11}$$

将电致伸缩系数$\gamma_e=\rho_0\frac{\partial\varepsilon}{\partial\rho}$，绝热压缩系数$C_s=\frac{1}{\rho_0}\frac{\partial\rho}{\partial p}$，代入式（11.4.11）得

$$\vec{P}=\frac{1}{4\pi}\gamma_e C_s\Delta\vec{p}\cdot\vec{E} \tag{11.4.12}$$

将式（11.4.12）与式（11.4.5）、式（11.4.6）、式（11.4.7）联立，可以得到光纤中布里渊散射所满足的非线性极化波动方程：

$$\nabla^2\vec{E}-\frac{n^2}{c^2}\frac{\partial^2\vec{E}}{\partial t^2}=-\frac{\gamma_e C_s}{c^2}\{(\omega-\Omega)^2E_0\Delta p_0\exp[\mathrm{i}(\vec{k}-\vec{q})\cdot\vec{r}-\mathrm{i}(\omega-\Omega)t]+(\omega+\Omega)^2E_0\Delta p_0\exp[\mathrm{i}(\vec{k}+\vec{q})\cdot\vec{r}-\mathrm{i}(\omega+\Omega)t]\} \tag{11.4.13}$$

式（11.4.13）等号右边的项表明，在入射光角频率$\omega$的两边，对称分布了斯托克斯和反斯托克斯两部分散射谱线，这些散射光相对入射光的频移等于声场的频率$\Omega$，其频移量称为布里渊频移。

斯托克斯光的角频率$\omega_S$和波矢$\vec{k}_S$与入射光角频率和波矢的关系为

$$\omega_S=\omega-\Omega \tag{11.4.14}$$

$$\vec{k}_S=\vec{k}-\vec{q} \tag{11.4.15}$$

反斯托克斯光的角频率$\omega_{AS}$和波矢$\vec{k}_{AS}$与入射光角频率和波矢的关系为

$$\omega_{AS}=\omega+\Omega \tag{11.4.16}$$

$$\vec{k}_{AS}=\vec{k}+\vec{q} \tag{11.4.17}$$

图 11.4.7 反映了斯托克斯、反斯托克斯散射光与入射光及声波之间的波矢关系，满足动量守恒。

由于$\Omega\ll\omega$、$|\vec{q}|\ll|\vec{k}|$，所以可以认为$\omega\approx\omega_S\approx\omega_{AS}$，$|\vec{k}|\approx|\vec{k}_S|\approx|\vec{k}_{AS}|$。由波矢守恒可得

$$|\vec{q}|=2|\vec{k}|\sin\left(\frac{\theta}{2}\right) \tag{11.4.18}$$

且入射光及声波的角频率与波矢之间分别有如下关系：

$$\omega=|\vec{k}|\frac{c}{n} \tag{11.4.19}$$

$$\Omega=|\vec{q}|V_A \tag{11.4.20}$$

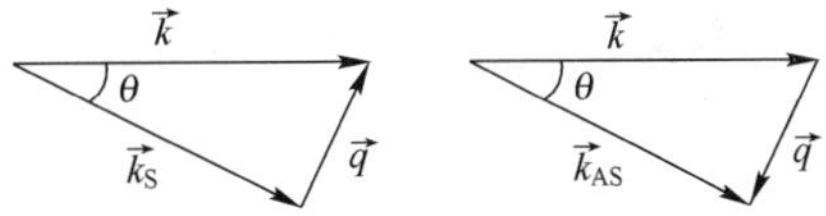

（a）斯托克斯光波矢　（b）反斯托克斯光波矢

图 11.4.7　布里渊散射光的矢量守恒关系

其中，$V_A$为光纤介质中的声速，可得到布里渊频移

$$\nu_B=\Omega/2\pi=2nV_A/\lambda_0\sin\left(\frac{\theta}{2}\right) \tag{11.4.21}$$

其中，$\lambda_0$为入射光波长；$\theta$为散射光波矢与入射光波矢的夹角。在单模光纤中，轴向以外的传播模式都被截止，因此布里渊散射光只有前向和后向两种可能的传播方向。如果散射发生在前向($\theta=0$)时

$$\nu_B=\Omega/2\pi=0 \tag{11.4.22}$$

即在前向无布里渊散射光；当散射发生在后向($\theta=\pi$)时

$$\nu_B=\Omega/2\pi=2nV_A/\lambda_0 \tag{11.4.23}$$

可见，单模光纤中的布里渊散射只发生在与入射光相反的传播方向上，布里渊频移与光纤的

有效折射率以及光纤中声波的速度成正比，与入射光的波长成反比。

若石英光纤的折射率 $n$=1.447，声速 $V_A$=5.96km/s 的光纤，波长为 1550nm 的入射光引起的布里渊散射光的频移大约为 11GHz。

已知光纤中的声速为

$$V_A = \sqrt{\frac{(1-\mu)E}{(1+\mu)(1-2\mu)\rho}} \tag{11.4.24}$$

其中，$E$、$\mu$、$\rho$ 分别为杨氏模量、泊松比，以及光纤的材料密度。当光纤的应力或温度发生变化时，光纤材料的折射率、杨氏模量、泊松比和密度都会产生相应的变化，布里渊频移也随之变化，其变化关系为

$$\nu_B(\varepsilon) = \nu_B(0)[1 + C_\varepsilon \varepsilon] \tag{11.4.25}$$

$$\nu_B(T) = \nu_B(T_r)[1 + C_T(T - T_r)] \tag{11.4.26}$$

式中，$\varepsilon$ 为光纤所受纵向应力；$T$ 为温度；$T_r$ 为参考温度。应力和温度的比例系数分别为 $C_\varepsilon$=4.6，$C_T$=9.4×$10^{-5}$。

布里渊光时域反射（BOTDR）技术利用光纤中自发布里渊散射光功率或频移的变化量与温度和应力变化的线性关系来进行全分布式传感。其基本组成如图 11.4.8 所示。

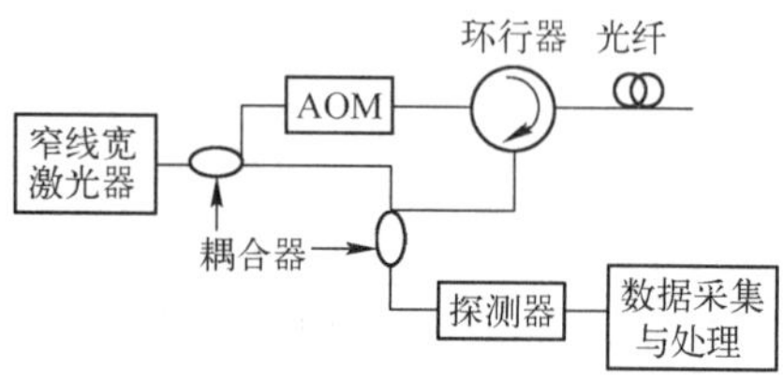


图 11.4.8　BOTDR 基本组成

激光器发出的光，经声光调制器（AOM）调制成脉冲光，通过环行器注入光纤，光纤中产生的后向布里渊散射光经环行器进入耦合器，与部分本地光混频之后送入探测器，进行相干探测。相干探测方法，只受散粒噪声影响，灵敏度高，可以消除比布里渊散射高 20～30dB 的瑞利散射的影响，从而得到足够窄的频率精度。

近年来，出现了一系列基于布里渊散射的全分布式光纤传感技术商业化产品，如日本 YOKOGAWA 公司的 860x 系列光纤应变分析仪、日本 NEUBREX 公司的 NEUBRESCOPE NBX-6000 全分布式应变传感器、瑞士 OMnisens 公司的 DiTeSt®STA100/200 系列全分布式温度/应变监测仪表、加拿大 OZ Optics 公司 Foresight™ 系列全分布式温度/应变监测仪等，这些产品的出现，大大推动了其实用化应用的研究。表 11.2 列出了这些商业化产品的主要性能指标。图 11.4.9 为日本 YOKOGAWA 公司基于 BOTDR 技术的 AQ8603 系列光纤应变分析仪。

**表 11.2　商业化布里渊全分布式光纤传感系统的主要性能指标**

| 产 品 型 号 | 传感距离/km | 应变精度/με | 温度精度/℃ | 空间分辨率/m |
|---|---|---|---|---|
| AQ8603 | 80 | 30 | - | 1～22 |
| NEUBRESCOPE NBX-6000 | 20 | 15 | 0.75 | 0.2～5 |
| DiTeSt®STA100/200 | 30 | 2～6 | 1 | 0.5～20 |
| Foresight™ | 100 | 2 | 0.1 | 0.1～50 |

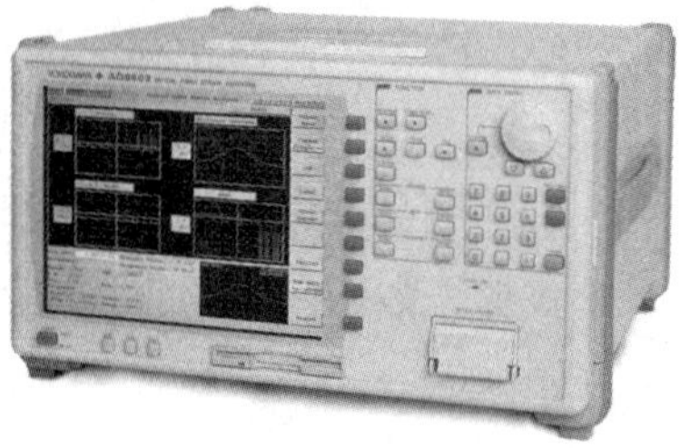

图 11.4.9　AQ8603 光纤应变分析仪

应变和温度变化是物体特性发生改变的最主要和直接的表现，因此，应变和温度的监测成为结构故障诊断和事件预警最主要和最重要的手段。应变与温度的全分布式监测需求十分

广泛，能源、电力、航空航天、建筑、通信、交通、安防等诸多领域都把其作为一种必需的故障诊断及事故预警手段，而基于布里渊散射的光纤传感技术集信号传输和传感信息于一根连续的光纤上，可同时获得被测物随时间和空间变化的分布信息，具有全分布式、长距离、高测量精度应变和温度同时测量等优点，可以为这些领域的故障诊断及事故预警提供理想的技术支持。

**3．相干光时域反射（COTDR）技术**

利用 OTDR 在一定程度上可以对通信线路进行实时在线监测，但是，长距离的通信线路，在 EDFA 的支持下，可以延伸至数千甚至上万千米。如果用 OTDR 来监测这样的线路，由于 OTDR 采用了直接功率探测方式，这样，线路中 EDFA 产生的 ASE 噪声功率与背向瑞利散射信号功率将无法区分，使得系统测量的信噪比大大降低。并且，在多个 EDFA 级联的通信线路中，ASE 噪声会不断加强，从而使 OTDR 无法准确探测到瑞利散射信号，不能对整条通信线路进行有效测量。COTDR 通过相干检测，可以将微弱的瑞利散射信号从较强的自发散射噪声中提取出来，使传感距离大大延长。

相干探测的原理方框图如图 11.4.10 所示。在相干探测系统中，除了用于探测的信号光，还增加了参考光。信号光与参考光经耦合器耦合到光电探测器中，探测器将信号光与参考光混合时产生的拍频信号转换为电信号后，经滤波器、放大器放大，即可得到信号光与参考光的差频信号。

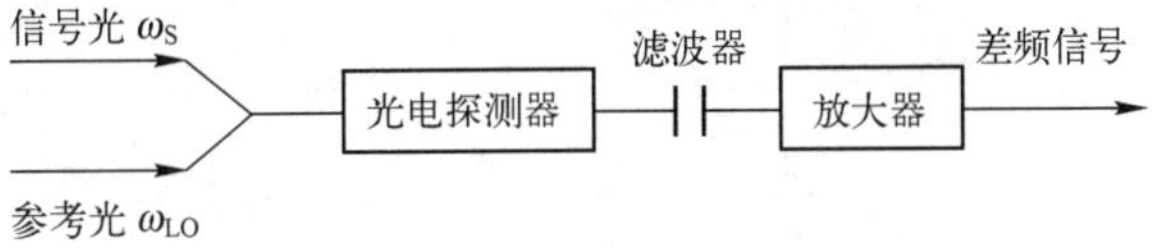


图 11.4.10　相干探测原理方框图

信号光和参考光可表示为

$$\begin{cases} E_S = e_S \exp(i\omega_S t) \\ E_{LO} = e_{LO} \exp(i\omega_{LO} t) \end{cases} \tag{11.4.27}$$

其中 $e_S$、$e_{LO}$ 分别为信号光和参考光的振幅。两束光混频后的光场为

$$E = E_S + E_{LO} = e_S \exp(i\omega_S t) + e_{LO} \exp(i\omega_{LO} t) \tag{11.4.28}$$

光电探测器输出的光电流可表示为

$$i = REE^* = R[E_S^2 + E_{LO}^2 + 2E_S E_{LO} \cos(\omega_{LO} - \omega_S)t] \tag{11.4.29}$$

式中，$R = e\eta/\hbar\omega$ 是光电探测器的响应度。探测器产生的电信号中包含直流分量 $R(E_S^2 + E_{LO}^2)$ 和交流分量 $2RE_S E_{LO}\cos(\omega_{LO} - \omega_S)t$ 。将直流分量滤除之后，可得

$$i_S = 2RE_S E_{LO} \cos(\omega_{LO} - \omega_S)t \tag{11.4.30}$$

从上式可知，交流输出电流的大小正比于信号光的振幅 $E_S$。信号功率正比于探测器输出电流的均方根，可表示为

$$\overline{(i_S)^2} = 2R^2 E_S^2 E_{LO}^2 = 2P_S P_{LO}\left(\frac{e\eta}{\hbar\omega}\right)^2 \tag{11.4.31}$$

其中，$P_S$、$P_{LO}$ 分别为散射光和参考光的功率；$e$ 为电子电荷；$\eta$ 为探测器量子效率；$\omega$ 为信号光与参考光的平均频率。

系统的信噪比可表示为

$$\frac{S}{N}=\frac{2P_{\mathrm{S}}P_{\mathrm{LO}}\left(\frac{e\eta}{\hbar\omega}\right)^2}{2ei_{\mathrm{d}}B+2eP_{\mathrm{N}}\frac{e\eta}{\hbar\omega}B+2eP_{\mathrm{LO}}\frac{e\eta}{\hbar\omega}B} \tag{11.4.32}$$

其中，$i_{\mathrm{d}}$为探测器暗电流；$B$ 为探测器带宽；$P_{\mathrm{N}}$为探测器其他噪声所具有的等效光功率。通常情况下，参考光功率 $P_{\mathrm{LO}}$远高于其他成分，故其引起的噪声在系统噪声中占主导，信噪比可以简化为

$$\frac{S}{N}=\frac{2P_{\mathrm{S}}P_{\mathrm{LO}}}{2eP_{\mathrm{LO}}B}\frac{e\eta}{\hbar\omega}=\frac{\eta P_{\mathrm{S}}}{\hbar\omega B} \tag{11.4.33}$$

可以看出，信噪比仅与探测器的量子效率成正比，而与探测器中的噪声无关。相干探测在理论上能达到探测器的量子极限，探测器的量子效率越高，就能达到越高的信噪比。

COTDR 系统结构如图 11.4.11 所示。系统使用单频窄线宽激光器作探测光，探测光经声光调制器调制成光脉冲，经 3dB 耦合器注入被测光纤，被测光纤中的背向瑞利散射信号经另一个 3dB 耦合器与参考光混合，经平衡探测器得到外差中频信号输出。再经放大、滤波、模数转换、信号处理之后得到探测曲线。

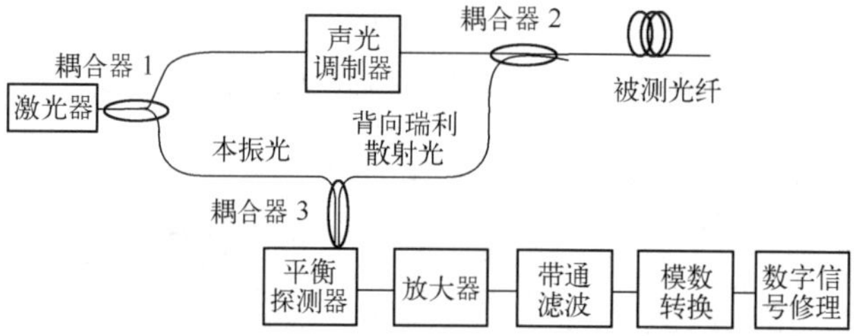


图 11.4.11 COTDR 系统结构

单频激光光源要求线宽窄，一般要求低于 10kHz，频率和功率稳定性要好。对光脉冲的调制一般选用 AOM，其作用是产生频移的光脉冲。系统对 AOM 的主要要求是，消光比高、脉冲上升时间短、插值损耗低。

COTDR 主要用于超长距离通信光缆（如海底光缆）的健康监测。超长距离光缆通常由多个 EDFA 级联，而为了防止线路中反射光的逆向放大对 EDFA 造成损害，通常在 EDFA 中都会加隔离器。隔离器的使用使背向瑞利散射信号不能像传统的 OTDR 那样沿原路返回。

根据海底通信光缆线路的特点，设计了如图 11.4.12 所示的测量方案。从图中可以看到，COTDR 在被测光缆中的瑞利散射信号从与之相邻的另一光缆返回，保证了瑞利散射信号不会被 EDFA 中的隔离器所阻隔。

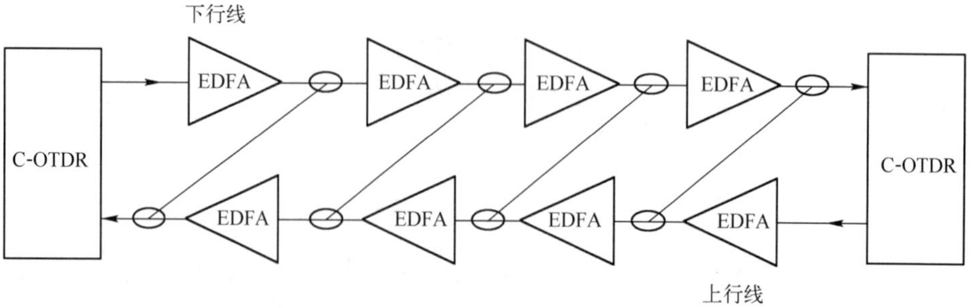


图 11.4.12 用于超长距离监测的 COTDR 测量示意图

采用图 11.4.12 所示的测量方式有两大优点：一是两端同时测量能降低线路的测量时间；二是采用两端同时测量，可以降低对系统动态范围的要求。

COTDR 技术目前主要用于多中继超长距离光通信线路，特别是海底光缆的健康监测。图 11.4.13 显示了 2012 年世界海缆分布情况，截至 2019 年初，全球投入运营的海底光缆约有 378 条（海底光缆实时分布图与具体详情，可通过 https://www.submarinecablemap.com/查询）。目前，海缆通信系统已经成为跨洋数据传输最重要的方式，由于海缆系统应用于特殊的物理环境中，加上光器件性能的衰变、光缆的自然老化，以及一些人为因素，光缆传输系统出现故障并导致通信中断的现象频繁发生，且故障次数随时间推移不断增加，给国民经济造成的损失和对国防安全造成的威胁都非常巨大，因此及时发现海缆故障点，对保障通信网络的畅通至关重要。

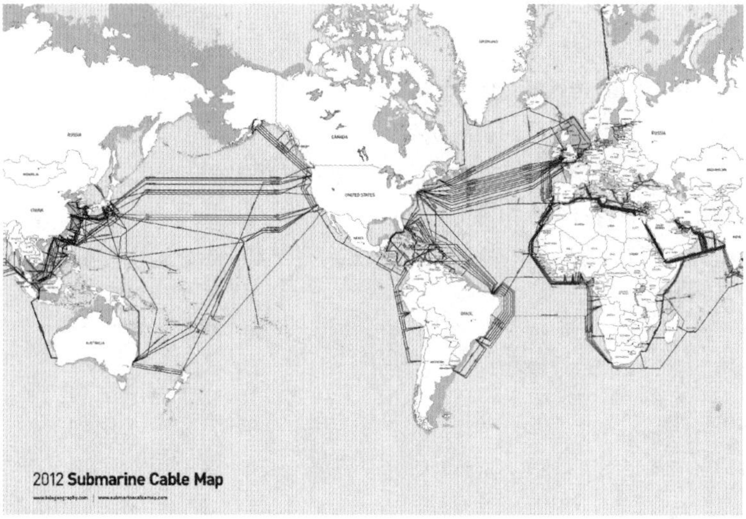


图 11.4.13　全球海底光缆分布图

现在商用的 COTDR 系统已经可以实现对上万千米的海缆线路进行健康监测。图 11.4.14 给出了 COTDR 对多 EDFA 中继的海底光缆模拟监测结果，其中中继跨距为 100km，光缆总长为 2000km。此曲线实际上是由 20 个 OTDR 曲线组成的，从 OTDR 曲线事件识别的原理，我们可以通过曲线所反应的事件来推断事件的类型和位置，从而确保线路故障的及时修复。

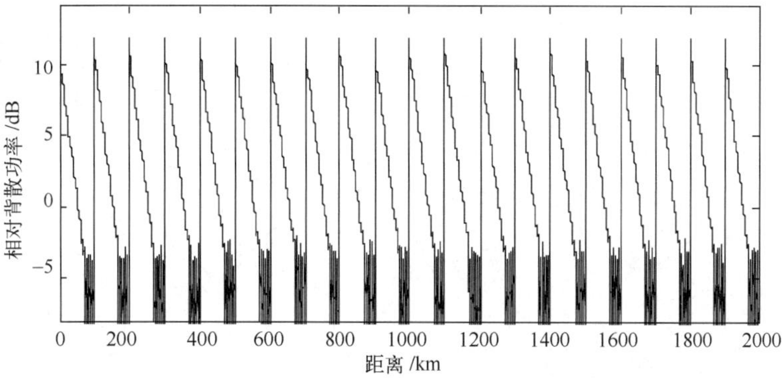


图 11.4.14　COTDR 对多中继海底光缆的测量曲线

## 本 章 小 结

光纤传感技术是随着光纤通信技术的发展而兴起的一种新型传感技术。光纤本身不带电、体积小、重量轻、易弯曲、抗电磁干扰、抗辐射性能好，特别适合在易燃、易爆、空间受严格限制及强电磁干扰等恶劣环境下使用。因此，光纤传感技术一经问世就受到了极大重视，在各个重要领域得到了研究和应用。而全分布式光纤传感系统使用光纤作为敏感元件，并可同时测量沿光纤路径上的时间和空间连续分布的信息，完全克服了点式传感器难以对被测场进行全方位连续监测的缺陷，且具有损耗低、信号数据可多路传输等传统传感器所不具备的优越性能，因而在能源、电力、航空航天、建筑、通信、交通、安防、军事等诸多领域的故障诊断及事故预警中具有十分诱人的应用前景。

### 习题

11.1　光纤传感器相比于电传感器有什么优点？

11.2　点式光纤传感器有哪些不同的调制方式？

11.3　全分布式光纤传感系统相比于点式光纤传感器有哪些优点？

11.4　简述在光的时域反射技术中如何实现故障点定位？

11.5　若石英光纤的折射率 $n$=1.48，声速 $V_A$=5.96km/s 的光纤，入射光波长为 1550nm，求引起的布里渊散射光的频移是多少？

# 参 考 文 献


[1] 原荣. 光纤通信网络（第 2 版）. 北京：电子工业出版社，2012.

[2] Djafar K Mynbaev，Lowell L Scheiner. 光纤通信技术. 北京：机械工业出版社，2002.

[3] 张引发，王宏科. 光缆线路工程. 北京：电子工业出版社，2002.

[4] 张宝富，刘忠英. 现代光纤通信与网络教程. 北京：人民邮电出版社，2002.

[5] Gerd Keiser. 光纤通信. 北京：电子工业出版社，2002.

[6] 杨祥林. 光纤通信系统. 北京：国防工业出版社，2000.

[7] 李玉权，崔敏. 光波导理论与技术. 北京：人民邮电出版社，2002.

[8] 黄章勇. 光纤通信用光电子器件和组件. 北京：北京邮电大学出版社，2001.

[9] 黄章勇. 光纤通信用新型光无源器件. 北京：北京邮电大学出版社，2003.

[10] 邓大鹏. 光纤通信原理. 北京：人民邮电出版社，2003.

[11] 张劲松，陶智勇. 光波分复用技术. 北京：北京邮电大学出版社，2002.

[12] Bob Chomycz. 光缆现场安装指南. 北京：人民邮电出版社，2003.

[13] 纪越峰. 光波复用系统. 北京：北京邮电大学出版社，2001.

[14] 解金山，陈宝珍. 光纤数字通信技术. 北京：电子工业出版社，2002.

[15] 钱宗珏，区惟煦. 光接入网技术及其应用. 北京：人民邮电出版社，1998.

[16] 顾畹仪，李国瑞. 光纤通信系统. 北京：北京邮电大学出版社，1999.

[17] 胡先志，刘泽恒. 光纤光缆工程测试. 北京：人民邮电出版社，2001.

[18] 张言荣，赵法起. 智能建筑综合布线技术. 北京：中国建筑工业出版社，2002.

[19] 张卫钢. 通信原理与通信技术. 西安：西安电子科技大学出版社，2003.

[20] 宁榕，周春燕. WDM 技术与应用. 北京：人民邮电出版社，2002.

[21] Rajiv Ramaswami,Kumar N. Sivarajan. Optical Networks. San Diego. Acadimic Press,1998.

[22] Walter Goralski. 光网络与波分复用. 胡先志, 罗杰, 等译. 北京：人民邮电出版社，2002.

[23] 张明德，孙小菡. 光纤通信原理与系统. 南京：东南大学出版社，1996.

[24] 原荣. 宽带光接入网. 北京：电子工业出版社，2003.

[25] 韦乐平. 光同步数字传送网. 北京：人民邮电出版社，1998.

[26] 杨淑雯. 全光光纤通信网. 北京：科学出版社，2004.

[27] Robert Elsenpeter, 等. 光网络实用指南. 王延华, 译.北京：清华大学出版社，2003.

[28] Bellcore. GR-1209-Core Generic Requirements for Fiber Optic Branching Components. Issue 2，1998.

[29] Bellcore. GR-1312-Core Generic Requirements for Optical Fiber Amplifiers and Proprietary Dense Wavelength-Division Multiplexed System. Issue 3，1999.

[30] Govind P Agrawal. 非线性光纤光学原理及应用. 贾东方, 等译. 北京：电子工业出版社，2002.

[31] 刘晖，卢益民，卢刚. 自由空间光通信系统. 光电子技术与信息，2005. 18（3）：58～61.

[32] 葛林，邱昆，唐明光. 激光空间通信中的天线研究. 电子科技大学学报，1998. 27（4）：367～370.

[33] 马峻，李思敏. 空间光通信 ATP 技术应用与研究进展. 光电子技术与信息，2005. 18（5）：1～6.

[34] 华为技术有限公司 Optix 系列光传输产品分册，2006.

[35] 顾畹仪，黄永清，陈雪，等. 光纤通信（第 2 版）.北京：人民邮电出版社，2011.

[36] 孙维平，郁建生，朱燕，等. FTTx 与 PON 系统工程设计与实例. 北京：人民邮电出版社，2013.

[37] 张颖艳，岳蕾，傅栋博，等. 光通信仪表与测试应用. 北京：人民邮电出版社，2012.

[38] 廖延彪. 光纤光学. 北京：清华大学出版社，2000.

[39] 新谷隆一. 偏振光. 范爱应，康昌鹤，译. 北京：原子能出版社，1994.

[40] 陈福深. 集成电光调制理论与技术. 北京：国防工业出版社，1995.

[41] 祝宁华，闫连山，刘建国. 光纤光学前沿. 北京：科学出版社，2011.

[42] 迟泽英. 纤维光学与光学技术应用. 北京：北京理工大学出版社，2009.

[43] 张旭苹. 全分布式光纤传感技术. 北京：科学出版社，2013.

[44] 廖延彪. 中国光纤传感发展回顾与展望. 第五届光纤传感器的发展与产业化论坛，广州，2010.06.

[45] Xiaoyi Bao,Liang Chen.Recent progress in distributed fiber optic sensors. Sensors, 2012, 12: 8601-8639.